Günther Malle

**Didaktische Probleme
der elementaren Algebra**

Aus dem Programm
Didaktik der Mathematik

Mathematik und Subjekt
von L. Bauer (Deutscher Universitätsverlag)

Fundamentale Ideen der Informatik im Mathematikunterricht
von P. Knöß (Deutscher Universitätsverlag)

Mädchen und Mathematik
von B. Srocke (Deutscher Universitätsverlag)

Stufen der Anordnung in Geometrie und Algebra
von H. Tecklenburg (Deutscher Universitätsverlag)

Der Mathematikunterricht in der Primarstufe
von G. Müller und E. Ch. Wittmann

Fehleranalysen im Mathematikunterricht
von H. Radatz

Entdeckendes Lernen im Mathematikunterricht
von H. Winter

Elementargeometrie und Wirklichkeit
von E. Ch. Wittmann

Grundfragen des Mathematikunterrichts
von E. Ch. Wittmann

Mathematisches Denken bei Vor- und Grundschulkindern
von E. Ch. Wittmann

Didaktische Probleme der elementaren Algebra
von G. Malle

Vieweg

Günther Malle

Didaktische Probleme der elementaren Algebra

Unter Mitarbeit von Heinrich Bürger
Herausgegeben von Erich Ch. Wittmann

Mit vielen Beispielaufgaben

Die Deutsche Bibliothek – CIP-Einheitsaufnahme

Malle, Günther:
Didaktische Probleme der elementaren Algebra:
mit vielen Beispielaufgaben / Günther Malle.
Unter Mitarb. von Heinrich Bürger. Hrsg. von
Erich Ch. Wittmann. – Braunschweig;
Wiesbaden: Vieweg, 1993
   ISBN 978-3-528-06319-1   ISBN 978-3-322-89561-5 (eBook)
   DOI 10.1007/978-3-322-89561-5

Alle Rechte vorbehalten
© Springer Fachmedien Wiesbaden 1993
Ursprünglich erschienen bei Friedr. Vieweg & Sohn Verlagsgesellschaft mbH, Braunschweig/Wiesbaden 1993.

Das Werk einschließlich aller seiner Teile ist urheberrechtlich geschützt. Jede Verwertung außerhalb der engen Grenzen des Urheberrechtsgesetzes ist ohne Zustimmung des Verlags unzulässig und strafbar. Das gilt insbesondere für Vervielfältigungen, Übersetzungen, Mikroverfilmungen und die Einspeicherung und Verarbeitung in elektronischen Systemen.

Gedruckt auf säurefreiem Papier

Für meine Frau Sonja und meine
Söhne Philipp und Oliver.

VORWORT

Die ersten Ansätze zu diesem Buch liegen schon ca. zwei Jahrzehnte zurück und haben sich in verschiedenen Publikationen niedergeschlagen. Sie gingen aus der Lehrerfortbildung hervor und waren als Gegengewicht gegen die damals in Mode gekommene, an Logik und Mengenlehre orientierte Gleichungslehre der „Neuen Mathematik" gedacht. Inzwischen hat sich die didaktische Forschung in diesem Gebiet geradezu explosionsartig entwickelt. Es ist heute nicht mehr möglich, in einem Buch des vorliegenden Umfangs alles zu berücksichtigen, was dazu publiziert wurde. Deshalb orientiert sich das vorliegende Buch eher an bestimmten Leitideen bzw. Anliegen, die mir für den Mathematikunterricht wichtig erscheinen.

Beim Aufbau des Buches ergab sich eine naheliegende Zweiteilung. Nach einer Einleitung (Kapitel 1) beschäftigt sich die erste Hälfte des Buches (Kapitel 2 bis 5) vorwiegend mit semantischen Aspekten der elementaren Algebra, vor allem mit Aspekten des Variablenbegriffs und Fragen zum Aufstellen und Interpretieren von Termen bzw. Formeln. Die zweite Hälfte des Buches (Kapitel 7 bis 12) beschäftigt sich vorwiegend mit syntaktischen Aspekten der elementaren Algebra, vor allem mit dem regelhaften Umformen algebraischer Ausdrücke. Das Kapitel 6 nimmt eine Sonderstellung ein und behandelt Veränderungen, die beim Übergang von der Arithmetik zur Algebra auftreten. Im allgemeinen habe ich versucht, einzelne Themenbereiche (die sich über mehrere Kapitel erstrecken können) so abzuhandeln, daß mit empirischen Beobachtungen begonnen wird, dann grundlegende Überlegungen zum jeweiligen Thema angestellt und schließlich Unterrichtsvorschläge gemacht werden. Darin spiegelt sich meine Auffassung von Mathematikdidaktik als einer vielschichtigen (in verschiedenen Bereichen und auf verschiedenen Niveaus arbeitenden) Wissenschaft wider, die die Fäden zwischen theoretischer Forschung und Unterrichtspraxis nicht aus den Augen zu verlieren hat.

Ich bin einer Reihe von Personen zu Dank verpflichtet. In erster Linie gebührt dieser Dank Herrn Roland Fischer, der mich vor zwei Jahrzehnten zur Beschäftigung mit diesem Thema anregte und vor allem in der Anfangsphase wesentliche Ideen beisteuerte. Auch in der vorliegenden Fassung des Buches kann manches als eine Ausarbeitung seiner ursprünglichen Ideen angesehen werden. Darüber hinaus gilt mein besonderer Dank Herrn Heinrich Bürger, der wichtige inhaltliche Beiträge geliefert hat und an der Entstehung dieses Buches so wesentlichen Anteil genommen hat, daß es mir nur gerechtfertigt erschien, ihn als Mitarbeiter auf dem Titelblatt zu nennen. Schließlich gilt mein Dank dem Herausgeber dieser Reihe, Herrn Erich Wittmann, nicht nur für die Aufnahme des Buches in die Reihe, sondern auch für viele Hinweise und Vorschläge zur Gestaltung des Buches.

Bei der Durchführung der vielen in diesem Buch angeführten Schülerinterviews wurde ich dankenswerterweise von Frau Edith Schneider und vielen anderen Personen unterstützt, die ich hier nicht alle namentlich anführen kann. Frau Monika Deutsch, Frau Christa Mitterfellner und Frau Karin Picek danke ich für die Herstellung des Manuskripts und die manchmal überaus mühevollen Umarbeitungen, Herrn Hans Dirnböck für die saubere Anfertigung der Zeichnungen. Schließlich gilt mein Dank den Mitarbeitern des Vieweg-Verlages für die verlegerische Betreuung. Durch besondere Umstände hat die Herstellung dieses Buches lange gedauert und mehrere Verlagslektoren überlebt; ihnen allen, insbesondere Frau Brigitte Döbert, sei für ihre Geduld gedankt.

Klagenfurt, im März 1993 Günther Malle

INHALT

1 EINIGE EINLEITENDE GEDANKEN ZUR ELEMENTAREN ALGEBRA ... 1

1.1 Was leistet der derzeitige Unterricht aus elementarer Algebra? ... 1
1.2 Worum geht es in der elementaren Algebra? ... 6
1.3 Was könnte Unterricht aus elementarer Algebra leisten? ... 10
1.4 Trennung von Inhalt und Form ... 15
1.5 Eine Ideologie: Stereotypes Üben ... 19
1.6 Eine andere Ideologie: Sauberes Erklären ... 24
1.7 Lernen als Abbilden oder Konstruieren ... 31
1.8 Zum Erlernen der algebraischen Notation ... 34
1.9 Elementare Algebra und Computer ... 37
    Auslagerung von Verfahren ... 37
    Computer als Lehr- und Lernhilfsmittel ... 40
    Erweiterungen der Notation durch den Computer ... 41

2 VARIABLE, TERME UND FORMELN ... 44

2.1 Aspekte des Variablenbegriffs ... 44
    Was sind Variable? ... 44
    Drei Aspekte ... 45
    Reduktionen des Variablenbegriffs ... 47
    Einflüsse der Aspekte auf die Gleichungslehre ... 49
    Objekt- und Metasprache in der Gleichungslehre ... 52
2.2 Zum Sinn von Termen und Formeln ... 55
2.3 Unterrichtsvorschläge zur Einführung von Variablen im 5. bzw. 6. Schuljahr ... 65
    Beispiel 1: Zahlentricks ... 65
    Beispiel 2: Fahrt mit dem Eurocity ... 67
    Beispiel 3: Einnahmen beim Sportfest ... 72
    Beispiel 4: Paketverschnürungen ... 73
    Beispiel 5: Schneidemaschinen ... 75
    Beispiel 6: Väter, Söhne und Bausteine ... 76

3 FUNKTIONALE ASPEKTE VON FORMELN ... 79

3.1 Variablenaspekte, anders betrachtet ... 79
    Ein Exkurs in die Hochschulmathematik ... 84
    Variablenaspekte anderer Autoren ... 85
3.2 Empirische Beobachtungen zu funktionalen Aspekten von Formeln ... 86
3.3 Unterrichtsvorschläge ... 88

4 TEXTE UND FORMELN 93

4.1 Ein Umkehrfehler 93
      Erklärungsversuche für den Umkehrfehler 96
4.2 Vom Text zur Formel: Ein Dreischritt-Modell 97
      Additive Umkehrfehler 102
      Fehlererklärungen im Dreischritt-Modell 103
4.3 Fehler im ersten Prozeßschritt 104
      Episodisches Denken als Hindernis 105
4.4 Fehler im zweiten Prozeßschritt 106
4.5 Fehler im dritten Prozeßschritt 108
      Mißachtung semantischer Konventionen 108
      Gleichheit als Entsprechung 111
      Auswahl und Anordnung von Symbolen 113
4.6 Interpretieren von Formeln 117
4.7 Unterrichtsvorschläge, die sich aus dem Dreischrittmodell ergeben 119
4.8 Traditionelle Textaufgaben in neuem Gewand 123
      Direkte und indirekte Proportionalität 123
      Prozentrechnen 125

5 THEORETISCHE ERGÄNZUNGEN ZU TEXTEN UND FORMELN 128

5.1 Erfordern Textaufgaben zwei Denksysteme? 128
5.2 Zahlen als Beziehung oder Objekte 132

6 VON DER ARITHMETIK ZUR ALGEBRA 135

6.1 Bedeutungsveränderungen von Zeichen und Schreibweisen . . . 135
      Bedeutungsveränderung der Konkatenation 135
      Bedeutungsveränderungen der Operationszeichen 136
      Bedeutungsveränderungen des Gleichheitszeichens 137
      Eine empirische Untersuchung zur Verwendung des Gleichheitszeichens von Kindern 140
6.2 Veränderungen der Sichtweise von Termen und Formeln . . . 142
      Geschlossene Darstellungen 142
      Handlungs- und Beziehungsaspekte von Formeln 144
      Wechsel von Handlungs- und Beziehungsaspekten 147
6.3 Veränderungen heuristischer Aktivitäten 149
6.4 Unterrichtsvorschläge zur veränderten Sichtweise von Termen und Formeln 151
      Terme als Zahlen 152
      Formeln als Beziehungen zwischen Zahlen 153
6.5 Variable vor Zahlen? 155

7 SCHÜLERFEHLER BEIM UMFORMEN ... 160

7.1 Schemata, Metawissen und Kontrolle ... 160
    Konnexionen ... 162
7.2 Ein Schemamodell für algebraische Umformungen ... 163
7.3 Fehler bei der Informationsaufnahme ... 166
    Unvollständige Informationsaufnahme ... 166
    Unzulässiges Strukturieren von Termen ... 171
7.4 Fehler bei dem Aufruf, der Verarbeitung oder Anwendung von Schemata ... 172
    Übergeneralisieren ... 172
    Unzulässiges Linearisieren ... 175
    Verwendung inadäquater Schemata ... 176
    Bildung unpassender Bedarfsschemata durch Metaschemata ... 179
    Rückgriff auf allgemeine Lebensweisheiten ... 181
    Verwendung zu offener Schemata ... 181
    Verwendung unpassender Ersatzschemata ... 184
    Interferenz von Schemata ... 184
    Nichtbeachtung von Prozedurhierarchien ... 185
7.5 Ausführungsstörungen ... 186

8 WEITERE BEOBACHTUNGEN ZU SCHÜLERFEHLERN BEIM UMFORMEN ... 188

8.1 Drei Komponenten des Gleichungslösens ... 188
8.2 Erkennen von Termstrukturen ... 190
    Termstrukturerkennen ohne Umformen ... 190
    Betrachten von Termen unter vorgegebenen Strukturen ... 194
    Ergänzen von Termen ... 195
    Termstrukturerkennen als allgemeine Fähigkeit ... 196
8.3 Anwenden von Regeln ... 197
    Inwiefern verwenden Schüler Regeln? ... 197
    Begründen von Umformungsschritten durch Regeln ... 200
8.4 Heuristische Strategien ... 202
    Übersicht ... 202
    Abkürzende Beschreibung einer Strategie ... 203
    Welche Strategien dominieren? ... 205
    Heuristische Strategien und Rechtfertigung ... 205

9 AFFEKTIVE ASPEKTE VON SCHÜLERFEHLERN ... 206

9.1 Rationales Denken und Wunschdenken ... 206
9.2 Tiefenpsychologische Aspekte ... 212
    Ängstlichkeit und regelhaftes Denken ... 214

10 UMFORMUNGSREGELN ... 216

10.1 Beschreibung und Begründung von Umformungsschritten ... 216
10.2 Die „Geometrie der Terme" ... 218
10.3 Regeln zum Umformen von Gleichungen ... 219
    Elementarumformungsregeln und Waageregeln ... 219
    Didaktischer Vergleich der Elementarumformungs- und Waageregeln ... 222
    Konsequenzen für den Unterricht ... 227
10.4 Regeln zum Umformen von Termen ... 227
    Zur Argumentationsbasis bei Termumformungen ... 227
    Metaschemata und Bedarfsregeln ... 229
10.5 Zum Sinn des Umformens ... 233
    Warum formen wir Formeln und Terme um? ... 233
    Was leisten Umformungsregeln? ... 235
10.6 Unterrichtsvorschläge zur Einführung von Regeln ... 236
    Einführung von Gleichungsumformungsregeln ... 236
    Einführung von Termumformungsregeln ... 239
10.7 Bewußtes Anwenden von Gleichungsumformungsregeln ... 242
    Spielerisches und zielgerichtetes Umformen ... 244
10.8 Bewußtes Anwenden von Termumformungsregeln ... 245
    Eine mögliche Abfolge von Lernschritten ... 246
    Kombination von Gleichungs- und Termumformen ... 252
    Bewußtmachen von Fehlern ... 252

11 ERKENNEN VON TERMSTRUKTUREN ... 254

11.1 Aufgaben zum Erkennen von Termstrukturen ... 255
11.2 Auf- und Abbau von Termen ... 257
11.3 Substituieren ... 259

12 FORMELN UND FUNKTIONEN ... 262

12.1 Variablenaspekte bei Funktionen ... 263
12.2 Unterrichtsvorschläge zur funktionalen Betrachtung von Formeln (etwa ab dem 9. Schuljahr) ... 267
    Eine Aufgabensequenz: Meßgläser ... 267
    Eine weitere Aufgabensequenz: Verkehrsunfälle ... 270
    Aufstellen von Formeln aus der Kenntnis von Eigenschaften ... 272

Literatur ... 273

1 EINIGE EINLEITENDE GEDANKEN ZUR ELEMENTAREN ALGEBRA

1.1 Was leistet der derzeitige Unterricht aus elementarer Algebra?

Zur „elementaren" Algebra wird in diesem Buch alles gezählt, was mit Variablen, Termen und Formeln (Gleichungen, Ungleichungen) auf Schulniveau zu tun hat. Für dieses Stoffgebiet wird im derzeitigen Mathematikunterricht großer Aufwand geleistet. Die Schüler betreiben mehrere Jahre hindurch (zumindest ab dem 7. Schuljahr) das sog. „Buchstabenrechnen", wobei im allgemeinen viel Zeit und Energie investiert wird (durchaus auf Kosten anderer Stoffgebiete wie etwa der Geometrie). Die Anzahl der gerechneten Übungsbeispiele ist dabei oft ungeheuer groß. Wie aber ist der Effekt dieser Anstrengungen einzuschätzen? Wir betrachten dazu einige Interviews mit Personen, die alle eine mindestens sechsjährige Ausbildung in elementarer Algebra hinter sich haben:

Christa (36, Akademikerin):

Interviewer (legt folgende Aufgabe vor):

An einer Universität sind P Professoren und S Studenten. Auf einen Professor kommen 6 Studenten. Drücken Sie die Beziehung zwischen S und P durch eine Gleichung aus!

Ch: (schreibt) $6S = P$

I: Nehmen wir einmal an, es sind 10 Professoren. Wie viele Studenten sind es dann?

Ch: 60.

I: Setzen Sie das in die Gleichung ein!

Ch: $6 \cdot 60 = 10$. Aha, das kann nicht stimmen. (Nach einer Pause schreibt sie) $P + 6S = P + S$.

I: Was bedeutet das?

Ch: Die Professoren und die auf jeden Professor fallenden 6 Studenten ergeben zusammen alle Professoren und Studenten.

I: Hhmm... Bei dieser Gleichung könnte man auf beiden Seiten P subtrahieren. Was ergibt sich dann?

Ch: (streicht P auf beiden Seiten durch) $6S = S$.

I:	Kann das stimmen?
Ch:	Ja natürlich ... die Gruppen zu 6 Studenten ergeben zusammen alle Studenten.
I:	Setzen Sie wieder die Zahlen ein!
Ch:	10 Professoren und 60 Studenten. Dann ist das $6 \cdot 60 = 10$. Das kann nicht stimmen. (Nach einer Pause schreibt sie) $P + S = 7$.
I:	(räuspert sich)
Ch:	(bessert aus zu) $P + 6S = 7$
I:	Was bedeutet das?
Ch:	Ein Professor und seine 6 Studenten sind zusammen 7 Personen.

Helga (29, Akademikerin):

I:	(legt folgende Aufgabe vor) In einem Saal sind x Männer und y Frauen. Was bedeutet die Formel $y = x + 2$?
H:	(schweigt minutenlang)
I:	Vielleicht ist die Aufgabe leichter, wenn wir die Anzahl der Männer mit M und die Anzahl der Frauen mit F bezeichnen. Dann lautet die Formel $F = M + 2$. Was bedeutet das?
H:	(spontan) Die Frau hat einen Mann und zwei Kinder.
I:	Muß denn diese 2 unbedingt 2 Kinder bedeuten. Können es nicht zwei Männer oder zwei Frauen sein?
H:	Nein, denn sonst müßte ja hierstehen: $F = M + 2M$. Oder: $F = M + 2F$.
I:	Wenn es zwei Kinder sind, dann müßte ja eigentlich $F = M + 2K$ hierstehen.
H:	Ja ... richtig.

In diesen beiden Interviews ging es um das Aufstellen bzw. Interpretieren einer Formel. Zur Entschuldigung der Versuchspersonen könnte man hier anführen, daß solche Aufgaben im Mathematikunterricht der Schule nicht besonders geübt werden. Der Schulunterricht konzentriert sich ja weitgehend auf ein Umformen von Termen und Lösen von Gleichungen. Betrachten wir also auch dazu zwei Interviews (diesmal mit männlichen Versuchspersonen):

Bernhard (22, Student):

I: (legt die folgende Formel vor)

$$a = \frac{b}{c+d}$$

Kannst du d ausrechnen?

B: Ja .. ich gebe zuerst d nach links:

$$a - d = \frac{b}{c}$$

Dann gebe ich a nach rechts:

$$-d = \frac{b}{c-a}$$

Also:

$$d = \frac{-b}{c-a}$$

Walter (23, Akademiker)

I: Können Sie die Gleichung $\frac{x}{8} = 9$ lösen?

W: (schweigt minutenlang) Ich weiß nicht mehr, wie das geht. Da gibt es eine Regel, aber die habe ich leider vergessen.

Wer zum ersten Mal mit solchen Interviewergebnissen konfrontiert wird, zeigt meist eine gewisse Skepsis. Typische Reaktionen sind etwa: „Das sind doch Extrembeispiele, die sich Mathematikdidaktiker ausgesucht haben, um sich wichtig zu machen" oder „Mag sein, daß es solche Leute gibt, aber bei meinen Schülern passiert das sicher nicht". Der Leser kann sich jedoch auf eine einfache Weise davon überzeugen, daß es sich bei den dargestellten Schwierigkeiten nicht um seltene, sondern eher häufige Vorkommnisse handelt, indem er die obigen Aufgaben oder ähnliche Aufgaben seinen Bekannten oder Schülern stellt. Ich kenne eine Reihe von Lehrern, die nach der Durchführung solcher Interviews mit ihren Schülern aus allen Wolken gefallen sind. Wir werden in diesem Buch noch viele weitere Interviews zur elementaren Algebra kennenlernen, die enorme Defizite der befragten Personen aufweisen und zeigen, daß diese Personen trotz mehrjähriger Ausbildung in elementarer Algebra nicht gelernt haben, Variable so zu gebrauchen, wie sie von Mathematikern gebraucht werden. Wenngleich keine statistisch abgesicherten Aussagen gemacht werden können, kann aufgrund der vorliegenden Daten (Interviews und schriftliche Befragungen) vermutet werden, daß zumindest die Hälfte aller Schulabgänger Schwierigkeiten im Umgang mit Variablen hat, die denen der oben vorgestellten Versuchspersonen ähnlich sind. Eine Reihe von empirischen Untersuchungen stützt diese Vermutung (z.B. ROSNICK/CLEMENT 1980,

CARPENTER et al. 1982, NÄGERL 1984, LÖRCHER 1986, MALLE 1986 e, EKENSTAM/GREGER 1987, BROWN et al. 1988, TIETZE 1987, 1988, LEE/WHEELER 1989, FRANKE/WYNANDS 1991).

Als weiteres Beispiel für solche Befunde führe ich einen Ausschnitt aus einer Untersuchung von BORNELEIT (1982) an, der zeigt wie einfache sprachliche Ausdrücke von manchen Schülern in Terme übersetzt werden:

Text: *Einige Schülerantworten:*

- Ich vermehre eine Zahl um 7.   ... $x \cdot 7$
- Das Sechsfache der Zahl 2.   ... $2 \cdot 2 \cdot 2 \cdot 2 \cdot 2 \cdot 2$
- Das Dreifache einer Zahl.   ... $x_1 + x_2 + x_3$
- Monika ist a Jahre alt. Ihre Mutter ist dreimal so alt. Sie ist ... Jahre alt.   ... $a : 3$, $a + 3$
- Eine Seite eines Rechtecks beträgt a cm. Die andere Seite ist 4 cm kürzer. Sie beträgt ... cm.   ... $8a + 4$, $a + a \cdot 4 - 4 - 2$, $a \cdot 4$
- Der Umfang dieses Rechtecks beträgt ... cm.   ... 32, $a(a-4)$, $2a - 4 \cdot 2a$, $a \cdot b \cdot c$
- Ein Lehrbuch kostet x Mark. Ein Roman ist um 2 Mark teurer als das Lehrbuch. 4 Lehrbücher und 5 dieser Romane kosten zusammen ... Mark.   ... $x + 2 \cdot 4 + 5$, $3x + 2 \cdot 4 + 5$, $x \cdot 4 + 2 \cdot 5$, $x \cdot 2 + 4 + 5$, $x^4 + 2 \cdot 5$, $x + 2 \cdot 4x + 2x$, $4x \cdot 5 + 2$, $2 + 2x \cdot 4 \cdot 5$, $x \cdot 2 + 4 \cdot 5$

Erfahrungen dieser Art legen den Schluß nahe, daß der derzeitige Unterricht aus elementarer Algebra beträchtliche Mängel aufweist. Wenn ein mehrjähriger Unterricht in diesem Stoffgebiet nicht mehr bewirkt als das Vorgestellte, dann ist etwas schiefgelaufen. Kurios ist dabei folgendes: Beim Buchstabenrechnen wird in der Schule eine beträchtliche Komplexität erreicht. Es werden ja relativ umfangreiche Terme und komplizierte Gleichungen bzw. Ungleichungen behandelt. Termumformungen wie

$$\left(\frac{b}{a^2 - ab} + \frac{1}{a - b}\right) : \frac{a}{a^2 - b^2}$$

oder Gleichungen wie

$$\frac{x - 2}{x - 3} - \frac{5 - 3x}{2x - 6} = \frac{4x - 3}{3x - 9}$$

sind ja im 7. oder 8. Schuljahr geradezu an der Tagesordnung. Manchmal werden auch relativ komplexe Textaufgaben behandelt, wie Bewegungsaufgaben, Mischungsaufgaben usw. In höheren Klassen kommen anspruchsvolle Anwendungen des Buchstabenrechnens hinzu (man denke beispielsweise an die Herleitung der Ellipsengleichung aus der Brennpunktdefinition oder an die Differentiation einer gebrochen-rationalen Funktion). Irgendwie schaffen es die meisten Schüler auch, mit dieser Komplexität fertigzuwerden. Trotzdem zeigen die eingangs vorgestellten Interviews, daß oft *Einfaches* und *Grundsätzliches* unverstanden bleibt, etwa das Aufstellen und Interpretieren simpler Formeln oder das Umformen simpler Terme bzw. Gleichungen. Deshalb betiteln ROSNICK und CLEMENT eine einschlägige Arbeit (1980) mit „Learning without Understanding".

Wenn die Situation wirklich so deprimierend ist, wie wir leider annehmen müssen, drängen sich Fragen der folgenden Art auf: Was läuft denn im derzeitigen Unterricht aus elementarer Algebra schief? Wie müßte man elementare Algebra unterrichten, um bessere Erfolge zu erzielen? Es ist nicht die Absicht dieses Buches, vorschnelle Antworten auf solche Fragen zu geben und unreflektierte Vorschläge für Unterrichtsmethoden zu machen, die angeblich effizienter sein sollen. Dies hieße ja, an einer Hauptaufgabe der Mathematikdidaktik vorbeizugehen, nämlich die Hintergründe solcher Vorschläge zu untersuchen. Ich halte mich an eine Auffassung von Mathematikdidaktik, die in dem Buch „Mensch und Mathematik" (FISCHER/MALLE 1985) entwickelt wurde, und derzufolge die Mathematik das *Verhältnis des Menschen (Lernenden) zur Mathematik* ins Auge zu fassen hat, dessen Kern die Frage nach dem *Sinn* der Mathematik und ihrer Inhalte für den Menschen (Lernenden) ist. Aus dieser Auffassung resultiert, daß man in einer mathematikdidaktischen Untersuchung sowohl den Menschen (Lernenden) als auch den Stoff (die Mathematik) ernstzunehmen hat (man vergleiche dazu auch die Ausführungen in GALLIN/RUF 1990 zum Thema „Mensch und Stoff im Dialog"). Wir werden also einerseits große Teile dieses Buches der Beobachtung von Lernenden widmen, insbesondere anhand von Interviews versuchen, mehr über deren Schwierigkeiten beim Erlernen der elementaren Algebra zu erfahren, ihre Fehler genauer anzusehen und die dahinterliegenden kognitiven Prozesse zu rekonstruieren. Andererseits werden wir große Teile des Buches dem Stoff selbst widmen und etwa fragen, was denn eigentlich Variable sind, wozu Variable, Terme und Formeln gebraucht werden und welche Rolle sie in der Mathematik und ihren Anwendungen spielen. Die Beobachtung der Lernenden kann als eine eher *psychologische*, die Analyse des Stoffes als eine eher *epistemologische* Komponente dieses Buches betrachtet werden. Beide Komponenten beeinflussen einander. Zum Beispiel können bestimmte Schwierigkeiten von Schülern einem die Augen für bestimmte stoffliche Eigenheiten der Mathematik öffnen und umgekehrt. Beide Komponenten werden zusammengeführt durch die Frage nach dem Sinn von Variablen, Termen, Formeln usw. für den Lernenden - eine Frage, die in vielfältigen Variationen in diesem Buch auftauchen wird. Aus den psychologischen und epistemologischen Analysen, vor allem aber aus den Antworten zur Sinnfrage werden schließlich reflektierte methodische Vorschläge für den Unterricht erfließen.

1.2 Worum geht es in der elementaren Algebra?

Bevor wir uns auf weitere Überlegungen zum Unterricht aus elementarer Algebra einlassen, wollen wir — in einem ersten Anlauf — anhand eines *Beispiels* untersuchen, welche **Tätigkeiten** in der elementaren Algebra auftreten können und welchen **Zielen** diese dienen können. Wir gehen von folgender Aufgabenstellung aus, die zu verschiedenen Tätigkeiten führt, die für die elementare Algebra (aber leider nicht für den Unterricht) typisch sind:

> Der Nettopreis einer Ware beträgt 140 DM. Man berechne den Bruttopreis bei 20 % Mehrwertsteuer!

Damit diese Aufgabe überhaupt gelöst werden kann, sind einige Vorkenntnisse nötig. Man muß wissen, was die Worte „Nettopreis", „Bruttopreis" und „Mehrwertsteuer" bedeuten und insbesondere den Zusammenhang zwischen diesen Begriffen kennen. Dieser Zusammenhang kann in Worten etwa so ausgedrückt werden:

> Der Bruttopreis ergibt sich, wenn man zum Nettopreis die Mehrwertsteuer, das sind 20 % des Nettopreises, hinzufügt.

Dieser Zusammenhang ist ein **allgemeiner Zusammenhang**, der mit Hilfe von **Wort-**

variablen ausgedrückt ist („Bruttopreis", „Nettopreis", „Mehrwertsteuer"). Zur Lösung der gestellten Aufgabe ist es nicht unbedingt notwendig, diesen Zusammenhang in Form eines sprachlichen Satzes darzustellen. Wesentlich ist jedoch, daß die Kenntnis des *allgemeinen* Zusammenhanges der *besonderen* Rechnung vorausgehen muß, weil man sonst gar nicht weiß, welche Rechenoperationen man auszuführen hat. Aus verschiedenen Gründen (z.B. um den Rechengang zu planen, zu speichern oder jemandem mitzuteilen) kann eine andere Darstellung des Zusammenhanges zweckmäßig oder notwendig werden. Eine übersichtlichere Darstellung als einen sprachlichen Satz erhält man, wenn man zu einer **Wortformel** übergeht:

Bruttopreis = Nettopreis + 20 % vom Nettopreis

Noch übersichtlicher wird die Darstellung, wenn man **Buchstaben** als Abkürzungen einführt, etwa B für den Bruttopreis und N für den Nettopreis:

$$B = N + 20 \text{ \% von } N$$

Besitzt man einige Kenntnisse aus der Prozentrechnung und kann man einfache Terme umformen, erhält man eine noch übersichtlichere **Buchstabenformel**:

$$B = N + 0,2 \cdot N = (1 + 0,2) \cdot N = 1,2 \cdot N$$

Mit Hilfe dieser Formel kann man nicht nur die Ausgangsaufgabe lösen, sondern zu *jedem* Nettopreis den dazugehörigen Bruttopreis errechnen. Darüber hinaus kann man die Formel in verschiedener Hinsicht untersuchen und damit weitere *allgemeine Einsichten* in die *besondere Situation* erlangen. Zum Beispiel kann man bei entsprechenden Vorkenntnissen aus der Formel ablesen, daß der Bruttopreis zum Nettopreis direkt proportional ist und erhält damit die Einsicht daß stets dem a-fachen Nettopreis der a-fache Bruttopreis entspricht.

Soferne man einfache Gleichungen umformen kann, kann man die Formel $B = 1,2 \cdot N$ umformen zu:

$$N = \frac{B}{1,2} \approx 0,83 \cdot B$$

Mit Hilfe dieser Formel kann man umgekehrt zu jedem Bruttopreis den Nettopreis ausrechnen. Man erkennt weiters, daß auch der Nettopreis zum Bruttopreis direkt proportional ist und erhält damit die Einsicht, daß auch stets dem a-fachen Bruttopreis der a-fache Nettopreis entspricht.

Weitere allgemeine Einsichten erhält man, wenn man in der Formel $B = 1,2 \cdot N$ die Funktion $N \mapsto B$ sieht. Man kann den Graphen dieser Funktion zeichnen (siehe Fig. 1), dabei den Proportionalitätsfaktor als Steigung der erhaltenen Geraden auffassen und auf die üblichen Arten interpretieren, z.B.: nimmt der Nettopreis um 1 DM zu, so nimmt der Bruttopreis um 1,2 DM zu. Man kann weitere Fragen stellen, z.B.: In welchem Bereich ist dieser Graph sinnvoll? Darf man eine nicht unterbrochene Gerade zeichnen?

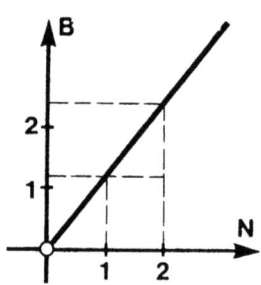

Fig. 1

Um die Abhängigkeit des Nettopreises vom Bruttopreis zu betonen, kann man schreiben:

$$B(N) = 1,2 \cdot N$$

Mit dieser Schreibweise kann man verschiedene Fragen formal behandeln und eventuell schon früher gefundene Einsichten genauer begründen, z.B:

a) Begründe genauer, daß dem a-fachen Nettopreis der a-fache Bruttopreis entspricht!
   $B(a \cdot N) = 1,2 \cdot (a \cdot N) = a \cdot (1,2 \cdot N) = a \cdot B(N)$

b) Wenn der Nettopreis um a DM erhöht wird, wird dann auch der Bruttopreis um a DM erhöht?
   $B(N + a) = 1,2 \cdot (N + a) = 1,2 \cdot N + 1,2 \cdot a = B(N) + 1,2 \cdot a > B(N) + a$

Ähnliche Aktivitäten kann man durchführen, wenn man in der Formel $N = \frac{B}{1,2}$ d Funktion $B \mapsto N$ sieht.

Mit etwas Phantasie könnte man die Liste der Tätigkeiten, die sich an das Aufstellen d Formel $B = 1,2 \cdot N$ ausschließen können, noch fortsetzen. Man sieht aber auch so scho daß die Formel ein reichhaltiges Feld von allgemeinen Fragen und Einsichten erschlief

Sie wird zu einem *Explorationsinstrument* im betreffenden Bereich. Auch wenn wir von einer *besonderen Situation* ausgegangen sind, erhalten wir mit Hilfe der Formel *allgemeine Einsichten* in diese Situation (wobei die eher zufälligen Eigenschaften der Situation, z.B. die gegebenen Zahlenwerte, in den Hintergrund gedrängt werden).

Überblicken wir nochmals dieses Beispiel, so sehen wir, daß darin verschiedene **Tätigkeiten mit Formeln** durchgeführt werden, z.B.:

— Aufstellen einer Formel
— Einsetzen von Zahlen und numerisches Berechnen einer Größe
— Interpretieren einer Formel
— Herauslesen von Zusammenhängen (z.B. Proportionalitäten)
— Graphisches Darstellen von solchen Zusammenhängen
— Umformen einer Formel
— Adaptieren einer Formel für bestimmte Zwecke (z.B. Übergang von einer Wortformel zu einer Buchstabenformel oder Übergang von $B = 1,2 \cdot N$ zu $B(N) = 1,2 \cdot N$)

Warum führen wir diese Tätigkeiten durch? Beginnen wir mit der Frage, warum wir überhaupt eine Formel aufstellen. Es ist leicht zu erkennen, daß eine Formel dazu dient, einen Sachverhalt bzw. verschiedene Zusammenhänge *allgemein darzustellen*, wobei wir uns verschiedener Variablen bedienen. Wir halten also als eine simple (aber in der Schule viel' zu wenig berücksichtigte) Erkenntnis fest:

Variable (und damit Terme und Formeln) sind Mittel zur allgemeinen Darstellung von Sachverhalten.

Eine allgemeine Darstellung eines Sachverhaltes mit Hilfe von Variablen wird im allgemeinen durchgeführt, um bestimmte **Ziele** zu erreichen. Die **allgemeine Darstellung des Sachverhaltes** kann selbst ein solches Ziel sein. Häufig ist eine solche Darstellung aber nur ein erster Schritt zur Erreichung weiterer Ziele, wobei mit der aufgestellten Formel weitere der oben angeführten Tätigkeiten durchgeführt werden. Eine Inspektion des Beispiels zeigt, daß es vor allem um folgende weitere Ziele geht:

— Wir wollen allgemeine **Probleme lösen**. Z.B. wollen wir herausfinden, wie man mit Hilfe der Formel $B = 1,2 \cdot N$ aus dem Bruttopreis den Nettopreis berechnen kann. Oder wir wollen herausfinden, um wieviel der Bruttopreis steigt, wenn der

Nettopreis um 1 DM erhöht wird.

- Wir wollen jemandem auf allgemeine Weise etwas mitteilen, also **kommunizieren**. Z.B. wollen wir jemandem einfach und unmißverständlich erklären, wie der Bruttopreis aus dem Nettopreis berechnet werden kann. (Man kann auch mit sich selbst oder einer Maschine kommunizieren.)
- Wir wollen allgemein **argumentieren** (begründen, beweisen). Z.B. wollen wir allgemein begründen, daß dem a-fachen Nettopreis der a-fache Bruttopreis entspricht.
- Wir wollen eine Situation allgemein **explorieren**, d.h. allgemeine Einsichten in die besondere Situation gewinnen. Z.B. sind wir im Verlauf der Tätigkeiten draufgekommen, daß einer Erhöhung des Nettopreises um a DM nicht unbedingt eine Erhöhung des Bruttopreises um a DM entspricht.

Wir halten also fest:

Die Möglichkeit, mit Variablen Sachverhalte allgemein darzustellen, läßt sich einsetzen zu allgemeinem Problemlösen, allgemeinem Kommunizieren (Mitteilen), allgemeinem Argumentieren (Begründen, Beweisen) und allgemeinem Explorieren.

1.3 Was könnte Unterricht aus elementarer Algebra leisten?

Die Defizite vieler Menschen im Bereich der elementaren Algebra lassen nicht nur den Schluß zu, daß mit dem derzeitigen Unterricht aus elementarer Algebra etwas nicht stimmt, sondern auch den Schluß, daß die elementare Algebra für viele Menschen nicht so wichtig sein kann, wie in der Schule meist getan wird. Denn wenn es Menschen gibt, die ein akademisches Studium bewältigen, ihren Beruf ohne Tadel ausüben und in ihrem Privatleben zurechtkommen, ohne die elementare Algebra zu beherrschen, ja mehr noch: ohne ihre Defizite in elementarer Algebra jemals zu bemerken, dann kann dieses Stoffgebiet für diese Personen nach der Schule keine nennenswerte Rolle mehr spielen. Anscheinend gilt das für viele Menschen, sodaß sich ernsthaft die Frage stellt, ob denn *alle* Schüler elementare Algebra erlernen sollen.

Man kann natürlich darauf verweisen, daß die elementare Algebra eine unabdingbare Voraussetzung für jede weitere mathematische Betätigung ist, soferne sich diese nicht im elementaren Zahlenrechnen erschöpft (siehe z.B. WALSCH 1992) . Schon die höheren Klassen der Schule können ohne entsprechende Kenntnisse aus elementarer Algebra nicht bewältigt werden. Viele Studiengänge setzen solche Kenntnisse voraus und schließlich gibt es einige Berufe, in denen die elementare Algebra ganz sicher gebraucht wird (Naturwissenschafter, Techniker, Programmierer, Ökonomen usw.). Ohne Kenntnisse aus elementarer Algebra kann man heute praktisch kein Fachbuch aus Mathematik oder ihren Anwendungen lesen oder sich in keinen entsprechenden Kursen weiterbilden. Um also Schülern die weitere Beschäftigung mit Mathematik zu ermöglichen, ihnen keine Studiengänge, Ausbildungsmöglichkeiten oder gar Berufe zu versperren, läßt sich die Forderung ableiten, daß möglichst alle Schüler die elementare Algebra kennenlernen sollen. Meines Erachtens ist das ein starkes Argument, das zu Recht angeführt wird. Es verbleibt allerdings ein schaler Beigeschmack: Was ist mit jenen Schülern, die sich später mathematisch nicht weiterbilden, die keine höheren Klassen besuchen, kein entsprechendes Studium ergreifen oder keinen entsprechenden Beruf ausüben. Müssen auch diese Schüler mit elementarer Algebra „traktiert" werden? Was können diese Schüler von einem Unterricht aus elementarer Algebra profitieren?

Auf diese Frage möchte ich eine zweifache Antwort geben: Erstens kann die elementare Algebra für *alle* Menschen von gelegentlichem praktischen **Nutzen** im Leben sein. Daß sie vielen Menschen nicht abgeht, liegt oft daran, daß diese Menschen nicht wissen, welch nützliches Werkzeug ihnen entgeht. Zweitens kann die elementare Algebra bedeutende Beiträge zu **allgemeinen Lernzielen** leisten und damit auch für jene Schüler von Bedeutung sein, die später nichts mehr mit elementarer Algebra zu tun haben. Im letzten Abschnitt haben wir gesehen, daß es vor allem um das grundlegende Lernziel des **Darstellens** geht, welches zum **Problemlösen, Kommunizieren, Argumentieren** (Begründen, Beweisen) und **Explorieren** eingesetzt werden kann. Darüber hinaus werden auch andere Lernziele angesprochen wie *Exaktes Arbeiten, Durchhaltevermögen, Selbstdisziplin* usw.

In bezug auf die genannten Ziele gibt es enorme Defizite bei unseren heutigen Schulabgängern. Ich illustriere dies an einer Reihe von Beispielen, die alle auf wahren Begebenheiten beruhen. Der Leser möge bei jedem Beispiel auch bedenken, wie nützlich Kenntnisse aus elementarer Algebra für die betreffende Person gewesen wären.

a) *Ein Defizit im Darstellen*: Elektrolehrlingen, denen man keine Formeln zutraut, wird manchmal das nebenstehend abgebildete „Ohmsche Dreieck" als Ersatz für das Ohmsche Gesetz $U = I \cdot R$ angeboten. Deckt man eine der drei Größen ab, ergibt sich der Zusammenhang der abgedeckten Größe mit den beiden anderen Größen.

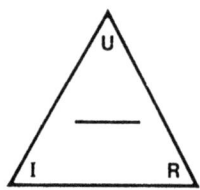

Fig. 2

b) *Ein Defizit im Problemlösen:* Ein Arzt wandte sich an den Koautor dieses Buches, weil er nicht imstande war, aus einem Bruttohonorar das Nettohonorar bei 20 % Mehrwertsteuer zu berechnen. Wäre dieser Arzt in der Lage gewesen, die einfache Formel $B = 1{,}2 \cdot N$ aufzustellen und zu $N = \frac{B}{1{,}2}$ umzuformen, wäre dies für ihn wohl kein essentielles Problem gewesen.

c) *Ein Defizit im Kommunizieren:* Ein Steuerberater erklärte mir die Berechnung der Lohnsteuer (in Österreich). Diese beruht auf folgenden Formeln:

$$G = B - S - P \quad , \quad St = \frac{p}{100} \cdot G - A$$

Dabei ist G die Steuerbemessungsgrundlage (die auf 100 S gerundet wird), B der Jahresbruttolohn, S die Summe der Sozialversicherungsabgaben, P ein Pauschalbetrag, St die zu zahlende Lohnsteuer, p der Steuersatz und A ein aus verschiedenen Posten zusammengesetzter Absetzbetrag (die Werte von p und A hängen von der Bemessungsgrundlage G ab und können einer Tabelle entnommen werden). Der Steuerberater erklärte mir diese Berechnung jedoch verbal. Am Ende war er sich nicht sicher, ob er die Berechnung richtig erklärt hätte und vor allem, ob ich sie richtig verstanden hätte. Er schlug daher vor, ein numerisches Beispiel durchzurechnen. Erst als sein numerisches Resultat bis auf eine kleine Abweichung mit dem entsprechenden Wert in seinen Steuertabellen übereinstimmte, gab er sich zufrieden. In seiner eigenen Arbeit verwendete er zur Lohnsteuerberechnung ein Computerprogramm. Formeln hätten ihm dazu wenig genützt. Zur Kommunikation mit seinen Klienten aber wären sie sehr nützlich gewesen, vorausgesetzt daß die Klienten der algebraischen Sprache mächtig sind.

d) *Ein Defizit im Argumentieren:* Folgende Szene wurde mir berichtet. Ein Deutschlehrer und eine Englischlehrerin waren sich uneins, wie man den Prozentsatz derjenigen Schüler einer Klasse ausrechnet, die mit „Nicht genügend" (schlechteste Note in Österreich) beurteilt wurden. Die Lehrerin wollte die Anzahl der Schüler in der Klasse mit 100 multiplizieren und durch die Anzahl der mit „Nicht genügend" Beurteilten dividieren. Der Lehrer wollte es umgekehrt machen. Jeder war von der Richtigkeit seines Vorgehens überzeugt, keiner war aber in der Lage, das Vorgehen des anderen zu widerlegen. Die beiden hätten die Frage durch ein numerisches Beispiel entscheiden können. Dies taten sie jedoch nicht, sondern sie fragten einen Mathematiklehrer. Wären sie in der Lage gewesen, die Formel $N = \frac{p}{100} \cdot S$ aufzustellen (N=Anzahl der mit „Nicht genügend" Beurteilten, S=Anzahl der Schüler, p = gesuchter Prozentsatz) und wären sie in der Lage gewesen, diese Formel zu $p = \frac{100 \cdot N}{S}$ umzuformen, wäre es wohl kein besonderes Problem gewesen, die Frage zu klären. Darüber hinaus wäre der Lehrer wohl auch in der Lage gewesen, durch eine klare Argumentation seine Kollegin von der Unrichtigkeit ihres Vorgehens zu überzeugen — und diese hätte die Argumentation vermutlich auch verstanden.

Man könnte die Liste dieser Beispiele leicht fortsetzen. Aus ihnen ergibt sich als erstrebenswertes Ziel, daß größere Teile der Bevölkerung lernen, die Sprache der elementaren Algebra als Ausdrucksmittel zu gebrauchen. Die algebraische Notation sollte geradezu ein Bestandteil der Umgangssprache werden, der mehr oder weniger von jedermann verstanden wird. In bezug auf andere Darstellungsformen ist durchaus in letzter Zeit ein gewisser Bildungszuwachs zu verzeichnen. Z.B. scheuen sich Tageszeitungen heute nicht mehr, Graphiken abzudrucken, die früher kaum jemand verstanden hätte. Wohl aber scheuen sie sich nach wie vor, Formeln abzudrucken.

Es gibt ganze Bereiche, die durch besondere Formelabstinenz auffallen, etwa der Bereich der Gesetzgebung. Numerische Vorschriften (etwa in der Steuergesetzgebung) werden in den meisten Fällen nicht durch Formeln, sondern durch oft halsbrecherische verbale Beschreibungen angegeben, die Mißverständnissen Tür und Tor öffnen. Ohne irgendjemandem nahetreten zu wollen, vermute ich, daß diese Situation dadurch zustandegekommen ist, daß man Juristen und den sonstigen Lesern der Gesetzestexte zu wenig algebraische Kenntnisse zugemutet hat. (Nur böswillige Zungen behaupten, daß die durch die algebraische Notation erreichbare Klarheit von den Verantwortlichen nicht gewollt wird.) KIRSCH (1983) berichtet ähnliches aus dem Bankwesen. Um den Darlehensbetrag aus der Monatsrate (oder umgekehrt) zu berechnen, wird den Bankangestellten in Deutschland von Amts wegen vorgeschrieben, anstelle der zuständigen genauen Formel eine ungenaue (durch Linearisierung erhaltene) Näherungsformel zu verwenden. Der Grund: Im Gegensatz zur genauen Formel enthält die Näherungsformel keine gebrochenen Exponenten, die man Bankangestellten offenbar nicht zumutet. Es läßt sich im vorliegenden Fall durchaus darüber streiten, ob die Näherungsformel algebraisch einfacher gebaut ist als die genaue Formel, doch scheint eine Bemerkung von DRYGAS (1982) zuzutreffen, der meint, „daß die Bankleute die mathematische Wurzel ebenso fürchten wie die Wurzel, die ihnen von einem Zahnarzt gezogen wird."

Auch Autoren mathematischer und naturwissenschaftlicher Einführungswerke beginnen sich auf die verbreitete „Formelphobie" einzustellen. Einen besonders gelungenen Versuch in dieser Richtung stellt das Buch von FREEDMAN/PISANI/PURVES (1978) dar, welches eine ausgezeichnete Einführung in die Statistik enthält, die praktisch ohne Verwendung von Buchstabenvariablen auskommt. Der theoretische Physiker HAWKING schreibt im Vorwort seines Buches „Eine kurze Geschichte der Zeit":

> Man hat mir gesagt, daß jede Gleichung im Buch die Verkaufszahlen halbiert. Ich beschloß also, auf mathematische Formeln ganz zu verzichten. Schließlich habe ich doch eine Ausnahme gemacht: Es handelt sich um die berühmte Einsteinsche Formel $E = mc^2$. Ich hoffe, dies wird nicht die Hälfte meiner potentiellen Leser verschrecken.

In der derzeitigen Situation mögen solche Versuche begrüßenswert sein. Zur allgemeinen Nachahmung möchte ich diese Versuche aber nicht empfehlen. Es erscheint mir sinnvoller, die Algebrakenntnisse der Leser anzuheben, statt die Autoren in ihren Darstellungsmöglichkeiten einzuschränken. Irgendwie bleiben bloß verbale Erläuterungen auch unbefriedigend und tragen oft zum Verständnis wenig bei.

1.4 Trennung von Inhalt und Form

Der heutige Unterricht aus elementarer Algebra ist durch eine verhängnisvolle Spaltung gekennzeichnet. Im 5. und 6. Schuljahr wird vorwiegend das *Zahlen- und Sachrechnen* gepflegt, wobei großer Wert darauf gelegt wird, dieses den Schülern in verschiedenen inhaltlichen Einkleidungen zu vermitteln. Das *Buchstabenrechnen* beginnt meist erst im 7. Schuljahr, stürmt dann allerdings mit voller Wucht auf die Schüler ein. Dabei wird von Anfang an die Hauptkonzentration auf *regelhaftes Umformen* gelegt, die inhaltlichen Einkleidungen verschwinden, es dominieren „nackte" Termumformungen und Gleichungslösungen. Abgesehen von einem gelegentlichen Einsetzen von Zahlen für Buchstaben (etwa bei Proben) wird wenig getan, um das Buchstabenrechnen mit dem Zahlenrechnen in Verbindung zu bringen, Interpretationen von Termen bzw. Gleichungen in Sachsituationen kommen fast überhaupt nicht mehr vor. Die Folge ist eine fast vollständige Trennung von Syntax und Semantik. Der **Kalkül** wird als **Kunst für sich**, abgehoben von jeglicher inhaltlichen Bedeutung, behandelt.

Zur simplen Erkenntnis, daß *Variable für Zahlen stehen,* kommen Schüler allerdings nicht immer von selbst. Daß diese Einsicht nicht naheliegend ist, zeigen Interviews mit Grundschulkindern, die dem Phänomen der Buchstaben oft fassungslos gegenüberstehen und nicht wissen, was sie mit ihnen anfangen sollen. Betrachten wir als Beispiel einen Ausschnitt aus einem Interview mit Arno und Markus (beide 7). Es geht dabei um den Text:

> Hansi bekommt dreimal soviel Taschengeld wie Toni.
>
> **I:** Und wieviel bekommt der Hansi, wenn der Toni *a* Schilling bekommt?
>
> **A:** Hm ... ich weiß nicht, was das heißt: *a* Schilling. Ich kann nur mit Zahlen rechnen.
>
> **I:** Stell dir vor, *a* steht für eine Zahl.
>
> **A:** Hm ... das geht nicht. Statt einer Zahl kann kein Buchstabe stehen.
>
> **I:** Was könntest du machen, wenn du nicht weißt, wieviel Taschengeld Toni bekommt? Du weißt nur, daß ... der Hansi dreimal so viel erhält.
>
> **M:** Hm ... da kann ich gar nichts machen, weil ich nicht weiß, wieviel der Toni bekommt.

I: Nehmen wir an, er bekommt x Schilling Taschengeld.

M: x, was ist das?

I: x steht für wieviel Toni Taschengeld bekommt.

M: Das geht nicht, er kann ja nicht einen Buchstaben als Taschengeld bekommen. Da muß eine Zahl stehen, sonst geht das nicht; weil mit Buchstaben kann man bei einer Rechnung nichts machen.

Ein solches Verhalten mag einem bei siebenjährigen Kindern nicht verwundern. Leider zeigen empirische Untersuchungen (z.B. MALLE 1986.e), daß gelegentlich auch noch vierzehnjährige Kinder das Buchstabenrechnen nicht mit dem Zahlenrechnen in Verbindung bringen. Manche sehen Buchstaben bloß als Objekte an, mit denen man in irgendeiner Weise auf dem Papier jonglieren kann. Sie fassen das Buchstabenrechnen als ein **Spiel** mit mehr oder weniger *willkürlichen Spielregeln* auf, die nicht mit den Spielregeln des Zahlenrechnens übereinzustimmen brauchen. Wir haben etwa Schüler angetroffen, die die Formel $(a + b)^2 = a^2 + 2ab + b^2$ akzeptierten, weil sie vom Lehrer so angegeben wurde bzw. so im Lehrbuch steht. Sie wären aber sofort bereit gewesen, auf Vorschlag des Interviewers das Spiel ab jetzt mit der einfacheren Spielregel $(a + b)^2 = a^2 + b^2$ zu spielen. So wie man die Regeln von Brettspielen nach Belieben ändern darf, kann man nach Meinung dieser Schüler auch das Buchstabenspiel in verschiedenen Varianten spielen. Numerische Gegenbeispiele zur Regel $(a + b)^2 = a^2 + b^2$ beeindruckten diese Schüler wenig, da das Buchstabenrechnen ihrer Meinung nach mit dem Zahlenrechnen nichts zu tun hätte. Das Zahlenrechnen und das Buchstabenrechnen wurden also *in verschiedenen Schubladen* abgelegt (verschiedene Mikrowelten nach LAWLER 1981 bzw. subjektive Erfahrungsbereiche nach BAUERSFELD 1983). Auch die bekannte geometrische Interpretation der Formel $(a + b)^2 = a^2 + 2ab + b^2$ wie in Fig. 3 war den meisten Schülern unbekannt. Wurde diese Interpretation vom Interviewer vorgeführt, sahen die Schüler darin nicht unbedingt einen Grund, die einfachere Spielregel $(a + b)^2 = a^2 + b^2$ zu verwerfen, weil das Buchstabenspiel

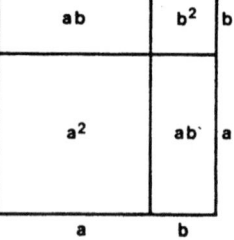

Fig. 3

ihrer Meinung nach mit Geometrie nichts zu tun hätte. Daß viele Schüler kaum Verbindungen zwischen Formeln und den zugrundeliegenden Sachsituationen (außerhalb des Zahlenrechnens bzw. der Geometrie) herstellen können, kann schon an den eingangs vorgestellten Interviews abgelesen werden.

LEE und WHEELER (1989) haben in einer empirischen Untersuchung an 15- und 16-jährigen Schülern eine beträchtliche Dissoziation zwischen dem arithmetischen und algebraischen Denken dieser Schüler festgestellt: „students behaved as though algebra were a closed system untroubled by arithmetic". Ein Schüler rechnete etwa

$$(a^2 + b^2)^3 = a^6 + b^6$$

und wurde aufgefordert, dies für $a = 1$ und $b = 2$ zu überprüfen. In der Arithmetik (vor dem Kennenlernen der Algebra) hätte er wahrscheinlich gerechnet:

$$(1 + 4)^3 = 5^3 = 125$$

Da diese Rechnung jedoch jetzt in einem algebraischen Kontext auftrat, blieb er bei der Anwendung seiner fehlerhaften Regel:

$$(1 + 4)^3 = 1^3 + 4^3 = 65$$

Es gab auch Schüler, die die Gleichung $20 = 4$ in der Arithmetik als puren Nonsens ansahen, in der Algebra jedoch als einen Zwischenschritt beim Gleichungslösen akzeptierten und weitere Operationen wie $4 - 20$ oder $20 - 4$ ausführen wollten.

Den Flächeninhalt des in Fig. 4 dargestellten Rechtecks berechnete ein Schüler so:

$$5 \cdot (c + 2) = 5 \cdot 2 \cdot c = 10 \cdot c$$

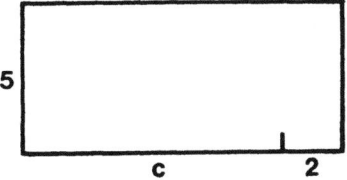

Fig. 4

Wurde für $c = 4$ eingesetzt, rechnete er allerdings: $5 \cdot (4 + 2) = 5 \cdot 6 = 30$.

Ähnliche Ergebnisse wurden von PEREIRA-MENDOZA (1987) erhalten.

Verlust inhaltlichen Denkens

Durch die Überbetonung des Formalen im Unterricht geht bei vielen Schülern „inhaltliches Denken" verloren. (Zur Rolle des inhaltlichen Denkens bei Gleichungen siehe FLADE/GOLDBERG/MOUNNARATH 1992.) Paradoxerweise wirkt sich die Überbetonung des Formalen auf den Kalkül selbst nachteilig aus. Manche Schüler scheitern an Aufgaben oder bewältigen sie nur durch eine komplizierte Regelakrobatik, obwohl diese durch inhaltliche Überlegungen leicht zu lösen wären. Wir betrachten dazu einige Beispiele:

a) Kurt (14) soll die Gleichung $2z = \frac{4}{3}$ lösen. Die simple Vorstellung, daß z eine unbekannte Zahl ist, würde zu einer einfachen Lösung führen: Wenn das Doppelte der Zahl z gleich $\frac{4}{3}$ ist, dann ist die Zahl z die Hälfte von $\frac{4}{3}$, also $\frac{2}{3}$. Kurt bevorzugt jedoch einen komplizierteren formalen Weg unter Anwendung von Regeln:

K: Nun dividiert durch zwei, $z = \frac{4}{3} \cdot \frac{3}{6}$.

I: Was hast du dir dabei gedacht?

K: Zwei Ganze mit 6 Drittel und der Bruch dividiert ist gleich mit Kehrwert multipliziert, $z = \frac{4}{6}$, kann man wieder kürzen, $z = \frac{2}{3}$.

b) Angelika (14) löst die Gleichung $2z = \frac{4}{3}$ aufgrund eines kleinen inhaltlichen Anstoßes durch den Interviewer zunächst dadurch, daß sie durch 2 dividiert, und erhält $z = \frac{2}{3}$. Sie erklärt aber anschließend, daß ihr diese Methode nicht gefällt und daß sie die Gleichung lieber anders lösen möchte. Sie erweitert 2 zu $\frac{6}{3}$ und geht so vor:

A: Ja! (Schreibt) $z = \frac{4}{3} \cdot \frac{3}{6}$, gekürzt, $z = \frac{2}{3}$. ... Man könnte auch durch $\frac{2}{1}$ oder mal $\frac{1}{2}$. Es kommt das gleiche heraus: $\frac{2}{3}$.

I: Was ist für dich einfacher, zu erweitern oder gleich durch 2 zu dividieren?

A: Für mich ist es einfacher, mit Drittel zu rechnen, weil das ist anschaulicher.

I: Was heißt für dich anschaulicher?

A: Daß ich dann gleich kürzen kann und dann $z = \frac{2}{3}$ ...

I: Der Rechenweg ist dann aber länger.

A: Aber anschaulicher!

c) Viele Schüler scheiterten in unseren Versuchen an Ausdrücken der Form $(a \cdot b)^2$, weil sie dafür keine Formel wußten. Die simple Vorstellung, daß a und b Zahlen sind, hätte zusammen mit der Definition des Quadrates einer Zahl eine einfache Lösung ermöglicht:

$$(a \cdot b)^2 = (a \cdot b) \cdot (a \cdot b) = a^2 \cdot b^2$$

Trotzdem suchten viele Schüler verzweifelt nach einer Formel, z.B.: Barbara (14):

B: $(x \cdot y)^2$ ... Dazu brauche ich eine Formel.
I: Was für eine Formel?
B: Weiß nicht, ich denke gerade nach. (Pause). Ich kann die Formel nicht.
I: Meinst du die Formel $(a+b)^2 = a^2 + 2ab + b^2$?
B: Nein. Da gibt es ja normal gar keine, oder?
I: Hm, du hast gesagt, daß du zum Ausrechnen von $(xy)^2$ eine Formel brauchst.
B: Sicher, ja, eine Formel. Aber da muß normal plus oder minus stehen. Aber da steht ein Mal.
I: Was ist, wenn ein Mal steht?
B: Dann gibt es keine Formel.
I: Wie rechnest du es dann aus?
B: Weiß nicht!

Wir haben ein solches Verhalten im Rahmen unserer Interviews als **Formelsucht** bezeichnet.

1.5 Eine Ideologie: Stereotypes Üben

Bis zur Reformbewegung der „Neuen Mathematik" in den sechziger Jahren gab es keine besonders ausgeprägte Didaktik der elementaren Algebra. Variable wurden meist als „allgemeine Zahlen" oder "unbekannte Zahlen" aufgefaßt. Für das Umformen von Termen und Gleichungen wurden einige (meist verbal formulierte) Regeln bereitgestellt, die Umformungstätigkeiten wurden dann an einer oft horrenden Zahl von Übungsaufgaben eingeübt. Daneben gab es noch eine blühende Tradition von Textaufgaben. Als Beispiele sind auf den folgenden beiden Seiten typische Passagen eines österreichischen Schulbuches um die Jahrhundertwende abgedruckt (WALLENTIN 1899).

§. 23. — Gleichungen des ersten Grades mit einer Unbekannten.

82. $\dfrac{x+3}{x+6} + \dfrac{x-4}{x+5} = 2 - \dfrac{33}{2(x+10)}$.

83. $(7x-3) : (14x-3) = (5x+3) : (10x+9)$.

84. $(ax-m) : (bx-n) = (ax+p) : (bx+q)$.

85. $\dfrac{a^2+b^2}{x} - \dfrac{b(a^2+b^2)+1}{a^2+b^2} = \dfrac{ax(a+b)-1}{x(a+b)}$.

86. $\dfrac{21x^2+16}{12x-16} = 2 + \dfrac{7x}{4} + \dfrac{2x-17}{6x-49}$.

87. $2\tfrac{2}{3} + \dfrac{3\tfrac{1}{4}}{x} + 4x + \dfrac{12x^2+3}{2-3x} = \dfrac{28}{9x(3x+1)}$.

88. $28 + \dfrac{612x}{4+\tfrac{1}{x}} = \dfrac{8x(1+10x)}{9+8x} + 143x$.

89. $\dfrac{a-b}{x-a} + \dfrac{b-c}{x-b} = \dfrac{a-b}{b-x} + \dfrac{c-a}{a-x}$.

90. $\dfrac{x-3}{x+4} + \dfrac{x-4}{x+3} - \dfrac{2x}{x+7} = 0$.

91. $\dfrac{x-a}{x+a} + \dfrac{x-b}{x+b} = 1 + \dfrac{x-(a+b)}{x+(a+b)}$.

92. $\dfrac{4x-3}{2x+3} + \dfrac{2x+3}{3x+2} = \dfrac{(4x+1)^2 + 2(x-3)}{(2x+3)^2 + (2x^2+x-3)}$.

93. $2a - \dfrac{a(2b+n)}{3x+b} = 14x - m + \dfrac{7x(m-14x)}{a+7x}$.

94. $\left[\dfrac{x-a^2}{a+b} - a\right] + \left[\dfrac{x-b^2}{a-b} - b\right] = \dfrac{2ab^2}{b^2-a^2}$.

95. $\dfrac{m}{x-a} + \dfrac{n}{x-m} = 2n\left\{\dfrac{x}{x^2-(m+n)x+mn} + \dfrac{1}{n-x}\right\}$.

96. $\dfrac{1}{4} = \dfrac{2(2x+3)}{16x-3}\left[1 - \dfrac{6}{3x+7}\right]$.

97. $\dfrac{x+3}{x+6} - \dfrac{x-4}{x+5} = \dfrac{12}{x}\cdot\dfrac{x+2}{2x+13}$.

98. $2x + \dfrac{18}{2x+13} = 2x + \dfrac{3(3x+20)}{x^2+11x+30}$.

99. $(x+2)^2 + 2\dfrac{(x-5)^2}{x+2} + 2\dfrac{4x+1}{x+2} = (x+3)^2$.

100. $2 + \dfrac{5}{4x} - \dfrac{15}{4x(8x+3)} = \dfrac{2(7x+1)}{7x-3}$.

101. $\dfrac{7}{8} - \dfrac{45}{8(8x+3)} = \dfrac{3}{2x} + \dfrac{9+2x^2}{2(2x^2-3x)}$ *).

102. $\dfrac{2}{x + \dfrac{3}{x+\tfrac{4}{x}}} = \dfrac{2x^2+x+4}{x^3+7x}$.

103. $\dfrac{a}{a+x} + \dfrac{m(b-a)}{(b+m)(a+x)} + \dfrac{x}{b+m} = \dfrac{x(x-m)}{(b+m)(a+x)} + 1$.

---

*) Eine Wurzel der Gleichung ist $x = 0$.

76 §. 25. — Gleichungen des ersten Grades mit einer Unbekannten.

33. Eine Dampfmaschine hebt in 5 Minuten 18 Cubikmeter Wasser 36 Meter hoch, eine zweite in 2 Minuten 9 Cubikmeter 27 Meter hoch. Wenn beide Maschinen thätig sind, 12555 Cubikmeter Wasser aus einer Tiefe von 30 Meter zu heben, wann werden sie damit fertig sein?

34. Ein Mühlrad macht in 8 Minuten 5 Umdrehungen und mahlt bei 120 Umdrehungen ein Hektoliter Weizen; ein anderes Rad, das zwei Stunden später in Bewegung gesetzt wird, macht alle 4 Minuten 3 Umdrehungen und mahlt schon bei 108 Umdrehungen ein Hektoliter. Wann wird durch beide Räder gleichviel gemahlen sein, und wie viel hat dann jedes Rad gemahlen?

35. A und B hatten zusammen $33\frac{1}{2}$ Thaler und waren zusammen eine bestimmte Summe schuldig. Da keiner so viel hatte, dass er allein die Schuld hätte bezahlen können, so sagte A zu B: Gib mir $\frac{2}{3}$ deines Geldes, so kann ich die Schuld allein bezahlen. Darauf sagte B zu A: Gib mir $\frac{3}{4}$ deines Geldes, so kann ich die Schuld allein bezahlen. Wie viel hatte jeder, und wie viel betrug die Schuld?

36. A hatte zwei Schiffe mit Wein, auf dem ersten 70 Fass und auf dem zweiten 200 Fass. Den Wein musste er verzollen und gab daher vom ersten Schiffe ein Fass ab und empfieng 32 fl. zurück, vom zweiten Schiffe gab er auch ein Fass ab und musste noch 20 fl. dazu zahlen. Wie theuer wurde ein Fass gerechnet?*)

37. Ein Spieler gewinnt in drei aufeinander folgenden Spielen jedesmal die Hälfte seines jeweiligen Besitzes; im vierten Spiele verliert er $\frac{2}{7}$ seines Besitzes, und so hört er mit einem Gewinne von 2 K zu spielen auf. Mit welcher Summe hat er zu spielen begonnen?

38. Ein anderer Spieler setzt seine ganze Barschaft und gewinnt den vierten Theil, dann setzt er wieder ebenso und gewinnt die Hälfte; als er zum drittenmal seine ganze Barschaft einsetzt, verliert er ein Drittel davon. Er zählt sein Geld und findet sich um 4 K reicher als vor dem Spiele; mit wie viel hat er zu spielen begonnen?

39. 3 Personen, A, B, C, bekommen zusammen a fl., und zwar B doppelt so viel als A und außerdem noch b Gulden, C doppelt so viel als B und auch außerdem noch b Gulden. Wie viel erhielt jeder?

40. Auf die Frage, wie alt er sei, gab A zur Antwort: Wäre ich noch einmal so alt als ich bin und noch zwei Jahre dazu, so hätte ich gerade so viel über 100 Jahre, als mir jetzt davon abgehen. Wie alt bin ich?

41. Wie viel Wasser muss man zu 4 Hektoliter 80 procentigen und zu 3 Hektoliter 60 procentigen Spiritus geben, um 50 procentigen Spiritus zu erhalten?

---
*) Coss, Ex. 147, Folio 281; Coss hat Juder.

Über solche Aufgaben hinaus wurde kaum etwas zur elementaren Algebra getan. Man kann die zugrundeliegende Lernauffassung als **Übungsideologie** bezeichnen. Sie besteht in der Annahme, daß man das Umformen von Termen und Gleichungen sowie das Lösen von Textaufgaben allein durch *stures, stereotypes Üben* anhand einer großen Zahl von Übungsaufgaben erlernen kann. Der Hinweis auf stures bzw. stereotypes Üben ist hier notwendig, da es neben dieser Art des Übens durchaus sinnvollere Arten des Übens gibt, die aber nicht Bestandteil dieser Übungsideologie sind und eher erst heute von Mathematikdidaktikern genauer betrachtet werden (siehe z.B. BROWNELL 1987, FLADE/GOLDBERG 1992, HIGGINS 1988, RESNICK/FORD 1981, WINTER 1984, WITTMANN 1989).

Im Lauf der Jahre ist die Anzahl der Übungsaufgaben zum Umformen und auch die der Textaufgaben in den Lehrbüchern stets zurückgegangen. In der Unterrichtspraxis hat sich jedoch die Übungsideologie hartnäckig erhalten. Sie beruft sich (meist implizit) auf behavouristische Lerntheorien. Denn wie wird bei diesem Üben vorgegangen? Soferne der Schüler alles richtig macht, wird er vom Lehrer in irgendeiner Weise „belohnt" (oder zumindest in Ruhe gelassen), wenn er Fehler macht, wird er in irgendeiner Weise „bestraft". Man erhofft sich durch ein solches Vorgehen, daß erwünschte Verhaltensweisen verstärkt und unerwünschte ausgelöscht werden. Der Schüler soll also elementare Algebra - ähnlich wie der PAWLOWsche Hund - durch Konditionierung erlernen. Kann denn so etwas funktionieren?

In der Tat bemerkt fast jeder Lehrer nach einer gewissen Zeit, daß die Übungsideologie relativ wirkungslos ist. Ich erinnere mich an zahlreiche Klagen von Lehrern, die nicht verstehen konnten, warum ihre Schüler trotz „hunderter" Übungsaufgaben immer noch Fehler beim Termumformen oder Gleichungslösen machen. Manche Lehrer waren recht verzweifelt und suchten letztlich die Schuld bei den Schülern. Auf die Idee, daß das sture Üben selbst eine Ursache der Mißerfolge sein könnte, kam eigentlich kaum einer. Es wird meist nämlich nicht bemerkt, daß das sture Üben *auf die eigentlichen Fehlerursachen nicht explizit eingeht*, dem Schüler somit *wenig konstruktive Hilfen bietet*, ja sogar *falsche Denkweisen zementieren kann*. Deshalb ist auch die Bereitschaft, von der Übungsideologie abzugehen, im allgemeinen gering, obwohl die Mißerfolge gesehen werden. Vielfach werden die Mißerfolge so umgedeutet, daß man noch zu wenig geübt hätte. Es werden weitere Übungsaufgaben gestellt — und damit wird die Sache oft noch schlimmer gemacht.

Das Üben im heutigen Unterricht der elementaren Algebra verläuft nicht nur großteils stereotyp, sondern auch großteils unreflektiert. Es wird zu wenig Rücksicht auf das genommen, was in späteren Schul- oder Studienjahren gebraucht wird bzw. Schwierigkeiten bereitet. Dafür wird vieles geübt, was später mit ziemlicher Sicherheit nicht mehr gebraucht wird. Kurz: Es werden die falschen Dinge geübt. Es gibt leider noch keine ausführlichen Analysen von Lehrbüchern in Hinblick auf die Anforderungen aus elementarer Algebra, ich bin mir aber ziemlich sicher, daß solche Analysen zutage fördern würden, daß im 7. und 8. Schuljahr vieles geübt wird, was in den nachfolgenden Schuljahren nicht mehr vorkommt oder nur eine ganz untergeordnete Rolle spielt. (Ein erster Schritt in diese Richtung wurde von KORN 1992 unternommen.) Es ist recht lehrreich, algebraische Fehler zu beobachten, die Mathematikstudenten an der Universität machen, und diese mit typischen Schulaufgaben zu vergleichen. Eine gewisse Diskrepanz ist dabei kaum zu übersehen. Meist stellt sich auch heraus, daß die Fehler der Studenten recht einfache algebraische Ausdrücke betreffen, während in der Schule oft viel komplexere Beispiele geübt werden. Allerdings weichen die Strukturen der Ausdrücke, die Schwierigkeiten machen, von den Strukturen der Schulbeispiele oft recht deutlich ab. Einige Beispiele sind in der (zugegebenermaßen plakativen) Gegenüberstellung auf Seite 24 angeführt.

Von den in dieser Tabelle angeführten Schulaufgaben kann man mit gutem Gewissen sagen, daß sie einem Schüler weder in höheren Schulklassen, noch an der Universität, noch in seinem Beruf jemals begegnen werden (von exotischen Ausnahmen abgesehen, die man einem Computeralgebrasystem übergeben kann). Lehrer verteidigen die Komplexität ihrer Übungsaufgaben oft mit dem Argument, daß man Kompliziertes üben müsse, um Einfaches zu beherrschen. Dieses Argument geht leider ganz ins Leere, wenn Unnötiges geübt wird, etwa das Umformen von Ausdrücken, deren Strukturen später nicht mehr auftreten. Außerdem wird übersehen, daß Komplexität eigenständige Probleme mit sich bringt, die beim Einfachen wenig Rolle spielen, wie etwa: sich in einem Zeichenwald zurechtzufinden, Übersicht zu bewahren, unterwegs nichts zu verlieren usw. Diese Probleme überwiegen die Umformungsaufgaben oft so, daß das eigentliche Ziel, nämlich *einfache Umformungen durch bewußtes Anwenden von Regeln durchführen und begründen zu können,* aus den Augen verloren wird. Termschlangen und Gleichungsungeheuer der angeführten Art können zwar einen Beitrag zur Bewältigung komplexer Zeichenreihen leisten, bewirken aber eher, daß das Einfache und Grundsätzliche vernachlässigt wird.

Was bei Studenten beobachtet wurde	Was in der Schule geübt wird
$r^2 - \frac{r^2}{4} = \frac{r^2}{3}$	Vereinfache: $\left(\frac{2}{3x-y} - \frac{1}{2x}\right) : \frac{x+y}{6x-2y}$
$\frac{s'_{12}}{s_{12}} = \frac{r}{h} \Longrightarrow s'_{12} = \frac{r}{h} - s_{12}$	Löse: $\frac{x+1}{x^2+x-6} + \frac{x-9}{x^2+3x-10} + \frac{x+9}{3x^2-7x+2} = 0$
$h_n^2 = 1 - \frac{s_n^2}{4} \Longrightarrow h_n = 1 - \frac{s_n}{2}$	Löse: $\sqrt{2x+1} - \sqrt{3x-11} = \sqrt{3x+4} - \sqrt{2x-4}$
$\sigma = \sqrt{n \cdot p \cdot (1-p)} \Longrightarrow \frac{\sigma}{n} = \sqrt{p \cdot (1-p)}$	$\left[\left(\frac{1}{\sqrt[3]{3}}\right)^2 : \sqrt{\frac{2}{3}\sqrt[3]{q}}\right] \cdot \sqrt[6]{6^2} = \ldots$
$\frac{1}{a} - \varepsilon < x < \frac{1}{a} + \varepsilon \Longrightarrow a - \frac{1}{\varepsilon} > x > a + \frac{1}{\varepsilon}$	Löse: $5(\frac{1}{4}x + 7) - 3(\frac{1}{5}x - 2) > 9(\frac{1}{10}x - 5) + 91$

1.6 Eine andere Ideologie: Sauberes Erklären

Durch die Reform der „Neuen Mathematik" in den sechziger Jahren kamen neue Denkweisen in die Schulmathematik, die ganz besonders in der elementaren Algebra sichtbar wurden. Unter dem Einfluß von Hochschulmathematikern orientierte man sich an Strukturmathematik (BOURBAKI) und Grundlagen der Mathematik (Mengenlehre und Logik), wobei man sich von diesen Disziplinen begriffliche Klärungen und damit Hilfen für die Schüler erwartete. In bezug auf die elementare Gleichungslehre hat sich diese Denkweise etwa in den Artikeln LAUTER 1964 und WÄSCHE 1963, 1964 niedergeschlagen. Bei dieser Reform fällt zunächst auf, daß eine Unzahl von neuen Begriffen und Sprechweisen in den Algebraunterricht Einzug gehalten hat. Variable wurden als „Platzhalter" oder „Leerstellen" aufgefaßt, Gleichungen als „Aussageformen", die durch Einsetzen von Zahlen in wahre oder falsche „Aussagen" übergeführt werden können. Beim Lösen einer Gleichung hatte man die „Grundmenge" und „Definitionsmenge" zu beachten und die „Lösungsmenge" hinzuschreiben. Das Termumformen und Gleichungslösen wurden als „Äquivalenzumformungen" aufgefaßt, und ähnliches mehr. Die elementare Algebra wurde von einem richtigen Begriffs- und Terminologiewust übersät (vgl. dazu BARTH 1978).

Dies führte zu teilweise recht kuriosen Entwicklungen. Mir sind Fälle bekannt, in denen es Schülern verboten wurde, eine Variable als „Unbekannte" zu bezeichnen. Schüler mußten mit einem Tadel rechnen, wenn sie am Schluß einer Gleichungslösung statt $L = \{5\}$ schlicht $x = 5$ schrieben, oder bekamen das Beispiel gar nicht angerechnet, weil die Zahl 5 unglückseligerweise nicht in der Grundmenge $G = \{-3; \sqrt{2}; \frac{\pi}{2}; 10758\}$ lag und somit gar keine Lösung war. Ich kannte einen Schüler, der seinem Lehrer gegenüber den Ausdruck „eine Gleichung lösen" durch „eine Äquivalenzumformung durchführen" ersetzen mußte. Ein österreichisches Lehrbuch unterschied streng zwischen Gleichheitsaussagen und Gleichungen. Die ersteren waren Aussagen, die letzteren Aussageformen, wobei von einer Aussageform verlangt wurde, daß sie mindestens einen Platzhalter enthält. Dies veranlaßte einige Lehrer, ihren Schülern zu verbieten, in der Gleichung $\frac{6}{2} - x = 3 - x$ auf beiden Seiten x zu addieren, da dabei eine Gleichung in eine Gleichheitsaussage übergehen würde. Für derlei Additionen sah das Lehrbuch übrigens zwei Regeln vor, eine für die Addition derselben *Zahl* auf beiden Seiten der Gleichung und eine für die Addition desselben *Platzhalters* auf beiden Seiten. (Daß eine Addition von Platzhaltern nie definiert wurde, scheint den Autoren nicht aufgefallen zu sein.)

Angesichts dieser Entwicklungen fragt man sich heute, wie es denn möglich war, daß die Schule so bereitwillig grundlagenorientierte Ideen übernommen und hypertrophiert hat. Diese Frage läßt sich meines Erachtens damit beantworten, daß die „Neue Mathematik" einer Unterrichtsideologie entgegenkam, die in der Schule schon früher vorhanden war und die ich als **Erklärungsideologie** bezeichnen möchte. Sie besteht in der Annahme, daß man durch *klare und saubere Erklärungen* Verständnisschwierigkeiten weitgehend ausräumen und Fehler vermeiden kann. Verstärkend wirkte hier noch die These, daß solche Erklärungen im Prinzip auf jeder Altersstufe in „intellektuell ehrlicher Form" möglich sind (BRUNER 1973). Da man nicht alle Details in der Mathematik erklären kann, führte diese Ideologie zwangsläufig dazu, vorwiegend Grundsätzliches zu erklären und läßt damit bis zu einem gewissen Grad die Bereitwilligkeit verstehen, Grundlagenorientiertes aufzunehmen. (Wie WITTMANN 1989 herausgearbeitet hat, führt diese Ideologie in letzter Konsequenz sogar dazu, daß Didaktik durch Grundlagenforschung ersetzt wird.) Die durch die Neue Mathematik gestärkte Erklärungsideologie führte im Unterricht zu einem *ständigen Erklärenwollen* der Inhalte, im vorliegenden Fall von Variablen, Termen und Gleichungen. Statt diese Inhalte vorwiegend zu *gebrauchen*, wurde *über sie gesprochen* und zwar in einer *Metasprache*: im Vordergrund standen nicht mehr die Zahlen bzw. Größen als Objekte, deren Beziehungen durch Gleichungen beschrieben werden, sondern die Gleichungen selbst wurden zu Objekten, über die gesprochen wurde, indem man ihre Grundmengen, Definitionsmengen, Lösungsmengen, Äquivalenzen usw. untersuchte. Dies förderte eine Flut von metasprachlichen Begriffen zutage, von denen man sich saubere Erklärungen und mehr Verständnis erhoffte. Das damals in Österreich verbreitetste Lehrwerk LAUB/HRUBY et al. 1977 (das inzwischen vollständig umgearbeitet wurde) führte 22 solche Begriffe ein.

> Auch wenn Bücher dieser Art nicht mehr ganz aktuell sind, lohnt es sich, den Aufbau der Gleichungslehre im obengenannten Lehrbuch kurz zu skizzieren, weil er nicht untypisch für den Geist der „Neuen Mathematik" war und weil sich manches davon heute noch immer in Lehrbüchern vorfindet. Bereits im ersten Band dieses Lehrwerkes werden *wahre* und *falsche Aussagen* behandelt, Variable als *Platzhalter* eingeführt, Gleichungen und Ungleichungen als *Aussageformen* aufgefaßt, der Begriff „Lösung" wird erklärt. Nach Einführung einer *Grundmenge* G und einer *Lösungsmenge* L wird festgestellt, daß $L \subseteq G$ gilt. Im dritten Band wird dieser Einstieg wiederholt und noch verschiedentlich „exaktifiziert", z.B. wird zwischen der Aussageform $x = 7$ und der *Wertbelegung* $x := 7$ unterschieden. Nach einer relativ aufwendigen Definition eines *Terms* werden die *Wertemenge* und *Definitionsmenge* eines Terms eingeführt. Bis hierher wird alles an einfachen bis trivialen Beispielen illustriert, etwa an der Gleichung $x = 7$ oder der Ungleichung $x > 7$. Erst nach der Besprechung der *Äquivalenz von Termen bezüglich einer Grundmenge* und Angabe verschiedener *Termumformungsregeln* tauchen kompliziertere Ausdrücke auf. Das Termumformen wird

an über 600 Aufgaben eingeübt (ein Erbteil der Übungsideologie). Dann wird mit Hilfe des Termbegriffes definiert, was eine *Gleichung* bzw. *Ungleichung* ist. Anschließend wird eine Übersicht über Aussageformen gegeben, wobei *erfüllbare* und *nicht erfüllbare* sowie *teilgültige* und *allgemeingültige Aussageformen* unterschieden werden. Dann erfolgt eine Klassifizierung einfacher linearer Ungleichungen ($x < a$, $x > a$, $x < x$, $x < x + a$, $x > x + a$) sowie Gleichungen ($x = a$, $x = x$, $x = x + a$). Schließlich wird die *Äquivalenz von Gleichungen (Ungleichungen) bezüglich einer Grundmenge* definiert. Es werden *Äquivalenzumformungsregeln* angegeben, wobei nicht nur festgestellt wird, daß man auf beiden Seiten einer Gleichung dieselbe Zahl addieren, subtrahieren, usw. darf, sondern daß man auf beiden Seiten dasselbe auch mit einem Term (etwa x) machen darf. Diese Regeln werden an 155 Aufgaben eingeübt. Erst jetzt — nach ca. 55 Seiten im Buch — kommen die ersten Textaufgaben und damit Anwendungen. Anschließend wird in verkürzter Form ein ähnliches Programm wie für das Umformen von Gleichungen noch für das Umformen von Ungleichungen abgespult.

Man sieht, daß die Übungsideologie mit der Erklärungsideologie eine anscheinend problemlose Ehe eingegangen ist. Bei genauerem Hinsehen wird jedoch eine grundlegende Sinnlosigkeit sichtbar: Um die massenhaft angebotenen Übungsaufgaben zu lösen, sind die vorangegangenen Erklärungen weder notwendig noch in irgendeiner Weise hilfreich.

Dieser Ansatz muß heute wohl als gescheitert betrachtet werden. Die Schüler beherrschen allem Anschein nach die elementare Algebra nicht besser als früher, wie empirische Untersuchungen zeigen. Dieses Scheitern ist jedoch paradox. Wie kommt es, daß gerade ein Ansatz scheitert, der so viel Wert auf Klarheit und Hilfestellung durch saubere Erklärungen legt? Ich möchte diese Frage dadurch beantworten, daß ich einige grundlegende **Irrtümer der Erklärungsideologie** aufzuweisen versuche.

Irrtum 1: *Saubere Erklärungen ersetzen eigenes Tun.*

Daß eigenes Tun beim Lernen von Mathematik unverzichtbar ist, ist eine alte und seit PIAGET besonders intensivierte didaktische Binsenweisheit. Um so erstaunlicher, daß diese Idee in der „Neuen Mathematik" von anderen Ideen überrollt wurde! Was eine „Variable", eine „Gleichung", eine „Lösung", eine „Äquivalenzumformung" usw. ist, kann man durch die beste Erklärung nicht erfassen, wenn man vorher mit Gleichungen nicht umgegangen ist. Auch WITTMANN (1975) fordert im Zusammenhang mit dem Aufbauprinzip von DIENES, daß im allgemeinen einfache Anwendungen und das „In-Gebrauch-Nehmen" mathematischer Inhalte einer Begriffs- und Strukturanalyse dieser Inhalte vorauszugehen haben. Er wirft insbesondere der „Neuen Mathematik" eine Tendenz zur verfrühten Analyse vor.

Etwas spöttisch könnte man sogar sagen, daß die Schüler vor lauter Reden über Gleichungen gar nicht mehr richtig zum Lösen von Gleichungen gekommen sind. Man stelle sich ein Kind vor, das frohen Mutes an die Lösung einer Gleichung schreiten will. Doch halt! Da muß zuerst eine Grundmenge und eine Definitionsmenge aufgestellt werden. Und wenn man am Schluß eine Lösung erhält, ist dies noch lange kein Grund zur Freude. Denn da muß erst eine Lösungsmenge aufgestellt werden (d.h. man muß um die Lösung geschlungene Klammern machen) und es muß nachgesehen werden, ob diese Menge in der Grund- bzw. Definitionsmenge enthalten ist, auch wenn man mittels einer simplen Probe längst gesehen hat, daß die Lösung wirklich eine Lösung ist. Wer hat da eigentlich noch Lust, anzufangen?

Irrtum 2: *Wer das Prinzip verstanden hat, kann es in jedem Einzelfall anwenden.*

Dieser Irrtum ist eine Folge des Glaubens, daß man alles erklären könne. Da man nämlich nicht alles bis ins letzte Detail erklären kann (man kann ja nicht jede Gleichung in der Schule behandeln, die einem im Leben vielleicht einmal begegnen könnte), ist man gezwungen, auf ein höheres Abstraktionsniveau zu gehen und gewisse allgemeine Prinzipien zu erklären. Um den Glauben, daß alles erklärbar sei, aufrecht zu erhalten, muß dabei jedoch angenommen werden, daß die Anwendung dieser Prinzipien auf konkrete Fälle dem Lernenden keine wesentlichen Schwierigkeiten macht. Dies stimmt jedoch nicht. Auch wenn man einem Lernenden genau erklärt, was eine Variable, eine Gleichung, eine Äquivalenzumformung usw. ist und damit eine zwar exakte, aber abstrakte Beschreibung des Gleichungslösungsprozesses liefert, nützt ihm dies zur Lösung einer konkret vorgelegten Gleichung so gut wie nichts. Dies gilt auch für die Angabe abstrakter Regeln wie etwa $A = B \iff A + C = B + C$. Regeln dieser Art als allgemeine Prinzipien einzusehen, ist trivial. Nichttrivial wird die Angelegenheit erst, wenn man eine solche Regel auf eine konkret vorgelegte Gleichung anwenden soll (denn dann muß man u.a. entscheiden, was dem A, B bzw. C entsprechen soll).

Irrtum 3: *Was klar und sauber erklärt wird, wird als sinnvoll erkannt.*

Man denke an das oben genannte Schulbuch: Wenn beinahe der gesamte theoretische Apparat mit einer Fülle metasprachlicher Begriffe („Aussageform", „Grundmenge", „Lösungsmenge" usw.) an einer trivialen Gleichung wie $x = 7$ erläutert wird, mag es zwar sein, daß sich diese Begriffe einfach demonstrieren lassen, aber wie soll ein Schüler den Sinn des Ganzen begreifen? Warum wird mit Kanonen auf Spatzen geschossen? Was für Probleme gibt es überhaupt mit der Gleichung $x = 7$? Wenn $x = 7$ ist, dann ist x die Zahl 7; was hat es da noch für einen Sinn, der Reihe nach die Zahlen der Grundmenge $G = \{2, 3, 7, 11, 28\}$ einzusetzen und so zu tun, als ob eine besondere Intelligenz erforderlich wäre, zu sehen, daß nur 7 als Lösung in Frage kommt? Viel besser wird die Situation auch nicht, wenn der theoretische Apparat an komplexeren Gleichungen erläutert wird. Wozu betrachten wir überhaupt Gleichungen? Wozu lösen wir sie? Wozu die Theorie und der ganze Begriffswust?

Irrtum 4: *Man kann alle Eventualfälle in der Theorie vorweg klären.*

Auf Lehrerfortbildungsveranstaltungen habe ich desöfteren Lehrer angetroffen, die eine Lanze für die Begriffe „Grundmenge" und „Lösungsmenge" brachen (zum Ritual „Lösungsmenge" vergleiche man auch KIRSCH 1991). Dabei wurde auf die bekannte Tatsache verwiesen, daß Schüler bei Textaufgaben oft Antworten geben, die in der außermathematischen Realität keinen Sinn ergeben, z.B.: „Der Turm ist -8 m hoch." Es wurde argumentiert, daß die Einführung einer Grundmenge G und einer Lösungsmenge L sowie die Überprüfung der Beziehung $L \subseteq G$ helfen können, solche Fehler zu vermeiden. Aber stimmt das wirklich? Bei Textaufgaben ist die Grundmenge ja nicht vorgegeben, sondern muß vom Schüler selbst aufgestellt werden. Aber was ist eine sinnvolle Grundmenge für die Höhe eines Turms? Die Menge $\mathbb{R}$ wohl nicht, da negative Zahlen als Turmhöhen nicht in Frage kommen;

die Menge $\mathbb{R}^+$ wohl auch nicht, da etwa $\sqrt{2}$ oder 10^{26} als Turmhöhen kaum in Frage kommen; die Menge $\mathbb{Q}^+$ wohl auch nicht, da etwa $3{,}496789654204$ als Turmhöhe auch nicht in Frage kommt. Wie viele Kommastellen soll man zulassen? Oder ist vielleicht die Menge $\{0,2;\ 0,4;\ 0,6;\ \ldots\}$ besser? Aber wie groß soll die Schrittweite sein und was ist das kleinste bzw. größte Element? Und derlei Fragen mehr! Letzten Endes können diese Fragen nur anhand der außermathematischen Situation entschieden werden, aber dann ist es doch einfacher, gleich die erhaltene Lösung anhand der jeweiligen Situation zu prüfen und sich dabei zu überlegen, wie genau man sie angeben soll. Auf diese Argumentation reagierten manche Lehrer mit dem Gegenargument, daß trotz dieser Schwierigkeiten eine beständige Überprüfung der Beziehung $L \subseteq G$ Fehler verhindern könne, weil sie Schüler darauf aufmerksam macht, daß hier ein Problem vorliegt und daß etwas überprüft werden muß. Meine Antwort: Mag sein, daß dies zutrifft, soferne nicht gedankenlos eine Grundmenge hingeschrieben wird; denselben Effekt erreicht man jedoch einfacher, wenn man Schüler dazu anhält, ihre Lösungen stets direkt an der jeweiligen außermathematischen Situation zu prüfen. Einige Lehrer meinten auch, daß eine beständige Überprüfung der Beziehung $L \subseteq G$ die Schüler zur Kritikfähigkeit erziehe. Dies scheint mir jedoch nicht der Fall zu sein, denn der Checkliste von Punkten, die beim Gleichungslösen abgearbeitet werden (Grundmenge G aufstellen, Gleichung lösen, Lösungsmenge L hinschreiben) wird einfach ein weiterer Punkt hinzugefügt und automatisch abgearbeitet ($L \subseteq G$ überprüfen). Dabei kann der Schüler sogar hineinfallen: Ist die Grundmenge G sinnlos gewählt, kann auch die erhaltene Lösung sinnlos sein, obwohl $L \subseteq G$ erfüllt ist.

Eine Idee, die der Argumentation dieser Lehrer implizit zugrunde liegt, kann wie in Fig. 5 auf der folgenden Seite dargestellt werden. Ein Teil des Gleichungslösungsprozesses, der anhand der außermathematischen Realität vollzogen wurde, nämlich die Überprüfung der erhaltenen Lösung, wurde in die Theorie verschoben und zur Überprüfung der Beziehung $L \subseteq G$ umgewandelt. Man erwartet sich, daß damit dieses lästige Problem in der

Theorie ein für allemal geklärt oder sogar beseitigt wird. Übersehen wird dabei, daß durch ein Vorgehen dieser Art die Grenze zwischen Theorie und außermathematischer Realität nur verschoben, aber niemals aufgehoben werden kann. Statt die erhaltene Lösung an der außermathematischen Realität zu messen, muß dies jetzt mit der Grundmenge geschehen.

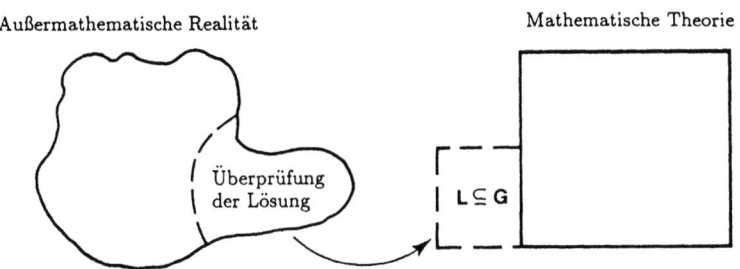

Fig. 5

1.7 Lernen als Abbilden oder Konstruieren

Sowohl die Übungsideologie als auch die Erklärungsideologie stammen aus einer gemeinsamen Auffassung von Lernen, auf die hier kurz eingegangen werden soll.

Schon seit längerer Zeit werden in der Pädagogik bzw. Didaktik zwei grundsätzlich verschiedene Auffassungen des Lernens einander gegenübergestellt. Man kann sie als **passiv-aufnehmende** versus **aktiv-entdeckende Lernauffassung** bezeichnen, die beiden Auffassungen sind jedoch auch unter anderen Namen bekannt. POSCH (1977) hat sie mit den einprägsamen Schlagworten „Lernen als Abbilden" und „Lernen als Konstruieren" belegt. Es ist im Rahmen dieses einleitenden Kapitels nicht möglich, diese beiden Lernauffassungen sehr detailliert zu beschreiben. Ich verweise auf die didaktische Literatur (vor allem WITTMANN 1989; siehe auch GALLIN/RUF 1990) und begnüge mich mit einigen kurzen Hinweisen.

Beim „Lernen als Abbilden" wird ein Lernprozeß so verstanden, daß Wissen durch eine Art Abbildungsvorgang vom Lehrer auf den Schüler übertragen wird. Der Lehrer hat dabei den Stoff vorher genau zu analysieren und in verdaubare kleine oder kleinste

Schritte zu zerlegen, vom Einfachen zum Schwierigen fortzuschreiten und dafür zu sorgen, daß der Schüler den Anschluß nicht verliert. Der Schüler hat dem Unterricht aufmerksam zu folgen, Störungen und Ablenkungen sind zu vermeiden. Eigene Gedanken des Schülers lenken vom Wesentlichen ab (der Lehrer hat sich ja schon vorher überlegt, was wesentlich ist und versucht dies optimal darzubieten). Fehler führen Schüler in falsche Denkrichtungen und sollen daher nach Möglichkeit gar nicht aufkommen (siehe dazu die Ausführungen zur „Fehlervermeidungstaktik" in FISCHER/MALLE 1985, S. 76-84). Wenn alles optimal läuft, braucht der Schüler im Grunde nur seine Augen und Ohren offen zu halten und das Wissen fließt von außen in ihn hinein (wie beim „Nürnberger Trichter").

Beim „Lernen als Konstruieren" wird Wissen nicht als etwas betrachtet, das vom Lehrer zum Schüler überfließen kann, sondern als etwas, das der Schüler in Eigentätigkeit konstruiert. Der Lehrer versucht den Schüler in eine Auseinandersetzung mit dem Stoff zu bringen und macht gewisse Angebote. Was der Schüler aus diesen Angeboten macht, kann er nicht vorwegnehmen, er kann und sollte sich jedoch laufend Rückmeldungen einholen und seinen Unterricht danach ausrichten. (Schüler sollten „aktiv", Lehrer eher „reaktiv" sein.) Eigene Gedanken der Schüler sind nicht störend, sondern höchst erwünscht. Schließlich sollten Fehler nicht ängstlich vermieden werden, im Gegenteil, sie sollten zugelassen und konstruktiv verarbeitet werden.

Beide Lernauffassungen beruhen auf unterschiedlichen erkenntnistheoretischen Positionen und berufen sich auf unterschiedliche psychologische Lerntheorien (siehe dazu WITTMANN 1989). Die Auffasssung vom „Lernen als Abbilden" beruht auf der Erkenntnistheorie des *Empirismus* und beruft sich (wenn auch meist implizit) auf *behaviouristische Lerntheorien*. Wissen gelangt über unsere Sinnesorgane in unseren Geist, der wie eine Tafel nach und nach beschrieben wird. Daher muß das Wissen wohlvorbereitet und wohlproportioniert in möglichst klarer Form angeboten werden. Fast zwangsläufig folgt also aus dieser Einstellung die *Erklärungsideologie*. Damit die Einprägungen dauerhaft sind, muß der Abbildungsvorgang möglichst oft wiederholt werden und zwar in möglichst stereotyper Weise (Verstärkung erwünschten Verhaltens). Es folgt aus dieser Einstellung also auch fast zwangsläufig die *Übungsideologie*.

Die Auffassung vom „Lernen als Konstruieren" beruht auf der Erkenntnistheorie des *Konstruktivismus* und beruft sich vornehmlich auf *kognitionspsychologische Lerntheorien*, hauptsächlich in der Nachfolge von PIAGET (zur konstruktivistischen Position in der elementaren Algebra siehe etwa BLAIS 1988 b). Auch bei dieser Form des Lernens spielen Erklären und Üben eine Rolle, jedoch in einem anderen Sinn. Erklären wird als Hilfe zur eigentätigen Wissenskonstruktion angesehen. Üben wird nicht als Einschleifen eng begrenzter Verhaltensweisen angesehen, sondern als eine Möglichkeit, das bisherige Wissen zu erproben und zu erweitern.

Das Modell des passiv-aufnehmenden Lernens dürfte nur auf sehr primitive Lerninhalte anwendbar sein. Mathematisches Lernen scheint fast immer im Sinne des aktiv-entdeckenden Lernens vor sich zu gehen, auch wenn ein Lehrer nach dem passiv-aufnehmenden Modell unterrichtet. Daß auch dieses Modell gewisse Erfolge aufzuweisen hat, dürfte darauf beruhen, daß kein Unterricht verhindern kann, daß Schüler in Eigenkonstruktion Wissen aufbauen. Trotz seiner Mängel ist das passiv-aufnehmende Modell heute jedoch noch immer die vorherrschende Lernauffassung in der Schule, insbesondere in der elementaren Algebra. In dem vorliegenden Buch wird ein anderer Ansatz versucht: Mehr Gelegenheiten zu eigenem Tun und zum Entdecken! Mehr Angebote für den Schüler, das in der elementaren Algebra nötige Wissen selbst zu konstruieren und dessen Sinn zu erkennen, wobei sinnloses Erklären und stereotypes Üben in den Hintergrund gedrängt werden!

Dies wird hauptsächlich durch ein neuartiges Angebot von **Aufgaben** zu erreichen versucht. Wenn man im Unterricht der elementaren Algebra Änderungen erreichen will, muß man meines Erachtens weitgehend andere Aufgaben stellen als die bisher vorwiegend üblichen. Im Gegensatz zu traditionellen *Übungsaufgaben*, bei denen meist bestimmte algebraische Techniken eingeschliffen werden, kann man die in diesem Buch vorgestellten Aufgaben als *Lernaufgaben* bezeichnen, bei denen die Schüler nicht nur das Alte erproben und festigen, sondern auch Neues lernen können. Dieses Neue muß nicht nur im Erwerb bestimmter Techniken bestehen, sondern kann sich auch auf andere Fähigkeiten im Rahmen der elementaren Algebra sowie bestimmte Einsichten in deren Besonderheiten beziehen. Schließlich sollen derartige Aufgaben den Schülern ermöglichen, in den durchgeführten Tätigkeiten (Aufstellen und Interpretieren von Formeln, Umformen usw.) einen gewissen Sinn zu sehen.

Über die Aufgaben hinaus wird an mehreren Stellen dieses Buches eine Unterrichtsorganisation vorgeschlagen, die den Schülern individuelle Zugänge zur elementaren Algebra ermöglichen soll, ohne hektischen Druck, mit der Möglichkeit, eigene Entdeckungen zu machen, eigene Vorschläge zu unterbreiten, verschiedene Vorschläge miteinander zu vergleichen und zu beurteilen, eigene Erfahrungen zu sammeln, mit eigenen Fehlern konstruktiv umzugehen usw. (Am deutlichsten ist dies bei der Einführung von Variablen im Abschnitt 2.3, beim Zugang zu Textaufgaben im Abschnitt 4.7 und beim Arbeiten mit Gleichungsumformungsregeln in den Abschnitten 10.6 und 10.7.)

1.8 Zum Erlernen der algebraischen Notation

Mathematik ist immer eng mit Notationen verbunden. Insbesondere kann das Erlernen der elementaren Algebra als ein Lernprozeß betrachtet werden, mit einer bestimmten Notationsform verständnisvoll umzugehen. Wer diese Notation versteht, kann leicht in den Fehler verfallen, sie für die „natürlichste Sache der Welt" zu halten. Sie ist aber in Wirklichkeit eine hochgradig künstliche Angelegenheit.

Man kann dies schon an ihrer historischen Entwicklung erkennen. Um diese Notation hervorzubringen, hat die Menschheit eineinhalbtausend Jahre gebraucht (von DIOPHANT bis DESCARTES), wobei die unterschiedlichsten Vorschläge unterbreitet und viele Sackgassen beschritten wurden (siehe dazu etwa TROPFKE 1980 oder KRETZSCHMAR 1985, 1986). Diese Notation war nicht das Produkt eines einzelnen Mathematikers, sondern Ergebnis eines Kommunikationsprozesses, an dem sehr viele Mathematiker beteiligt waren. Sie beruht wesentlich auf **Konventionen**, die (wenn auch manchmal unausgesprochen) letztlich allgemein akzeptiert wurden.

Um einen Eindruck von den historischen Schwierigkeiten zu geben, seien einige Schreibweisen aus vergangenen Jahrhunderten angeführt, aus denen ersichtlich ist, daß die uns heute so geläufige algebraische Notation so „natürlich" nicht gewesen sein kann:

DIOPHANT	(um 250)	ϛ γ̄ ↑ β ι᾿ μδ	$x \cdot 3 - 2 = 4$
BUTEO	(1492-1564(-72))	3A.1B.1C [42	$3x + y + z = 42$
		1◇ P4℘ [45]	$x^2 + 4x = 45$
CHUQUET	(um 1480)	.3.¹plus.6.²egaulx ã.30.	$3x + 6x^2 = 30$
BOMBELLI	(1526-1572)	1.⌣ Eguale à 15.⌣ p.4	$x^3 = 15x + 4$
STEVIN	(1548-1620)	1 ③ egale à 15 ① +4	$x^3 = 15x + 4$
VIÈTE	(1540-1603)	B in { D quadratum / +B in D	$B \cdot (D^2 + B \cdot D)$

In der Kognitionspsychologie wird leider die fundamentale Rolle der Symbolik nicht immer gebührend beachtet. Die Entwicklung des mathematischen Denkens wird oft so dargestellt, als ob sich diese ganz im Inneren eines Individuums und mit einer gewissen Stringenz abspielen würde. Überspitzt ausgedrückt: Wenn ein Individuum nur genügend weit kognitiv heranreift, dann kommt die algebraische Notation ganz von selbst heraus. Diese Ansicht ist schon deshalb falsch, weil die algebraische Notation auf Konventionen beruht und Konventionen nie in einem Individuum allein entstehen können; sie sind ja ihrer Natur nach eine Angelegenheit zwischen mehreren Menschen. Der aktiv-entdeckende Ansatz darf nicht überstrapaziert werden. Man kann nicht alles selbst entdecken. Insbesondere kann die algebraische Notation nur in einem kommunikativen Prozeß (zumindest zwischen Lehrer und Schüler) erlernt werden.

Wie wenig Schüler die algebraische Notation von selbst entdecken, zeigt der folgende Versuch. Wir haben 11- und 12-jährigen Schülern die folgende Aufgabe vorgelegt (siehe MALLE 1985):

> In einem Stall sind H Hasen und G Gänse. Es sind um vier Hasen mehr als Gänse. Notiere dies in kurzer Form!

Dabei ist an Vorschlägen alles mögliche gekommen, nur nicht die übliche algebraische

Notation. Einige Beispiele:

4H > G   GH4 >   HG   H+G4H > G
                           4>

Fig. 6

Diese Vorschläge sind keineswegs dumm. Ein Lehrer, der sie ernst nimmt, wird wahrscheinlich seine Mühe haben, die Kinder davon zu überzeugen, daß die offizielle Notation besser ist als diese Schülervorschläge — falls ihm dies überhaupt gelingt. Es kommt auch gar nicht darauf an, die offizielle Notation als die „beste aller möglichen Notationen" hinzustellen, wesentlich ist vielmehr, daß ein Kommunikationsprozeß stattfindet, in dem die Schüler ihre eigenen Notationsvorschläge mit der offiziellen Notation vergleichen können und dadurch die Eigenheiten der letzteren erkennen können.

Im derzeitigen Unterricht wird für solche Prozesse meist wenig Geduld aufgebracht. Die Schüler müssen sich meist von anfang an der vom Lehrer vorgegebenen Norm fügen und erhalten kaum Gelegenheit, selbst Notationsformen zu erfinden, über deren Vor- und Nachteile nachzudenken, die Zweckmäßigkeit des Einhaltens bestimmter Konventionen einzusehen und die Eigenheiten der normierten Schreibweise im Vergleich zu ihren eigenen Erfindungen zu erkennen. Man vertraut gewissermaßen darauf, daß sich die algebraische Notation von selbst empfiehlt und daß die Schüler ihre Sinnhaftigkeit von selbst erkennen. Aus Interviews mit Schülern geht aber hervor, daß Schüler ihre eigenen Vorschläge oft für sinnvoller halten als die vom Lehrer angegebene Schreibweise.

Wenn derartige Sinnprobleme im Unterricht nicht mit viel Geduld aufgearbeitet werden, kann viel Unheil passieren. Zu dessen Vermeidung ist es notwendig, daß der Lehrer die Entwicklungen seiner Schüler (möglichst individuell) verfolgt und gelegentlich helfend eingreift. Dabei sollte nicht nur das beurteilt werden, was die Schüler *noch nicht* können, sondern auch das honoriert werden, was sie *schon* können — es handelt sich eben um einen Prozeß und nicht um einen schlagartigen Überfall! Es gibt in der heutigen Rechtschreibdidaktik einen Ansatz, der ganz ähnliche Ziele verfolgt (siehe z.B. BRÜGELMANN 1983, 1986 a,b).

1.9 Elementare Algebra und Computer

Obwohl der Themenkreis „Elementare Algebra und Computer" aus Umfangsgründen in diesem Buch nicht behandelt werden kann, sind einige Bemerkungen zu diesem Thema unumgänglich.

Auslagerung von Verfahren

Die elementare Algebra als Schulstoff erfährt heute durch neue technologische Entwicklungen auf dem Gebiet des *Symbolischen Rechnens* eine „Existenzbedrohung" von noch nie dagewesenem Ausmaß. Ein symbolischer Rechner kann nicht nur wie ein konventioneller Taschenrechner mit Zahlensymbolen, sondern auch mit anderen Symbolen (z.B. Buchstaben) rechnen. Eines der am weitesten gediehenen Teilgebiete des Symbolischen Rechnens ist die **Computeralgebra.** Computeralgebrasysteme können algebraische Terme umformen, vereinfachen, faktorisieren, ineinander substituieren, Gleichungen bzw. Gleichungssysteme lösen und ähnliches mehr. Sie können somit einen Großteil der heute im Unterricht der elementaren Algebra üblichen Übungsaufgaben lösen — und zwar wesentlich schneller und zuverlässiger als ein Mensch. Viele Softwarepakete bewältigen darüber hinaus noch weitere Aufgaben, etwa Rechnen mit Vektoren oder Matrizen, Zeichnen von Funktionsgraphen, Differenzieren, Integrieren, Lösen von Differentialgleichungen usw. — alles nicht nur numerisch, sondern auch symbolisch mit Hilfe von Buchstaben.

Meines Erachtens ist das Eindringen der symbolischen Rechner in den Mathematikunterricht genausowenig aufzuhalten, wie es das Eindringen der numerischen Taschenrechner war. Zwar sind Computeralgebrasysteme derzeit noch an Personal-Computer gebunden (etwa die Systeme DERIVE, MAPLE, MATHCAD, MATHEMATICA, THEORIST) oder nur in teureren Taschenrechnern installiert, die Entwicklung geht jedoch in Richtung von billigen algebratauglichen Taschenrechnern bzw. billigeren Laptops oder Palmtops. Die Auswirkungen der symbolischen Rechner auf die Schulmathematik werden meiner Meinung nach wesentlich größer sein als die der numerischen Taschenrechner. Es wird für alle am Unterrichtsgeschehen Beteiligten deutlicher sichtbar werden, daß die im Mathematikunterricht gepflegten (und heute vielfach noch hochgeschätzten) *Verfahren* in einem großen Ausmaß einer Maschine übergeben und damit bis zu einem gewissen Grad aus dem Unterrichtsgeschehen „ausgelagert" werden können. Da die heutige Unterrichtspraxis zu einem großen Teil von einem Einüben von Verfahren geprägt ist, wird durch die symbolischen Rechner ein gewisses „Vakuum" erzeugt werden. Schon heute hört man da und dort Stimmen von Lehrern, die nicht mehr recht wissen, was sie im Unterricht tun sollen, oder von Kritikern, die meinen, man solle den Mathematikunterricht reduzieren, weil es keinen Sinn hat, Kinder auf Prozesse zu drillen, die eine Maschine besser erledigen kann.

Betrachten wir ein Beispiel: Das Softwarepaket THEORIST erlaubt folgenden Umgang mit Gleichungen. Tippt man eine Gleichung ein, so erscheint diese auf dem Bildschirm, z.B.:

$$\frac{a}{b} = \frac{c}{d-e}$$

Ein Cursor (Dreieck) läßt sich mit Hilfe einer Maus, die über den Tisch bewegt wird, auf dem Bildschirm bewegen. Will man in der obigen Gleichung etwa das e auf die linke Seite bringen, fährt man mit dem Cursor zum Buchstaben e, klickt die Maus und zieht den Cursor auf die linke Seite der Gleichung. Am Bildschirm erscheint dann:

$$\frac{b}{a} \cdot c + e = d$$

Man kann also im wahrsten Sinn des Wortes Glieder von einer Seite der Gleichung auf die andere geben, ohne nachdenken zu müssen, wie dies geht. Will man aus der gegebenen Gleichung die Variable e durch die anderen Variablen ausdrücken, zieht man die Variable e in ein kleines Kästchen am linken Rand und es erscheint:

$$e = d - \frac{b}{a} \cdot c$$

Man beachte, daß zur Ausführung dieser Operationen nicht einmal eigene Befehle (wie SIMPLIFY, SOLVE oder ähnliches) gegeben werden müssen, sondern daß Armbewegungen ausreichen.

Diese Entwicklung zeigt, daß *Fähigkeiten im Beherrschen von mathematischen Verfahren* an Bedeutung verloren haben und in Zukunft noch weiter verlieren werden.

Dies gilt für die elementare Algebra ganz besonders. Hohe Fertigkeiten im Umformen algebraischer Ausdrücke werden nicht mehr gefragt sein, so wie man heute keine besonderen Fähigkeiten mehr im Dividieren oder Wurzelziehen braucht. Die heute im Mathematikunterricht noch so beliebten komplexen Umformungstätigkeiten sind weitgehend sinnlos geworden. Es genügt heute, sich auf **Einfaches und Grundsätzliches** zu beschränken, wie etwa das *Aufstellen und Interpretieren einfacher Formeln*, das *Umformen einfacher Ausdrücke* und das *Begründen einzelner Umformungsschritte*.

Das Einfache und Grundsätzliche gerät jedoch meines Erachtens durch die Computeralgebra nicht in Gefahr. Insbesondere ist meiner Ansicht nach nichts von dem, was in diesem Buch behandelt wird, wirklich gefährdet. Im Gegenteil, diese Dinge gewinnen sogar noch an Bedeutung und zwar hauptsächlich aus folgenden Gründen:

- Einfache elementaralgebraische Tätigkeiten muß jeder, der sich mit Mathematik beschäftigt, auch ohne Computer bewältigen können. Es hat keinen Sinn, für jede einfache algebraische Umformung einen Computer heranzuziehen, so wie es keinen Sinn hat, für jede einfache Addition einen Taschenrechner heranzuziehen. Wer aus der Formel $A = \frac{1}{2} \cdot (a + c) \cdot h$ die Variable c ohne Maschine nicht berechnen kann, kann wohl nicht vernünftig Mathematik betreiben.

- Eine Formel ist nicht nur eine "black box", die von einer Maschine verarbeitet wird. Für den Umgang mit Formeln ist es ganz wesentlich, daß man in ihnen Strukturen und Umformungsmöglichkeiten sieht. Dieses "Sehen" eröffnet verschiedene Einblicke in die Bedeutung und Anwendungsmöglichkeiten einer Formel. Zu diesem "Sehen" ist eine Maschine nicht oder nur sehr beschränkt in der Lage.

- Die Verwendung und der sinnvolle Einsatz von Computeralgebrasystemen setzt gewisse elementaralgebraische Kenntnisse voraus. Jemand, der nichts über Terme und Gleichungen weiß, kann nicht einmal das Handbuch eines solchen Systems lesen. Insbesondere erfordert die Kommunikation mit der Maschine gewisse Kenntnisse z.B. über die Strukturen von Termen und Formeln.

- Manches Einfache und Grundsätzliche, z.B. das Aufstellen und Interpretieren von Formeln, kann der Computer noch nicht oder noch nicht so besonders gut.

Die Einflüsse der Computeralgebra auf den Mathematikunterricht sind im einzelnen noch nicht abzusehen. Manches wird im Unterricht *rascher und problemloser* gehen. Darin liegt eine gewisse Chance für den Mathematikunterricht, weil ein Freiraum entsteht, in dem man sich verstärkt auf *höhere Lernziele* besinnen kann, wie kreatives Denken, Darstellen und Interpretieren, Problemlösen, Kommunizieren, Argumentieren, Anwenden usw. Darüber hinaus ist eine *stoffliche Ausweitung der Schulmathematik* zu erwarten. Vieles mußte ja bisher aus der Schulmathematik ausgeschlossen bleiben, weil es technisch zu aufwendig war. Nun aber ergibt sich die Möglichkeit, das Wesentliche an einfachen Beispielen zu erläutern und das technisch Aufwendige der Maschine zu überlassen. Wenn die Schüler etwa gelernt haben, einfache Gleichungen aufzustellen und zu lösen, spricht nichts dagegen, auch schwierigere Gleichungen zu betrachten, deren Lösung dem Computer überlassen wird (z.B. Differenzengleichungen in der Systemdynamik).

Computer als Lehr- und Lernhilfsmittel

Im Bereich der elementaren Algebra gibt es einige interessante Ansätze, Software zu entwickeln, die Schülern helfen soll, mehr Verständnis für traditionelle Inhalte zu erreichen, z.B. das Umformen von Termen bzw. Gleichungen oder das Lösen von Textaufgaben. Beispiele dafür sind der ALGEBRAIC PROPOSER von SCHWARTZ (1987 b, 1988), der WORD PROBLEM ASSISTANT von THOMPSON (1987, 1989 b), ein Gleichungslösungsprogramm von McARTHUR et al. (McARTHUR 1985, McARTHUR/STASZ/HOTTA 1987), das Programm EXPRESSIONS von THOMPSON (1989 a) und die MARBLE BAG MICROWORLD von FEURZEIG (1986). (Alle diese Programme bis auf das erste sind kurz beschrieben in THOMPSON 1989 b; man beachte, daß auf diesem Sektor laufend neue Software erscheint.)

Es gibt auch Ansätze, Schülerfehler durch geeignete Programme zu imitieren, vor allem im Bereich des Termumformens und Gleichungslösens (z.B. SLEEMAN 1982, 1984, 1985; LARKIN 1989 a). Man erwartet sich durch das Studium solcher Programme theoretische Einsichten in mögliche Ursachen von Schülerfehlern und hofft, Diagnosesysteme entwickeln zu können, die Schülerfehler erkennen, mögliche Ursachen identifizieren und Vorschläge zu ihrer Behebung machen können. Die meisten Versuche dieser Art orientieren sich an einem Programm aus der Arithmetik, nämlich am Programm BUGGY von BROWN und BURTON, mit dem Schülerfehler im Bereich der schriftlichen Subtraktion erfaßt werden (BROWN/BURTON 1978, BROWN/Van LEHN 1980, 1982, BURTON 1982, Van LEHN 1982, 1983). Korrektes Umformen wird durch einen Satz korrekter Regeln („rules"), fehlerhaftes Umformen durch einen Satz inkorrekter Regeln („malrules" nach SLEEMAN) generiert. Da menschliches Denken jedoch mit ziemlicher Sicherheit nicht so verläuft, ist umstritten, ob das Studium derartiger Programme brauchbare Aufschlüsse über die Fehlerursachen bei Schülern liefern kann (siehe dazu die massive Kritik in THOMPSON 1989 b).

Erweiterungen der Notation durch den Computer

Die „Bedrohung" der elementaren Algebra durch den Computer kann auch unter dem Aspekt gesehen werden, daß der Computer die Möglichkeiten der Notation enorm erweitert und damit die algebraische Notation in gewisse Schranken verweist.

Die algebraische Notation war seit ca. 400 Jahren eine dominierende Notation in der Mathematik. Die in der gesamten Mathematik vorfindbare *Tendenz zur Algebraisierung* beruht nicht nur darauf, daß die Algebra effiziente Problemlösemethoden zur Verfügung stellt, sondern auch eine sehr brauchbare Notation (das eine hängt natürlich mit dem anderen zusammen). Allerdings kam man mit der Notation der Schulalgebra auf die Dauer nicht aus. Man erweiterte diese Notation durch neue Zeichen (z.B. Funktionszeichen wie Sinus oder Ableitung bzw. Operationszeichen wie Durchschnitt, Vereinigung, Summenzeichen) oder änderte die Bedeutung der alten Zeichen (z.B. Plus und Mal in der Booleschen Algebra). Dabei bestand jedoch im allgemeinen die Tendenz, in der Notation möglichst *algebranahe* zu bleiben, wenigstens vom äußeren Erscheinungsbild her. Notationen, die zu sehr von diesem Erscheinungsbild abwichen (wie etwa die FREGEsche Notation der Aussagenlogik) hatten meist wenig Chancen, sich durchzusetzen, soferne es algebranähere Alternativen gab. Einige Beispiele solcher algebranaher Notationen:

$$(A \cup B)' = A' \cap B'$$
$$f(x+y) = f(x) \cdot f(y)$$
$$\int_a^b f(x)\, dx = F(x) \big|_a^b$$

Diese Notationsmöglichkeiten werden durch den Computer drastisch erweitert. Zunächst kann die traditionelle Notation in neue "optische Umgebungen" eingebettet werden, z.B. in die Fenster einer bestimmten Fenstertechnik. In diese Fenster können nicht nur die Formeln aufgenommen werden, sondern es kann auch die Bedeutung der Buchstaben erklärt werden, es können Kommentare hinzugefügt werden usw. Ein Beispiel aus dem WORD PROBLEM ASSISTANT von THOMPSON ist in Fig. 7 dargestellt. Derartige Darstellungen mögen in manchen Fällen durchaus die Leistungsfähigkeit der traditionellen Notation steigern.

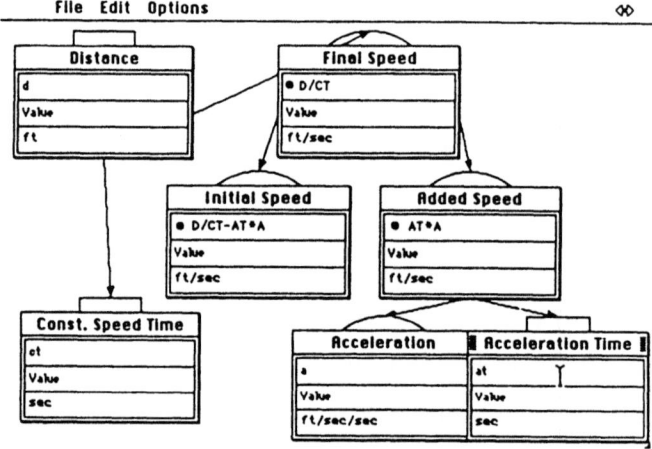

Fig. 7

Darüber hinaus entstehen immer mehr echte Alternativen zur algebraischen Notation. Alternativen waren ja immer schon bekannt, z.B. Rechenbäume oder ähnliche graphenartige Darstellungen. Diese setzten sich jedoch bisher in großem Stil nicht durch, weil ihre Handhabung zu umständlich war. Der Computer kann jedoch solche Darstellungen rasch entwerfen und verarbeiten. Ein Beispiel dafür stellen die Flußdiagramme im Programmpaket STELLA zur Darstellung von Systemen von Differenzengleichungen dar.

Um besser zu erkennen, worin sich andere Notationsformen von der algebraischen Notation unterscheiden, ist es günstig, die folgenden Charakteristika der algebraischen Notation zu beachten:

- Sie bewegt sich im Kategoriensystem der Prädikatenlogik, d.h. enthält nicht nur Zeichen für *Objekte*, sondern auch für *Operationen* und *Relationen* (eventuell auch für *Funktionen*). (Man beachte jedoch, daß die Notation der Prädikatenlogik historisch aus der algebraischen Notation entstanden ist.)
- Sie erlaubt *einfaches Operieren nach einfachen Regeln*.
- Sie besitzt eine *Tendenz, mit möglichst niedrigstelligen Operationen auszukommen* (bevorzugt werden ein- und zweistellige Operationen, vgl. dazu jedoch auch KIRSHNER 1987 b).
- Sie besitzt eine *Tendenz zur Zeilenschreibweise* (mit charakteristischen Abweichungen wie etwa bei Brüchen).

Diese Punkte treffen alle auch auf *algebranahe Notationen* zu. Andere Notationen erfüllen aber oft einen oder mehrere dieser Punkte nicht (man spricht in solchen Fällen oft nicht von Notationen, sondern eher von Bildern oder Visualisierungen). Beispielsweise erfüllen geometrische Figuren keinen der obengenannten Punkte. Zum ersten Punkt sei angemerkt: Von wenigen Ausnahmen abgesehen, enthalten geometrische Figuren keine Relationszeichen. Daß ein Punkt auf einer Geraden liegt, sieht man in einer geometrischen Figur und braucht nicht durch ein eigenes Zeichen ausgedrückt zu werden. Algebraisch kann man etwa $P \in g$ schreiben, wobei das Relationszeichen $\in$ verwendet wird. (Derartige Überlegungen sind näher ausgeführt in MALLE 1984.)

Der Computer erhöht nun auch für manche nicht algebranahen (unter Umständen sich nicht im Kategoriensystem der Prädikatenlogik bewegenden) Notationen die Möglichkeiten einfachen Operierens, erlaubt die übersichtliche Darstellung auch höherstelliger Operationen und ist nicht mehr an die Zeilenschreibweise gebunden. Dadurch verliert die algebraische Notation ohne Zweifel etwas von ihrer zentralen Rolle.

Interessante didaktische Perspektiven eröffnen sich durch die *Kombination* der algebraischen Notation mit anderen Notationen. Der Computer erlaubt es nicht nur, verschiedene Notationen rasch und problemlos ineinander zu übersetzen (z.B. eine algebraische Formel in einen Funktionsgraphen und umgekehrt), sondern auch, verschiedene Darstellungen gleichzeitig zu präsentieren (z.B. können Formeln zugleich mit Funktionsgraphen, Rechenbäumen, Tabellen, ikonischen Darstellungen oder ähnlichem dargestellt werden). Dies hat insbesondere den Vorteil, daß die Auswirkungen einer Änderung in einer Darstellung auf die anderen Darstellungen beobachtet werden können (eine ausführlichere Diskussion dieses Themas findet man in KAPUT 1989).

2 VARIABLE, TERME UND FORMELN

Nach den Überlegungen im vorigen Kapitel, die einen eher vorläufigen Charakter hatten, beginnen wir nun genauer über das zentrale Phänomen der elementaren Algebra, nämlich den Variablenbegriff, nachzudenken. Wir werden sehen, daß dieser Begriff vielfältige Aspekte besitzt, deren Beachtung für den Unterricht wesentlich ist. Da Variable nicht isoliert, sondern meist als Bestandteile von Termen oder Formeln auftreten, werden wir auch über den Sinn von Termen und Formeln nachdenken. Aus diesen Überlegungen werden sich einige Unterrichtsvorschläge ergeben, wobei wir uns zunächst auf eine erste Einführung von Variablen, Termen und Formeln im 5. und 6. Schuljahr beschränken.

2.1 Aspekte des Variablenbegriffs

Was sind Variable?

Ich glaube, daß diese Frage niemand zufriedenstellend beantworten kann, weil der Variablenbegriff zu schillernd und aspektreich ist. In der mathematischen Literatur werden Variable meist nur *verwendet* und nicht *definiert*. Wo eine Definition versucht wird, werden im allgemeinen in einseitiger Weise nur einige Aspekte des Variablenbegriffes hervorgehoben (eine Zusammenstellung einiger solcher „Definitionen" findet man in SCHOENFELD/ARCAVI 1988). Damit teilt der Variablenbegriff das Schicksal vieler anderer fundamentaler mathematischer Begriffe, etwa des Zahlbegriffes, der sich ja auch nicht vollständig in einer Definition erfassen läßt. In Abwandlung eines bekannten Ausspruches von WEYL über den Funktionsbegriff kann man sagen: „Nobody knows what a variable is."

Variable sind keineswegs eine Erfindung der Mathematik. Es gibt sie schon in der Umgangssprache. Worte und Wortgruppen wie „Ding", „Sache", „ein", „ein beliebiger", „irgendwelche" usw. spielen die Rolle von Variablen. In der Festsetzung „Die

Pension einer Witwe beträgt 60 Prozent der Pension des verstorbenen Ehemannes" sind „Pension einer Witwe" und „Pension des verstorbenen Ehemannes" Variablen. Bereits die babylonische bzw. ägyptische Mathematik bediente sich systematisch solcher **Wortvariablen** und verwendete Worte wie „Haufen", „Menschen", „Tage", wobei diese Worte ihrer ursprünglichen Bedeutung beraubt wurden und nur mehr stellvertretend für gewisse Zahlen standen, die auch etwas anderes bedeuten konnten. Dies äußerte sich z.B. darin, daß bedenkenlos „Menschen" und „Tage" addiert wurden (siehe TROPFKE 1980, KRETZSCHMAR 1986). Später wurden für die Unbekannte in einer Gleichung Worte wie „Ding" („res", „cosa") verwendet. Auch die heutige Mathematik verwendet noch solche Wortvariablen. So enthält etwa der Satz „Das Quadrat einer reellen Zahl ist nicht negativ" die Wortvariable „eine reelle Zahl".

Verwendet man **Buchstabenvariablen** statt Wortvariablen, so ergibt sich eine Reihe von Vorteilen. Buchstabenvariablen erlauben eine *knappere, übersichtlichere, unmißverständlichere, kontextfreie Darstellung* und ermöglichen vor allem ein *regelhaftes Operieren* (vgl. MORMANN 1981). Bezeichnet man etwa in dem obigen Beispiel die Pension der Witwe mit W, die des Mannes mit M, kann man knapper formulieren:

$$W = 0,6 \cdot M$$

Diese Darstellung erlaubt regelhafte Umformungen, z.B. zu:

$$M = \frac{W}{0,6} \approx 1,67 \cdot W$$

Drei Aspekte

Im folgenden sollen einige Aspekte des Variablenbegriffes näher untersucht werden. Diese können bereits an Schulbeispielen aufgezeigt werden. Wir sehen uns dazu drei Aufgaben an und skizzieren jeweils eine mögliche Lösung durch einen Schüler.

1. Denke dir eine Zahl! Addiere 10! Verdopple das Ergebnis! Subtrahiere das Doppelte der ursprünglichen Zahl! Du erhältst 20. Warum funktioniert das für jede gedachte Zahl?

    Mögliche Lösung: Ist x die gedachte Zahl, dann gilt:

    $$2(x+10) - 2x = 2x + 20 - 2x = 20$$

2 Setze in die Gleichung $2x + 3 = 11$ der Reihe nach die Zahlen von 1 bis 6 ein! Wann ergibt sich eine wahre Aussage?

Mögliche Lösung:

$$
\begin{array}{ll}
2 \cdot 1 + 3 = 11 \quad f & 2 \cdot 4 + 3 = 11 \quad w \\
2 \cdot 2 + 3 = 11 \quad f & 2 \cdot 5 + 3 = 11 \quad f \\
2 \cdot 3 + 3 = 11 \quad f & 2 \cdot 6 + 3 = 11 \quad f
\end{array}
$$

3 Löse: $3x + 8 = 26$

Mögliche Lösung:

$$
\begin{array}{rcl|l}
3x + 8 & = & 26 & -8 \\
3x & = & 18 & :3 \\
x & = & 6 &
\end{array}
$$

In allen drei Fällen wird die Variable x verwendet. Aber hat dieses x immer dieselbe Bedeutung? In der Lösung von Aufgabe 1 ist x eine unbekannte oder nicht näher bestimmte Zahl. In der Aufgabe 2 ist x ein Platzhalter für Zahlen bzw. eine Leerstelle, in die man Zahlen einsetzen darf. In der Lösung von Aufgabe 3 dürfte x wohl ein Symbol (ein Zeichen auf dem Papier) sein, über dessen Bedeutung nicht weiter nachgedacht wird und mit dem nach gewissen Regeln umgegangen wird.

Man kann also zumindest die folgenden drei **Aspekte des Variablenbegriffs** unterscheiden:

(1) **Gegenstandsaspekt:** *Variable als unbekannte oder nicht näher bestimmte Zahl (allgemeiner als unbekannter oder nicht näher bestimmter Denkgegenstand).*

(2) **Einsetzungsaspekt:** *Variable als Platzhalter für Zahlen bzw. Leerstelle, in die man Zahlen (genauer: Zahlnamen) einsetzen darf.*

(3) **Kalkülaspekt** (Rechenaspekt): *Variable als bedeutungsloses Zeichen, mit dem nach bestimmten Regeln operiert werden darf.*

Die Unterscheidung von Gegenstands- und Einsetzungsaspekt geht zurück auf QUINE 1976 (siehe dazu auch JAHNKE 1978 sowie GRIESEL 1982; GRIESEL unterscheidet einen „Platzhalteraspekt" und einen „Bedarfsnamenaspekt", wobei der letztere im großen und ganzen mit unserem Gegenstandsaspekt übereinstimmt).

Die genannten drei Aspekte von Variablen lassen sich auf Terme und Gleichungen übertragen. Beginnen wir mit dem *Gegenstandsaspekt*. Unter diesem Aspekt erscheint ein *Term*, wie etwa $\frac{x+y}{2}$, als eine *unbekannte bzw. nicht näher bestimmte Zahl*, von der man nur weiß, daß sie das arithmetische Mittel der nicht näher bestimmten Zahlen x und y ist. Eine *Gleichung*, wie etwa $x + y = 8$, erscheint unter diesem Aspekt als eine *Aussage über (bekannte und unbekannte) Zahlen*.

Unter dem *Einsetzungsaspekt* erscheint ein *Term* wie $\frac{x+y}{2}$ als *Zahlform* (die in eine Zahl übergeht, wenn man für x und y Zahlen einsetzt). Eine *Gleichung* wie $x + y = 8$ erscheint als *Aussageform* (die in eine wahre oder falsche Aussage übergeht, wenn man für die Leerstellen x und y Zahlen einsetzt).

Unter dem *Kalkülaspekt* erscheinen sowohl *Terme* als auch *Gleichungen* als bloße *Zeichenreihen*, mit denen nach gewissen Regeln operiert werden darf und deren eventuelle Bedeutung man während des Arbeitens vergessen kann.

Eine Übersicht gibt die folgende Tabelle:

	Gegenstandsaspekt	Einsetzungsaspekt	Kalkülaspekt
Variable	Zahl	Platzhalter (Leerstelle)	Zeichen
Term	Zahl	Zahlform	Zeichenreihe
Gleichung	Aussage	Aussageform	Zeichenreihe

Reduktionen des Variablenbegriffes

Läßt sich der Variablenbegriff auf einen der genannten Aspekte reduzieren? Die Antwort auf diese Frage ist ein klares „Nein". Ich versuche, diese Antwort anhand einiger Beispiele zu begründen.

Beispiel 1: Mit dem Rechengesetz

$$a - (b - c) = a - b + c$$

für reelle Zahlen kann man verschiedene Vorstellungen verbinden. Obwohl es für *alle* reelle Zahlen gilt, genügt es, an *drei* nicht näher bestimmte reelle Zahlen a, b, c zu denken. Damit betrachtet man die Variablen a, b, c unter dem Gegenstandsaspekt. Setzt man für a, b, c fortlaufend Zahlen ein, um dieses Gesetz zu überprüfen, betont man den Einsetzungsaspekt. Wendet man das Rechengesetz im Rahmen einer Termumformung an, betrachtet man die Buchstaben a, b, c vermutlich als bedeutungslose Zeichen und betont damit den Kalkülaspekt.

Beispiel 2: Beim Aufstellen einer Formel, etwa der Formel

$$m = \frac{x+y}{2}$$

für den Mittelwert m zweier Zahlen x und y, denkt man vermutlich an nicht näher bestimmte Zahlen, betont also den Gegenstandsaspekt. Setzt man anschließend für x und y Zahlen ein, um verschiedene Mittelwerte auszurechnen, betont man eher den Einsetzungsaspekt. Formt man die Formel um, etwa zu $x = 2m - y$, wendet man einfach gewisse Regeln an und betont damit den Kalkülaspekt.

Beispiel 3: Wir betrachten folgende Definition: Eine reelle Zahl z wird von den reellen Zahlen a, b mit der Genauigkeit ε eingeschränkt, wenn gilt:

$$a \leq z \leq b \quad \text{und} \quad b - a \leq \varepsilon$$

Bei dieser Sprechweise denkt man vermutlich an vier nicht näher bestimmte reelle Zahlen z, a, b und ε, auch wenn diese verschiedene Rollen spielen. Damit betont man den Gegenstandsaspekt. Illustriert man diese Definition, indem man für ε der Reihe nach etwa die Zahlen $10^{-1}, 10^{-2}, 10^{-3}, \ldots$ einsetzt, betont man den Einsetzungsaspekt. Formt man die Ungleichungen um, etwa für $0 < a \leq z \leq b$ zu

$$\frac{1}{b} \leq \frac{1}{z} \leq \frac{1}{a} \quad \text{und} \quad \frac{1}{a} - \frac{1}{b} \leq \frac{1}{ab} \cdot \varepsilon \ ,$$

so behandelt man die Buchstaben z, a, b und ε wie bedeutungslose Zeichen, geht nach bestimmten Regeln vor und betont damit den Kalkülaspekt.

Die Mathematik ist voll von solchen Beispielen. Die Beispiele zeigen, daß die genannten drei Aspekte in enger Verquickung miteinander vorkommen können, sogar innerhalb einundderselben Zeile. Es ist für das Betreiben von Mathematik charakteristisch, daß man diese Aspekte beständig wechseln muß und unter Umständen mehrere Aspekte gleichzeitig im Auge behalten muß.

Im Mathematikunterricht wurde der Variablenbegriff allerdings stets gewissen Reduktionen unterworfen. Wenn man einmal davon absieht, daß der Kalkülaspekt im Algebraunterricht der Schule immer eine große Rolle gespielt hat, wurde vor der in den sechziger Jahren stattfindenden Reform durch die „Neue Mathematik" vor allem der Gegenstandsaspekt betont. Variable wurden damals je nach Kontext als „allgemeine Zahlen" oder „unbekannte Zahlen" bezeichnet. Nach der Reform wurde der Gegenstandsaspekt vom Einsetzungsaspekt verdrängt. Statt „allgemeine Zahl" oder „unbekannte Zahl" mußte man jetzt „Platzhalter" oder „Variable" sagen, Gleichungen wurden als „Aussageformen" aufgefaßt. Sowohl der traditionelle Weg als auch der Weg der „Neuen Mathematik" stellen reduktionistische Verengungen dar, die dem tatsächlichen Gebrauch von Variablen in der Mathematik nicht gerecht werden. Im tatsächlichen Gebrauch kommen nämlich alle angeführten Sichtweisen vor.

Einflüsse der Aspekte auf die Gleichungslehre

Wie sehr sich die Hervorhebung eines der genannten Aspekte auf den Unterricht in elementarer Algebra auswirken kann, möchte ich anhand der folgenden Textaufgabe illustrieren:

> Welche Zahl ergibt um 1 vermehrt und anschließend verdoppelt 8?

Soferne diese Aufgabe mittels einer Gleichung gelöst wird, wird das, was auf das Papier geschrieben wird, im allgemeinen so aussehen:

$$2(x+1) = 8$$
$$x+1 = 4$$
$$x = 3$$

Was man sich dabei denkt oder was man dazu spricht, kann jedoch ganz Unterschiedliches sein. Ich stelle im folgenden drei mögliche Gedankengänge vor, die sich darin unterscheiden, daß jeweils einer der drei Variablenaspekte besonders betont wird. In der Praxis laufen diese Gedankengänge vielleicht nicht immer so ausführlich und vielleicht auch miteinander vermischt ab, sie sollen jedoch im folgenden deutlich einander gegenübergestellt werden.

Erster Gedankengang (Betonung des Gegenstandsaspekts, Lösen durch inhaltliche Überlegungen):

Ich nenne die gesuchte Zahl x. Für diese muß gelten:
$$2(x+1) = 8$$
Da das Doppelte der Zahl $x + 1$ gleich 8 ist, ist:
$$x + 1 = 4$$
Die Zahl x um 1 vermehrt ergibt 4. Somit ist:
$$x = 3$$

Zweiter Gedankengang (Betonung des Einsetzungsaspekts):

Die gesuchte Zahl muß die folgende Aussageform durch Einsetzung in den Platzhalter x in eine wahre Aussage überführen:
$$2(x+1) = 8$$
Diese Aussageform ist äquivalent zur folgenden Aussageform, d.h. hat dieselbe Lösungsmenge wie diese:
$$x + 1 = 4$$
Diese Aussageform ist äquivalent zur Aussageform:
$$x = 3$$
Die Lösungsmenge dieser Aussageform kann man aber unmittelbar ablesen:
$$L = \{3\}$$
Somit ist 3 die gesuchte Zahl.

Dritter Gedankengang (Betonung des Kalkülaspekts, Lösen mit Hilfe von Regeln):

Die gesuchte Zahl x muß der folgenden Gleichung genügen:
$$2(x+1) = 8$$

Ich forme diese Gleichung durch Anwendung von Regeln um. Zunächst wende ich die Regel an: „Man darf beide Seiten einer Gleichung durch dieselbe von null verschiedene Zahl dividieren". Ich erhalte:

$$x + 1 = 4$$

Nun wende ich die Regel an: „Man darf auf beiden Seiten einer Gleichung dieselbe Zahl subtrahieren". Ich erhalte:

$$x = 3$$

Somit ist 3 die gesuchte Zahl.

In keinem dieser drei Gedankengänge wird übrigens alles gesagt, was man sich tatsächlich denkt. Was fehlt, ist jedenfalls die *heuristische Strategie,* die man anwendet, um die Variable x zu isolieren. Es wird nicht näher erläutert, warum man bei jedem Schritt gerade zu einer bestimmten Aussage übergeht bzw. eine bestimmte äquivalente Aussageform auswählt bzw. eine bestimmte Regel anwendet.

Vergleicht man die drei Gedankengänge miteinander, so ist wohl nicht zu bestreiten, daß der erste der *einfachste* ist. Er ergibt sich zwanglos aus dem vertrauten Zahlenrechnen und man braucht für ihn keine speziellen Vorkenntnisse. Man braucht weder die Kenntnis spezieller Begriffe (wie „Platzhalter", „Aussageform", „Äquivalenz", „Lösungsmenge" usw.) noch spezieller Regeln.

Vom Standpunkt der *Begründung des Gleichungsrechnens* aus betrachtet ist der erste Gedankengang unverzichtbar, weil man bei der Begründung der beiden anderen Gedankengänge letztlich auf den ersten Gedankengang zurückgreifen muß (vgl. dazu WOLFF 1972). Betrachten wir zur Illustration den Übergang von $x + 1 = 4$ zu $x = 3$. Im zweiten Gedankengang wird dieser Übergang dadurch begründet, daß man sagt, die beiden Gleichungen hätten dieselbe Lösungsmenge, also

$$\{x \in \mathbb{R} \mid x + 1 = 4\} = \{x \in \mathbb{R} \mid x = 3\}$$

Wie aber kann man die Gleichheit dieser beiden Mengen nachweisen? Man muß dazu zeigen:

$$\text{Für alle } x \in \mathbb{R}: x + 1 = 4 \Longleftrightarrow x = 3$$

Diese Äquivalenz begründet man üblicherweise durch eine Umformungsregel, z.B. die Regel $A + B = C \Longleftrightarrow A = C - B$ oder die Regel $A = B \Longleftrightarrow A - C = B - C$. Aber woher hat man diese Regeln? Man kann deren Korrektheit nicht durch Einsetzen aller möglichen Zahlenwerte für A, B, C überprüfen. Sie stammen also letztlich aus einer Überlegung mit drei unbestimmten Zahlen A, B, C, wodurch man auf den Gegenstandsaspekt zurückgreift. Eine analoge Situation liegt beim dritten Gedankengang vor, weil auch dort der Übergang von $x + 1 = 4$ zu $x = 3$ durch eine Regel begründet wird.

Objekt- und Metasprache in der Gleichungslehre

Man kann die vorhin vorgestellten drei Gedankengänge noch in einer anderen Hinsicht miteinander vergleichen, wenn man die Frage stellt, worüber in ihnen gesprochen wird. Man stellt dabei fest: im ersten Gedankengang wird über (bekannte und unbekannte) *Zahlen* und deren Beziehungen zueinander gesprochen. In den anderen beiden Gedankengängen wird vorwiegend über *Gleichungen* und deren Beziehungen zueinander gesprochen. Z.B. wird festgestellt, daß zwei Gleichungen äquivalent sind oder daß eine Gleichung aus einer anderen durch Anwendung einer bestimmten Regel erhalten werden kann. Im ersten Gedankengang sind also die Zahlen die Objekte, über die gesprochen wird, in den anderen beiden Gedankengängen sind es die Gleichungen. Faßt man nun die Zahlen als die Objekte des Sprechens und die Gleichungen als sprachliche Ausdrücke bezüglich dieser Objekte auf, dann kann man sagen: Im ersten Gedankengang wird über die *Objekte* selbst gesprochen, in den anderen beiden Gedankengängen jedoch über *sprachliche Ausdrücke bezüglich dieser Objekte*. Bezüglich der Zahlen als Objekte erfolgt also der erste Gedankengang in der *Objektsprache*, die anderen beiden Gedankengänge erfolgen in einer *Metasprache*.

Die Unterscheidung von Objekt- und Metasprache ist nicht nur beim Lösen einer Gleichung von Bedeutung, sondern schon bei der *Formulierung einer Aufgabenstellung*. Einunddieselbe Aufgabe kann objektsprachlich oder metasprachlich formuliert werden. Im ersten Fall wird eine Aufgabe über Zahlen, im zweiten Fall eine Aufgabe über Gleichungen gestellt. Ich illustriere dies an zwei Beispielen.

Beispiel 1:

Objektsprachliche Formulierung: Für welche rationale Zahl x gilt
$2(x + 1) = 8$?
Metasprachliche Formulierung: Bestimme die Lösungsmenge der Gleichung
$2(x + 1) = 8$ über der Grundmenge $\mathbb{Q}$!

Beispiel 2:

Objektsprachliche Formulierung: Bestimme eine positive reelle Zahl x so, daß
$x^2 + x - 6 = 0$ gilt!
Metasprachliche Formulierung: Löse die Gleichung $x^2 + x - 6 = 0$ über $\mathbb{R}^+$!

Die größere Einfachheit des ersten Gedankenganges gegenüber den anderen beiden beruht unter anderem darauf, daß Schülern im allgemeinen ein Reden in der Objektsprache vertrauter ist als ein Reden in der Metasprache, weil ihnen Zahlen vertrautere Objekte sind als Gleichungen.

Um über Gleichungen und deren Beziehungen besser reden zu können, wurden in der Mathematik gewisse Begriffe entwickelt, wie „Platzhalter", „Aussage", „Aussageform", „Gleichung", „Grundmenge", „Definitionsmenge", „Äquivalenzumformung", „Lösung", „Lösungsmenge" usw. Man sollte sich jedoch darüber im klaren sein, daß alle diese Begriffe der *Metasprache* (bezüglich Zahlen) angehören. Man braucht sie nicht, um *Gleichungen zu lösen,* sondern um *über Gleichungen zu reden.* Sie sind entbehrlich, soferne beim Gleichungslösen ein objektsprachlicher Weg beschritten wird.

Zusammenfassend können wir folgende **Vorzüge des ersten Gedankenganges** gegenüber den beiden anderen feststellen:

- er ist einfacher, bedarf keiner speziellen Erklärungen, ergibt sich zwanglos aus dem vertrauten Zahlenrechnen und erlaubt eine Konzentration auf die eigentlichen Problemstellungen,
- er erfolgt in der Objektsprache,
- er bedarf keiner metasprachlichen Begriffe wie „Aussageform", „Grundmenge", „Lösungsmenge" usw.
- er bedarf keiner speziellen Regeln,
- er ist zur Begründung der beiden anderen Lösungswege unverzichtbar.

Aus diesen Überlegungen geht für mich ein ziemlich klarer Schluß hervor:

Der Gegenstandsaspekt ist am Anfang des Unterrichtes in elementarer Algebra zu bevorzugen (und damit auch die Objektsprache).

Damit soll nicht gesagt sein, daß der Einsetzungs- und Kalkülaspekt am Anfang ganz fehlen sollen. Das wäre eine unzulässige Reduktion. Erste Ansätze des Einsetzungsaspektes können etwa bei Gleichungslösungen durch Erraten oder systematisches Probieren (Einsetzen von Zahlen in Kästchen oder andere Leerstellen) schon früh auftauchen. Erste Ansätze des Kalkülaspektes können ebenfalls schon früh in Erscheinung treten, wenn sich gewisse Umformungstätigkeiten zu automatisieren beginnen. Jedoch sollten diese beiden Aspekte am Anfang eine eher untergeordnete Rolle spielen und erst dann voll zum Tragen kommen, wenn ein Aufsteigen zur Metasprache sinnvoller bzw. unumgänglich wird.

Die Forderung nach einer anfänglichen Betonung der Objektsprache kann man auch so ausdrücken: *Zunächst sollte man Gleichungen gebrauchen und erst später über sie reden;* wie ja auch ein Kind die Muttersprache dadurch erlernt, daß es sie gebraucht und nicht dadurch, daß man ihm die Grammatik erklärt. Gleichungen sollen zunächst dazu dienen, Zahlenbeziehungen zu beschreiben und Zahlenprobleme zu lösen, erst später sollte man Gleichungsbeziehungen beschreiben und Gleichungsprobleme lösen.

Wann kann nun ein Aufsteigen zur Metasprache und damit die Einführung gewisser metasprachlicher Begriffe sinnvoll bzw. notwendig werden? Ich sehe hier folgende Anlässe:

a) Einige wenige metasprachliche Begriffe sind von Anfang an *praktisch,* nämlich die Begriffe „Variable", „Gleichung", „Ungleichung" und „Lösung". Bei Ungleichungen erweist sich auch der Begriff „Lösungsmenge" als praktisch. Weitere Begriffe sind zunächst jedoch nicht notwendig.

b) Wenn im Unterricht längere Zeit Gleichungen gelöst wurden, kann eine *Reflexion* erfolgen und die Frage gestellt werden: „Was haben wir dabei eigentlich immer gemacht?". Beim Versuch, das Gleichungslösen abstrakt zu beschreiben, kann die Einführung weiterer metasprachlicher Begriffe nützlich sein.

c) Möglicherweise können einige metasprachliche Begriffe auch nützlich sein, wenn das Lösen von Gleichungen bzw. Ungleichungen *algorithmiert* bzw. *programmiert* wird (unbedingt notwendig sind sie jedoch nicht).

d) Metasprachliche Begriffe können zweckmäßig werden, wenn *allgemeine Sätze* über Gleichungen bzw. Ungleichungen angegeben oder bewiesen werden; etwa wenn die Struktur der Lösungsmenge einer linearen Gleichung oder eines linearen Gleichungssystems untersucht wird.

Aus dieser Aufzählung geht hervor, daß eine stärkere Verwendung der Metasprache — soferne eine solche in der Schule überhaupt stattfinden soll — erst *gegen Ende des Unterrichts in elementarer Algebra* Vorteile mit sich bringen kann (jedenfalls nicht vor dem 8. Schuljahr). Am Anfang bringt das metasprachliche Reden — abgesehen von den unter a) genannten Begriffen — so gut wie nichts. Auch späterhin plädiere ich für eine *möglichst sparsame Verwendung metasprachlicher Begriffe*.

Ganz verzichten kann man auf einige dieser Begriffe allerdings nicht, z.B. auf die Begriffe „Gleichung", „Lösung", „Lösungsmenge". Das hieße, das Kind mit dem Bade auszuschütten. Eine Beschränkung auf die Objektsprache würde in manchen Fällen das Sprechen erschweren und die schließlich auch erforderliche Entwicklung des Einsetzungs- und Kalkülaspekts behindern.

2.2 Zum Sinn von Termen und Formeln

Die anfängliche Betonung des Gegenstandsaspektes von Variablen und der Objektsprache zeichnen ziemlich klar den Weg vor, auf dem ein erstes Umgehen mit Variablen, Termen und Formeln erlernt werden sollte. Im Vordergrund sollte nicht ein innermathematischer Umformungskalkül stehen, sondern Variable sollten *in bedeutungsvollen Sachsituationen* eingeführt werden. Bevor mit den Variablen „gerechnet" wird, sollte dem **Aufstellen und Interpretieren von Termen bzw. Formeln** in Sachsituationen mehr Augenmerk gewidmet werden. So einsichtig ein solcher Einstieg auch erscheinen mag, er kommt im derzeitigen Algebraunterricht kaum vor. Wenn man nämlich einen solchen Einstieg ernst nimmt, bedeutet dies vor allem, viele geeignete **Aufgaben** zum Aufstellen und Interpretieren von Formeln zu stellen (Aufgaben dieser Art findet man nur selten in Schulbüchern).

Dabei darf jedoch das Aufstellen und Interpretieren von Formeln nicht zu einem sinnlosen Selbstzweck ausarten (wie es derzeit häufig mit dem Umformen geschieht). Auch wenn man in der Unterrichtspraxis nicht bei jeder Aufgabe zum Aufstellen bzw. Interpretieren einer Formel nach deren Sinn fragen kann, muß die Sinnfrage insgesamt ernst genommen werden.

Es ist auch keineswegs so, daß Sinnfragen für Schüler sekundär sind; im Gegenteil, sie können ihnen ernsthafte Schwierigkeiten bereiten. Dies ist mir im Rahmen eines Interviews sehr klar geworden, in dem es um die folgende Aufgabe ging:

In einem Stall sind H Hasen und G Gänse. Es sind um 4 Hasen mehr als Gänse. Drücke dies durch eine Gleichung in H und G aus!

Einige Schüler meinten nach dem Interview, daß die Gleichung $H = G + 4$ ganz sinnlos sei. Warum kann der Bauer, dem die Hasen und Gänse gehören, nicht gleich sagen, daß er 13 Gänse und 17 Hasen im Stall hat? Diese Schüler haben offensichtlich nicht verstanden, daß man bei unbekannten Zahlenwerten von H und G immerhin noch eine Relation zwischen H und G angeben kann. Allerdings: Welchen Sinn hat es, diese Relation anzugeben? Der Sinn geht zumindest aus der Aufgabe selbst nicht hervor.

Ein Ziel des Algebraunterrichts sollte also darin bestehen, daß Schüler das „Formelaufstellen" als eine sinnvolle und grundlegende mathematische Tätigkeit erkennen, die nicht weniger sinnvoll bzw. grundlegend ist als „Rechnen" (oder vielleicht sogar „Schreiben" und „Lesen"). Diese Einsicht kann bis zu einem gewissen Grad durch die sorgfältige Auswahl von Aufgaben erreicht werden, die Schülern eine Chance geben, selbst einen Sinn zu entdecken. Dies kann noch dadurch verstärkt werden, daß der Lehrer im Anschluß an geeignete Aufgaben die Schüler zu Reflexionen über den Sinn der jeweiligen Aufgabe anregt, indem er z.B. fragt: Welchen Sinn, welchen Zweck, welchen Vorteil, welchen Nutzen bringt das Aufstellen einer Formel im Rahmen der gestellten Aufgabe mit sich?

Im folgenden seien einige naheliegende Antworten auf die Frage nach dem Sinn von Formeln angeführt (natürlich ohne Anspruch auf Vollständigkeit). Ich illustriere die einzelnen Antworten durch Aufgaben, die hauptsächlich als Anregungen dafür gedacht sind, sich bei der Konstruktion von Aufgaben stärker an Sinnfragen zu orientieren. Alle im folgenden angeführten Gedanken zu erfassen, wird für viele Schüler wahrscheinlich ein zu hochgestecktes Lernziel darstellen. Über das eine oder andere kann man jedoch bei passenden Gelegenheiten (also nicht systematisch) sprechen.

a) *Mit Termen bzw. Formeln kann man innermathematische Prozesse und Gesetzmäßigkeiten allgemein beschreiben.*

Insbesondere kann man *Rechengänge* allgemein beschreiben. Traditionelle „Rechenaufgaben" lassen sich durch geringfügige Modifikationen zu solchen „Beschreibungsaufgaben" umgestalten. Zwei Beispiele:

1 a) Berechne möglichst geschickt: $372 - 91 - 9$
   b) Beschreibe den Rechengang mit Variablen!

2 a) Berechne $917 - 239 + 576 - 188$ zuerst in der angegebenen Reihenfolge, dann auf eine andere Art, wobei nur einmal subtrahiert wird!
   b) Gib eine Formel mit den Buchstaben u, v, w, x an, die die Gleichheit der beiden Arten der Rechnung beschreibt!

b) *Mit Termen bzw. Formeln kann man außermathematische Sachverhalte allgemein beschreiben, d.h. Modelle für außermathematische Situationen entwerfen.*

Eine Formel kann als eine abstrakte Beschreibung einer Situation und somit als ein (einfaches) Modell der jeweiligen Situation angesehen werden. Durch die Formel können in dem Modell Rechengänge und Beziehungen beschrieben werden, ohne immer auf die konkreten Zahlenwerte oder speziellen Gegebenheiten der Situation zurückgreifen zu müssen. Durch die Auffassung einer Formel als Modell kann man über Formeln vieles sagen, was sich allgemein über Modelle sagen läßt, etwa: Eine Formel beschreibt in der Regel eine Situation nur näherungs- und ausschnittsweise. Bestimmte Gesichtspunkte können hervorgehoben werden, andere können verloren gehen. Wird beispielsweise die Pension W einer Witwe aus der Pension M des verstorbenen Ehemannes durch die Formel $W = 0,6 \cdot M$ berechnet, so wird eine Berechnungsvorschrift (Beziehung) hervorgehoben, jedoch über die sonstigen (finanziellen) Begleitumstände der Witwe nichts ausgesagt, da diese für die vorliegende Pensionsberechnung nicht wichtig sind.

Ein Formelmodell ist besonders dann hilfreich, wenn die zugrundeliegende Situation *viele Einzelfälle* umfaßt. So ist etwa die Formel $W = 0,6 \cdot M$ auf alle Witwen innerhalb eines bestimmten Bereichs anwendbar. Ein Formelmodell kann jedoch auch dann nützlich sein, wenn die zugrundeliegende Situation nur *aus einem einzigen Fall* besteht (etwa aus einem unwiederholbaren Vorkommnis). Durch die Formel kann nämlich die Aufmerksamkeit auf den „allgemeinen Gehalt" der besonderen Situation gelenkt werden. So kann etwa von den konkreten Werten der vorkommenden Größen abgesehen und der Blick auf deren Zusammenhänge gelenkt werden. Man tut dabei so, als ob es weitere Anwendungsfälle der Formel gäbe (fiktive Anwendungsfälle). Es kommt übrigens gar nicht selten vor, daß man hinterher weitere Anwendungsfälle entdeckt. Betrachten wir als Beispiel nochmals die Formel $W = 0,6 \cdot M$. Auch wenn diese Formel nur auf Frau Meier zutreffen würde, wäre es sinnvoll, sie aufzustellen, weil dadurch besser ersichtlich wird, wie die Pension von Frau Meier mit der Pension ihres verstorbenen Ehemannes zusammenhängt. Dabei wird so getan, als ob es weitere Witwen gäbe, auf die diese Formel zutrifft.

So wie man allgemein mit einem Modell nicht nur eine Situation, sondern mehrere Situationen erfassen kann, kann man auch mit einer Formel verschiedene Situationen allgemein beschreiben. Z.B. kann man mit der Formel $y = a \cdot x$ alle Situationen beschreiben, die auf einer direkten Proportionalität beruhen. Einige Beispiele (vgl. WINTER 1980):

y	a	x
Pension der Witwe	Anteil der Witwenpension	Pension d. Mannes
Gesamtpreis	Kilopreis	Warenmenge
Celsiusgrade	Umrechnungsfaktor ($= \frac{5}{4}$)	Reaumurgrade
......	......	......

Beschreibt man jede dieser Situationen durch eine eigene Formel mit kontextabhängigen Variablen, z.B. $W = c \cdot M$, $G = p \cdot m$, $C = \frac{5}{4} \cdot R$ usw., so kann die

Formel $y = a \cdot x$ als gemeinsame „Superformel" aller dieser Formeln (bzw. gemeinsames „Supermodell" aller dieser Modelle) angesehen werden. Durch diese Betrachtungsweise lassen sich weitere Vorteile von Formeln erkennen, etwa: Formeln erlauben die Klassifikation von Modellen (nach Formeltypen), die Entwicklung allgemeiner Theorien und damit die Übertragung von Begriffen, Verfahren, Strategien von einem Modell auf andere Modelle sowie eine Ökonomisierung des Denkaufwandes, die Entdeckung bzw. Schaffung neuer Problembereiche usw.

Es ist möglich, den Gesichtspunkt der „Superformel" im Unterricht durch geeignete Aufgabenstellungen anzusprechen, z.B.:

3 a) Für eine Taxifahrt sind eine Grundgebühr von G Schilling und für jeden (angefangenen) Kilometer p Schilling zu bezahlen. Stelle eine Formel für den Gesamtpreis P auf, wenn x Kilometer gefahren werden!

b) Für ein Telefon hat man in einem Gebührenzeitraum eine Grundgebühr von H Schilling und für jede verbrauchte Gebühreneinheit q Schilling zu bezahlen. Stelle eine Formel für die gesamte Telefonrechnung T in diesem Gebührenzeitraum auf, wenn y Gebühreneinheiten verbraucht werden!

c) Was ist den Situationen in a) und b) gemeinsam? Beschreibe die Gemeinsamkeit mittels einer Formel!

c) *Mit Termen bzw. Formeln kann man eine Situation explorieren und damit allgemeine Einsichten in eine besondere Situation erhalten.*

Wie Modelle im allgemeinen besitzen auch Formeln eine *abbildende* und eine *explorative Funktion* (im Sinne von JAHNKE/OTTE 1979; siehe dazu auch FISCHER/MALLE 1985). Im allgemeinen sind Formeln ein wirksames Mittel, eine Situation zu erforschen und mehr Einblicke in diese zu erlangen. Meines Erachtens sollte gerade diesem Punkt im Unterricht besonderes Augenmerk gewidmet werden. Da dieser Punkt jedoch schon im Abschnitt 1.2 durch ein Beispiel illustriert wurde, verzichte ich hier auf die Angabe weiterer Beispiele.

d) *Mit Termen bzw. Formeln kann man abstrakte Problemlösungen planen und Probleme allgemein lösen.*

Mit Formeln kann man nicht nur Einzelprobleme, sondern gleich alle Probleme einer gewissen Problemklasse lösen. Einige Beispiele sind im folgenden angeführt.

4   Man kann zum Preis a einer Ware zuerst p % Umsatzsteuer addieren und von der Summe q % Skonto abziehen oder man kann zuerst vom Warenpreis q % Skonto abziehen und von der Differenz p % Umsatzsteuer berechnen und dazuzählen. Welche Art der Berechnung ist a) für den Kunden, b) für den Geschäftsmann und c) für den Staat günstiger?

Lösung: Der Kunde zahlt bei der ersten Berechnungsart an den Geschäftsmann

$$(a + \frac{p}{100} \cdot a) - \frac{q}{100}(a + \frac{p}{100} \cdot a)$$

und bei der zweiten Berechnungsart

$$(a - \frac{q}{100} \cdot a) + \frac{p}{100}(a - \frac{q}{100} \cdot a).$$

Durch Anwenden von Rechenregeln kann man beide Ausdrücke auf die Form

$$a(1 + \frac{p}{100}) \cdot (1 - \frac{q}{100})$$

bringen, woraus man erkennt, daß es für den Kunden egal ist, in welcher Reihenfolge die Berechnung durchgeführt wird. Die vom Geschäftsmann an den Staat abzuliefernde Umsatzsteuer ist im ersten Fall

$$\frac{p}{100} \cdot a$$

und im zweiten Fall

$$\frac{p}{100} \cdot (a - \frac{q}{100} \cdot a).$$

Daraus erkennt man, daß die erste Berechnungsart für den Geschäftsmann ungünstiger, aber für den Staat günstiger ist.

5   (nach SCHOENFELD/ARCAVI 1988): Es gibt Paare von zweistelligen Zahlen, deren Produkt unverändert bleibt, wenn man bei beiden Zahlen die Ziffern vertauscht, z.B.:

$$39 \cdot 62 = 93 \cdot 26$$

Gib weitere Zahlen dieser Art an!

Lösung: Einige Zahlen dieser Art sind leicht zu finden, z.B.:

$$17 \cdot 71 = 71 \cdot 17$$

Allerdings sind diese Beispiele trivial, da sich die beiden Zahlen nur in der Reihenfolge der Ziffern unterscheiden. Nichttriviale Beispiele sind schwerer zu finden. Durch unsystematisches Probieren hat man wenig Chancen, systematisches Durchgehen aller möglichen Kombinationen zweistelliger Zahlen ist aufwendig. Das Problem ist jedoch einfach lösbar, wenn man Variable einführt. Erste Zahl: Zehnerstelle a, Einerstelle b. Zweite Zahl: Zehnerstelle u, Einerstelle v. Dann muß gelten:

$$(10a + b) \cdot (10u + v) = (10b + a) \cdot (10v + u)$$

Dies läßt sich vereinfachen zu: $a \cdot u = b \cdot v$

Anhand dieser Formel können weitere nichttriviale Zahlenpaare leicht gefunden werden, z.B.

$$42 \cdot 36 = 24 \cdot 63$$
$$32 \cdot 69 = 23 \cdot 96$$

6 (Fortsetzung von Aufgabe 5): Beantworte anhand der Formel:
   a) Gibt es ein nichttriviales Zahlenpaar, bei dem die Zehnerziffern oder die Einerziffern einander gleich sind?
   b) Gibt es ein Zahlenpaar, bei dem beide Zehnerziffern größer als 5 und beide Einerziffern kleiner als 5 sind?
   c) Wie viele Zahlenpaare gibt es, bei denen die eine Zahl die Zehnerziffer 8 und die andere die Zehnerziffer 9 hat?

7 (nach BLUM/KIRSCH 1989): Ein Blatt Papier ist in Streifen eingeteilt. Mehrere Streifen sollen jeweils zu einer schwarz gefärbten Kolumne zusammengefaßt werden. Alle Kolumnen sollen gleich breit sein und zwischen zwei Kolumnen soll jeweils ein Leerstreifen verbleiben. In der folgenden Figur sind einige Möglichkeiten für 11 Streifen angegeben. Gib weitere Möglichkeiten, auch für größere Streifenanzahlen, an!

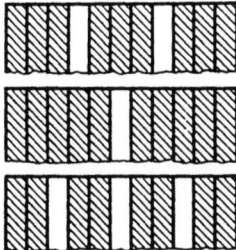

Fig. 8

Lösung: Ein Durchprobieren für konkrete Streifenanzahlen ist mühsam. Leichter geht es, wenn man Variable einführt. Bezeichnen wir die Anzahl der Streifen mit n, die Anzahl der Kolumnen mit k und die Breite einer Kolumne, d.h. die Anzahl der in ihr enthaltenen Streifen, mit b, dann gilt (wir denken uns einen zusätzlichen Leerstreifen am rechten Rand):

$$n + 1 = k \cdot (b + 1)$$

Daraus lassen sich leicht weitere Möglichkeiten ermitteln, z.B.:

$$n = 35, \; k = 6, \; b = 5$$

8 (Fortsetzung von Aufgabe 7): Beantworte anhand der Formel:
   a) Gibt es eine Lösung mit gerader Streifenanzahl und gerader Kolumnenanzahl?
   b) Gibt es eine Lösung mit gerader Streifenanzahl und ungerader Kolumnenbreite?
   c) Wie viele Lösungen gibt es für 35 Streifen?
   d) Gibt es eine Streifenanzahl, die nur eine Lösung gestattet?

Selbst wenn man nur ein Einzelproblem lösen will, kann es von Vorteil sein, das Problem zu verallgemeinern — etwa indem man an die Stelle konkreter Zahlen

Variablen setzt — und sich damit mit einer ganzen *Problemklasse* beschäftigt.
Der Blick wird dadurch auf den „allgemeinen Gehalt" des Problems gelenkt und
von zufälligen Eigenschaften des Einzelproblems abgezogen. Man tut dabei so, als
ob es weitere Probleme derselben Art gäbe (fiktive Elemente der Problemklasse).

Man kann sogar noch einen Schritt weitergehen und behaupten, daß es zur Lösung
eines Einzelproblems mehr oder weniger immer nötig ist, dieses bis zu einem gewissen Grade zu verallgemeinern. Denn wenn die Lösungsaktivitäten nicht blind
und zufällig sein sollen, muß man sich vorher einen *Lösungsplan* (Lösungsweg)
zurechtlegen, etwa einen Rechengang überlegen. Dieser Lösungsplan muß notgedrungen abstrakt (allgemein) sein, weil ja die einzelnen Aktivitäten (Berechnungen) noch nicht ausgeführt werden. Als Beispiel können wir nochmals die
Berechnung der Witwenpension heranziehen: Auch wenn man die Pension nur
für Frau Meier berechnen will, muß man die allgemeine Beziehung $W = 0,6 \cdot M$
bereits kennen oder sich vorher überlegt haben, weil man sonst nicht weiß, was
man rechnen soll. Man muß freilich diese Beziehung nicht unbedingt als Formel
mit Hilfe von Buchstaben anschreiben, man kann sie sich auch verbal oder sonstwie vergegenwärtigen. Falls es sich jedoch um das Planen von Rechengängen
handelt, sind Formeln in vielen Fällen ein besonders nützliches Planungsinstrument. Die folgende Aufgabe soll dies illustrieren.

    9 (vgl. BÜRGER/MALLE/WINTER 1986) Überlege, wie man den Flächeninhalt der folgenden Figur berechnen kann! Es sind keine Zahlen gegeben. Führe selbst für einige Streckenlängen Buchstaben ein und stelle eine Formel für die Berechnung des Flächeninhaltes auf!

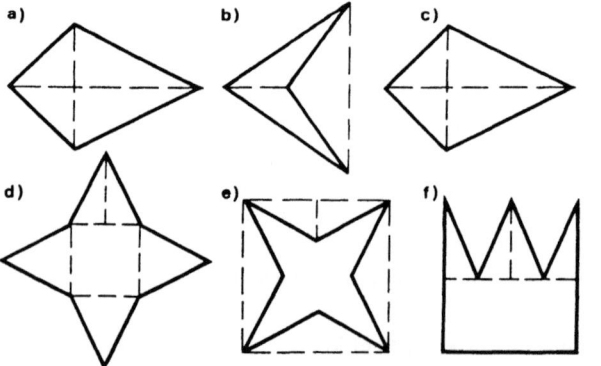

Fig. 9

Besonders hervorgehoben sei, daß die Verwendung von Variablen ein *hypothetisches Arbeiten* erlaubt. Damit ist gemeint, daß man mit Variablen Beziehungen auch über Zahlen anschreiben kann, die man nicht oder noch nicht kennt. Dies ist wichtig für „indirekte Problemlösungen", bei denen eine gesuchte Größe nicht direkt, sondern auf Umwegen berechnet wird. Ein typisches Beispiel dafür ist die Lösung einer Textaufgabe mittels Gleichungsansatz:

10   Eine Ware wird für 529,80 DM verkauft. Wie hoch ist der Preis der Ware ohne Mehrwertsteuer bei einem Steuersatz von 20 %?

Lösung: Bezeichnet man den unbekannten Ausgangspreis mit A, dann gilt:
$$A + 0,2 \cdot A = 529,80$$
$$1,2 \cdot A = 529,80$$
$$A = 529,80 : 1,2 = 441,50$$

Damit ist A bekannt.

Bei manchen indirekten Beweisen wird sogar noch um einen Schritt weitergegangen. Mit Hilfe von Variablen werden Objekte bezeichnet, von denen schließlich nachgewiesen wird, daß sie gar nicht existieren.

Die Verwendung von Variablen erweitert unsere Problemlösefähigkeit auch dadurch, daß Variable es ermöglichen, sich von Beschränktheiten der Anschauung zu lösen und damit *Vorstellungsbereiche zu überschreiten.* Soll etwa der Flächeninhalt eines Rechtecks mit den Seitenlängen 3 und 2 berechnet werden, so kann man sich drei Reihen zu je zwei Einheitsquadraten vorstellen. Diese Vorstellung versagt jedoch bei den Seitenlängen 17536 und 248915. Bis zu einem gewissen Grad kann man jedoch die Situation mit einem „Trick" retten: Man bezeichnet die Seitenlängen mit a und b; auch wenn a und b in Wirklichkeit große Zahlen sind, kann man sich darunter kleine Zahlen (etwa 2 und 3) vorstellen. Statt mit großen oder lästigen Zahlen zu hantieren, ist es vielfach zweckmäßiger, diese mit Buchstaben zu bezeichnen und mit den Buchstaben weiterzuhantieren. In Interviews mit Kindern konnten wir manchmal beobachten, daß Kinder den Übergang von kleinen zu großen Zahlen vermieden und stattdessen ganz spontan Variable einführten. Sie verhielten sich so, als ob sie zählen würden: 1,2,3,4,5,...,a,...

e) *Mit Termen bzw. Formeln kann man allgemeingültige Argumentationen (Begründungen, Beweise) führen.*

Mit Variablen kann man eine Behauptung auch dann beweisen, wenn man sie nicht an jedem einzelnen Element des Bereiches, auf den sich die Behauptung bezieht, überprüfen kann.

> 11 Beweise, daß das Quadrat einer von 1 verschiedenen natürlichen Zahl um 1 größer ist als das Produkt ihrer benachbarten Zahlen!
> *Lösung:* Für eine beliebige natürliche Zahl $n > 1$ gilt:
> $$(n-1) \cdot (n+1) = n^2 - 1$$

Im Beweis der letzten Aufgabe beruft man sich implizit auf eine allgemeine Regel, nämlich $(A - B) \cdot (A + B) = A^2 - B^2$, zu deren Formulierung wiederum Variable notwendig sind. Mathematische Beweise laufen fast immer so, daß Spezielleres durch Allgemeineres begründet wird, wobei dieses Allgemeinere zumindest im Rahmen des betreffenden Beweises nicht weiter hinterfragt wird. Um dieses Allgemeinere zu formulieren und die Zusammenhänge mit dem Spezielleren zu erkennen, sind Variable hilfreich.

f) *Mit Termen bzw. Formeln kann man Wissen (insbesondere Rechengänge und Beziehungen) übermitteln und dadurch über Situationen auf einer abstrakten bzw. allgemeinen Ebene kommunizieren.*

Diese Kommunikation kann mit einem Menschen oder einer Maschine erfolgen. Man kann auch mit sich selbst kommunizieren. Die folgende Aufgabe illustriert die Verwendung von Variablen zur Kommunikation mit einer Maschine:

> 12 Ein Computer kann Zahlen $a, b, c, \ldots$ einlesen und daraus neue Zahlen mit Hilfe von Formeln berechnen. Will man etwa den Flächeninhalt eines Rechtecks aus dessen Seitenlängen berechnen, muß man dem Computer Anweisungen der folgenden Art geben:
> LIES a, b
> BERECHNE $A = a \cdot b$
> Die erste Zeile bedeutet, daß der Computer die eingetippten Zahlen a, b einliest (z.B. $a = 12, b = 8$). Die zweite Zeile bedeutet, daß er daraus den Flächeninhalt $A = a \cdot b$ berechnet ($A = 12 \cdot 8 = 96$). Gib entsprechende Anweisungen zur Berechnung a) des Umfanges eines Rechtecks, b) des Flächeninhaltes eines Trapezes, c) des Flächeninhaltes einer selbstgewählten komplizierteren Figur an!

2.3 Unterrichtsvorschläge zur Einführung von Variablen im 5. bzw. 6. Schuljahr

Man kann einige Überlegungen in den Abschnitten 2.1 und 2.2 kurz zu folgenden **Forderungen an den Unterricht aus elementarer Algebra** zusammenfassen:

- Anfängliche Betonung des Gegenstandsaspektes (jedoch auch gelegentliche Berücksichtigung anderer Aspekte),
- Anfängliche Betonung der Objektsprache,
- Einführung von Variablen in sinnvollen Sachsituationen; anfängliche Betonung des Aufstellens und Interpretierens von Formeln unter Hintanhaltung des Umformungskalküls,
- Beachtung des Sinns von Formeln (abstraktes Beschreiben von Rechengängen und Rechengesetzmäßigkeiten, Modellerstellen, Explorieren, Problemlösen bzw. Problemplanen, Argumentieren, Kommunizieren).

Die folgenden Unterrichtsbeispiele sollen diese Punkte illustrieren.

Beispiel 1: Zahlentricks (vgl. SAWYER 1963, ROBERTS et al. 1989)

In diesem Beispiel geht es um eine allererste Einführung von Variablen, die zum allgemeinen Begründen eingesetzt werden. Dabei werden einfache Terme angeschrieben, aber noch keine Gleichungen. Das Beispiel ist so einfach, daß es auch in der Grundschule behandelt werden könnte.

1   Denk dir eine Zahl! Addiere 3! Verdopple das Ergebnis! Subtrahiere 4! Dividiere das Ergebnis durch 2! Subtrahiere die ursprünglich gedachte Zahl! Welche Zahl erhältst du?

Wird diese Aufgabe der ganzen Klasse gestellt, wird sie wahrscheinlich Verwunderung hervorrufen, da jeder Schüler das Ergebnis 1 erhält. Zur Aufklärung des Sachverhaltes kann der Lehrer folgendermaßen vorgehen: Wir denken uns die von einem Schüler gedachte (unbekannte) Zahl durch ein Säckchen dargestellt, das eine unbekannte Anzahl von Kugeln enthält:

$$⧈ = \text{gedachte Zahl}$$

Statt des Säckchens kann auch ein anderes Symbol verwendet werden, z.B. □, ○ oder ähnliches. Der Ablauf der Rechenoperationen kann dann so dargestellt werden:

Denk dir eine Zahl	⧈
Addiere 3!	⧈ ○○○
Verdopple das Ergebnis!	⧈⧈ ○○○○○○
Subtrahiere 4!	⧈⧈ ○○
Dividiere das Ergebnis durch 2!	⧈ ○
Subtrahiere die ursprünglich gedachte Zahl!	○

2   Ein Schüler hat sich folgenden Zahlentrick ausgedacht: Denk dir eine Zahl! Addiere 1! Verdreifache das Ergebnis! Subtrahiere die ursprünglich gedachte Zahl! Du erhältst 3.

Stimmt das wirklich? Überprüfe an einigen Zahlen! Falls es nicht stimmt, ändere die letzte Rechenanweisung so ab, daß man für jede Ausgangszahl das Ergebnis 3 erhält! Begründe mit Säckchen und Kugeln!

3   Ein Zahlentrick mit großen Zahlen: Denk dir eine Zahl! Addiere 15! Multipliziere mit 4! Subtrahiere 16! Multipliziere mit 25! Subtrahiere 500! Dividiere durch 100! Subtrahiere die ursprünglich gedachte Zahl! Du erhältst 6. Begründe!

Bei der Durchführung der Aufgabe 3 zeigt sich, daß eine Begründung mit Säckchen und Kugeln auf die bisherige Art nicht möglich ist, weil man etwa in der fünften Zeile 100 Säckchen und 1100 Kugeln zeichnen müßte. Es ist einfacher, dafür $100 \cdot ⧈ + 1100$ zu schreiben. Wen diese Schreibweise stört, der kann hier schon anstelle des Säckchens einen Buchstaben, etwa x, für die unbekannte gedachte Zahl verwenden und $100 \cdot x + 1100$ schreiben. Wir machen dies etwas später und schreiben zunächst:

Denk dir eine Zahl!	⌀
Addiere 15!	⌀ + 15
Multipliziere mit 4!	4 · ⌀ + 60
Subtrahiere 16!	4 · ⌀ + 44
Multipliziere mit 25!	100 · ⌀ + 1100
Subtrahiere 500!	100 · ⌀ + 600
Dividiere durch 100!	⌀ + 6
Subtrahiere die ursprünglich gedachte Zahl!	6

Schreibt man jetzt x statt ⌀ (nach SAWYER braucht man von ⌀ nur oben und unten etwas wegzulöschen), erhält man die übliche algebraische Schreibweise.

4   Ein Schüler denkt sich eine Zahl z (die wir nicht kennen) und führt damit folgenden Zahlentrick aus: Verdopple z! Addiere 1! Verdreifache das Ergebnis! Subtrahiere das Sechsfache von z! Welches Ergebnis erhält der Schüler? Begründe!

5   Begründe den folgenden Zahlentrick, indem du die gedachte Zahl mit z bezeichnest!
Denk dir eine Zahl! Addiere 1! Verdopple! Subtrahiere vom Ergebnis eine Zahl, die um 1 größer ist als die ursprünglich gedachte Zahl! Du erhältst die Zahl, die du gerade subtrahiert hast.

Beispiel 2: Fahrt mit dem Eurocity (vgl. BÜRGER/MALLE/WINTER 1986)

Auch dieses Beispiel ist zu einer ersten Einführung von Variablen geeignet. Ausgangspunkt ist eine einfache Formel (Gleichung), mit der verschiedene Tätigkeiten durchgeführt werden und die variiert wird.

1   Für eine Fahrt mit einem Eurocityzug hat man neben dem Fahrkartenpreis noch einen Zuschlag zu bezahlen. Der gesamte Fahrpreis setzt sich also aus dem Kartenpreis und dem Zuschlag zusammen.
   a) Wie groß ist der gesamte Fahrpreis, wenn die Karte 28 DM kostet und 5 DM Zuschlag zu bezahlen sind?
   b) Stelle eine Formel für den gesamten Fahrpreis auf!

Bei dieser Aufgabe sollte der Lehrer den Schülern zunächst genügend Zeit geben und ihre Vorschläge sammeln. Mögliche Vorschläge sind etwa:

Gesamter Fahrpreis: Fahrkarte + Zuschlag

Fahrpreis = Kartenpreis + Zuschlag

Fpr. = Kpr. + Zus.

F = K + Z

Dabei können auch phantasievolle „Privatnotationen" herauskommen, auf die der Lehrer eingehen sollte und die er mit jenen Vorschlägen kontrastieren sollte, die der offiziellen Notation besser entsprechen. Erste Korrekturen der Schülervorschläge können hier darin bestehen, herauszuarbeiten, daß die Abkürzungen bzw. Buchstaben *Zahlen (Preise)* und *nicht Objekte* bedeuten. So ist etwa die Bezeichnung „Kartenpreis" der Bezeichnung „Karte" vorzuziehen.

Da sich die Schreibweise $F = K + Z$ durch besondere Übersichtlichkeit auszeichnet, arbeiten wir mit dieser weiter (was aber nicht unbedingt sein muß). Zunächst soll die Vorstellung betont werden, daß man für die Buchstaben Zahlen einsetzen kann. Anschließend sollen Visualisierungen erarbeitet werden.

2   a) Berechne F mit Hilfe der aufgestellten Formel für $K = 16\ DM$ und $Z = 5\ DM$!

    b) Nimm $Z = 5 DM$ an und berechne F für verschiedene, selbst gewählte Kartenpreise K! Lege eine Tabelle an!

3   Stelle die Gleichung $F = K + Z$ durch eine Zeichnung dar!

Mögliche Lösungen:

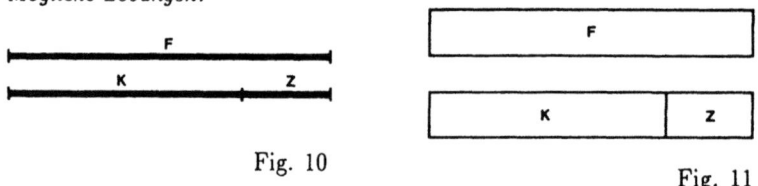

Fig. 10   Fig. 11

Da die Darstellungen in den Figuren 10 und 11 (Strecken- bzw. Rechtecksdarstellung) besonders übersichtlich sind, arbeiten wir mit diesen weiter. Es können aber im folgenden auch andere Darstellungen benutzt werden. Keine Darstellung sollte den Schülern als Zwangsjacke übergestülpt werden. Sie sollten ihren persönlichen Neigungen folgen und selbst herausfinden, daß einige Darstellungen zweckmäßiger sind als andere.

Die Formel $F = K + Z$ kann in vielfältiger Weise variiert werden:

4   a) Meist ist der Kartenpreis höher als der Zuschlag. Das können wir so ausdrücken: $K > Z$ (K ist größer als Z). Meist ist sogar $K > 2 \cdot Z$. Drücke das in Worten aus!
    b) Wie kann man kurz anschreiben, daß der Kartenpreis größer als der dreifache Zuschlag ist?
    c) Was läßt sich über den Fahrpreis anschreiben, wenn der Kartenpreis zufällig fünfmal so groß ist wie der Zuschlag?

5   a) Löst man die Zuschlagkarte nicht am Bahnhofsschalter, sondern erst im Zug, hat man 1 DM mehr als Z zu bezahlen. Wie lautet in diesem Fall die Formel für F? Stelle diese Formel durch eine Zeichnung dar!
    b) Bezeichnet man den Zuschlagpreis am Bahnhofsschalter mit Z und den Zuschlagpreis im Zug mit Z', wie hängt dann Z' mit Z zusammen? Zeichne auch Z' in die unter a) angefertige Zeichnung ein!

Einfache Umformungen müssen keineswegs ausgeschlossen bleiben. Allerdings ist wesentlich, daß dafür noch *keine formalen Regeln* bereitgestellt werden, sondern daß die Umformungen aufgrund von *inhaltlichen Überlegungen* vorgenommen werden:

6   Stelle eine Formel auf, mit der man aus dem Fahrpreis und dem Kartenpreis den Zuschlag berechnen kann!

Die Gleichwertigkeit der Formeln $F = K + Z$ und $Z = F - K$ kann ein Schüler, soferne ihm diese Äquivalenz nicht überhaupt selbstverständlich ist, auf mehrere Arten inhaltlich einsehen:

— *Durch eine Überlegung in der zugrundeliegenden Sachsituation*: Wenn ich dem Schalterbeamten K DM und Z DM gebe, habe ich den gesamten Fahrpreis bezahlt. Gibt er mir vom gesamten Fahrpreis wieder K DM zurück, habe ich insgesamt den Zuschlag bezahlt.

— *Durch Rückgriff auf das vertraute Zahlenrechnen*: Wenn $10 = 8 + 2$ ist, dann ist $2 = 10 - 8$. (Diese Äquivalenz ist wohl schon jedem Grundschüler vertraut; siehe dazu RESNICK 1983.)

- *Durch eine Streckendarstellung oder ähnliche Darstellung*: Z.B. kann man aus der Streckendarstellung in Fig. 10 unmittelbar die Gleichwertigkeit folgender Beziehungen erkennen:

$$F = K + Z, \quad Z = F - K, \quad K = F - Z$$

Weitere mögliche Aufgabenstellungen ergeben sich, wenn man annimmt, daß mehrere Personen mit dem Eurocity fahren:

7   Drei Personen fahren mit dem Eurocity. Stelle den Gesamtpreis G auf verschiedene Arten dar! Zeichnung! (Gruppenermäßigung soll es nicht geben.)

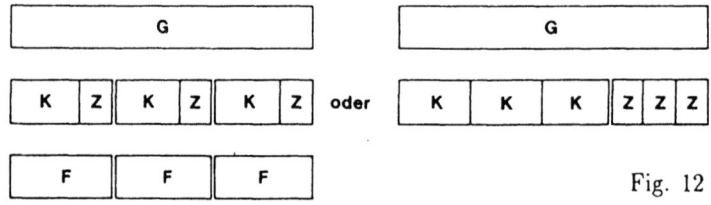

Fig. 12

$$G = 3 \cdot F = 3 \cdot (K + Z) = 3 \cdot K + 3 \cdot Z$$

(Die Verwendung von Klammern muß hier notfalls geklärt werden.)

8   Und wenn n Personen fahren?
    Lösung: $G = n \cdot F = n \cdot (K + Z) = n \cdot K + n \cdot Z$

9   Wie groß wäre der Gesamtpreis für drei Personen bei einem normalen Zug gewesen (ohne Zuschlag)? Wie groß ist der Unterschied zum Eurocity?

Man sieht, daß man auf diese Weise einfache Termumformungen ohne Regeln bewerkstelligen kann. Auch einfache Gleichungslösungen können so behandelt werden, wie das folgende Beispiel zeigt.

10 Drei Personen fahren mit dem Eurocity. Wie kann man aus dem Gesamtpreis G für die drei Personen den Kartenpreis K für eine Person berechnen?

Lösung:

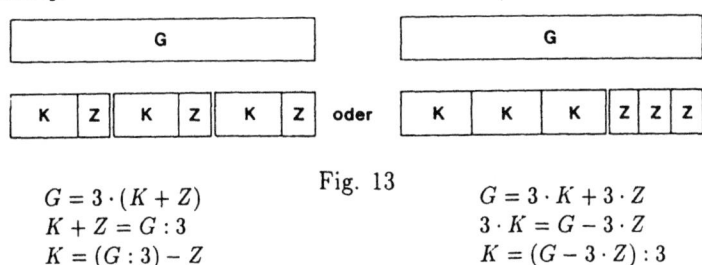

Fig. 13

$G = 3 \cdot (K + Z)$
$K + Z = G : 3$
$K = (G : 3) - Z$

$G = 3 \cdot K + 3 \cdot Z$
$3 \cdot K = G - 3 \cdot Z$
$K = (G - 3 \cdot Z) : 3$

Ein Beispiel zum Interpretieren einer Formel:

11 Erfinde eine Geschichte zur Formel:
$$G = 2 \cdot K + 3 \cdot (K + Z) + 5(K + Z + 1)$$

Ein Beispiel zum Argumentieren:

12 Drei Personen fahren mit dem Eurocity, wobei einer vergißt, den Zuschlag zu bezahlen.
Erna erhält für den Gesamtpreis: $G = K + 2 \cdot (K + Z)$.
Christian erhält für den Gesamtpreis: $G = 3 \cdot K + 2 \cdot Z$.
Wer hat falsch gerechnet? Überlege und begründe anhand von Streckendarstellungen!

Schließlich eine Aufgabe, die sich auf ein gemeinsames Modell für verschiedene Situationen bezieht:

13 Kannst du eine Situation angeben, die nichts mit Zügen zu tun hat und in der folgende Formel gilt:

a) $F = K + Z$ b) $G = 2 \cdot K + 3 \cdot (K + Z)$

Die folgende Aufgabe sollte der Leser auch für sich beantworten:

14 Wenn jemand mit dem Eurocity fährt, wird er kaum Formeln wie in den Aufgaben 1 bis 12 benutzen. Gib Gründe an, warum es manchmal doch sinnvoll sein kann, solche Formeln aufzustellen! Diskutiert darüber in der Klasse!

Beispiel 3: Einnahmen beim Sportfest (vgl. BÜRGER/MALLE/WINTER 1986 und BÜRGER/FISCHER/MALLE 1989, S. 5 u. 6)

In diesem Beispiel geht es vor allem um eine allgemeine Beschreibung (Planung) von Rechengängen.

1 Bei einer Sportveranstaltung zahlt ein Erwachsener 10 DM, ein Kind 3 DM.
   a) Herr und Frau Kicker besuchen mit ihren drei Kindern die Veranstaltung. Wieviel haben sie zu bezahlen?
   b) Insgesamt haben 8946 Erwachsene und 1238 Kinder die Sportveranstaltung besucht. Wie groß waren die Gesamteinnahmen der Veranstalter?

2 Bei der Sportveranstaltung zahlt ein Erwachsener 10 DM, ein Kind 3 DM.
   a) Beschreibe mit Worten, wie man aus der Zahl der Erwachsenen und der Zahl der Kinder, die an der Veranstaltung teilgenommen haben, die Gesamteinnahmen berechnen kann!
   b) Beschreibe mit Variablen, wie man die Gesamteinnahmen berechnen kann! Gib dazu die Bedeutung der verwendeten Variablen an!
   c) Stelle die Gesamteinnahmen durch eine Zeichnung dar!

Mögliche Lösung:
   a) Die Gesamteinnahmen erhält man, wenn man 10 mit der Zahl der Erwachsenen und 3 mit der Zahl der Kinder multipliziert und die so erhaltenen Zahlen addiert.
   b) $e \ldots$ Zahl der Erwachsenen
      $k \ldots$ Zahl der Kinder
      $G \ldots$ Gesamteinnahmen $\qquad G = 10 \cdot e + 3 \cdot k$
   c)

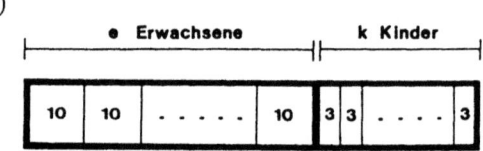

Fig. 14

3 Verwende die in Aufgabe 2 ermittelte Formel zur Berechnung der Gesamteinnahmen für den Fall, daß a) 5320 Erwachsene und 760 Kinder, b) 966 Erwachsene und 84 Kinder die Sportveranstaltung besucht haben!

4 Bei einer Sportveranstaltung zahlt ein Erwachsener p DM, ein Kind q DM. Die Veranstaltung wird von e Erwachsenen und k Kindern besucht. Stelle eine Formel für die Gesamteinnahmen auf! Zeichnung!

5 Da alles teurer wird, beschließen die Veranstalter den Eintrittspreis für einen Erwachsenen um 2 DM und den Eintrittspreis für ein Kind um 1 DM zu erhöhen. Stelle die neuen Gesamteinnahmen auf zwei Arten dar! Zeichnung!

Mögliche Lösung:

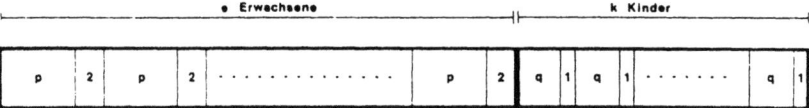

Fig. 15

$G = e \cdot (p + 2) + k \cdot (q + 1)$

oder

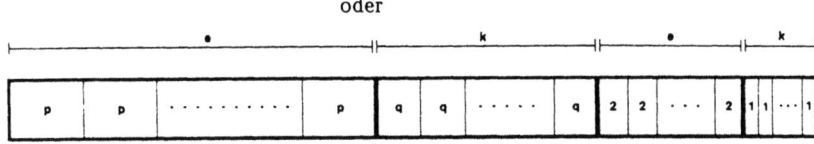

Fig. 16

$G = e \cdot p + k \cdot q + e \cdot 2 + k$

6 Der ursprüngliche Eintrittspreis für einen Erwachsenen wird um a DM, der ursprüngliche Eintrittspreis für ein Kind um b DM erhöht. Stelle eine Formel für die Gesamteinnahmen und eine Formel für die Mehreinnahmen auf (bei gleichbleibenden Besucherzahlen)!

7 Der ursprüngliche Eintrittspreis für einen Erwachsenen wird um a DM, der ursprüngliche Eintrittspreis für ein Kind um b DM erhöht. Dies bewirkt einen Rückgang der Besucherzahlen bei den Erwachsenen um 100, bei den Kindern um 30. Wie viele Erwachsene, wie viele Kinder haben jetzt die Sportveranstaltung besucht? Wie lautet jetzt die Formel für die Gesamteinnahmen?

8 Erfinde eine Geschichte zur Formel:
   a) $G = (e + 100) \cdot p + (k + 30) \cdot q$ b) $G = e \cdot (p + 1) + (k - 25) \cdot q$

9 Gib eine Situation aus dem täglichen Leben an, in der folgende Formel gilt:
   a) $y = a \cdot b + c \cdot d$ b) $y = a \cdot (b + 1) + c \cdot (d + 1)$

Beispiel 4: Paketverschnürungen

Die Geometrie liefert viele Möglichkeiten zum Aufstellen und Interpretieren von Formeln. Vor allem kann man Formeln für den Umfang und den Flächeninhalt von Figuren oder den Rauminhalt und Oberflächeninhalt von Körpern aufstellen oder interpretieren lassen. Die folgenden Aufgaben stellen eine Variante davon dar.

1. Ein Paket wird wie in Fig. 17 verschnürt. Gib eine Formel für die Schnurlänge S an, wenn a) 25 cm, b) d cm für die Masche verwendet werden!

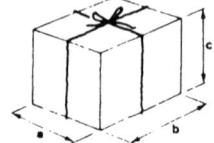

Fig. 17

2. Benutze die in Aufgabe 1a aufgestellte Formel zur Vervollständigung der nebenstehenden Tabelle!

a	b	c	S
30	45	40	
35	60	20	
35	50	25	
40	40	40	

3. Von einem Paket kennt man die Kantenlängen a und b. Wird das Paket wie in Fig. 17 verschnürt, dann braucht man S cm Schnur (bei 25 cm Maschenlänge). Wie kann man aus a, b und S die Kantenlänge c berechnen? Überlege anhand einer Streckendarstellung!

4. Ein Paket wird wie in Fig. 18 verschnürt. Stelle eine Formel für die Schnurlänge bei 25 cm Maschenlänge auf!

Fig. 18

5. In einem Fall ist die Schnurlänge gegeben durch $L = 6a + 4b + 6c + 25$. Wie könnte dieses Paket verschnürt sein?

6. Es werden 765 gleichartige Pakete a) wie in Fig. 17, b) wie in Fig. 18 verschnürt (mit jeweils 25 cm Maschenlänge). Stelle eine Formel für die Gesamtlänge L der benötigten Schnur auf! Drücke L auch durch S aus!

7. Es werden jeweils vier Pakete mit den Kantenlängen a, b, c zu einer Viererpackung zusammengebunden und wie in Fig. 19 verschnürt (mit d cm Maschenlänge pro Viererpackung). Insgesamt werden m solche Viererpackungen angefertigt. Stelle eine Formel für die benötigte Gesamtlänge L der Schnur auf!

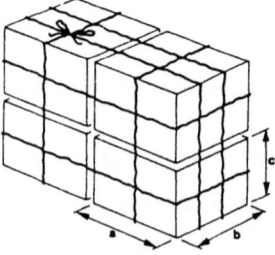

Fig. 19

Beispiel 5: Schneidemaschinen (vgl. BÜRGER/MALLE/WINTER 1986)

In diesem Beispiel geht es vor allem um die Verwendung von Variablen zur Kommunikation mit einer Maschine und das allgemeine Beschreiben von Längenbeziehungen.

1   Ein Automat schneidet aus Blech Platten von vorgegebener Form aus. Dazu muß dem Automaten ein Programm eingegeben werden. Für die nebenstehende Platte sieht dies so aus:

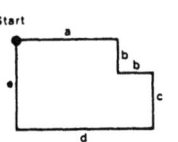

LIES a, b, c

BERECHNE $d = a + b$, $e = b + c$ Fig. 20

SCHNEIDE $a \rightarrow$, $b \downarrow$, $b \rightarrow$, $c \downarrow$, $d \leftarrow$, $e \uparrow$

Die erste Zeile bedeutet, daß der Automat die eingetippten Zahlenwerte für a, b, c einlesen soll (z.B. $a = 180$, $b = 60$, $c = 90$). Die zweite Zeile bedeutet, daß er die Zahlenwerte von d und e selbst berechnen soll ($d = 180 + 60 = 240$, $e = 60 + 90 = 150$). Die dritte Zeile bedeutet, daß er schließlich a mm nach rechts, b mm nach unten, b mm nach rechts, c mm nach unten, d mm nach links und e mm nach oben schneiden soll. Schreib ein Programm mit möglichst wenigen Eingaben für die Platte a) in Fig. 21, b) in Fig. 22!

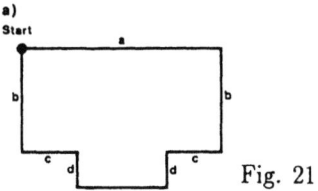

Fig. 21

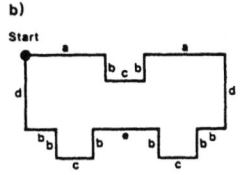

Fig. 22

2   Jemand möchte die Platten in Fig. 21 ausschneiden lassen. Er hat die Werte von a, b, d und e bereits eingegeben. Darf er jetzt den Wert von c beliebig wählen? Stelle in einer Zeichnung dar, wie die Maschine schneidet, wenn er c zu groß bzw. zu klein eingibt! Welche Gleichung muß für c gelten? Drücke c durch a, b, d, e aus!

3   Die Platte in Fig. 21 soll den vorgegebenen Flächeninhalt A erhalten. Jemand hat die Werte $a = 8, b = 4$ und $d = 2$ bereits eingegeben. Welche Gleichung muß für e gelten? Drücke e durch A aus!

4   Zu einer Formel für den Flächeninhalt der Platte in Fig. 22 kann man durch folgende Überlegung kommen. Man denkt sich eines der beiden unteren Rechtecke oben in die Lücke eingesetzt. Ermittle auf diese Weise eine Formel für den Flächeninhalt dieser Platte!

Falls das Distributivgesetz der Multiplikation gegenüber der Addition bereits bekannt ist, können die folgenden Aufgaben gestellt werden. Diese stellen auch Beispiele zum Problemlösen dar.

5   Angenommen, der Automat schneidet jede Seitenlänge um ein Zehntel zu kurz. Statt a mm schneidet er also nur $0,9 \cdot a$ mm, statt b mm nur $0,9 \cdot b$ mm usw. Auf welchen Bruchteil sinkt dadurch der Flächeninhalt der Platte?
Lösung: Ist A der alte und A' der neue Flächeninhalt, dann gilt:

$$\begin{aligned} A' &= (0,9 \cdot a) \cdot (0,9 \cdot b) + (0,9 \cdot d) \cdot (0,9 \cdot e) = \\ &= 0,9 \cdot 0,9 \cdot a \cdot b + 0,9 \cdot 0,9 \cdot d \cdot e = \\ &= 0,81 \cdot a \cdot b + 0,81 \cdot d \cdot e = \\ &= 0,81 \cdot (a \cdot b + d \cdot e) = 0,81 \cdot A \end{aligned}$$

Somit sinkt der Flächeninhalt der Platte auf das 0,81-fache.

6   Angenommen, der Automat schneidet jede Seitenlänge um ein Hundertstel zu lang. Auf das Wievielfache steigt a) der Umfang, b) der Flächeninhalt der Platte?

Beispiel 6:   Väter, Söhne und Bausteine (vgl. SAWYER 1963)

Die folgende Aufgabensequenz soll zeigen, daß man zu Beginn des Unterrichts aus elementarer Algebra durchaus auch Gleichungssysteme ohne Heranziehung formaler Regeln behandeln kann. SAWYER steigt sogar über Gleichungssysteme in die elementare Algebra ein.

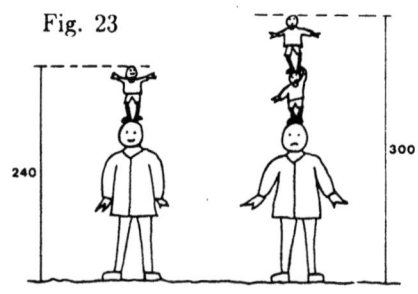

Fig. 23

1   Ein Rätsel: Ein Mann hat zwei Söhne. Die Söhne sind Zwillinge; sie sind beide gleich groß. Addiert man die Körpergrößen des Mannes und eines Sohnes, erhält man 240 cm; die Gesamthöhe des Mannes und der beiden Söhne beträgt 300 cm (siehe Fig. 23). Wie groß ist der Mann und wie groß ist jeder der beiden Söhne?

2   Der Mann sei m cm groß, jeder der beiden Söhne sei s cm groß. Stelle die Angaben aus Aufgabe 1 durch Strecken dar (die Skizze muß nicht maßstabsgetreu sein) und schreib zwei Gleichungen in m und s an!

Mögliche Lösung:

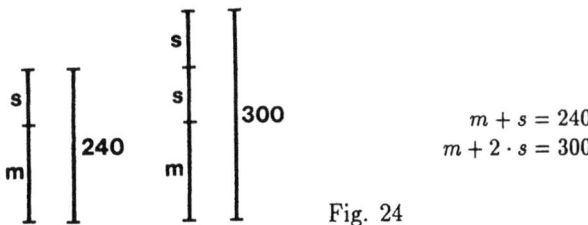

$$m + s = 240$$
$$m + 2 \cdot s = 300$$

Fig. 24

3 Denke dir eine andere Körpergröße für den Mann und die beiden (gleich großen) Söhne aus! Teile deinem Sitznachbarn die Gesamthöhe des Mannes mit einem Sohn und die Gesamthöhe des Mannes mit beiden Söhnen mit! Er soll zwei Gleichungen in m und s aufschreiben und m und s bestimmen.

4 In einer Schachtel sind zylindrische Bausteine mit gleichem Durchmesser. Einige von diesen sind a cm lang, andere b cm. Stapelt man zwei Bausteine der ersten Sorte und einen Baustein der zweiten Sorte übereinander, erhält man eine 30 cm hohe Säule. Stapelt man hingegen drei Bausteine der ersten Sorte und einen Baustein der zweiten Sorte übereinander, erhält man eine 42 cm hohe Säule. Schreib zwei Gleichungen in a und b an! Ermittle a und b und erläutere an einer Zeichnung!

Mögliche Lösung:

$$2 \cdot a + b = 30$$
$$3 \cdot a + b = 42$$

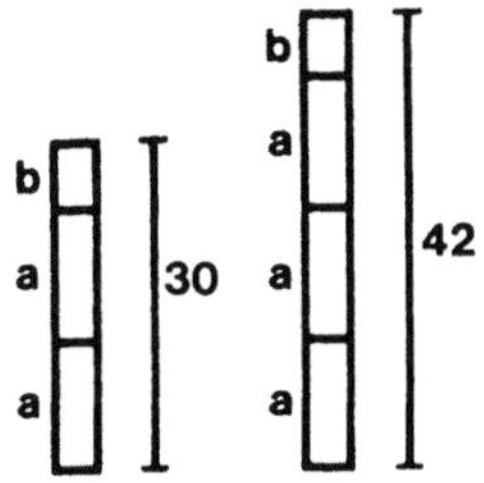

Fig. 25

Da ein Baustein der Länge a einen Höhenzuwachs von 12 cm bringt, ist $a = 12$. Aus $2 \cdot 12 + b = 30$ folgt $b = 6$.

5 Erfinde einen Text zu folgenden Gleichungen und ermittle u und v:

$$2 \cdot u + 3 \cdot v = 38$$
$$2 \cdot u + 2 \cdot v = 28$$

6 Von den unbekannten Zahlen a und b wissen wir nur, daß $a + b = 10$ gilt. Wie groß ist a) $2 \cdot a + 2 \cdot b$, b) $3 \cdot a + 3 \cdot b$?

7 Von den unbekannten Zahlen a und b wissen wir nur, daß $a + 2 \cdot b = 50$ gilt.

a) Kann man sagen, wie groß $2 \cdot a + 4 \cdot b$ und wie groß $3 \cdot a + 6 \cdot b$ ist?

b) Kannst du noch weitere Zahlen dieser Art angeben?

c) Kann man sagen, wie groß $2 \cdot a + 2 \cdot b$ ist?

d) Wenn man weiß, daß außer $a + 2 \cdot b = 50$ auch $a + b = 40$ gilt, kann man dann sagen, wie groß $2 \cdot a + 2 \cdot b$ ist?

8   Anna, Berta, Christian und Dora denken sich Zahlen s und t mit $s+t = 10$ aus. Sie berechnen $2 \cdot s + t$, $2 \cdot s + 2 \cdot t$ und $2 \cdot s + 3 \cdot t$ und erhalten die in der folgenden Tabelle angegebenen Zahlen. Welche Zahl s und welche Zahl t haben sich die Kinder jeweils gedacht? Ergänze die Tabelle!

	Anna	Berta	Christian	Dora
$2 \cdot s + t$	18	13	19	15
$2 \cdot s + 2 \cdot t$				
$2 \cdot s + 3 \cdot t$				

9   Bestimme die Zahlen m und n, wenn gilt:
   a) $m + 3 \cdot n = 250$ b) $2 \cdot m + 5 \cdot n = 820$
        $10 \cdot m + 28 \cdot n = 2400$ $3 \cdot m + 4 \cdot n = 880$
   (*Hinweis* zu a: Betrachte $10 \cdot m + 30 \cdot n$!
   Hinweis zu b: Betrachte $6 \cdot m + 15 \cdot n$ und $6 \cdot m + 8 \cdot n$!)

10   Es gelte: a) $\frac{1}{2} \cdot m + n = 220$ b) $\frac{1}{2} \cdot m + \frac{1}{3} \cdot n = 135$
   Kannst du eine Gleichung in m und n ohne Brüche anschreiben?

11   Ist es möglich, daß für zwei positive Zahlen a und b folgende Gleichungen gelten? Begründe deine Antwort!
$$a + b = 100$$
$$2 \cdot a + 3 \cdot b = 170$$

12   Lies aus Fig. 26 möglichst viele Gleichungen heraus (z.B. $14 - t = 2 \cdot s$)! Ermittle t und s!

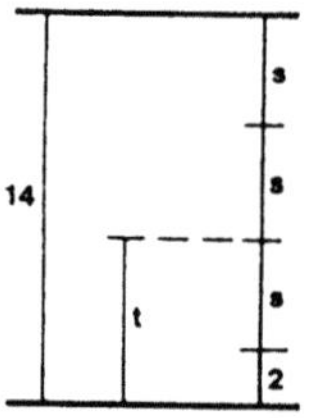

Fig. 26

13   Es seien a und b zwei Zahlen, wobei a größer als b ist.
   a) Wie groß ist der Unterschied zwischen $a + b$ und $a - b$? Zeichnung!
   b) Ermittle a und b, wenn gilt:
$$a + 3 \cdot b = 102$$
$$a - b = 28$$

14   Drücke in a) Fig. 27, b) Fig. 28 die angegebenen Höhen und die Höhendifferenz durch r und s aus und trage die Ergebnisse ein! Kann man r und s ermitteln? Wenn nein, denk dir eine zusätzliche Angabe aus, sodaß man r und s ermitteln kann!

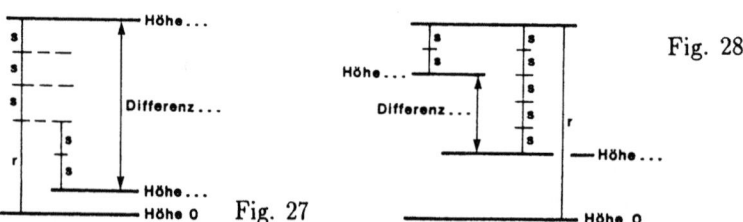

Fig. 27   Fig. 28

3 FUNKTIONALE ASPEKTE VON FORMELN

Eine Formel drückt verschiedene Abhängigkeiten zwischen den in ihr enthaltenen Größen aus. Derartige Abhängigkeiten können mit Hilfe des Funktionsbegriffes präziser beschrieben werden. Am Anfang des Unterrichts in elementarer Algebra hat es aber wenig Sinn, einen expliziten Funktionsbegriff einzuführen. Es genügt, auf einer Vorstufe zu diesem Begriff zu arbeiten und funktionale Aspekte von Formeln nur implizit zu behandeln. Dazu gehört u.a. die Behandlung von Fragen folgender Art:

- Wie ändert sich eine Größe, wenn sich eine andere Größe in einer bestimmten Weise ändert?

- Wie muß eine Größe geändert werden, damit sich eine andere Größe in bestimmter Weise ändert?

Die Fähigkeit, solche Fragen beantworten zu können, gehört unverzichtbar zu einem „verständigen" Umgang mit Formeln.

Etwa ab dem 8. oder 9. Schuljahr können Abhängigkeiten in Formeln auch explizit mit Hilfe des Funktionsbegriffes beschrieben und untersucht werden. Darüber sprechen wir aber erst im Kapitel 12.

3.1 Variablenaspekte, anders betrachtet

Um Abhängigkeiten in Formeln zu erkennen, genügt es nicht, Formeln bloß „statisch" zu lesen. Man braucht auch „dynamische" Vorstellungen, die sich etwa in Sprechweisen der folgenden Art äußern: „Wenn x wächst, dann fällt y", „Wenn x verdoppelt wird, wird y vervierfacht" usw. Um Formeln so betrachten zu können, ist allerdings eine Auffassung von Variablen vonnöten, über die wir bisher noch nicht gesprochen haben, nämlich Variable als „Veränderliche" zu sehen.

Um diesen Begriff ein wenig zu klären, versuche ich im folgenden, Aspekte von Variablen unter einem anderen Gesichtspunkt zu unterscheiden als im Kapitel 2. Dabei gehe ich von der Vorstellung aus, daß sich eine Variable auf einen bestimmten Zahlbereich, etwa auf die Menge ℝ oder ein Intervall, bezieht, d.h. eine Zahl oder mehrere Zahlen aus diesem Bereich „repräsentiert". Der zugrundeliegende Bereich wird manchmal explizit angegeben, in vielen Fällen geht er jedoch nur implizit aus dem Kontext hervor. In manchen Fällen kann er auch vage bzw. mehrdeutig sein.

Eine Variable kann Zahlen aus einem bestimmten Bereich auf verschiedene Arten „repräsentieren". Je nach der Art dieser Repräsentation kann man zumindest die folgenden **Variablenaspekte** unterscheiden:

- **Einzelzahlaspekt**: Variable als *beliebige, aber feste Zahl* aus dem betreffenden Bereich. Dabei wird nur *eine* Zahl aus dem Bereich repräsentiert.
- **Bereichsaspekt**: Variable als *beliebige Zahl* aus dem betreffenden Bereich, wobei *jede* Zahl des Bereichs repräsentiert wird. Dieser Aspekt tritt wiederum in zwei Formen auf:

    a) **Simultanaspekt**: Alle Zahlen aus dem betreffenden Bereich werden *gleichzeitig* repräsentiert.

    b) **Veränderlichenaspekt**: Alle Zahlen aus dem betreffenden Bereich werden *in zeitlicher Aufeinanderfolge* repräsentiert (wobei der Bereich in einer bestimmten Weise durchlaufen wird).

Die folgenden Figuren stellen diese Aspekte dar. Dabei bezieht sich die Variable x auf den Bereich A:

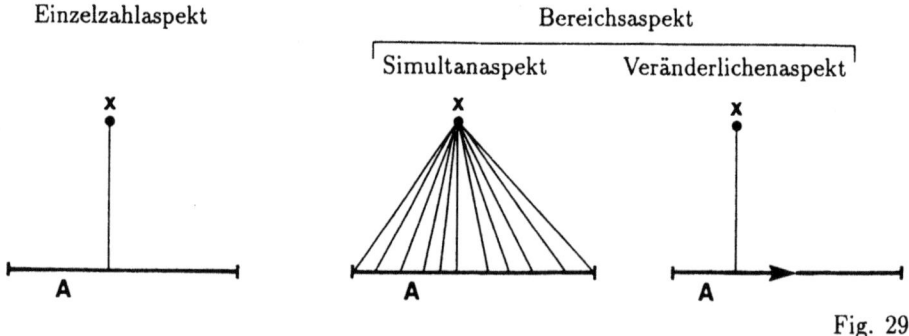

Fig. 29

Beim Einzelzahlaspekt stellt x eine Zahl aus dem Bereich A dar, die aus diesem beliebig ausgewählt wird, aber dann festgehalten wird. Beim Simultanaspekt stellt x jede Zahl aus A dar, d.h. es wurde noch kein Auswahlvorgang vollzogen (man behält sich diesen gewissermaßen als Option vor).

Der Einzelzahlaspekt kommt vor allem dann vor, wenn eine beliebige Zahl aus einem Bereich ausgewählt und dann festgehalten wird, um mit ihr eine bestimmte Argumentation durchzuführen. Der Simultanaspekt kommt vorwiegend dann vor, wenn eine Variable durch einen Allquantor gebunden ist (z.B. $\forall x \in A$). Aber auch nicht gebundene Variable können unter diesem Aspekt betrachtet werden. Der Veränderlichenaspekt kommt fast ausschließlich in Zusammenhang mit Funktionen oder funktionalen Betrachtungen von Formeln vor. Es hat im allgemeinen ja keinen Sinn, eine Variable für sich allein wachsen oder fallen zu lassen, wenn nicht die Abhängigkeit von mindestens einer weiteren Variablen mitstudiert wird. Veränderlichenaspekt und funktionale Betrachtungen sind also beinahe untrennbar miteinander verbunden (und können wahrscheinlich auch nur in Verbindung miteinander erlernt werden).

Kommen in einem Kontext mehrere Variablen vor, von denen einige unter dem Einzelzahlaspekt und einige unter dem Veränderlichenaspekt betrachtet werden, bezeichnet man manchmal die ersteren als *Parameter* und die letzteren als *Veränderliche*. Das Wort „Parameter" hat aber auch noch andere Bedeutungen, z.B. wird in einer sogenannten „Parameterdarstellung" einer Kurve der Parameter im allgemeinen nicht unter dem Einzelzahlaspekt, sondern unter dem Bereichsaspekt gesehen. (Eine genauere Analyse des Begriffes „Parameter" findet man in FREUDENTHAL 1983, S. 508-510). Vielfach wird auch zwischen *Konstanten* und *Veränderlichen* unterschieden, wobei die ersteren unter dem Einzelzahl- oder Simultanaspekt und die letzteren unter dem Veränderlichenaspekt gesehen werden. In manchen Kontexten, z.B. bei Polynomen, unterscheidet man zwischen *Koeffizienten* und *Unbestimmten*, wobei im allgemeinen die ersteren unter dem Einzelzahlaspekt und die letzteren unter dem Simultan- oder Veränderlichenaspekt gesehen werden. Manchmal wird auch der Terminus „Variable" wörtlich genommen und auf den Veränderlichenaspekt eingeschränkt.

Wie im Kapitel 2 kann auch für die in diesem Abschnitt genannten Variablenaspekte gesagt werden, daß sie in einer mathematischen Argumentation häufig wechseln und in enger Verquickung miteinander vorkommen können. Die folgenden beiden Beispiele mögen dies belegen:

Beispiel 1: Wir betrachten die Behauptung:

$$\forall x \in \mathbb{R}^+ : x + \frac{1}{x} \geq 2$$

In dieser Zeile dürfte der Simultanaspekt von x im Vordergrund stehen, d.h. x repräsentiert jede positive reelle Zahl.

Zum Beweis dieser Ungleichung geht man im allgemeinen im Sinne des sog. „natürlichen Schließens" vor und argumentiert etwa so: Sei x eine beliebige positive reelle Zahl. Für diese gilt:

$$x + \frac{1}{x} \geq 2 \iff x^2 - 2x + 1 \geq 0 \iff (x-1)^2 \geq 0$$

Da die letzte Aussage wahr ist, ist auch die erste wahr. Da x eine beliebige positive reelle Zahl war, gilt somit die erste Aussage für jede positive reelle Zahl.

Bei dieser Argumentation wird im ersten Schritt eine beliebige Zahl x aus $\mathbb{R}^+$ ausgewählt und für das Weitere festgehalten, d.h. es wird zunächst der Einzelzahlaspekt in den Vordergrund gestellt. Durch die obige Äquivalenzkette wird gezeigt, daß die Ungleichung $x + \frac{1}{x} \geq 2$ für dieses eine ausgewählte x gilt. Im nächsten Schritt wechselt man den Aspekt: man betrachtet x nicht mehr unter dem Einzelzahlaspekt, sondern wiederum unter dem Simultanaspekt und erhält damit das Ergebnis, daß die Behauptung nicht nur für die eine ausgewählte Zahl x, sondern für alle positiven reellen Zahlen gilt. Dieser letzte Schritt wird oft stillschweigend vollzogen.

Beispiel 2: Es sei $f(x) = k \cdot x$ mit $x \in \mathbb{R}^+$ und $k > 0$. Man begründe, daß $f(x)$ auf das Doppelte wächst, wenn x auf das Doppelte wächst.

Beim Lesen dieses Textes wird man möglicherweise an wachsende Größen x und $f(x)$ denken (Veränderlichenaspekt). Bei der Begründung wird jedoch im allgemeinen wieder im Sinne des „natürlichen Schließens" vorgegangen. Man denkt sich eine beliebige positive reelle Zahl x ausgewählt und festgehalten (Einzelzahlaspekt). Für diese läßt sich dann argumentieren:

$$f(2 \cdot x) = k \cdot (2x) = 2 \cdot (kx) = 2 \cdot f(x)$$

Dann betrachtet man x wieder als beliebige positive reelle Zahl (Simultanaspekt) und hat damit die Behauptung bewiesen.

Da der Text der Aufgabenstellung im Beispiel 2 den Veränderlichenaspekt von Variablen anspricht, wäre es in einer gewissen Weise angemessener, Schreibweisen zu verwenden, die eine stetige Veränderung ausdrücken, etwa „$x \uparrow$" für „x wächst" oder „$x \uparrow_2$" für „x wächst auf das Doppelte". Solche Schreibweisen sind aber unüblich, zumindest in der elementaren Algebra. Mit dem „natürlichen Schließen" umgeht man den Veränderlichenaspekt und solche Schreibweisen in einer eher „trickhaften" Weise. Ob diese Art des Schließens also in solchen Kontexten wirklich so „natürlich" ist, sei dahingestellt.

> Wie hängen die hiergenannten Variablenaspekte (Einzelzahlaspekt, Bereichsaspekt) mit den im Kapitel 2 behandelten Variablenaspekten (Gegenstandsaspekt, Einsetzungsaspekt, Kalkülaspekt) zusammen? Wenn man einen etwas radikalen Standpunkt einnimmt, kann man sowohl den Einzelzahl- als auch den Bereichsaspekt als Unteraspekte des Gegenstandsaspektes auffassen. Man braucht dazu nur die Variable und die durch sie repräsentierte Zahl (bzw. repräsentierten Zahlen) zu identifizieren. Die Sprechweise „x *repräsentiert eine (bzw. jede) Zahl aus dem Bereich*" ist dabei zu ersetzen durch „x *ist eine (bzw. jede) Zahl aus dem Bereich*". Diese Identifikation ist beim Einzelzahlaspekt unproblematisch. Beim Bereichsaspekt können Probleme auftreten. So kann jemand möglicherweise schon Schwierigkeiten haben, sich vorzustellen, daß x jede Zahl aus einem bestimmten Bereich *ist*. Noch problematischer ist es beim Veränderlichenaspekt. Eine *sich verändernde Zahl* ist schwer vorstellbar. Bei außermathematisch interpretierbaren Größen bereitet diese Vorstellung keine Schwierigkeiten. Sprechweisen wie „Die Geschwindigkeit v wächst" oder „Die Temperatur T fällt" sind ja üblich. Aber die Sprechweise „Die Zahl x wächst" klingt ungewohnt (auch wenn sie damit gerechtfertigt werden kann, daß Zahlen spezielle Größen sind — zumindest nach der im „Größenkalkül" vertretenen Auffassung). Wegen dieser Schwierigkeiten möchte ich es hier offen lassen, ob der Bereichsaspekt dem Gegenstandsaspekt untergeordnet werden kann oder nicht. Wenn man will, kann man den Bereichsaspekt als einen vierten Aspekt neben den Gegenstands-, Einsetzungs- und Kalkülaspekt setzen (der irgendwo zwischen dem Gegenstands- und Einsetzungsaspekt anzusiedeln ist). Glücklicherweise ist die Entscheidung dieser Frage für den Mathematikunterricht nicht wichtig. Wichtig ist nur, daß im Unterricht gelernt wird, Formeln auch unter dem Bereichsaspekt, insbesondere unter dem Veränderlichenaspekt, zu betrachten.

Ein Exkurs in die Hochschulmathematik

Dieser Unterabschnitt kann von Lesern, die an hochschuldidaktischen Fragen nicht interessiert sind, übersprungen werden.

Die verschiedenen Aspekte von Variablen können in einer mathematischen Argumentation beständig wechseln und in einer Vielfalt auftreten, die manchen Studenten beträchtliche Schwierigkeiten bereitet. Das folgende Beispiel möge dies illustrieren. Es zeigt, daß die Fähigkeit zu einem flexiblen Umgang mit Variablenaspekten eine unabdingbare Voraussetzung für ein Mathematikstudium ist.

Beispiel: Wir betrachten eine Passage aus dem bekannten Analysis-Lehrbuch FICHTENHOLZ 1971 (Bd. 2, S. 438). In dieser Passage zeigt der Autor, daß die Funktionenfolge

$$f_n(x) = \frac{nx}{1+n^2x^2}$$

im Intervall [0,1] nicht gleichmäßig gegen 0 konvergiert, d.h. daß es nicht möglich ist, zu jedem $\varepsilon > 0$ eine natürliche Zahl N zu finden, sodaß für alle $n > N$ und alle $x \in [0,1]$ die Ungleichung $\mid f_n(x)-0 \mid < \varepsilon$ erfüllt ist. Um den Text anschließend leichter analysieren zu können, numerieren wir die Zeilen durch.

(1) Wir setzen jetzt
(2) $\quad f_n(x) = \frac{nx}{1+n^2x^2}, \quad \lim_{n\to\infty} f_n(x) = 0 \quad (0 \leq x \leq 1)$.
(3) Für jedes *feste* $x > 0$ genügt es, $n > \left[\frac{1}{x\varepsilon}\right]$ zu wählen, damit
(4) $\quad f_n(x) < \frac{1}{nx} < \varepsilon$
(5) gilt. Andererseits läßt sich, wie groß n auch sei, für die Funktion $f_n(x)$ im
(6) Intervall [0, 1] stets ein Punkt finden, nämlich der Punkt $x = \frac{1}{n}$, in welchem ihr
(7) Wert gleich $\frac{1}{2}$ ist:
(8) $\quad f_n(\frac{1}{n}) = \frac{1}{2}$.
(9) Also ist es nicht möglich, durch Vergrößerung von n die Ungleichung $f_n(x) < \frac{1}{2}$
(10) *gleichzeitig für alle Werte von x* zwischen 0 und 1 zu erhalten. Mit anderen Wor-
(11) ten, schon für $\varepsilon = \frac{1}{2}$ gibt es keine Zahl N, die für alle x gleichzeitig verwendbar
(12) wäre.

In dieser Argumentation kommen (neben den Variablen N und f) die Zahlenvariablen n, x und ε mehrfach vor, jedoch unter ständig wechselnden Aspekten. In Zeile (2) ist x eine beliebige Zahl aus [0; 1] (Simultanaspekt), n ist ein Parameter (Einzelzahlaspekt), außer unter dem Limessymbol (Veränderlichenaspekt). In Zeile (3) sind x, n und ε beliebige, aber feste Zahlen aus dem jeweiligen Bereich (Einzelzahlaspekt), ebenso in

Zeile (4). In Zeile (5) ist das erste n eine beliebige natürliche Zahl (Simultanaspekt), das zweite n eine bereits gewählte Zahl (Einzelzahlaspekt) und x eine beliebige Zahl aus [0; 1] (Simultanaspekt). In Zeile (6) sind n und x bereits gewählte Zahlen (Einzelzahlaspekt), in Zeile (8) trifft dies auf n auch zu. In Zeile (9) ist von einer Vergrößerung von n die Rede (Veränderlichenaspekt), das zweite n ist beliebig, aber fest (Einzelzahlaspekt), das x ist eine beliebige Zahl aus [0; 1] (Simultanaspekt), ebenso das x in Zeile (10). In Zeile (11) ist ε die Zahl $\frac{1}{2}$, also eine konkrete Zahl, und x beliebig aus [0; 1] (Simultanaspekt).

Wer diesen ständigen Wechsel der Variablenaspekte nicht mitvollziehen kann, wird einer solchen Argumentation kaum folgen können.

Variablenaspekte anderer Autoren

SCHOENFELD/ARCAVI (1988) unterscheiden zwei „conceptions of variable": „polyvalent names" und „variable objects". Das erstere entspricht unserem Einsetzungsaspekt, das letztere dem Veränderlichenaspekt. Eine differenziertere Unterscheidung von Variablenaspekten stammt von KÜCHEMANN (1981), der aufgrund einer Analyse von Aufgaben und deren Lösungen durch Kinder die folgenden Bedeutungen von Buchstaben unterscheidet:

a) *Letter evaluated*: Dabei wird dem Buchstaben ein konkreter Zahlenwert zugewiesen, z.B.: Was kann man über a sagen, wenn $a + 5 = 8$ ist?

b) *Letter not used*: Ein solcher Buchstabe wird mehr oder weniger ignoriert. Bestenfalls wird seine Existenz wahrgenommen, er erhält aber keine Bedeutung. Z.B. gilt dies für a und b in der folgenden Frage: Wenn $a + b = 43$ ist, wie groß ist dann $a + b + 2$?

c) *Letter used as an object*: Der Buchstabe wird als ein Objekt oder als eine Abkürzung für ein Objekt angesehen, z.B. wenn a, b, c als Seiten (und nicht als Seitenlängen) eines Dreiecks aufgefaßt werden.

d) *Letter used as a specific unknown*: Der Buchstabe wird als eine bestimmte, aber unbekannte Zahl angesehen, z.B.: Addiere 4 zu $3n$!

e) *Letter used as a generalized number*: Der Buchstabe kann nicht nur einen, sondern mehrere Werte repräsentieren, z.B.: Was kann über c gesagt werden, wenn $c + d = 10$ und c kleiner als d ist?

f) *Letter used as a variable*: Der Buchstabe repräsentiert einen Bereich unspezifizierter Werte und zwischen zwei solchen Bereichen existiert eine systematische Relation, z.B.: Was ist größer, $2n$ oder $n + 2$ (wobei n eine natürliche Zahl ist)? Zur Beantwortung dieser Frage muß man n wachsen lassen und erkennen, daß $2n$ stärker wächst als $n + 2$.

Die Aspekte (a) und (d) entsprechen unserem Einzelzahlaspekt, der Aspekt (e) entspricht unserem Simultanaspekt. Den Aspekt (b) würde ich unserem Kalkülaspekt zuordnen (da die Variable als bedeutungsloses Zeichen angesehen wird). Dem Aspekt (c) liegt strenggenommen ein Verstoß gegen die Objekt-Zahl-Konvention zugrunde. Er ist also kein zulässiger Aspekt, wird jedoch in manchen Fällen toleriert, z.B. wenn in der Geometrie mit $a, b, c, \ldots$ sowohl die Seiten einer Figur als auch deren Längen bezeichnet werden. Dem Aspekt (f) liegt der Veränderlichenaspekt von Variablen zugrunde; die darüber hinausgehende „systematische Relation" zwischen bestimmten Bereichen würde ich nicht als einen Aspekt von Variablen, sondern eher als einen Aspekt von Termen (genauer: des Vergleichs von Termen) ansehen.

3.2 Empirische Beobachtungen zu funktionalen Aspekten von Formeln

Einige Beobachtungen zeigen, daß die Fähigkeit zur Betrachtung von Formeln unter funktionalen Gesichtspunkten (und damit zusammenhängend die Betrachtung von Variablen unter dem Veränderlichenaspekt) bei vielen Schülern recht unterentwickelt ist. Dies ist auch gar nicht verwunderlich, weil solche Betrachtungen im derzeitigen Algebraunterricht eher selten stattfinden.

Welcher Art diese Defizite sein können, sollen einige Interviewstellen zeigen. Beginnen wir mit der Aufgabe:

Gegeben ist die Formel $z = \dfrac{x}{y}$. Wie ändert sich z, wenn x wächst?

Eine häufige Antwort auf diese Frage war: $z < \dfrac{x}{y}$. Z.B. sagt Alexandra (14):

> A: Tja also, wenn x wächst, stimmt das „ist gleich" schon nicht mehr und da x größer wird, wird z kleiner, also $z < \dfrac{x}{y}$.

Um diese Aufgabe zu lösen, genügt es nicht, bloß den Veränderlichenaspekt von Variablen zu besitzen. Man braucht ein darüber hinausgehendes Wissen. Zunächst muß man schon wissen, daß in dieser Aufgabe stillschweigend vorausgesetzt wird, daß y konstant gehalten wird (dies scheint Alexandra allerdings begriffen zu haben). Darüber hinaus muß man aber auch wissen, wie die Aufgabe eigentlich gemeint ist: Auch wenn x wächst, soll *die Gleichheit bestehen* bleiben und die Auswirkung auf z untersucht werden. Dieses Wissen geht Alexandra offenbar ab. Es ist auch gar nicht selbstverständlich, es muß — wie vieles andere in der elementaren Algebra — erlernt werden und viele Kinder kommen nicht von selbst darauf. Alexandras Antwort ist übrigens nicht unvernünftig. Sie hält y und z konstant. Wenn x wächst, muß sie folgerichtig das Gleichheitszeichen durch ein Ungleichheitszeichen ersetzen.

Ein ähnliches Verhalten zeigt die folgende Schülerin (14), ebenfalls mit dem Namen Alexandra. Sie besteht darauf, daß x verdreifacht werden kann, ohne daß sich z ändert:

> I: Wie ändert sich in der Formel $z = \dfrac{x}{y}$ das z, wenn x verdreifacht wird?
>
> A: z verändert sich nicht, $z = \dfrac{3x}{y}$. Wenn man das x verdreifacht, braucht man das z nicht dazu.
>
> I: Wie ändert sich nun z?
>
> A: Es bleibt gleich.
>
> ....
>
> I: Wie ändert sich nun z, wenn y verdreifacht wird?
>
> A: z bleibt gleich.
>
> I: Mh.

> A: Es wird ja nicht gefragt, wenn z verdreifacht wird, das ist ja nicht in der Frage beinhaltet. z ändert sich nicht. y wird verdreifacht.
> I: Es besteht kein Zusammenhang zwischen z und y?
> A: Ja!

Diese Schülerin glaubt auch, daß man die Variablen in einer Formel unabhängig voneinander mit Zahlen belegen könne. Im Verlauf des Interviews schlug eine andere Schülerin (die bei dem Interview dabei war) vor, die gestellten Fragen durch Belegen der Variablen mit Zahlen zu beantworten. Darauf reagierte Alexandra so:

> A: $z = 5$, $x = 3$, $y = 2$.
> I: Was ergibt das?
> A (schreibt nach anfänglichen Schwierigkeiten, die hier übersprungen werden): $5 = \frac{3}{2}$.
> I: Kann man denn für x, y, z beliebige Zahlen wählen?
> A: Ja, man kann es beliebig belegen ... Wenn man es belegen kann, ist es ja keine bestimmte Zahl.
> I: Du hast geschrieben: $5 = \frac{3}{2}$.
> A: $5 < \frac{3}{2}$. Da kann man jetzt nichts mehr machen. Es kann ja nur das Ergebnis sein.

3.3 Unterrichtsvorschläge

Um den Veränderlichenaspekt und die Fähigkeit zur Betrachtung von Formeln unter funktionalen Gesichtspunkten zu entwickeln, ist es nötig, im Unterricht **Aufgaben** zu stellen, in denen Abhängigkeiten von Größen in Formeln studiert werden. Solche Abhängigkeiten sind leichter zu erkennen, wenn die in der jeweiligen Formel vorkommenden Variablen außermathematisch interpretierbar sind, z.B.:

$$s = v \cdot t \qquad \text{(Weg = Geschwindigkeit} \cdot \text{Zeit)}$$

Daß mit wachsender Zeit t bei konstanter Geschwindigkeit v auch der Weg s wächst, kann ein Schüler aufgrund seiner Erfahrungen leicht erkennen. Fehlen solche Erfahrungen, wie etwa in der Formel $y = k \cdot x$, dann ist ein entsprechender Monotoniezusammenhang nicht ganz so selbstverständlich und daher etwas schwerer erkennbar.

Es ist daher empfehlenswert, mit Formeln zu beginnen, die außermathematisch (in Sachsituationen) interpretierbar sind.

Aufgaben, die das Erkennen von Monotoniezusammenhängen oder anderen Zusammenhängen von Größen in Formeln erfordern, können im Unterricht der elementaren Algebra praktisch von Anfang an gestellt werden. Betrachten wir etwa eines unserer ersten Einstiegsbeispiele in die elementare Algebra, nämlich die „Fahrt mit dem Eurocity" auf Seite 67. Es ging in diesem Beispiel um die Formel:

$$F = K + Z \qquad \text{(Fahrpreis = Kartenpreis + Zuschlag)}$$

Man kann an die zu dieser Formel gestellten Aufgaben leicht an entsprechenden Stellen Fragen der folgenden Art anhängen:

- Wie ändert sich der Fahrpreis F, wenn der Kartenpreis K zunimmt (und der Zuschlag Z gleich bleibt)?
- Wie ändert sich F, wenn K und Z beide zunehmen? Kann man etwas über die Änderung von F sagen, wenn K zunimmt und Z abnimmt?
- Verdoppelt sich F, wenn K verdoppelt wird (bei gleichbleibendem Z)?

Wie WEIGAND (1988) herausgearbeitet hat, eignen sich zur Entwicklung des Veränderlichenaspekts und zu funktionalen Betrachtungen vor allem Formeln, in denen die Abhängigkeit einer oder mehrerer Größen von der Zeit angegeben ist. Die **Zeit** stellt für ihn einen **Prototyp einer Veränderlichen** dar und er schreibt dazu:

> Während vielen anderen Variablen (Länge, Winkel, Masse) bei funktionalen Zusammenhängen die kontinuierliche Veränderlichkeit 'aufgezwungen' werden muß, ist umgekehrt ein Anhalten der Zeit nicht möglich, und es bedarf etwa des Erinnerungsvermögens des Menschen oder des Hilfsmittels der Fotografie, um das stetige Fortschreiten für den Betrachter zu stoppen. Dieses 'kontinuierliche Dahinfließen' der Zeit und damit die permanente Veränderung der Zeitwerte können durch eine gleichförmige Bewegung längs des Zahlenstrahls veranschaulicht werden. Die Möglichkeit der Vorstellung, daß einer Variablen in einem Term oder einer Gleichung in gleichförmig fortschreitender ... Weise Elemente des Zahlenstrahls ... zugeordnet werden können, gibt der verwendeten Variablen einen dynamischen Charakter, der sich auf die Sichtweise der zeitabhängigen Funktion überträgt. Der Aspekt der *dynamischen Zuordnungsvorschrift* einer Funktion tritt damit gegenüber einem statischen Relationsdenken in den Vordergrund.

Zwei Beispiele zu Formeln mit zeitabhängigen Größen:

1. Ein zylindrisches Gefäß wird mit Wasser gefüllt. Zum Zeitpunkt 0 ist das Gefäß leer und pro Minute fließen 0,5 Liter Wasser ein.

   a) Wieviel Liter sind nach 1, 2, 3, 4, t Minuten im Gefäß? Lege eine Tabelle an und stelle eine Formel für das Volumen V des nach t Sekunden im Gefäß befindlichen Wassers auf!

   b) Beantworte anhand einer Skizze des Gefäßes, der Tabelle bzw. der aufgestellten Formel folgende Fragen:
   - Wie ändert sich das Volumen V, wenn die Zeit t wächst?
   - Auf das Wievielfache wächst V, wenn t auf das 2-fache, a-fache wächst?
   - Auf das Wievielfache muß t wachsen, damit V auf das 5-fache wächst?

2. (Forfsetzung von Aufgabe 1) Zum Zeitpunkt 0 befinden sich 6 Liter Wasser im Gefäß und pro Minute fließen 0,5 Liter aus. Das Wasser fließt durch eine Öffnung aus (Fig. 30). Man kann zeigen, daß das Volumen V des Wassers im Gefäß ungefähr durch die Formel $V = (6 - t)^2$ beschrieben werden kann.

   a) Wieviel Liter Wasser sind nach 2, 3, 5, ... Minuten im Gefäß? Stelle eine Tabelle auf!

   b) Beantworte:
   - Wie ändert sich V, wenn t wächst?
   - Sinkt V auf die Hälfte, wenn t verdoppelt wird?
   - Nach wieviel Minuten ist das Gefäß leer? Wie kann man dies an der Formel erkennen?

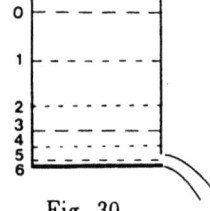

Fig. 30

Falls das Koordinatensystem schon zur Verfügung steht, können solche Aufgaben so erweitert werden, daß auch Funktionsgraphen gezeichnet werden. Dies wird am Anfang des Unterrichts in elementarer Algebra noch nicht möglich sein, ich plädiere aber dafür, möglichst bald damit zu beginnen. Zwar stellt das Zeichnen- und Interpretierenkönnen von Funktionsgraphen ein Lernziel dar, das über den engeren Bereich der elementaren Algebra hinausgeht und mit mancherlei neuen Schwierigkeiten verbunden ist (siehe z.B. JANVIER 1978, FISCHER/MALLE 1985, S. 238), jedoch sind davon vertiefende Rückwirkungen auf die Fähigkeit zum Erkennen von Abhängigkeiten in Formeln zu erwarten.

Man muß sich jedoch nicht auf Zeitabhängigkeiten beschränken. Zum Einstieg eignen sich auch andere Abhängigkeiten, soferne diese durch stetige Vorgänge realisiert werden können. Ein Beispiel stellt die folgende Aufgabe dar.

3 Ein in einem Behälter befindliches Gas wird durch einen Kolben komprimiert. Soferne die Temperatur des Gases konstant gehalten wird, hängt das Volumen V des Gases vom Druck p in folgender Weise ab:

$$V = \frac{k}{p}$$

Dabei ist k eine Konstante.

a) Wie ändert sich das Volumen V, wenn der Druck p verdoppelt wird?
b) Auf welchen Teil sinkt V, wenn p verdoppelt wird?
c) Auf das Wievielfache muß p erhöht werden, damit V auf den zehnten Teil sinkt?

Bei der Behandlung dieser Aufgabe kann man ähnlich vorgehen wie bei den Aufgaben 1 und 2 (siehe Fig. 31 a, b, c, d).

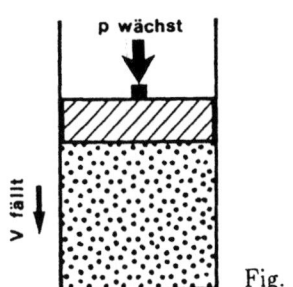

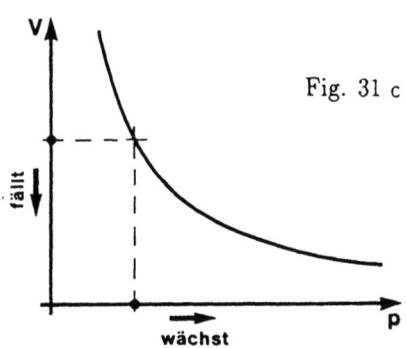

Fragen wie in Aufgabe 3b sollten zunächst nicht formal, sondern intuitiv anhand der Sachsituation (unterstützt durch die Tabelle und eventuell den Funktionsgraphen) beantwortet werden. Es scheint mir aber empfehlenswert zu sein, relativ bald Schreibweisen der folgenden Art einzuführen:

$$V(p) = \frac{k}{p}$$

Das Symbol $V(p)$ soll dabei nur ausdrücken, daß V von p abhängig ist. Eine explizite Thematisierung des Funktionsbegriffes ist dazu nicht vonnöten. Mit solchen Symbolen können formale Begründungen gegeben werden, z.B. in Aufgabe 3b:

$$V(2 \cdot p) = \frac{k}{2 \cdot p} = \frac{1}{2} \cdot \frac{k}{p} = \frac{1}{2} \cdot V(p)$$

Wie wir im Abschnitt 3.1 (Beispiel 2 auf Seite 82) herausgearbeitet haben, leisten derartige Argumentationen keinen direkten Beitrag zur Entwicklung des Veränderlichenaspektes. Ich glaube aber, daß sie auf indirektem Wege Einsichten in Abhängigkeiten von Größen in Formeln mit sich bringen.

Schreibweisen dieser Art können auf die Abhängigkeit einer Größe von zwei oder mehreren anderen Größen ausgedehnt werden, z.B.:

4 Der Flächeninhalt eines Rechtecks mit den Seitenlängen a und b ist gegeben durch:
$$A(a,b) = a \cdot b$$
  a) Wie ändert sich A, wenn b wächst und a konstant bleibt?
  b) Wie ändert sich A, wenn a verdreifacht wird und b konstant bleibt? Veranschauliche die Antwort an einer Skizze!
  c) Wie ändert sich A, wenn a verdoppelt und b verdreifacht wird? Skizze!
  d) Wie müssen a und b verändert werden, damit A auf das 12-fache wächst? Gib mindestens vier verschiedene Möglichkeiten an! Skizzen!

Nach längerem Verweilen in Sachsituationen sollten Schüler den Veränderlichenaspekt von Variablen so weit entwickelt haben und ein „Gefühl" für Abhängigkeiten in Formeln erworben haben, daß sie solche Fragen auch an nicht eingekleideten Formeln beantworten können (eventuell unterstützt durch Tabellen oder Funktionsgraphen), etwa jene Fragen, bei denen die im Abschnitt 3.2 vorgestellten Schüler so kläglich versagt haben:

5 Gegeben ist die Formel: $z = \frac{x}{y}$
  a) Wie ändert sich z, wenn y wächst (und x gleichbleibt)?
  b) Wie ändert sich z, wenn y verdoppelt wird?
  c) Wie muß y geändert werden, damit z verdoppelt wird?

4 TEXTE UND FORMELN

In diesem Kapitel beschäftigen wir uns mit der Übersetzung von umgangssprachlichen Texten in algebraische Formeln und umgekehrt. Ausgehend von empirischen Beobachtungen wird eine einfache Theorie entworfen, mit der man solche Prozesse beschreiben und Schülerfehler erklären kann. Aus den theoretischen Überlegungen werden sich weitere Unterrichtsvorschläge zum Aufstellen und Interpretieren von Formeln ergeben. Einige Bemerkungen zur Behandlung von Textaufgaben im Unterricht werden angeschlossen.

4.1 Ein Umkehrfehler

Im Jahre 1980 publizierten ROSNICK und CLEMENT einen Artikel „*Learning without Understanding*", in dem sie einen häufigen Umkehrfehler beschreiben, der vorher schon von CLEMENT und KAPUT (1979) berichtet wurde. Sie legten ihren Versuchspersonen (Studenten verschiedener Studienrichtungen) u.a. die schon im Abschnitt 1.1 betrachtete Aufgabe vor:

> Es sei S die Anzahl der Studenten und P die Anzahl der Professoren an einer Universität. Auf einen Professor kommen 6 Studenten. Drücken Sie die Beziehung zwischen S und P durch eine Gleichung aus!

Nur etwa 60 % der Befragten konnten diese Aufgabe richtig lösen (wobei Studenten der Wirtschaftswissenschaften signifikant schlechter abschnitten als Studenten der Technik). Eine Folgeuntersuchung von LOCHHEAD (1980) an Lehrern und Universitätsprofessoren verschiedener Fachrichtungen ergab kein besseres Resultat.

Von den Versuchspersonen, die die obengenannte Aufgabe falsch gelöst hatten, machten fast alle denselben Fehler. Anstelle der richtigen Antwort

$$S = 6P$$

schrieben sie:

$$P = 6S$$

ROSNICK und CLEMENT versuchten auch, Maßnahmen zur Beseitigung dieses Fehlers zu untersuchen. Einige Versuchspersonen, die die obengenannte Aufgabe falsch gelöst hatten, wurden einer eingehenden (im Durchschnitt eine Stunde dauernden) Unterweisung unterzogen, in der jeweils einige der folgenden „Therapien" eingesetzt wurden:

a) Es wurde den Versuchspersonen die bloße Mitteilung gemacht, daß das Resultat falsch sei.

b) Es wurde den Versuchspersonen erläutert, daß S die „Anzahl der Studenten" und nicht die „Studenten" bedeutet; analog für P.

c) Es wurde herausgearbeitet, daß an der Universität mehr Studenten als Professoren sind.

d) Es wurden Zahlen eingesetzt. Z.B. müssen es bei 10 Professoren 60 Studenten sein. Somit würde aus $6S = P$ die falsche Beziehung $6 \cdot 60 = 10$ folgen.

e) Die Situation wurde durch Graphen oder Tabellen (wie in Fig. 32 bzw. Fig. 33) dargestellt.

f) Die Aufgabe wurde mittels einer Proportion gelöst, etwa $S : P = 6 : 1$.

g) Es wurde eine korrekte Lösung eines Analogproblems vorgeführt.

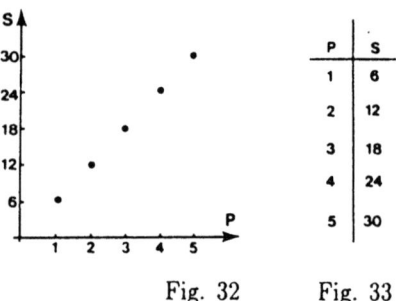

Fig. 32   Fig. 33

Anschließend wurden den Versuchspersonen Analogaufgaben gestellt, z.B.:

Es sei Z die Anzahl der Ziegen und K die Anzahl der Kühe auf einer Weide. Es sind fünfmal so viele Ziegen wie Kühe auf der Weide. Drücken Sie das durch eine Gleichung mit Hilfe von Z und K aus!

Es zeigte sich, daß ein Großteil der Versuchspersonen (ca. 80 %) wieder in den früheren Fehler verfiel und die Gleichung verkehrt anschrieb. Das Phänomen muß also tiefer sitzen und kann nicht durch ein paar kurze Belehrungen beseitigt werden. (Zu Versuchen, den Fehler durch geeignete Maßnahmen zu beseitigen, vergleiche man auch WOLLMANN 1983, COOPER 1984 a, KAPUT/SIMS-KNIGHT/CLEMENT 1985.)

In der Zwischenzeit wurden die Untersuchungen von ROSNICK und CLEMENT in einigen anderen Ländern nachvollzogen, wobei sich stets annähernd die gleichen Resultate zeigten (z.B. MESTRE/LOCHHEAD 1983, COOPER 1986). Auch in unseren eigenen Untersuchungen, die mit Unterstützung von Lehrern an verschiedenen österreichischen Schulen durchgeführt wurden, zeigte sich, daß mindestens die Hälfte der Befragten den Umkehrfehler beging.

Manchmal wird eingewandt, daß die Professoren-Studenten-Aufgabe den Charakter einer Fangaufgabe habe. Der Fehler könne auch einem professionellen Mathematiker passieren, wenn er nicht aufpaßt. Das ist richtig. Aber der Mathematiker kann seinen Fehler sofort korrigieren, wenn er darauf aufmerksam gemacht wird. In den empirischen Untersuchungen zeigte sich jedoch immer wieder das merkwürdige Phänomen, daß viele Versuchspersonen *hartnäckig auf ihrer falschen Lösung bestehen* und sich heftig gegen ein Umdrehen der Gleichung wehren. Der Fehler ist also mehr als ein bloßer Ausrutscher.

Manchmal wird eingewandt, daß die Anfangsbuchstaben S und P irreführend seien, weil sie dazu verleiten, sie als „Studenten" bzw. „Professoren" zu interpretieren, statt sie als „Anzahl der Studenten" und „Anzahl der Professoren" zu deuten. Es wird behauptet, daß der Fehler weniger leicht passieren könne, wenn man anstelle von S und P die Buchstaben X und Y verwendet. Das ist jedoch nicht richtig. SIMS-KNIGHT und KAPUT (1983 a) sowie COOPER (1986) konnten nachweisen (letzterer an nahezu 1000 Schülern), daß der Fehler mit X, Y ungefähr gleich häufig auftritt wie mit den Anfangsbuchstaben der jeweiligen Worte. Wir konnten dies auch in unseren eigenen Untersuchungen feststellen. In CLEMENT 1982 wird sogar von einer Untersuchung berichtet, in der die Versuchspersonen, die X und Y verwendeten, etwas schlechter abschnitten als diejenigen, die S und P verwendeten. (In MESTRE/LOCHHEAD 1983 schnitten diese Versuchspersonen jedoch etwas besser ab.) FISHER (1988) hat in ihrer Untersuchung neben S und P auch die Bezeichnungen N_s und N_p verwendet („number of students" und „number of professors"). Diejenigen Versuchspersonen, die N_s und N_p verwendet haben, schnitten sogar signifikant schlechter ab als die, die S und P verwendet haben.

COOPER hat in seiner Untersuchung noch festgestellt: Der Umkehrfehler passiert häufiger, wenn ein Text in eine Formel übersetzt wird, als wenn eine Formel in einen Text übersetzt wird. Der Umkehrfehler passiert weniger häufig, wenn der Malpunkt angeschrieben wird, wenn also etwa $S = 6 \cdot P$ statt $S = 6P$ geschrieben wird. Ein interessantes Ergebnis stammt von SEEGER (1990): Die meisten der von ihm untersuchten Schüler kamen trotz falsch aufgestellter Formel zu richtigen Ergebnissen bei Anwendungen auf Zahlenbeispiele. Bezüglich weiterer Ergebnisse zum Umkehrfehler sei auf PHILIPP 1992 verwiesen.

Erklärungsversuche für den Umkehrfehler

Was könnten mögliche Ursachen für den Umkehrfehler sein? ROSNICK und CLEMENT diskutieren eine naheliegende Erklärung, welche besagt, daß der Fehler aus der *verbalen Formulierung des Textes* resultiert. Der Buchstabe P wird als Abkürzung für „Professor", der Buchstabe S als Abkürzung für „Studenten", das Gleichheitszeichen als eine Abkürzung für die Wendung „auf einen ...... kommen" verwendet:

```
Auf einen   Professor   kommen   6   Studenten'
              |            |      |      |
              P            =      6      S
```

Mag sein, daß die verbale Formulierung eine Rolle spielt. Doch bemerkten schon ROSNICK und CLEMENT, daß dies keine hinreichende Erklärung für den Fehler sein kann. Sie variierten in ihren Untersuchungen systematisch die verbale Formulierung, insbesondere die Wortstellung, und stellten fest, daß der Fehler einigermaßen unabhängig von der verbalen Formulierung passierte. Die Ergebnisse wurden auch nicht besser, wenn die Angaben durch Bilder anstelle von Texten vorgegeben wurden. (Untersuchungen wie MESTRE/LOCHHEAD 1983 oder SIMS-KNIGHT/KAPUT 1983 a zeigen sogar, daß die Ergebnisse in solchen Fällen schlechter werden.) Es muß also weitere — und tieferliegende — Gründe für diesen Fehler geben.

DAVIS (1980) hat den Umkehrfehler mit Hilfe eines „Zahlenschemas" und eines „Einheitenschemas" erklärt. Faßt man etwa C und D als „Anzahl der Zentimeter" bzw. „Anzahl der Dezimeter" auf, dann gilt $C = 10D$. Faßt man hingegen C und D als

Maßeinheiten auf (wie cm und dm), dann gilt $D = 10C$ (entsprechend dm = 10 cm). Wendet nun ein Schüler bei der Professoren-Studenten-Aufgabe das „Zahlenschema" an, d.h. faßt er S und P als Zahlen auf, dann kommt er zur richtigen Gleichung $S = 6P$. Wendet er hingegen das „Einheitenschema" an, d.h. behandelt er S und P wie Maßeinheiten, dann kommt er zur falschen Gleichung $P = 6S$.

Diese Erklärung scheint mir einerseits zu speziell formuliert zu sein, weil ich nicht glaube, daß Schüler bei solchen Aufgaben sonderlich an Maßeinheiten denken, andererseits aber doch etwas Wesentliches zu treffen. Ich möchte sie daher im folgenden aufgreifen und verallgemeinern. Dabei will ich die Problematik des Umkehrfehlers von einer grundsätzlicheren Warte aus angehen und die allgemeinere Frage stellen, was bei einer Übersetzung von einem umgangssprachlichen Text in eine algebraische Formel eigentlich vor sich geht und wie Fehler dabei zustandekommen können. Aus diesen Überlegungen wird sich insbesondere eine Erklärung für den Umkehrfehler ergeben.

4.2 Vom Text zur Formel: Ein Dreischritt-Modell

Die folgenden Überlegungen basieren auf der Annahme, daß ein Text im allgemeinen nicht *direkt* in eine Formel übersetzt wird (wobei gewisse sprachliche Wendungen durch gewisse Symbolfolgen ausgedrückt werden), sondern daß dieser Prozeß in mehreren Zwischenschritten verläuft, in denen **kognitive Konstruktionen** stattfinden. In ganz simplen Fällen mögen direkte Übersetzungen (ohne Zwischenschritte) funktionieren. Ein Lehrer berichtete mir etwa, daß er in einem Text alle auf ein Pluszeichen führenden sprachlichen Ausdrücke blau unterstreichen läßt, alle auf ein Malzeichen führenden Ausdrücke rot usw. und dies dann in eine Formel übersetzen läßt. Daß so etwas manchmal tatsächlich funktionieren kann, zeigt auch ein Computerprogramm von BOBROW (1968), welches hauptsächlich auf einer solchen direkten Übersetzung beruht. Allerdings funktioniert dieses Programm nur bei allereinfachsten Texten und macht Fehler, sobald die Texte geringfügig anspruchsvoller werden -- und dasselbe ist wohl auch von den Schülern des obengenannten Lehrers zu befürchten. Direktes Übersetzen eines Textes in eine Formel ist also kein brauchbares Modell und auch keine brauchbare Strategie für den Unterricht (siehe dazu auch CHAIKLIN 1989).

Zur Beschreibung der in den Zwischenschritten ablaufenden kognitiven Konstruktionen sind einige Termini notwendig. Das Endprodukt einer kognitiven Konstruktion bezeichne ich im folgenden als **Wissensstruktur**. Eine Wissensstruktur enthält schematisches, vernetztes Wissen in bezug auf einen bestimmten Bereich, das unter bestimmten Bedingungen konstruiert wurde und eventuell im Langzeitgedächtnis abgespeichert wird, von wo aus es wieder abgerufen werden kann. Klarerweise sind Wissensstrukturen bloß theoretische Konstrukte und können nicht direkt beobachtet werden. Sie im Detail zu beschreiben, ist meist schwierig bis unmöglich. Man kann sich zu ihrer Beschreibung gewisser Darstellungsmöglichkeiten der Kognitiven Psychologie bedienen (z.B. Beziehungsnetze oder ähnliches). Dies werden wir im Abschnitt 5.2 auch tun. In diesem Kapitel begnüge ich mich aber der Einfachheit halber damit, Wissensstrukturen durch Visualisierungen darzustellen, die die jeweils interessierenden Momente in irgendeiner Weise widerspiegeln. Man beachte aber, daß eine Visualisierung nicht mit der dahinterliegenden Wissensstruktur identisch ist.

Ich schlage vor, den Prozeß der Übersetzung eines Textes in eine Formel als einen dreischrittigen Prozeß aufzufassen. Im ersten Schritt konstruiert der Schüler — entsprechend dem vorgelegten Text — eine Wissensstruktur (oder ruft eine fertige, in seinem Langzeitgedächtnis gespeicherte Wissensstruktur auf), die ich als **konkret-anschauliche Wissensstruktur** bezeichnen möchte. Diese Struktur enthält jene Informationen des Textes und möglicherweise einige hinzugefügte Informationen, die der Schüler für relevant hält. Im zweiten Schritt konstruiert der Schüler diese Struktur entsprechend den mathematischen Erfordernissen um (oder ruft wiederum eine fertige Wissensstruktur aus seinem Langzeitgedächtnis auf) und gelangt dadurch zu einer Struktur, die ich als **abstrakt-formale Wissensstruktur** bezeichnen möchte. Im dritten Schritt übersetzt er diese Struktur oder Teile daraus in eine algebraische Formel. Dieser Prozeß ist in der folgenden Figur dargestellt:

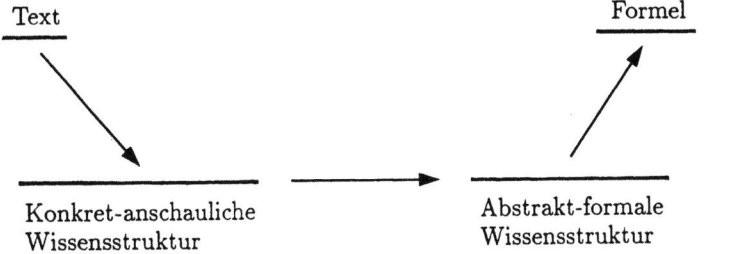

Fig. 34

Grob gesprochen geht es im ersten Schritt darum, den Text zu erfassen, was sich u.a. darin äußern kann, daß der Schüler den Text in eigenen Worten wiedergeben oder die Situation anschaulich darstellen kann. Im zweiten Schritt geht es darum, den Text unter einem mathematischen Blickwinkel zu betrachten und gegebenenfalls umzuinterpretieren. Dazu gehört u.a., geeignete Rechenoperationen und deren Abfolge zu erkennen oder mathematische Beziehungen zwischen den beteiligten Zahlen bzw. Größen zu sehen. Im dritten Schritt geht es darum, das unter diesem Blickwinkel Betrachtete durch mathematische Symbole auszudrücken.

Die einzelnen Prozeßschritte laufen nicht immer so streng hintereinander ab wie in Fig. 34 dargestellt. Vor allem sind der zweite und dritte Prozeßschritt oft eng miteinander verwoben. Beispielsweise können Buchstaben bereits eingeführt werden, bevor nach geeigneten Zahlenbeziehungen gesucht wird, und diese Suche kann in enger Verbindung mit den Buchstaben erfolgen. Unter Umständen muß dabei wieder auf den ursprünglichen Text zurückgegriffen werden usw. Die zeitliche Aufeinanderfolge der drei Prozeßschritte ist also als modellhafte Vereinfachung bzw. Idealisierung anzusehen.

Die Hauptschwierigkeiten in diesem Prozeß scheinen im zweiten Schritt zu liegen. Viele Beobachtungen deuten darauf hin, daß Schüler zwar im allgemeinen keine besonderen Schwierigkeiten haben, zu einem Text eine geeignete konkret-anschauliche Wissensstruktur zu entwickeln, aber häufig große Schwierigkeiten haben, zu einer geeigneten abstrakt-formalen Wissensstruktur zu gelangen. In manchen Fällen scheinen diese Strukturen — wie wir an Beispielen noch sehen werden — völlig zu fehlen. Die Folge davon ist, daß diese Schüler versuchen, ihre konkret-anschauliche Wissensstruktur direkt in eine Formel zu übersetzen, was im allgemeinen schief geht. Dieser Abkürzungsprozeß ist in der folgenden Figur dargestellt:

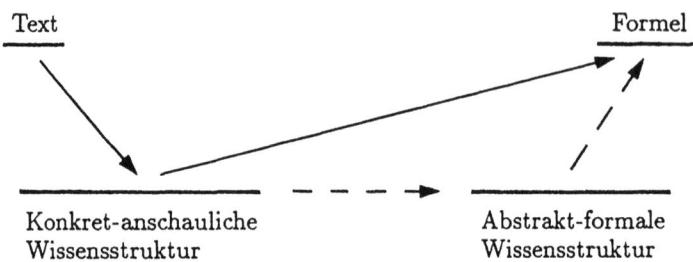

Fig. 35

Ich möchte das an der Professoren-Studenten-Aufgabe illustrieren. Im ersten Schritt hat man, um den Text überhaupt erfassen zu können, eine konkret-anschauliche Wissensstruktur zu bilden, die man so visualisieren könnte:

Fig. 36

Diese Figur zeigt einige konkrete Objekte in stilisierter Form (einen Professor und sechs Studenten) und eine bestimmte Entsprechung zwischen diesen Objekten, nämlich daß eines dieser Objekte den anderen sechs Objekten gegenübersteht. Aber diese Visualisierung ist unbrauchbar, um eine Formel niederzuschreiben. Wir müssen zuerst eine abstrakt-formale Wissensstruktur dadurch aufbauen, daß wir von den *konkreten Objekten* und der Entsprechung zwischen diesen loskommen und zu *Anzahlen von Objekten* sowie einer Beziehung zwischen diesen gelangen. Statt Professoren und Studenten müssen wir die Anzahl der Professoren und die Anzahl der Studenten betrachten und statt der Entsprechung von Professoren und Studenten die Beziehung, daß die Anzahl der Studenten sechsmal so groß ist wie die Anzahl der Professoren. Diese Beziehung könnte man wie in Fig. 37 oder Fig. 38 visualisieren. (Man beachte, daß solche Visualisierungen nicht naheliegen und im Unterricht erst gelernt werden müssen.)

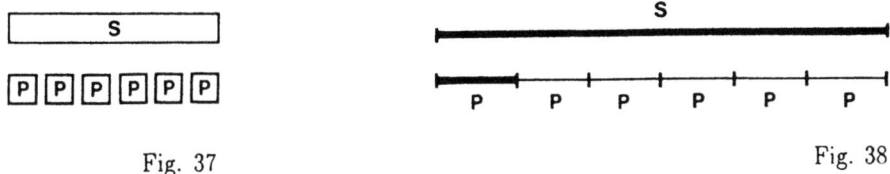

Fig. 37   Fig. 38

Die diesen Visualisierungen zugrundeliegende Wissensstruktur ist nun zu einer Übersetzung in eine Formel geeignet und führt zur Gleichung $S = 6 \cdot P$. Da jedoch viele Schüler es nicht schaffen, eine solche Wissensstruktur bzw. Visualisierung herzustellen, bleiben sie bei der konkret-anschaulichen Wissensstruktur bzw. der dazugehörigen Visualisierung (Fig. 36) hängen und versuchen, diese in eine Formel zu übersetzen. Sie bezeichnen das eine Objekt mit P, jedes der anderen Objekte mit S, kürzen die Entsprechung der beiden Arten von Objekten mit einem Gleichheitszeichen ab und landen auf diese Weise — mit tödlicher Sicherheit — bei der falschen Gleichung $P = 6.S$.

Die konkret-anschauliche Visualisierung in Fig. 36 ist nicht nur ungeeignet, unmittelbar in eine Formel übersetzt zu werden, sie kann sogar in einer heimtückischen Weise gefährlich sein. Die dieser Visualisierung zugrundeliegende Wissensstruktur enthält ein Schema, welches ich als **Entsprechungsschema** bezeichnen möchte. Dieses Schema repräsentiert einfach das Wissen, daß irgendwelche Objekte einer Art irgendwelchen Objekten einer anderen Art gegenüberstehen oder diesen entsprechen. Dieses Schema ist so fundamental und selbstverständlich, daß wir Mühe haben, es überhaupt als ein Schema zu erkennen. Aber es ist ein solches und zwar eines, das unser Verhalten beständig steuert. Es entwickelt sich wahrscheinlich schon in den frühesten Tagen unseres Lebens und bewährt sich immer wieder in ganz hervorragender Weise. Es enthält das „Einheitenschema" von DAVIS als einen Spezialfall (10 cm entsprechen einem dm). Da dieses Schema praktisch unbewußt angewendet wird, ist es gar nicht verwunderlich, daß es sich auch beim Aufstellen einer Formel als eine ganz „natürliche" Angelegenheit anbietet, wobei die Buchstaben P und S als Objekte aufgefaßt werden und die Entsprechung dieser Objekte durch ein Gleichheitszeichen ausgedrückt wird.

Additive Umkehrfehler

Der Umkehrfehler tritt nicht nur in multiplikativer, sondern auch in additiver Form auf, d.h. statt $Y = X + C$ wird $X = Y + C$ geschrieben. Dieser Fehler kann häufig in analoger Weise erklärt werden wie der multiplikative Umkehrfehler, nämlich dadurch, daß die betreffenden Schüler wegen des Fehlens einer geeigneten abstrakt-formalen Wissensstruktur versuchen, ihre konkret-anschauliche Wissensstruktur direkt in eine Formel zu übersetzen.

Betrachten wir als Beispiel das Verhalten von Roberto (11). Es geht um den Text:

Ein Knabe ist um zwei Jahre älter als ein Mädchen.

Roberto bezeichnet das Alter des Knaben mit X, das Alter des Mädchens mit Y, schreibt $Y = X + 2$ und zeichnet die Streckendarstellung in Fig. 39 (anscheinend hat er das vorher irgendwo gelernt). Aus dem Interview geht aber ziemlich deutlich hervor, daß er die Strecken nicht als Zahlen, sondern als stilisierte Personen auffaßt. Er erläutert die Figur so, daß der Knabe zwei Jahre länger gewachsen ist als das Mädchen und daher größer ist. In dieser konkret-anschaulichen Wissensstruktur bleibt er stecken. Er wendet das Entsprechungsschema an, kürzt die Entsprechung mit einem Gleichheitszeichen ab und kommt so zur Gleichung $Y = X + 2$.

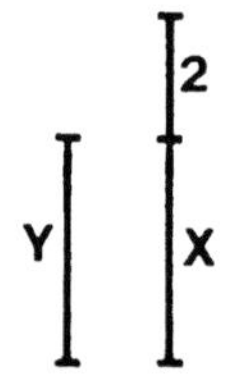

Fig. 39

Als zweites Beispiel betrachten wir einen kurzen Ausschnitt aus einem Interview mit Anabel (13). Es geht dabei im wesentlichen um den Text:

Astrid hat um 5 Briefmarken mehr als Claudia.

> A: Ah, mehr ... Dann ist hier $5 + X = Y$. Das X steht für die Marken [der Astrid], weil sie hat um 5 mehr als die Claudia; und das Y heißt, wieviel die Claudia Marken hat. Das X steht für die Marken von der Astrid und das Y für die von der Claudia: $5 + X_A = Y_C$. (Es gelingt Anabel erst nach längerer Zeit und durch massive Hilfe des Interviewers, ihren Fehler einzusehen.)

Mag sein, daß die sprachliche Formulierung hier eine gewisse Rolle gespielt hat und daß Anabel die Wendung „Astrid hat um 5 Briefmarken mehr" mit „$X+5$" übersetzt hat. Über die von

Fig. 40

Anabel aufgebaute Wissensstruktur erhält man Aufschlüsse, wenn man den weiteren Interviewverlauf betrachtet. Anabel entwirft dabei die Zeichnung in Fig. 40. Sie zeichnet zunächst 5 Marken für Astrid und 5 Marken für Claudia, streicht die letzteren aber dann mit der Bemerkung durch, daß Astrid ja 5 Marken mehr habe. Sie geht also anscheinend zunächst von der Vorstellung aus, daß Astrid und Claudia gleich viele Marken haben, erinnert sich aber dann, daß bei Claudia 5 Marken weniger liegen müssen. Man könnte diese Wissensstruktur deutlicher folgendermaßen visualisieren:

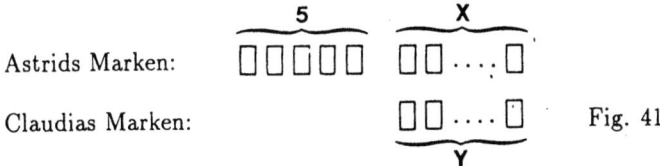

Fig. 41

Anabel bleibt nun in dieser konkret-anschaulichen Wissensstruktur stecken. Sie wendet das Entsprechungsschema an, faßt $5+X$ als eine Abkürzung für Astrids Marken, Y als eine Abkürzung für Claudias Marken auf (wobei die Marken und nicht die Anzahlen der Marken gemeint sind), drückt die Entsprechung durch ein Gleichheitszeichen aus und kommt so zur Gleichung $5+X=Y$.

Fehlererklärung mit dem Dreischritt-Modell

Ein Vorteil des vorgestellten Dreischritt-Modells zur Übersetzung von Texten in Formeln besteht darin, daß man manche Schülerfehler genauer lokalisieren kann. Jeder Schritt des Prozesses kann zu spezifischen Schwierigkeiten bzw. Fehlern führen. Selbstverständlich können dabei in mehreren Schritten Fehler passieren, wie etwa beim Umkehrfehler (der zweite Schritt wird ausgelassen, im dritten Schritt wird eine Entsprechung von Objekten durch ein Gleichheitszeichen ausgedrückt). In den Abschnitten 4.3 bis 4.5 studieren wir einige Fehler, die sich mehr oder weniger einzelnen Prozeßschritten zuordnen lassen.

4.3 Fehler im ersten Prozeßschritt

Dieser Schritt ist meines Erachtens meist nicht das Hauptproblem. Es ist jedoch möglich, daß ein Text von einem Schüler so mißverstanden wird, daß er eine unpassende konkret-anschauliche Wissensstruktur aufbaut und deshalb scheitert. Es handelt sich hier um Sprachprobleme, die mit den mathematischen Aspekten der gestellten Aufgabe genaugenommen nichts zu tun haben.

Betrachten wir ein Beispiel: Pedro (14) faßt den Text der Professoren-Studenten-Aufgabe ganz falsch auf. Er interpretiert die Wendung „Auf einen Professor kommen 6 Studenten" so, daß er sich sechs Studenten vorstellt, die sich aus der Gruppe der Studenten lösen und auf einen bestimmten Professor zugehen. Er illustriert dies durch die folgenden beiden Figuren, weiß dann aber nicht weiter:

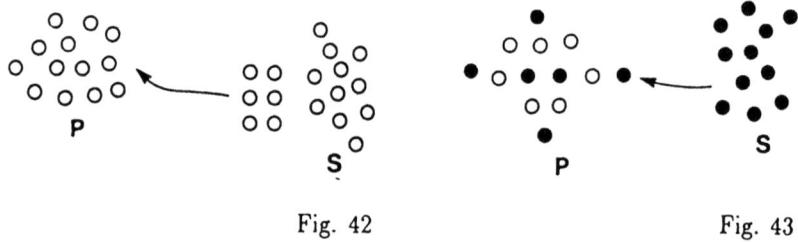

Fig. 42   Fig. 43

In verschiedenen Interviews wurden die Schüler aufgefordert, den Text in eigenen Worten wiederzugeben. Dabei konnten wir nicht selten beobachten, daß Kinder den Text uminterpretierten oder **selbsterfundene Informationen** hinzufügten — nicht selten sogar numerische Informationen.

Betrachten wir dazu als Beispiel einen Ausschnitt aus einem Interview mit Simone (11). Simone übersetzt den Text „Astrid hat um 5 Briefmarken mehr als Claudia" mit:

$$A + 5 = C - 5$$

Sie interpretiert dies so: „Astrid erhält 5 Marken und Claudia gibt 5 weg". Sie stellt sich also anscheinend vor, daß Astrid von Claudia 5 Marken erhält, eine Information, die im vorgelegten Text nicht enthalten ist.

Episodisches Denken als Hindernis

Die Versuche von Schülern, einen Text in eigenen Worten wiederzugeben oder diesen zeichnerisch darzustellen, wiesen häufig einen **episodischen Charakter** auf, d.h. die Schüler erzählten Geschichten bzw. Handlungsabläufe.

Manche Kinder verloren den ursprünglichen Text ganz aus den Augen und ergingen sich in ungehemmten Assoziationen. Dies war vor allem bei Grundschulkindern festzustellen. Mit zunehmendem Alter wurde dieses Verhalten seltener. Jedoch konnte es auch noch bei älteren Kindern gelegentlich beobachtet werden.

Man kann daraus schließen, daß in manchen Fällen die konkret-anschauliche Wissensstruktur Wissen in episodischer Form enthält oder daß dieses episodische Moment ins Spiel kommt, wenn diese Wissensstruktur weiterverarbeitet werden soll, z.B. verbal wiedergegeben oder zeichnerisch dargestellt werden soll. Wie auch immer, dieses episodische Moment kann bewirken, daß die konkret-anschauliche Wissensstruktur verändert wird und sich dabei vom ursprünglichen Text mehr und mehr entfernt.

Tritt dieses episodenhafte Moment in Aktion, wenn eine konkret-anschauliche Wissensstruktur zu einer abstrakt-formalen weiterverarbeitet werden soll, dann ist dieses Unternehmen mehr oder weniger zum Scheitern verurteilt, da das episodische Denken die Konstruktion geeigneter Zahlen- bzw. Größenbeziehungen ernstlich behindert. Versuchen solche episodisch denkenden Schüler trotzdem, eine Formel hinzuschreiben, können kuriose Dinge herauskommen.

Betrachten wir dazu ein Beispiel: Harry (11) sollte die Gesamtkosten einer Familie für einen Schiurlaub zuerst numerisch ausrechnen und dann dafür eine Formel aufstellen. Im Verlauf des Interviews entwarf er die Zeichnungen in Fig. 44. Harrys erster Vorschlag stellt einfach die Abfolge der Auslagen der Familie dar. In seinem zweiten Vorschlag kürzt er verschiedene Bilder durch Buchstaben ab (Familie: F, Urlaub: U, Auto: A, Hotel: H, Schilift: Schlt). Sein letzter Vorschlag resultiert aus dem Versuch, konkrete Zahlen zu vermeiden. Man sieht deutlich, daß seine Vorschläge zwar immer schematischer werden, aber bis zum Schluß episodisch bleiben.

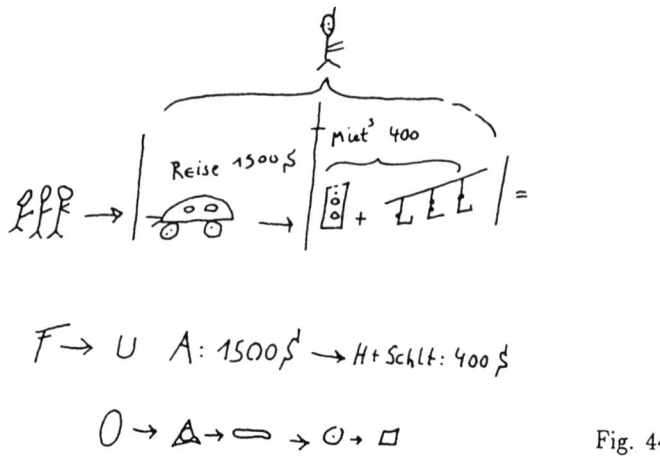

Fig. 44

Mit der algebraischen Notation hat sein letzter Vorschlag übrigens nicht viel Ähnlichkeit, eher schon mit der Bedienungsanleitung für ein Tastentelefon:

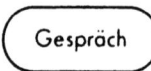    od.   Fig. 45

4.4 Fehler im zweiten Prozeßschritt

Die hauptsächliche Schwierigkeit beim Übergang von einer konkret-anschaulichen zu einer abstrakt-formalen Wissensstruktur besteht nach den obigen Überlegungen im Übergang von einer Entsprechung konkreter Objekte zu einer Beziehung zwischen Zahlen bzw. Größen, die diesen konkreten Objekten zugeordnet werden. Mehr noch: viele Schüler wissen anscheinend gar nicht, daß es in der Mathematik auf eine solche Beziehung ankommt. Sie halten die Sache damit für abgetan, daß sie die konkreten Objekte und eine Entsprechung zwischen diesen beschreiben.

Betrachten wir dazu ein Beispiel. In einer Versuchsreihe wurden 10- bis 14-jährige Schüler aufgefordert, den folgenden Text zu visualisieren: „Ein Knabe ist zwei Jahre älter als ein Mädchen". Fast alle Schüler machten eine Zeichnung wie die in Fig. 46. Wurden die Schüler gefragt, ob man an dieser Figur erkennen könne, daß der Knabe genau zwei

Fig. 46

Jahre älter ist als das Mädchen, begannen einige, die Figuren zu modifizieren. Einige zeichneten Spielzeuge dazu (z.B. einen Lutscher für das Mädchen und ein Fahrrad für den Knaben) oder zeichneten, da ihnen dies nicht genau genug erschien, Kalender mit eingetragenen Geburtsdaten, Geburtstagstorten mit darauf befindlichen Kerzen oder ähnliches dazu. Auf die Frage des Interviewers, ob man denn nicht auf eine *allgemeine* Weise darstellen könne, daß der Knabe genau zwei Jahre älter als das Mädchen ist, wurde meist kategorisch geantwortet, daß man nicht mehr tun könne und daß es nicht möglich sei, diese Beziehung auf eine andere Weise zeichnerisch darzustellen.

Anscheinend ist diesen Kindern der Unterschied zwischen ihren konkret-anschaulichen Wissensstrukturen und den in der Mathematik erforderlichen abstrakt-formalen Wissensstrukturen nie bewußt geworden. Vielleicht wurde ihnen dieser Unterschied auch nie deutlich gemacht. Mir sind im traditionellen Algebraunterricht kaum Anstrengungen bekannt, die darauf abzielen, diesen Unterschied bewußt zu machen.

Aber selbst wenn es den Schülern klar ist, daß sie Beziehungen zwischen Zahlen oder Größen auffinden müssen, können Fehler passieren. Es können beispielsweise ungeeignete Zahlenbeziehungen konstruiert werden. Als Beispiel dafür mag ein Ausschnitt aus dem Interview mit Magdalena (12) stehen:

> I: In diesen beiden Schachteln habe ich Murmeln verpackt. Ich habe aber vergessen, wie viele Murmeln ich in jede Schachtel gegeben habe. Ich weiß nur, daß ich in die zweite Schachtel viermal so viele Murmeln wie in die erste hineingelegt habe. Kannst du den Text durch eine Gleichung darstellen?
>
> M: $2 - 4 \cdot x = y$. Von den zwei Schachteln muß ich zuerst einmal die eine ausrechnen, das ist 4 mal x. Das x steht für eine Schachtel und y steht für die andere Schachtel, weil ich von zwei die eine Schachtel wegzähle.

Magdalena interpretiert zwar sprachlich x und y als Schachteln, da sie jedoch eine Rechenhandlung mit x und y beschreibt, kann man annehmen, daß ihre Gleichung aus einer in ihrem Denken zumindest ansatzweise vorhandenen Zahlenbeziehung (Rechenanweisung) der folgenden Art hervorgegangen ist: Die Murmelanzahl in beiden Schachteln vermindert um die Murmelanzahl der einen Schachtel ergibt die Murmelanzahl der anderen Schachtel. Diese Zahlenbeziehung (Rechenanweisung) ist an sich korrekt, entspricht jedoch nicht der im Text gestellten Frage. (Daß sie falsch in eine Gleichung übersetzt wurde, ist ein Fehler im dritten Prozeßschritt.)

4.5 Fehler im dritten Prozeßschritt

Mißachtung semantischer Konventionen

In dritten Schritt des Übersetzungsprozesses muß das in der abstrakt-formalen Wissensstruktur enthaltene Wissen (oder Teile davon) mit Hilfe von algebraischen Symbolen ausgedrückt werden. Darin hat man nur eine beschränkte Freiheit, man muß sich an gewisse **Konventionen** der algebraischen Notation halten. Daß diese Notation an gewisse Konventionen gebunden ist, ist allgemein bekannt. Aber wenn man von solchen Konventionen spricht, denkt man meist an **syntaktische Konventionen**, wie etwa solche, die Prioritäten von Rechenoperationen regeln (Punktrechnung vor Strichrechnung, Klammereinsparungsregeln usw.). Man ist sich meist weniger bewußt, daß die algebraische Notation auch auf einer Reihe von **semantischen Konventionen** beruht. Diese Konventionen wurden in der Geschichte der Mathematik kaum jemals thematisiert und üblicherweise sprechen Mathematiker auch heute nicht über sie. Es handelt sich um stillschweigende, oft nicht oder kaum bewußte Konventionen, die ohne viel Aufhebens akzeptiert werden. Erst einige sensible Mathematikdidaktiker haben sich ausführlicher mit solchen Konventionen beschäftigt. Man bemerkt diese Konventionen meist erst in Interviews mit Schülern, in denen sich oft herausstellt, daß manches, das einem selbst als völlig selbstverständlich erscheint, für andere gar nicht selbstverständlich ist.

Wir wollen im folgenden vier — von einem didaktischen Blickwinkel aus wichtige — semantische Konventionen besprechen und herausarbeiten, daß manche Fehler dadurch erklärt werden können, daß Schüler diese Konventionen mißachten.

a) **Objekt-Zahl-Konvention**

In der elementaren Algebra bedeuten Buchstaben nicht die zugrundeliegenden konkreten Objekte, sondern gewisse diesen Objekten zugeordnete Zahlen (bzw. Größen).

Beispielsweise bedeutet in der Professoren-Studenten-Aufgabe P nicht einen Professor, sondern die Anzahl der Professoren und S nicht die Studenten, sondern die Anzahl der Studenten. Solche „Verwechslungen" können bei Schülern immer wieder beobachtet werden: „Geldstücke" statt „Anzahl der Geldstücke", „Kartoffeln" statt „Preis der Kartoffeln", „Vater" statt „Alter des Vaters", „Paket" statt „Gewicht des Paketes" usw. In all diesen Fällen werden Objekte mit gewissen diesen Objekten zugeordneten Zahlen bzw. Größen „verwechselt".

Dieser Fehler wurde u.a. von KÜCHEMANN (1981) berichtet, der seinen Versuchspersonen Aufgaben der folgenden Art vorlegte:

Ich kaufe 10 blaue Farbstifte zu b DM pro Stück und 15 rote Farbstifte zu r DM pro Stück. Das kostet mich zusammen 12 DM. Drücke dies durch eine Gleichung in b und r aus!

Manche Schüler schreiben
$$b + r = 12$$
und lesen dies: „Die blauen und die roten Farbstifte kosten zusammen 12 DM". Diese Schüler interpretieren also b und r als „blaue bzw. rote Farbstifte" und nicht als „Preis eines blauen bzw. roten Farbstiftes".

b) **Prozeß-Resultat-Konvention**

Ein algebraischer Ausdruck kann sowohl einen Prozeß als auch das Resultat dieses Prozesses darstellen.

In DAVIS/JOCKUSCH/McKNIGHT 1978 bzw. DAVIS 1984 wird diese Konvention als „process-name-convention" bezeichnet, da ein algebraischer Ausdruck auch als Name für das Resultat eines Prozesses aufgefaßt werden kann. Z.B. kann der Term $x + 4$ einerseits als ein Prozeß aufgefaßt werden, bei dem zur Zahl x die Zahl 4 addiert wird, andererseits aber auch als ein Name für das Resultat dieses Prozesses. GRAY und TALL (1993) verweisen ebenfalls darauf, daß durch die mathematische Symbolik vielfach ein Prozeß („process") sowie auch das Ergebnis des jeweiligen Prozesses („concept") ausgedrückt wird, was sie in der Wortneubildung „procept" zusammenfassen.

Viele Schüler können Ausdrücke wie $x+4$, $2 \cdot a$, $\sqrt{x}$ usw. zwar als Prozesse auffassen, haben aber Schwierigkeiten, diese Ausdrücke als Namen für die Resultate dieser Prozesse anzusehen. Sie fassen diese Ausdrücke als „unausgeführte Rechnungen" auf und sind nicht bereit, derartige Ausdrücke als Namen für Zahlen anzuerkennen (COLLIS 1978, EKENSTAM/GREGER 1987).

c) **Handlungs-Beziehungs-Konvention**

Ein algebraischer Ausdruck kann sowohl eine Rechenhandlung als auch eine Beziehung zwischen Zahlen (Größen) bedeuten.

Z.B. sagt die Gleichung $S = 6 \cdot P$ einerseits aus, daß man die Zahl S erhält, wenn man P mit 6 multipliziert (dies ist eine Rechenhandlung), andererseits aber auch, daß S das Sechsfache von P ist (dies ist eine Beziehung zwischen den Zahlen S und P). Beide Aspekte werden in der algebraischen Notation „kondensiert". Das ist keineswegs selbstverständlich, weil man ja in der Notation unterscheiden könnte, ob eine Rechenhandlung oder eine Zahlenbeziehung gemeint ist (z.B. durch die Schreibweisen $S \leftarrow 6 \cdot P$ und $S = 6 \cdot P$). Im Falle der Formel $S = 6 \cdot P$ besteht ein sehr enger Zusammenhang zwischen Rechenhandlung und Zahlenbeziehung. Bei anderen Formeln kann dieses Verhältnis jedoch komplizierter sein.

Die Handlungs-Beziehungs-Konvention hängt eng mit der Prozeß-Resultat-Konvention zusammen. Viele Schüler sind — aufgrund ihrer arithmetischen Vorerfahrungen — nur imstande, in einem Term wie $6 \cdot P$ eine Aufforderung zum Rechnen zu sehen und können daher auch in der Formel $S = 6 \cdot P$ nur eine Rechenhandlung (bzw. Rechenanweisung) sehen. Um in der Formel $S = 6 \cdot P$ eine Zahlenbeziehung sehen zu können, muß man zunächst in der Lage sein, in dem Term $6 \cdot P$ eine Zahl zu sehen. Wegen dieses engen Zusammenhanges dieser beiden Konventionen wird meist mit der einen auch die andere mißachtet. Schüler, denen diese Konventionen nicht geläufig sind, können Formeln kaum richtig verstehen. Solche Schüler äußerten in den Interviews auch gelegentlich ihr Mißfallen an Formeln. Z.B. hielten manche die Formel $S = 6 \cdot P$ für einen Unsinn, weil man S nicht berechnen könne, solange P nicht gegeben ist. Manche bezeichneten diese Formel als eine „unlösbare Aufgabe".

d) **Konvention der Bedeutungskonstanz**

Die Bedeutung von Buchstaben darf innerhalb eines algebraischen Ausdrucks oder eines bestimmten Argumentationskontextes nicht geändert werden.

Bekanntlich gilt dies in manchen Programmiersprachen nicht. Z.B. kann $x = x + 1$ bedeuten: der neue Wert von x ist gleich dem alten Wert von x plus 1. Manche Schüler gebrauchen Variable in algebraischen Gleichungen auf eine ähnliche Weise.

Als Beispiel dafür betrachten wir einen Ausschnitt aus einem Interview mit Mario (13). Mario übersetzt den Text „Ein rechteckiges Grundstück ist dreimal so lang wie breit" mit:

$$3 \cdot l = l$$

Er zeichnet dazu ein Rechteck wie in Fig. 47, teilt dieses in drei Quadrate und beschriftet die Seitenlängen dieser Quadrate mit l. Daraus kann man entnehmen, daß er seine Gleichung so auffaßt: Dreimal die Länge der Quadrate ergibt die Länge des Rechtecks.

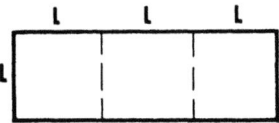

Fig. 47

Gleichheit als Entsprechung

Eine spezielle semantische Konvention in der elementaren Algebra betrifft das Gleichheitszeichen und besagt, daß dieses als *numerische Gleichheit* zu interpretieren ist. Bei der Professoren-Studenten-Aufgabe und bei ähnlichen Aufgaben haben wir jedoch gesehen, daß viele Schüler das Gleichheitszeichen als eine Art „Entsprechung" interpretieren. Dieses Verhalten wird dadurch unterstützt, daß das Gleichheitszeichen im Alltagsleben oft in einem ähnlichen Sinn verwendet wird (siehe WINTER 1982), z.B.:

    1 l Milch = 90 Pf
    2 = 3 (Werbegag einer Waschmittelfirma, die eine Dreierpackung
        zum Preis einer Zweierpackung verkauft)

Übrigens wird das Gleichheitszeichen auch in diesem Buch manchmal so verwendet, z.B. wenn geschrieben wird: S = ein Schüler unbekannten Namens.

Schüler, die das Gleichheitszeichen beim Aufstellen bzw. Interpretieren einer Formel im Sinne einer Entsprechung verwenden, erkennen oft ihren Fehler, wenn man von ihnen verlangt, Zahlen einzusetzen. Als typisches Beispiel betrachten wir einen Ausschnitt aus einem Interview mit Peter (14):

    P   (schreibt): $P = 6 \cdot S$
    I: Angenommen, es sind 5 Professoren. Wie viele Studenten sind es dann?
    P: 30.
    I: Setze diese Zahlen in deine Formel ein!
    P   (schreibt): $5 = 6 \cdot 30$ ... Ah, da kann was nicht stimmen. Ich muß schreiben $S = 6 \cdot P$.

Bei einigen Schülern hatte das Einsetzen von Zahlen jedoch nicht den gewünschten Effekt. Da diese Schüler das Gleichheitszeichen nicht im Sinne einer numerischen Gleichheit interpretierten, sahen sie in einer Gleichung wie $5 = 6 \cdot 30$ kein Gegenbeispiel zu ihrer Formel. Betrachten wir zur Illustration einen Ausschnitt aus dem Interview mit Harry (11):

    I: Wie rechnest du die Anzahl der Studenten aus, wenn es an der Universität sechs Professoren gibt?
    H: Ja, $6 \cdot 6 = 36$ Studenten.
    I: Und wenn wir nicht wissen, wie viele Professoren an der Universität sind?
    H: Hm ... ja, $P = S \cdot 6$, weil ja im Text steht, daß auf einen Professor sechs Studenten kommen.
    I: Du hast gesagt, daß auf sechs Professoren 36 Studenten kommen. Setz diese Zahlen für S und P in die Gleichung ein!
    H: $6 \cdot 6 = 36$ ... 216 Studenten sind es dann!
    I: Kann das stimmen?
    H: Nein, auf 6 Personen kommen nicht 216 Studenten. Es müßte $6 = 36$ [!] herauskommen; weil bei sechs Professoren 36 Studenten kommen und nicht 216.

Kommt ein Schüler durch Einsetzen von Zahlen drauf, daß er eine Gleichung wie $P = 6S$ verkehrt angeschrieben hat und dreht er diese dann um, bedeutet dies nicht unbedingt, daß er begriffen hat, worum es geht. Es könnte sich um einen unreflektierten Mechanismus handeln. Wir haben Schüler angetroffen, die eine solche Gleichung gleich verkehrt anschrieben, weil sie wußten, daß es sich so gehört, auch wenn ihnen das ganz gegen den Strich ging (von einem solchen Fall berichten schon ROSNICK und CLEMENT). Trotz dieser Schwierigkeiten handelt es sich jedoch beim Zahleneinsetzen um eine wirksame Kontrollstrategie, die leider im Unterricht viel zu wenig gepflegt wird. In unseren Untersuchungen haben wir kaum einen Schüler angetroffen, der diese Strategie von sich aus anwandte. Die Schüler setzten Zahlen erst ein, wenn sie vom Interviewer dazu aufgefordert wurden.

Auswahl und Anordnung von Symbolen

Semantische Konventionen der elementaren Algebra regeln insbesondere drei Fragen:
— Was soll ein Symbol erhalten?
— Welche Symbole sollen verwendet werden?
— Wie sollen die Symbole angeordnet werden?

Viele Fehler im dritten Prozeßschritt lassen sich damit erklären, daß sich Schüler bezüglich dieser Fragen keineswegs immer im Klaren sind. Betrachten wir zunächst einige Beispiele zur ersten Frage. Zur Lösung der Professoren-Studenten-Aufgabe kommt man mit Symbolen für Zahlen (S, P), einem Symbol für die Gleichheit und einem Symbol für die Multiplikation (Malpunkt) aus, wobei das letztere auch weggelassen werden kann. Man kann aber durchaus nicht selten beobachten, daß *überflüssige Symbole* verwendet werden. Z.B. löst Gernot (38) die Professoren-Studenten-Aufgabe so:

$$X \cdot P = 6 \cdot Y \cdot S$$

Dabei sind nach seinen Erläuterungen X, Y Symbole für Zahlen und S, P Symbole für Personen.

Elmar (11) geht sogar noch einen Schritt weiter (vgl. SCHNEIDER 1988). Elmar fiel als ein sehr intelligenter und mathematisch begabter Schüler auf. Er löste die Professoren-Studenten-Aufgabe auf Anhieb richtig, d.h. schrieb $S = 6 \cdot P$, und verteidigte seine Lösung gegen alle Attacken. Man kann also annehmen, daß er zum vorgegebenen Text eine adäquate abstrakt-formale Wissensstruktur aufgebaut hat. Im Verlauf des Interviews begann Elmar jedoch zu experimentieren und eigene Schreibweisen zu entwickeln. Unter anderem machte er dabei die folgenden Vorschläge zur Professoren-Studenten-Aufgabe:

(1) $\underset{P}{\text{大}}$ $\quad$ $\text{大 大 大}\underset{S}{\text{大}}\text{大 大 大}$

(2) $X \cdot \underset{P}{\text{大}}$ $\quad$ $Y \cdot \text{大 大 大}\underset{S}{\text{大}}\text{大} \cdot \text{大 大}$

(3) $X \cdot \underset{P}{\text{大}}$ $=$ $Y \cdot \text{大 大 大}\underset{S}{\text{大}}\text{大 大 大}$

(4) $X \cdot \underset{P}{\text{大}} \cdot 6 = Y \cdot \underset{S}{\text{大}}$ $\qquad$ Fig. 48

Elmar verwendet ein Strichmännchen-Symbol. In seinem ersten Vorschlag zeichnet er nur die Strichmännchen und spezifiziert diese durch die Buchstaben P und S. In seinem zweiten Vorschlag fügt er noch die Buchstaben X und Y hinzu, die für Zahlen stehen. In seinem dritten Vorschlag fügt er noch ein Gleichheitszeichen ein. In seinem letzten Vorschlag ändert er die Bedeutung seines Strichmännchensymbols. Während in seinen ersten drei Vorschlägen jedes Strichmännchen für eine Person steht, steht das Strichmännchen jetzt für eine ganze Gruppe von Personen (eine Gruppe von Professoren bzw. Studenten). Elmar führt also hier eine Art Abstraktion durch. In seinem letzten Vorschlag gibt es (abgesehen vom Gleichheitszeichen) drei Arten von Symbolen: erstens das Strichmännchensymbol, das für eine unspezifizierte Personengruppe steht; zweitens die Buchstaben P und S, die diese Personengruppen näher spezifizieren; drittens die Buchstaben X und Y, die für Zahlen stehen. Elmar war von dieser Schreibweise so fasziniert, daß er sie für wesentlich besser hielt als die algebraische Notation und in allen Folgeaufgaben konsequent verwendete. Z.B. notierte er den Text

„Werner hat 3 Platten mehr als Kassetten" in folgender Weise:

$$X \cdot \text{\textardown} + 3 = Y \cdot \text{\textardown}$$
$$K \qquad\qquad P \qquad \text{Fig. 49}$$

Hier gelang ihm eine weitere Abstraktion. Das Strichmännchensymbol steht jetzt nicht nur für eine unspezifizierte Gruppe von Personen, sondern für eine unspezifizierte Gruppe von irgendwelchen Objekten. Diese Gruppen werden durch die Buchstaben K und P näher spezifiziert, X und Y stehen nach wie vor für Zahlen.

Dies ist in der Tat eine intelligente Notation. Sie ist so intelligent, daß sie zwischen Objekten, Namen von Objekten und gewissen den Objekten zugeordneten Zahlen unterscheidet — Dinge, die nicht durcheinandergebracht werden dürfen. Elmars Pech ist nur, daß seine Notation nicht den in der elementaren Algebra getroffenen Konventionen entspricht. Was immer auch die Gründe dafür gewesen sein, mögen, diese Notation sieht kein eigenes Symbol für unspezifizierte Gruppen von Objekten in der von Elmar verwendeten Form vor. Eigentlich klar, oder?

Konventionen der elementaren Algebra sagen einerseits aus, was getan werden darf, aber auch, was nicht getan werden darf. Daß gewisse Dinge nicht getan werden dürfen, ist uns oft ganz klar. Man stößt aber im Rahmen von Schülerinterviews immer wieder auf die Erkenntnis, daß manches, was man selbst für völlig selbstverständlich hält, anderen gar nicht selbstverständlich ist. Da man nie vollständig angeben kann, was man alles *nicht* tun darf (die Schülerphantasie ist hier immer stärker), glaube ich, daß es grundsätzlich unmöglich ist, die Notation der elementaren Algebra Schülern so zu beschreiben, daß keine Probleme mehr übrigbleiben (wie in der Erklärungsideologie angenommen wird).

Nehmen wir nun an, daß ein Schüler korrekt geklärt hat, was ein Symbol erhalten soll, und wenden wir uns der Frage zu, welche Symbole verwendet werden sollen. Probleme gibt es hier beispielsweise in bezug auf die Frage, ob ein *Gleichheits- oder ein Ungleichheitszeichen* verwendet werden soll. Wie schon im Abschnitt 1.8 (Seite 36) ersichtlich wurde, ziehen Schüler oft eine Ungleichung einer Gleichung vor, etwa wenn sie den

Text „In einem Stall sind um 4 Hasen mehr als Gänse" so notieren:

$4H > G \qquad GH4> \qquad HG \qquad H+G4H > G$
$\qquad\qquad\qquad\qquad\qquad\qquad 4>$

Vielfach sehen Schüler die Aufforderung, einen Sachverhalt durch eine *Gleichung* darzustellen, als einen *unangenehmen Zwang* an und wehren sich mehr oder weniger heftig dagegen. Man sieht dies beispielsweise recht deutlich an dem folgenden Ausschnitt aus dem Interview mit Harry (11). Es geht wieder darum, den Text „Werner hat drei Platten mehr als Musikkassetten" durch eine Gleichung darzustellen:

H: Hm ... $P + 3 =?$ ... Die Musikkassetten kann man da ja nicht einbauen. Wenn man jetzt aufschreibt $M = P + 3$, dann ist das ja nicht gleich. Er hat ja mehr, um drei mehr; er kann also nicht gleich haben. Das geht nur so aufschreiben: $P + 3 =?$

I: Wie viele Schallplatten hat er, wenn er drei Kassetten hat?

H: Ja, um drei mehr, also sechs.

I: Und wie kannst du das anschreiben, wenn wir nicht wissen, wie viele Kassetten er hat?

H: Hm ... das geht nicht anschreiben; er hat ja drei mehr. Wenn wir jetzt schreiben $P + 3 = M$ oder $M = P + 3$, das geht nicht, weil $P + 3$ muß größer sein als M, weil er ja drei Platten mehr hat als Kassetten. Ich kann nur schreiben: $M < P + 3$.

I: Versuch, das mit einer Zeichnung darzustellen!

H:

$\boxed{K} \rightarrow \boxed{\overline{\overline{S}}}$

Das sind Kassetten und das sind Schallplatten; und dann hat er da drei mehr. Das ist dann:

$\boxed{S} > \boxed{K}$

Er hat mehr Schallplatten als Kassetten.

I: Und wie könnte das in Form einer Gleichung angeschrieben werden?

H: Das geht nicht. Es geht nur $P + 3$, und das ist größer als M. Ich kann also ein Größerzeichen dazumachen. Aber eine Gleichung mit M und P kann man nicht anschreiben.

Andere Schreibweisen, die wir bei dieser Aufgabe beobachtet haben, sind etwa: $3P > M$, $P\overset{>}{3} M$, $P3 > M$, $P > M3P$. Diese Schreibweisen bilden gleichzeitig Beispiele zur dritten der oben gestellten Fragen. nämlich wie die Symbole angeordnet werden sollen. Denn abgesehen vom Ungleichheitszeichen sind sich die Schüler ja darüber im klaren, welche Symbole sie verwenden sollen, variieren aber stark in ihren Anordnungen.

4.6 Interpretieren von Formeln

Das beschriebene Dreischritt-Modell zur Übersetzung eines umgangssprachlichen Textes in eine Formel kann auch zur Beschreibung der Übersetzung einer Formel in einen umgangssprachlichen Text verwendet werden, wobei die drei Schritte in umgekehrter Richtung durchlaufen werden. Fehler können dabei in ähnlicher Weise erklärt werden wie beim Übersetzen eines Textes in eine Formel. So wie Schüler häufig versuchen, ihre konkret-anschauliche Wissensstruktur direkt in eine Formel zu übersetzen, versuchen sie umgekehrt oft, eine Formel direkt in eine konkret-anschauliche Wissensstruktur zu übersetzen.

Betrachten wir als Beispiel die folgende Aufgabenstellung:

> I: In einem Stall sind H Hasen und G Gänse. Was bedeutet die Gleichung $H = G + 4$?

Um die Gleichung $H = G + 4$ zu interpretieren, muß man in einem ersten Schritt zu dieser Formel eine abstrakt-formale Wissensstruktur aufbauen, die eine Beziehung zwischen den *Zahlen* H, G und 4 enthält und wie in Fig. 50 visualisiert werden kann. Diese Wissensstruktur muß dann in eine konkret-anschauliche Wissensstruktur umkonstruiert werden, die eine Entsprechung von *Objekten* (Hasen, Gänse) enthält und wie in Fig. 51 visualisiert werden kann. Diese Wissensstruktur kann dann durch einen umgangssprachlichen Text beschrieben werden, etwa: Es sind um 4 Hasen mehr als Gänse.

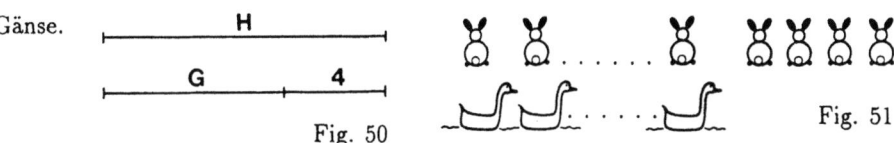

Fig. 50   Fig. 51

Wird die abstrakt-formale Wissensstruktur ausgelassen und von der Gleichung $H = G + 4$ direkt zur konkret-anschaulichen Wissensstruktur übergegangen, ergibt sich für manche Schüler folgendes Problem: Sie interpretieren H als „Hasen" und G als „Gänse", finden jedoch im vorliegenden Text keine geeigneten Objekte, die man der Zahl 4 zuordnen könnte. Betrachten wir einen typischen Interviewverlauf (S = ein Schüler unbekannten Namens, 11):

    I: Was bedeutet eigentlich +4 ?
    S: Das müssen andere Tiere sein.
    I: Welche zum Beispiel?
    S: Hühner oder Ziegen.

Aber selbst wenn die Schüler H und G nicht als „Hasen bzw. Gänse" sondern als „Anzahlen von Hasen bzw. Gänsen" interpretieren, ist diese Schwierigkeit nicht ganz ausgeräumt, weil die Frage bestehen bleibt, ob man auch 4 als Anzahl von irgendwelchen konkreten Objekten auffassen darf.

Aufgrund des vorliegenden Textes darf man dies nicht, obwohl dieses Vorgehen zunächst ziemlich naheliegend erscheint. Hier zeigt sich eine weitere Künstlichkeit der algebraischen Notation. Die Gleichung $H = G + 4$ ist aufgrund des vorliegenden Textes auf eine Weise aufzufassen, die sich nicht unbedingt von selbst ergibt und auf die manche Schüler nicht kommen. Man hat im Grunde nämlich nur die beiden folgenden Möglichkeiten, diese Gleichung zu interpretieren:

a) Man kann die Gleichung als eine Relation zwischen **zwei** Zahlen auffassen, nämlich den Zahlen H und G. In diesem Fall ist „+4" genaugenommen keine Zahl wie H oder G, sondern ein *Relator*, der die Zahlen H und G zueinander in Beziehung setzt bzw. ein *Operator*, der angibt, wie H aus G zu berechnen ist. Während die Zahlen H und G durch Objekte interpretiert werden dürfen, darf dies der Relator bzw. Operator nicht.

b) Man kann die Gleichung auch als Beziehung zwischen **drei** Zahlen auffassen, nämlich H, G und 4. Aber in diesem Fall dürfen nur die Zahlen H und G als Anzahlen konkreter Objekte interpretiert werden, für die Zahl 4 ist dies nicht erlaubt (was sehr willkürlich erscheint).

Diejenigen Schüler, die 4 als 4 Ziegen oder ähnliches interpretieren, machen eine unerlaubte Mischung aus diesen beiden Möglichkeiten. Sie fassen die Gleichung als Beziehung zwischen drei Zahlen auf und interpretieren alle miteinander in Relation gesetzten Zahlen durch konkrete Objekte.

Die Schreibweise $H = G + 4$ gibt im Grunde keiner der beiden möglichen Auffassungen besonders gut wieder. Die erste Auffassung würde durch eine Schreibweise wie etwa $H \overset{4}{>} G$ (die ja von Schülern tatsächlich häufig vorgeschlagen wird) besser zum Ausdruck kommen. Die zweite Auffassung wird deshalb nicht gut wiedergegeben, weil die durch den Text bedingten Unterschiede hinsichtlich der erlaubten Interpretationen von H, G und 4 nicht ausgedrückt werden. (Warum müssen die beiden Summanden G und 4 auf der rechten Seite der Gleichung unterschiedlich behandelt werden?) Wie auch immer: die algebraische Notation ist vorgegeben und Schüler müssen lernen, mit solchen Schwierigkeiten umzugehen.

4.7 Unterrichtsvorschläge, die sich aus dem Dreischrittmodell ergeben

Da es sich bei allen drei Schritten um individuelle kognitive Konstruktionen der Schüler handelt, sind Vorwegplanungen und Vorwegerklärungen (im Sinne der Erklärungsideologie) nur in einem sehr eingeschränkten Ausmaß möglich. Auch stures Einüben von Übersetzungsprozessen bringt nicht viel, da dies dem Schüler kaum hilft, die einzelnen Schritte des Prozesses zu bewältigen, und sogar die Gefahr besteht, daß falsche Konstruktionsweisen verfestigt werden. Hilfreiche Beiträge zu den einzelnen Prozeßschritten können vom Lehrer wohl nur dann geleistet werden, wenn er die Methode des aktiv-entdeckenden Lernens anwendet, wie sie im Abschnitt 1.7 beschrieben wurde. Diese Methode besteht vorwiegend darin, daß der Lehrer den Schülern geeignete Aufgaben (Texte) vorlegt, die Schüler dann *aktiv* am Aufstellen einer Formel arbeiten läßt und selbst *reaktiv* handelt, d.h. möglichst individuell auf die Schwierigkeiten und Fehler der Schüler eingeht.

Eine Unterrichtsstunde nach dieser Methode könnte etwa so aussehen: Der Lehrer läßt die Schüler längere Zeit über die vorgelegte Aufgabe (sagen wir die Professoren-Studenten-Aufgabe) nachdenken und dann ihre Lösungen bekanntgeben. Er sammelt die Vorschläge der Schüler, ordnet sie und schreibt sie an die Tafel. Dann fordert er einige Schüler auf, zu erläutern, was sie sich beim Aufstellen ihrer Formel gedacht haben. (Dabei muß er mit einem gewissen Fingerspitzengefühl entscheiden, ob die befragten Schüler ihre Gedanken vor der ganzen Klasse oder eher in einem persönlichen Zwiegespräch mit dem Lehrer äußern sollen.) Um die Schüler zu einer Explikation ihrer Gedanken anzuregen, halte ich es für sinnvoll, diese Gedanken schriftlich niederzulegen. Dies bringt überdies den Vorteil, daß der Lehrer die niedergelegten Gedanken auch außerhalb der Unterrichtsstunde durchsehen kann. Auf die geäußerten Gedanken reagiert der Lehrer dann möglichst individuell, wobei er die Fehler der Schüler — so gut er kann — aufklärt.

Bei einem solchen Vorgehen wird das in der traditionellen Erklärungs- und Übungsideologie verhaftete Unterrichtsschema „Erklärung des Lehrer - Üben der Schüler" durch ein konstruktiveres ersetzt: „Eigenes Probieren der Schüler - Berichten - Reagieren des Lehrers". Mag sein, daß eine Unterrichtsstunde dieser Art manchem Lehrer sinnlos und als eine pure Zeitvergeudung erscheint. Ich behaupte jedoch, daß sie mehr wert sein kann als die besten Vorwegerklärungen des Lehrers und „ewiges" Üben. Der Grund hiefür liegt darin, daß die Schüler bei einer solchen Unterrichtsführung auf ihre *persönlichen Schwierigkeiten* stoßen und diese zur Sprache bringen können. Vorgefaßte Erklärungen des Lehrers können zwar einige zu erwartende Schwierigkeiten ansprechen, niemals aber alle Schwierigkeiten erfassen, die bei einzelnen Schülern auftreten können. Bei sturem Üben werden diese Schwierigkeiten von den Schülern eher verdrängt und daher nie wirklich beseitigt; unter Umständen werden sogar falsche Denkweisen eingeschliffen.

Wie ein Lehrer auf Schwierigkeiten und Fehler der Schüler reagieren soll, kann hier kaum vorweggenommen werden. Bis zu einem gewissen Grad gehört es zu seiner „Kunst", für Schülergedanken sensibel zu sein sowie rasch und hilfreich zu agieren. Je besser er theoretisch vorgebildet ist, insbesondere je mehr er über Schülerfehler und deren Entstehungsmöglichkeiten weiß, desto besser wird ihm diese Kunst gelingen.

Einige Anmerkungen zu den Lehrerreaktionen, betreffend die drei Prozeßschritte, sollen im folgenden aber doch gemacht werden.

Zum ersten Prozeßschritt: In diesem Schritt kommt es darauf an, daß ein Text richtig erfaßt wird. Davon kann sich der Lehrer überzeugen, indem er die Schüler auffordert, den Text in eigenen Worten wiederzugeben und anhand von Zeichnungen zu erläutern. Er sollte dabei ähnlich vorgehen wie ein Didaktiker, der Schülerinterviews zu Forschungszwecken durchführt („Lehrer als Forscher").

Zum zweiten Prozeßschritt: Bei diesem Schritt kommt es vor allem darauf an, daß sich die Schüler des fundamentalen Unterschiedes zwischen ihren konkret-anschaulichen und den in der Mathematik erforderlichen abstrakt-formalen Wissensstrukturen bewußt werden (natürlich ohne diese Termini jemals gehört zu haben). Eine Möglichkeit, diesen Unterschied herauszuarbeiten, besteht darin, sich mit verschiedenen Visualisierungen eines Textes auseinanderzusetzen. Dies möchte ich anhand der Professoren-Studenten-Aufgabe erläutern. Es beginnt damit, daß der Lehrer die Schüler auffordert, den Text zeichnerisch darzustellen. Erfahrungsgemäß kommt dabei meist eine konkret-anschauliche Visualisierung wie in Fig. 52 heraus (wobei an die Stelle der Kügelchen auch Männchen oder ähnliches treten können).

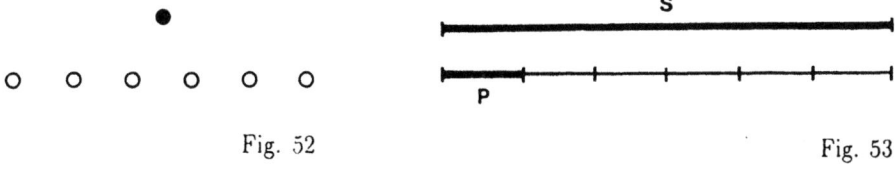

Fig. 52 Fig. 53

Meines Erachtens sollte man konkret-anschauliche Visualisierungen wie in Fig. 52 keinesfalls unterbinden; im Gegenteil, man sollte die Schüler geradezu zum Anfertigen solcher Zeichnungen ermuntern. Derartige Visualisierungen sollten aber im Unterricht mit einer zum Aufstellen der Formel tauglicheren Visualisierung kontrastiert werden, etwa der in Fig. 53. Da solche Visualisierungen nicht naheliegen, wird sie anfänglich wohl der Lehrer beisteuern müssen, im Laufe der Zeit sollen jedoch auch die Schüler lernen, solche Zeichnungen anzufertigen. Nun kann der Lehrer die Schüler in die entscheidende Auseinandersetzung verwickeln, indem er fragt, was die Kügelchen (bzw. Männchen usw.) in Fig. 52 und was die Strecken in Fig. 53 darstellen. Er sollte Schülervorschläge anhören, erläutern und vergleichen lassen, eventuell eine Diskussion unter Schülern anzetteln und notfalls selbst eingreifen. Aus dieser Auseinandersetzung sollten die Schüler schließlich zwei entscheidende Erkenntnisse gewinnen:

- In Fig. 52 stellen die Kügelchen (Männchen usw.) *Personen* dar, in Fig. 53 stellen die Strecken *Zahlen* dar.

- Beim Aufstellen einer Formel kommt es auf eine Darstellung einer Zahlenbeziehung wie in Fig. 53 an.

Wie man sieht, hat diese Diskussion noch gar nichts mit dem Hinschreiben einer Formel zu tun. Es geht zunächst nur um die Kügelchen und Strecken. Was für die Strecken gilt, gilt aber auch für die Buchstaben (hier S und P). Auch sie stellen *Zahlen* dar, wenn auch unbestimmte. Um dies nicht aus den Augen zu verlieren, ist es oft günstig, dem Aufstellen einer Formel die Betrachtung konkreter Zahlenbeziehungen vorauszuschicken (z.B. Anfertigen einer Tabelle, Versuch eines Ansatzes mit willkürlich gewählten konkreten Zahlen; zum letzteren siehe KROLL 1980 und DESCHAUER 1988).

Zum dritten Prozeßschritt: In diesem Schritt geht es darum, mit Hilfe der im Text gegebenen oder selbst einzuführenden Buchstaben eine Formel hinzuschreiben, wobei vor allem semantische Konventionen zu beachten sind. Führt ein Schüler ungünstige Buchstaben ein, faßt er die Rolle von Buchstaben falsch auf oder verstößt er gegen Konventionen, kann der Lehrer wieder eingreifen (im allgemeinen individuell, doch können interessante Dinge mit der ganzen Klasse besprochen werden, z.B. die fehlerhafte Auffassung des Gleichheitszeichens als Entsprechung). Hilfreiche Fragen im Gespräch mit den Schülern können u.a. sein: Wofür wird ein Buchstabe eingeführt? Was bedeuten die gegebenen Buchstaben? Soll eine Gleichung oder Ungleichung aufgestellt werden? Was bedeutet das Gleichheitszeichen?

Besonders achten sollte man auch darauf, daß Schüler sich angewöhnen, eine aufgestellte Formel zu überprüfen (z.B. durch Einsetzen von Zahlen).

4.8 Traditionelle Textaufgaben in neuem Gewand

Um die Übersetzung von Umgangssprache in Formeln sinnvoll zu üben, benötigt man Aufgaben. Zu solchen Aufgaben kann ein Lehrer relativ leicht kommen, weil viele der im traditionellen Mathematikunterricht üblichen Textaufgaben durch geringfügige Modifikationen so gestaltet werden können, daß sie einen Beitrag zum Aufstellen und Interpretieren von Formeln liefern. Dies soll in diesem Abschnitt an einigen Beispielen demonstriert werden.

Direkte und indirekte Proportionalität

Betrachten wir eine Standardaufgabe:

16 5 kg Kartoffeln kosten 2,50 DM. Wieviel kosten 7,2 kg?

Derartige Aufgaben werden meist durch Zuhilfenahme gewisser Schemata gelöst, z.B. wie in der folgenden Tabelle. Gegen solche Methoden ist — soferne sie nicht zu einem gedankenlosen Schematismus führen — nichts einzuwenden. Ein Schüler sollte eine solche Aufgabe auf diese oder eine ähnliche Weise (für einfache Zahlen auch im Kopf) lösen können. Allerdings haben diese Methoden einen Nachteil: die der numerischen Rechnung zugrundeliegende *allgemeine Beziehung* (im vorliegenden Fall eine Proportionalitätsbeziehung) wird nicht sonderlich explizit gemacht. Die vielen Rechenaktivitäten lenken oft geradezu vom Erkennen dieser Beziehungen ab. Deshalb besteht immer die Gefahr des Abgleitens in einen gedankenlosen numerischen Schematismus. („Wenn ich links ... , dann muß ich rechts ... " oder ähnliches). Die durchzuführenden Rechenoperationen werden dann über kurz oder lang vergessen oder verwechselt. Es kann meines Erachtens daher nur von Vorteil sein, wenn man die einer solchen Aufgabe zugrundeliegende allgemeine Beziehung mit Hilfe von Variablen explizit anschreibt. Die obige Aufgabe könnte

Kartoffelmenge	Preis
5	2,50
1	0,50
7,2	3,60

man etwa in folgender, leicht veränderter Form stellen:

17 5 kg Kartoffeln kosten 2,50 DM.

    a) Gib in einer Tabelle den Preis von 10 kg, 1 kg, 3 kg, 7,2 kg und weiteren Kartoffelmengen an!

    b) Beschreibe in Worten und durch eine Formel, wie man den Preis von z kg berechnen kann! Trage dies auch in die Tabelle ein!

    c) Gib eine Formel für den Preis von z kg Kartoffeln an, wenn 1 kg Kartoffeln p DM kostet!

Lösung:

a)

Kartoffelmenge	Preis
5	2,50
10	5,00
3	1,50
7,2	3,60
z	$0,5 \cdot z$

b) Man multipliziert z mit 0,5 :
$P = 0,5 \cdot z$

c) $P = p \cdot z$

Die Formeln $P = 0,5 \cdot z$ bzw. $P = p \cdot z$ können dazu verwendet werden, weitere Preise zu berechnen oder Umkehraufgaben zu stellen, die auf einfache Gleichungslösungen hinauslaufen. Die folgende Aufgabe ist ein Beispiel dafür.

18 Wieviel kg Kartoffeln erhält man für 22,5 DM?

Lösung: Setzt man in die Formel $P = 0,5 \cdot z$ für P die Zahl 22,5 ein, ergibt sich $22,5 = 0,5 \cdot z$. Man kann nun so argumentieren: Mit welcher Zahl z muß man 0,5 multiplizieren, um 22,5 zu erhalten? (Siehe Fig. 54.) Es ergibt sich $z = 15$.

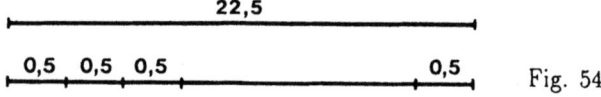

Fig. 54

Aufgaben zur indirekten Proportionalität können in analoger Weise behandelt werden, z.B.:

20 Eine Expedition kommt 12 Tage aus, wenn täglich 5 Konservendosen verbraucht werden. Wie lange kommt sie aus, wenn täglich 6 Konservendosen verbraucht werden?

Man kann diese Aufgabe durch Aufstellen der Formel $K = r \cdot t$ lösen, wobei K den gesamten Konservenvorrat, r die Tagesration und t die Expeditionsdauer (in Tagen) bezeichnet. Man erhält zunächst $K = 5 \cdot 12 = 60$ und daraus $t = \frac{K}{r} = \frac{60}{6} = 10$. Die Expedition kommt also 10 Tage aus.

Man sieht, daß Aufgaben zur direkten und indirekten Proportionalität auf Formeln der gleichen Bauart führen, nämlich $z = x \cdot y$. Bei einer Aufgabe zur direkten Proportionalität sind x und y bekannt und z kann direkt berechnet werden. Bei einer Aufgabe zur indirekten Proportionalität sind z und x bzw. z und y bekannt und y bzw. x kann durch eine einfache Umformung der Formel berechnet werden. Wird im Unterricht so vorgegangen, ist eine sonderliche Unterscheidung zwischen Aufgaben zur direkten und zur indirekten Proportionalität gar nicht notwendig (was natürlich nicht heißen soll, daß die Begriffe „direkte Proportionalität" und „indirekte Proportionalität" vermischt werden sollen).

Ein erstrebenswertes Lernziel besteht darin, die einer solchen Aufgabe zugrundeliegende Beziehung mit geeigneten Substantiva kompakt zu beschreiben, z.B.:

$$\text{Konservenvorrat} \; = \; \text{Tagesration} \; \cdot \; \text{Expeditionsdauer}$$

Dies ist jedoch in manchen Fällen schwierig. Zum Aufstellen der Formel ist diese Formulierung nicht unbedingt nötig, weil man durch eine einfachere Überlegung auch zum Ziel kommt: Werden täglich r Dosen verbraucht, dann werden insgesamt $r \cdot t$ Dosen verbraucht; also ist $K = r \cdot t$.

Prozentrechnen

Warum sind die Leistungen vieler Personen im Prozentrechnen so schlecht? Dies mag viele Ursachen haben. Eine wesentliche Ursache scheint mir aber darin zu liegen, daß dieses Gebiet im Unterricht einseitig behandelt wird — unter zu starker Betonung des Operierens (Rechnens) gegenüber dem Darstellen. Das numerische Rechnen wird überbetont, eine Darstellung der diesen Rechnungen zugrundeliegenden *allgemeinen Beziehungen* (durch Formeln, Graphiken usw.) fällt hingegen unter den Tisch. Was übrigbleibt, ist wiederum oft ein unverstandener numerischer Schematismus.

Im derzeitigen Unterricht werden Prozentaufgaben (Berechnungen von Prozentsätzen, Ausgangs- und Endwerten) ähnlich behandelt wie die vorhin vorgestellten Aufgaben zur Proportionalität, im allgemeinen nur numerisch, unter allfälliger Heranziehung von Tabellenmethoden. Allgemeine Darstellungen von Prozentbeziehungen durch Formeln (unterstützt durch geeignete Visualisierungen) findet man selten. Der Effekt: viele Personen können nicht einmal die einfachsten Zusammenhänge darstellen. Bei verschiedenen Gelegenheiten (Lehrveranstaltungen, Lehrerfortbildungsveranstaltungen) stellte ich zwei Fragen, nämlich „Was ist 1 Prozent?" und „Was sind a Prozent von b?". Auf diese Fragen erhielt ich meist allerlei Umschreibungen, aber selten präzise Antworten. Als Beispiele führe ich einige Antworten an, die ich von Studenten der Mathematik an der Universität erhalten habe:

a Prozent von b bedeutet:

— ein bestimmter Teil a von einer bestimmten Menge (Ganzheit) b

— der $a$te Teil von b

— der $\frac{100}{a}$te Teil vom Ganzen

— ein bestimmter Prozentanteil a vom Gesamtanteil b

Auf die gestellten Fragen sind durchaus verschiedene Antworten möglich. Eine einfache und präzise Möglichkeit ist die:

$1\ \% = \frac{1}{100}$

$a\ \%$ von $b = \frac{a}{100}$ von $b = \frac{a}{100} \cdot b$

Wenn ich diese Antworten vorschlage, wehren sich manche Personen gegen die Gleichsetzung einer „Prozentzahl" mit einer „Bruchzahl". Noch ablehnender wird die Haltung, wenn ich Terme wie „$120 + 5\ \% \cdot 120$" aufschreibe (was man in der Beschreibung mancher Taschenrechner vorfinden kann).

Im Grunde kann man mit der Kenntnis der Beziehung „$a\ \%$ von $b = \frac{a}{100} \cdot b$" bereits alle in der Schule üblichen Prozentaufgaben lösen, soferne man noch einige minimale algebraische Grundkenntnisse besitzt. Nützlich sind aber noch folgende Kenntnisse:

Vermehrung von a um p % bedeutet Multiplikation von a mit $(1 + \frac{p}{100})$

Verminderung von a um p % bedeutet Multiplikation von a mit $(1 - \frac{p}{100})$

Diese Beziehungen sollten natürlich nicht als unverstandene Merksätze auswendig gelernt werden, sondern vom Schüler jederzeit rekonstruiert werden können, z.B. im Falle einer Vermehrung so:

$$a + p\% \text{ von } a \;=\; a + p\,\% \cdot a \;=\; a + \tfrac{p}{100} \cdot a \;=\; a \cdot (1 + \tfrac{p}{100})$$

Mit diesen Kenntnissen ausgestattet kann man jede Prozentaufgabe bequem lösen, bei der von den drei Größen a (Anfangswert), e (Endwert) und p (Prozentsatz) zwei gegeben sind und die dritte gesucht ist. Man stellt einfach die Formel

$$e = a \cdot \left(1 + \frac{p}{100}\right)$$

auf die oben vorgeführte Weise auf und rechnet die gesuchte Größe aus. Ein Beispiel:

21 Jemand legt am Anfang eines Jahres 1500 DM auf ein Bankkonto und erhält am Ende des Jahres 1620 DM. Mit welchem Prozentsatz wurde das Kapital verzinst?

Lösung: Wir überlegen zuerst *allgemein*, wie das Anfangskapital K_0 mit dem Endkapital K_1 zusammenhängt:

$$K_1 = K_0 + p\% \text{ von } K_0 = K_0 + \frac{p}{100} \cdot K_0 = K_0 \cdot (1 + \frac{p}{100})$$

Daraus können wir p berechnen:

$$p = 100 \cdot \left(\frac{K_1}{K_0} - 1\right)$$

Einsetzen der gegebenen Zahlen liefert: $p = 8$.

5 THEORETISCHE ERGÄNZUNGEN ZU TEXTEN UND FORMELN

Dieses Kapitel kann bei einer ersten Lektüre des Buches übersprungen werden.

5.1 Erfordern Textaufgaben zwei Denksysteme?

Der russische Psychologe LURIJA führte mit russischen Kolchosenbauern, die keine oder nur wenig Schulbildung besaßen, verschiedene Experimente durch, u.a. zur Abstraktion (siehe etwa LURIJA 1986). Ein typisches Interview aus dieser Untersuchungsreihe sei hier wiedergegeben. Der Versuchsperson wurden die Begriffe „Hammer", „Säge", „Holzscheit" und „Spaten" vorgelegt. Die Versuchsperson wurde aufgefordert, anzugeben, was hier nicht dazupaßt:

> **Vp:** Alle sind ähnlich. Ich denke, daß sie alle gebraucht werden. Sehen Sie, um zu sägen, ist eine Säge nötig, und zum Zerkleinern braucht man den Spaten ... Alle sind nötig!
>
> **I:** Welche von diesen Gegenständen kann man mit einem Wort bezeichnen?
>
> **Vp:** Wie soll das gehen? Wenn man alle drei mit dem einen Wort „Hammer" bezeichnet, dann wird das nicht richtig sein!
>
> **I:** Einer hat aber drei Gegenstände ausgewählt, die sich ähnlich sind: Hammer – Säge – Spaten.
>
> **Vp:** Säge, Hammer und Spaten sind füreinander sehr nötig! ... Und das Holzscheit ist hier auch nötig!
>
> **I:** Warum wählte er diese drei aus und nahm das Holzscheit nicht dazu?
>
> **Vp:** Wahrscheinlich hat er viel Holz! Wenn wir kein Holz haben, können wir überhaupt nichts machen.
>
> **I:** Gut, aber Hammer, Säge und Spaten sind doch Werkzeuge.
>
> **Vp:** Ja, aber wenn wir Werkzeuge haben, dann brauchen wir Holz, ohne das wir nichts bauen können.

LURIJA bezeichnet diese Art des Denkens als *konkret-anschauliches Denken* und setzt diesem ein *logisch-formales Denken* gegenüber. Während das erste dadurch gekennzeichnet ist, daß die Gegenstände in einen konkreten Zusammenhang (Arbeitszusammenhang, Zueinanderpassen) gebracht werden, ist das zweite dadurch gekennzeichnet, daß Gegenstände zu abstrakten Klassen zusammengefaßt werden, etwa

Hammer, Säge und Spaten zu „Werkzeuge". In einer gewissen Weise ist das Verhältnis von logisch-formalem zu konkret-anschaulichem Denken nur ein relatives. Auch von der oben zitierten Versuchsperson kann man sagen, daß sie eine abstrakte Klasse gebildet hat, nämlich die Klasse „Gegenstände, die zur Holzbearbeitung notwendig sind". Es sind ihr nur die Kriterien nicht geläufig, nach denen die Klasse „Werkzeuge" gebildet wird.

Aufschlußreich verliefen bei LURIJA auch Interviews, in denen es um Zahlen bzw. Größen ging:

> I: Nach Ak-Masav läuft man zu Fuß 30 Minuten, und mit dem Fahrrad ist man dreimal langsamer. Wie lange braucht man mit dem Fahrrad?
> Vp: Nein, mit dem Fahrrad geht es viel schneller.
> I: Aber kann man so eine Aufgabe lösen?
> Vp: Nein, ein Radfahrer ist immer schneller. Wie kann ich da sagen, daß er langsamer fährt?! ... Wenn er so langsam fahren würde, würde er umfallen!

Diese konkret-anschaulich denkende Versuchsperson war nicht zu *hypothetischem Denken* fähig, das ein Spezifikum des logisch-formalen Denkens zu sein scheint. Das konkret-anschauliche Denken orientiert sich an konkreten Objekten, Gegebenheiten und Erfahrungen, während das logisch-formale Denken vom unmittelbaren Erfahrungsbereich losgelöst verläuft, häufig einen hypothetischen Charakter aufweist und sich an den im Text genannten abstrakten Zahlen und Größen orientiert (wobei das Verhältnis von „abstrakt" zu „konkret" wiederum nur relativ zu verstehen ist). Obwohl LURIJA dies nicht deutlich hervorhebt, fällt an seinen Interviews auf, daß das konkret-anschauliche Denken häufig einen episodischen Charakter aufweist. Die Versuchspersonen erzählen einen Ablauf von Ereignissen (in die sie oft selbst involviert sind).

Aus meiner Sicht kann man die beiden Denkformen LURIJAs wie in der Gegenüberstellung auf der folgenden Seite beschreiben.

Konkret-anschauliches Denken	*Logisch-formales Denken*
– orientiert sich an konkreten Gegebenheiten und Erfahrungen	– verläuft losgelöst von konkreten Gegebenheiten und Erfahrungen sowie häufig hypothetisch
– konzentriert sich auf die konkreten Objekte	– faßt die konkreten Objekte zu abstrakten Klassen zusammen oder ordnet ihnen abstrakte Größen zu und konzentriert sich auf diese
– bringt die konkreten Objekte in einen Passungszusammenhang (Objekte passen zusammen) oder Prozeßzusammenhang (Objekte ordnen sich in einen Prozeß ein)	– bringt die Klassen bzw. Größen in einen logischen oder numerischen Zusammenhang
– verläuft episodisch	– verläuft nicht episodisch

Ein Zusammenhang dieser beiden Denkformen mit den im Kapitel 4 behandelten konkret-anschaulichen und abstrakt-formalen Wissensstrukturen ist nicht zu übersehen. SCHNEIDER (1988) hat einige von LURIJAs Experimenten in analoger Form mit Schülern wiederholt und Schüler beim Lösen von Textaufgaben in Hinblick auf diese beiden Denkformen beobachtet. Ihre Ergebnisse können kurz so zusammengefaßt werden:

a) Bei jüngeren Schülern (Vorschule, Primarstufe) dominiert das konkret-anschauliche Denken oder ist sogar die alleinige Denkform.

b) Bei älteren Schülern geht das konkret-anschauliche Denken keineswegs zugunsten des logisch-formalen Denkens verloren. Vielmehr stehen beide Denkformen einander in einer Art Koexistenz gegenüber und können beide bei Bedarf herangezogen werden.

c) Relativ lange wird jedoch das konkret-anschauliche Denken bevorzugt und das logisch-formale Denken als unbefriedigend und erzwungen empfunden.

Die Unterscheidung zweier unterschiedlicher Denksysteme wird heute in verschiedenen Kontexten diskutiert. Man denke etwa an Gegensatzpaare wie: konkret-abstrakt, empirisch-theoretisch (DAVYDOV 1977), inhaltlich-formal, heuristisch-demonstrativ (POLYA 1949), synthetisch-analytisch, global-lokal, holistisch-zergliedernd usw. Wenn auch diese Gegensatzpaare keineswegs immer dasselbe meinen, kann man sich doch des Eindrucks nicht erwehren, daß ihnen allen ein gemeinsamer Gegensatz zugrundeliegt, von dem in den einzelnen Fällen nur unterschiedliche Aspekte hervorgehoben werden. Die Unterscheidung zweier verschiedener Denksysteme wird auch mit unterschiedlichen Funktionen der beiden Gehirnhälften in Verbindung gebracht (siehe etwa VOLLMER 1987, POPPER/ECCLES 1977, SPRINGER/DEUTSCH 1987, WACHSMUTH 1981; weitere Literatur ist in PEHKONEN 1991 und TALL/ THOMAS 1991 angegeben) und zur Beschreibung von Kulturunterschieden (etwa zwischen westlichem und östlichem Denken) oder sogar des Unterschiedes zwischen Natur- und Geisteswissenschaften herangezogen. Allerdings ist es bis heute nicht gelungen, die unterschiedlichen Beschreibungen auf einen gemeinsamen Nenner zu bringen, sodaß die Unterscheidung zweier umfassender Denksysteme nach wie vor als eine unbewiesene Hypothese zu betrachten ist. Möglicherweise ist es sinnvoller, anstelle von zwei Systemen mehrere Denksysteme anzunehmen, die im Gehirn nicht lokalisiert werden können (GAZZANIGA 1985).

Es lohnt sich jedoch, das Lösen von Textaufgaben unter der Annahme zweier Denksysteme zu betrachten. Wenn diese Hypothese zutrifft, kann man das Lösen einer Textaufgabe auf einer sehr allgemeinen Ebene so beschreiben: Um den Text zu erfassen, ist zunächst konkret-anschauliches Denken notwendig. Um die Aufgabe im mathematischen Sinn zu lösen, ist jedoch letztlich abstrakt-formales Denken notwendig. Bei einem ungeübten Aufgabenlöser wird zuerst die erste Denkform dominieren und dann in die zweite Denkform (soferne überhaupt schon entwickelt) „umkippen". Bei etlichen Interviewstellen hatten wir in der Tat den Eindruck, ein ziemlich plötzliches Umkippen zu beobachten. Dieses kann auch durch den Interviewer angeregt werden. Bei geübteren Aufgabenlösern werden vermutlich beide Denksysteme parallel aktiviert (man vergleiche auch die Parallelität von inhaltlichem und formalem Denken bei TIETZE 1988). Bei sehr geübten Aufgabenlösern wird wahrscheinlich mehr oder weniger sofort das logisch-formale Denken eingesetzt.

5.2 Zahlen als Beziehungen oder Objekte

Das Vorhandensein von Zahlen (bzw. Größen) ist kein Spezifikum von abstrakt-formalen Wissensstrukturen. Zahlen (bzw. Größen) können ja schon im vorgegebenen Text enthalten sein und damit auch in der jeweiligen konkret-anschaulichen Wissensstruktur vorkommen. Allerdings spielen sie im allgemeinen in den beiden Wissensstrukturen unterschiedliche Rollen, die im folgenden beschrieben werden sollen.

Wissensstrukturen kann man sich aus **Schemata** aufgebaut denken (siehe etwa SOWA 1984), wobei man *Beziehungsschemata, Handlungsschemata* und eventuell *bildhafte Schemata* („image schemata" im Sinne von JOHNSON 1987, LAKOFF 1987, DÖRFLER 1991) unterscheiden kann. In diesem Abschnitt beschränken wir uns der Einfachheit halber auf Beziehungsschemata. Derartige Beziehungsschemata treten meist nicht isoliert auf, sondern sind zu **Schemanetzen** verbunden.

Wir untersuchen in dieser Hinsicht nochmals (jetzt zum letzten Mal) die Professoren-Studenten-Aufgabe. Wir gehen davon aus, daß ein Schüler diese Aufgabe als eine *Vergleichsaufgabe* auffaßt, d.h. P und S miteinander vergleicht. Wie wir im Kapitel 4 gesehen haben, können Schüler zum vorgelegten Text unterschiedliche Wissensstrukturen aufbauen, die wir als Schemanetze wie in Fig. 55 a,b,c beschreiben. In diesen Darstellungen bedeuten die Knoten (bestimmte oder unbestimmte) *Denkobjekte* und die gerichteten Kanten *Beziehungen zwischen diesen Denkobjekten* (solche Darstellungen sind in der Artificial Intelligence üblich und auch in der Mathematikdidaktik nicht neu, siehe etwa RILEY/GREENO/HELLER 1983).

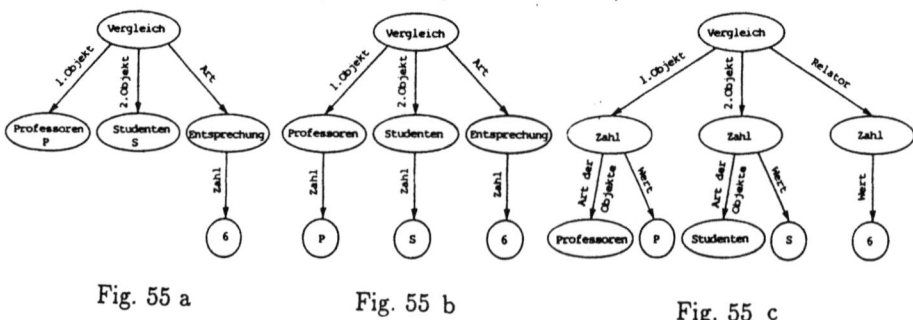

Fig. 55 a   Fig. 55 b   Fig. 55 c

Fig. 55 a stellt den primitivsten Fall dar. Der Schüler orientiert sich an den Objekten (Professoren, Studenten), wobei P und S nur als Wortabkürzungen fungieren. Das Netz in Fig. 55 b ist zwar etwas elaborierter, jedoch zur korrekten Lösung der Aufgabe immer noch unbrauchbar. Zur korrekten Lösung ist ein Netz wie in Fig. 55c erforderlich, das sich an den Zahlen P und S orientiert. Dieses Netz unterscheidet sich von den beiden anderen hauptsächlich darin, daß in Fig. 55 a,b *Zahlen* als *Beziehungen* auftreten, während sie in Fig. 55 c als eigenständige *Denkobjekte* aufscheinen. (In Fig. 55 c stellen die mit „Zahl" beschrifteten Knoten unbestimmte Denkobjekte — also Variablen — dar, weshalb es sinnvoll ist, vom „Wert einer Zahl" zu sprechen.)

Mag sein, daß sich Schemanetze wie in Fig. 55 a,b beim Lesen des Textes mehr oder weniger von selbst aufdrängen (sie entsprechen dem Alltagsdenken, sofern der Text nicht unter einem mathematischen Gesichtspunkt betrachtet wird), für das Aufstellen einer Formel müssen diese Netze jedoch durch ein Netz wie in Fig. 55 c ersetzt werden. Für jemanden, der das Umgehen mit Textaufgaben gelernt hat, wird dies keine Schwierigkeit bedeuten. Er wird das Schemanetz in Fig. 55 c mehr oder weniger fertig in seinem Gedächtnis gespeichert haben und dort hervorholen oder dieses Netz in Bruchteilen von Sekunden konstruieren. Anders ist die Situation für einen Lernenden, der dieses Netz noch nicht konstruiert hat. Er muß es erst mühsam herstellen. Wenn er von Netzen wie in Fig. 55 a,b ausgeht, bedeutet dies für ihn eine **radikale Umkonstruktion** dieser Netze.

Diese Umkonstruktion gelingt einem Schüler nur, wenn er in der Lage ist, Zahlen als Denkobjekte aufzufassen und diese ihrerseits in Beziehung zu setzen. Es gibt empirische Befunde und theoretische Gründe, die dafür sprechen, daß Kinder Zahlen im allgemeinen zuerst als *Beziehungen* und erst später als *Denkobjekte* begreifen. Vielfach haben Kinder sogar enorme Schwierigkeiten mit der Objektivierung von Zahlen (siehe dazu die Untersuchungen zur Entstehung neuer Denkobjekte in DÖRFLER 1988, MALLE 1988 a und SFARD 1991 a; vgl. auch KIERAN 1991 a). Die Schwierigkeiten, Zahlen als Denkobjekte zu gebrauchen, spiegeln sich etwa darin, daß es Kindern oft schwerfällt, das Wort „Anzahl" als Substantiv zu gebrauchen. Ähnliche Schwierigkeiten gibt es mit Wörtern wie „Preis", „Alter", „Gewicht" usw. In zahlreichen Interviews haben wir folgendes beobachtet: Wenn man ein Kind fragt, was ein bestimmter Buchstabe — etwa x — bedeute, erhält man sehr selten Antworten wie „x ist die Anzahl der ...", „x ist der Preis von ...", „x ist das Alter von ...", „x ist das Gewicht von ..." usw. In den meisten Fällen geben Kinder Antworten wie „x gibt an, wie viele es sind", „x ist, was es kostet", „x sagt, wie alt er ist", „x bedeutet, wie schwer es ist" usw. Zwar verstehen die Kinder die entsprechenden substantivischen Wendungen ohne weiteres, wenn sie der Interviewer gebraucht, sie gebrauchen sie jedoch von sich aus nur selten. Selbst wenn sie diese Wendungen gebrauchen, hat man oft den Eindruck, daß diese für sie nur eine „façon de parler" darstellen, die dasselbe bedeutet wie ihre sonst bevorzugten Wendungen. Wenn ein Kind also etwa die Wendung „x ist die Anzahl der Professoren" gebraucht, darf man daraus nicht schließen, daß es ein Netz wie in Fig. 56 b aufgebaut hat; es könnte bei dem Netz in Fig. 56 a hängengeblieben sein.

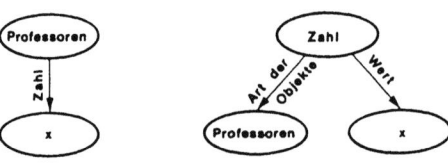

Fig. 56 a   Fig. 56 b

6 VON DER ARITHMETIK ZUR ALGEBRA

Die elementare Algebra wird oft als eine unmittelbare Verallgemeinerung der Arithmetik angesehen: an die Stelle einiger konkreter Zahlen treten Buchstaben — und sonst nichts. Dies ist jedoch keineswegs so, wie in diesem Kapitel gezeigt werden soll. Wir werden zuerst zeigen, daß beim Übergang von der Arithmetik zur Algebra gewisse Symbole bzw. Schreibweisen Bedeutungsveränderungen erfahren. Anschließend werden wir noch auf weitere Veränderungen, insbesondere der Heuristik, eingehen. Wir werden herausarbeiten, daß ein Nichtbeachten dieser Veränderungen vielerlei Schwierigkeiten und Fehler in der Algebra hervorrufen kann. Aus diesen Überlegungen heraus werden sich einige Unterrichtsvorschläge ergeben. Es wird sich aber auch die Frage stellen, ob die Abfolge „zuerst Arithmetik und dann Algebra" im Unterricht wirklich so günstig ist wie sie im ersten Moment erscheint.

6.1 Bedeutungsveränderungen von Zeichen und Schreibweisen

Daß beim Übergang von der Arithmetik zur Algebra gewisse Zeichen und Schreibweisen ihre Bedeutung ändern, wurde von vielen Autoren bemerkt und untersucht. (Um nur einige Beispiele zu nennen, sei verwiesen auf MATZ 1980, KIERAN 1981, WINTER 1982, BOOKER 1987, FILLOY/ROJANO 1989, CORTES/KAVAFIAN/VERGNAUD 1990.) Auf einiges davon soll im folgenden eingegangen werden.

Bedeutungsveränderung der Konkatenation

Die Konkatenation (Nebeneinanderstellung von Buchstaben bzw. Zahlen) bedeutet — wie MATZ (1980) hervorhebt — in der Arithmetik stets eine (implizite) Addition, z.B. in 43 oder $4\frac{3}{4}$. In der Algebra hingegen bedeutet sie eine Multiplikation wie in xy oder $3a$ oder auch beides wie in $43x$.

Ein Festhalten an der alten Auffassung der Konkatenation kann Fehler erzeugen wie z.B.:

$$x = 6 \implies 4x = 10$$
$$x = 3,\ y = -8 \implies xy = -5$$

Der folgende Fehler basiert ebenfalls auf einer Unkenntnis der algebraischen Bedeutung der Konkatenation:

$$x = 6 \implies 4x = 46$$

Weitere Fehldeutungen der Konkatenation findet man in CHALOUH/HERSCOVICS 1983.

Bedeutungsveränderungen der Operationszeichen

Auch die Operationszeichen ändern beim Übergang von der Arithmetik zur Algebra ihre Bedeutung. In der Arithmetik stellen die Operationszeichen vorwiegend „Aktionszeichen" dar, d.h. enthalten die Aufforderung, etwas zu tun. So bedeutet etwa

$$4 + 3\ ,\ \sqrt{16}$$

die Aufforderung, die Zahlen 4 und 3 zu addieren bzw. die Wurzel aus 16 zu ziehen. In der Algebra ist die Durchführung einer solchen Handlung nicht immer möglich, z.B.:

$$x + 3\ ,\ \sqrt{a}$$

Die Operationszeichen werden in der Algebra zu *Bestandteilen eines Zahlnamens*. So bezeichnet etwa $x + 3$ jene unbestimmte Zahl, die man erhält, wenn man zur unbestimmten Zahl x die Zahl 3 addiert. Analog bezeichnet $\sqrt{a}$ jene unbestimmte Zahl, die man erhält, wenn man aus der unbestimmten Zahl a die Wurzel zieht. Diese Bedeutung der Operationszeichen bzw. Terme ist zwar schon in der Arithmetik vorhanden, spielt dort aber keine große Rolle, da man die jeweilige Operation im Prinzip immer ausführen kann. Keinem Grundschüler würde es einfallen, $4 + 3$ als Namen für das Resultat dieser Addition anzusehen, weil er dafür den einfacheren Namen 7 angeben kann. In der Algebra hingegen wird diese Bedeutung zentral. Hinter dieser Bedeutungsverschiebung steckt das Akzeptieren der Prozeß-Resultat-Konvention, die wir auf Seite 109 behandelt haben.

Das Festhalten an der arithmetischen Deutung der Operationszeichen kann zu Verständnisschwierigkeiten führen. Solche Schwierigkeiten äußern sich etwa darin, daß Schüler Ausdrücke wie „$x + 3$" oder „$\sqrt{a}$" nicht als unbestimmte Zahlen akzeptieren und dementsprechend Ausdrücke dieser Art nicht als Endergebnisse algebraischer Rechnungen anerkennen (vgl. S. 110). Sie argumentieren dabei meist so: „Wie kann ich 3 zu x addieren, wenn ich nicht weiß, wie groß x ist?". Nicht selten zeigen Schüler hier Anzeichen von Frustration.

Schüler, die solche Ausdrücke nicht als Endergebnisse akzeptieren, wollen oft krampfhaft weiterrechnen. Dadurch entstehen „Aktionsfehler" (siehe z.B. MATZ 1980 oder EKENSTAM/GREGER 1987), wobei die Schüler irgendwelche sich anbietenden Rechenhandlungen durchführen (z.B. $\sqrt{a^2 + b^2} = a + b$), quasi nach dem Motto „Hauptsache, es geschieht etwas, was, ist weniger wichtig".

Bedeutungsveränderungen des Gleichheitszeichens

Mit den Operationszeichen ändert auch das Gleichheitszeichen seine Bedeutung. In der Arithmetik überwiegt die **Aufgabe-Ergebnis-Deutung**, wobei das *Gleichheitszeichen als Zuweisungszeichen* (bzw. „Ergibtzeichen" wie in manchen Programmiersprachen) gedeutet wird. Meist wird es von links nach rechts gelesen: links steht die Aufgabe, rechts das Ergebnis. In der Algebra jedoch hat das Gleichheitszeichen meist eine andere bzw. weitere Bedeutung. Eine Formel wie

$$a + b = c \cdot d$$

kann nicht einfach im Sinne von Aufgabe und Ergebnis verstanden werden. WINTER (1982) hebt hervor, daß das Gleichheitszeichen in der Algebra zumindest die folgenden drei Bedeutungen besitzt, die wir an der Formel $a + b = c \cdot d$ illustrieren wollen:

- *Numerische Gleichheit:* Dieselbe Zahl wird auf verschiedene Weisen ausgedrückt. Z.B.: $a + b$ und $c \cdot d$ stellen die gleiche unbestimmte Zahl dar.

- *Gleichheit der Endzustände:* Derselbe Endzustand wird auf verschiedene Weisen erreicht. Z.B.: Wenn man a und b addiert, erhält man dieselbe Zahl, wie wenn man c und d multipliziert.
- *Gleichheit der Wirkungen:* Dieselbe Wirkung wird auf verschiedene Weisen erreicht. Z.B.: Statt zu einer Zahl die Summe von a und b zu addieren, kann man auch das c-fache von d addieren.

Diese drei Bedeutungen kann man so zusammenfassen: *Gleichheitszeichen als Vergleichszeichen.* Durch das Gleichheitszeichen werden Zahlen, Zustände bzw. Wirkungen miteinander verglichen.

Das Gleichheitszeichen ist also einerseits ein **Zuweisungszeichen** (Handlungszeichen), andererseits ein **Vergleichszeichen** (Beziehungszeichen). In der Arithmetik dominiert die erste Auffassung, in der Algebra wird die zweite zentral.

Daß in der Grundschule mit der Aufgabe-Ergebnis-Deutung des Gleichheitszeichens begonnen wird, ist durchaus legitim und wohl auch vernünftig. Allerdings stößt diese Deutung — wie WINTER in seinem Artikel herausarbeitet — bereits in der Grundschule an ihre Grenzen. So können etwa fortlaufende Rechnungen der Art

$$7 + 8 + 9 \;=\; 15 + 9 = \ldots\ldots$$
$$36 + 47 \;=\; 36 + 40 + 7 = \ldots\ldots$$

nicht mehr strikt dieser Deutung unterworfen werden. WINTER führt noch weitere Beispiele an und schreibt:

> Der Hauptmangel der Aufgabe-Ergebnis-Deutung liegt in der reduzierenden Auswirkung auf das gesamte arithmetische Programm. Schon Zerlegungen dürften eigentlich gar nicht verständlich sein: In $32 = 18 + 14$ steht ja links keine Aufgabe. Entsprechend sind Zerlegungsgleichungen wie $65 = 17 + x$ gar nicht formulierbar. Variable dürften nicht zugelassen sein (höchstens in Aufgaben wie $15 + 9 = x$, aber da sind sie überflüssig!), in $36 + x = 98$ steht ja wiederum links keine Aufgabe. Was soll man in $36 + x$ auch ausrechnen? Ferner müßten Ungleichungen jeder Art ausgesperrt bleiben, was ja z.B. Karaschewski auch ausdrücklich fordert. Eine solche inhaltliche Armut würde sich zunächst einmal auf das Sachrechnen auswirken, das dann entsprechend verkürzt und eingeschränkt auf Ein-Weg-Standard-Fälle sein müßte. Wie sollte man eine solche Verkümmerung rechtfertigen?

WINTER fordert eine stärkere „Algebraisierung" des Arithmetikunterrichtes, von der er sich auch eine Steigerung der arithmetischen Kompetenzen der Schüler und ein besseres Verständnis des Rechnens erwartet. Durch eine Reihe von Vorschlägen deutet er an, wie eine solche Algebraisierung erreicht werden könnte. Dabei werden auch in vorsichtigem Maß Buchstaben verwendet, vieles verläuft jedoch ohne die Verwendung von Buchstaben, was zeigt, daß man bereits vor der Verwendung von Buchstaben einiges zur elementaren Algebra beitragen kann. Mit derartigen Fragen einer „Propädeutik der elementaren Algebra" können wir uns jedoch leider hier nicht weiter beschäftigen.

Wird das Gleichheitszeichen als Vergleichszeichen aufgefaßt, kann eine Formel nicht nur von links nach rechts, sondern in beiden Richtungen gelesen werden. Dabei kann eine Formel Verschiedenes bedeuten, je nachdem, in welche Richtung sie gelesen wird. Betrachten wir etwa die Formel:

$$a \cdot (b + c) = a \cdot b + a \cdot c$$

Von links nach rechts gelesen bedeutet diese Formel ein „Ausmultiplizieren", von rechts nach links gelesen ein „Herausheben". Ein anderes Beispiel (nach SCHOENFELD/ARCAVI 1988): Die Gleichung

$$\frac{1}{x-1} - \frac{1}{x+1} = \frac{2}{x^2 - 1}$$

bedeutet von links nach rechts gelesen eine „simple Bruchsubtraktion", von rechts nach links gelesen eine „schwierige Partialbruchzerlegung". Schüler erkennen diese Zusammenhänge oft nicht. Bekannt ist etwa, daß viele Schüler nicht erkennen, daß das „Ausmultiplizieren" und „Herausheben" auf dem gleichen Distributivgesetz beruhen.

Ein Ziel des Algebraunterrichtes muß also sein, das zweiseitige Lesen von Formeln zu lernen. Wenn am Anfang des Algebraunterrichtes nur Termumformungen gemacht werden, wird zu diesem Ziel kaum etwas beigetragen werden, da hier vorwiegend von links nach rechts vorgegangen wird. Wie MATZ (1980) hervorhebt, leisten jedoch auch einfache Gleichungen wie etwa

$$x - 5 = 17 \quad \text{oder} \quad 3x + 2 = 11$$

keinen sonderlichen Beitrag zu diesem Ziel, weil diese durch Erraten gelöst werden können und dabei kaum über die Aufgabe-Ergebnis-Deutung hinausgegangen werden muß. Soferne keine zusätzlichen methodischen Maßnahmen getroffen werden, wird ein Verlassen dieser Deutung für den Schüler wohl erst dann notwendig, wenn die Gleichungen jeweils die Unbekannte auf beiden Seiten enthalten und so komplex sind, daß sie nicht unmittelbar durch Erraten gelöst werden können. FILLOY und ROJANO (1984 b) sprechen von einem „didactical cut" beim Übergang von der Arithmetik zur Algebra, der auftritt, wenn die Unbekannte erstmalig auf beiden Seiten einer Gleichung auftritt (siehe auch GALLARDO/ROJANO 1987). HERSCOVICS und LINCHEVSKI (1991 a,b) haben bei Kindern ähnliche Schwierigkeiten beobachtet, wenn die Unbekannte auf einer Seite mehrfach vorkommt. (Den „didactical cut" fassen sie allgemeiner auf als „the student's inability to operate spontaneously with or on the unknown".)

Eine empirische Untersuchung zur Verwendung des Gleichheitszeichens von Kindern

Eine interessante Untersuchung zur Auffassung des Gleichheitszeichens wurde von BEHR/ERLWANGER/NICHOLS (1980) mit amerikanischen Kindern im Alter von 6 bis 12 Jahren durchgeführt (siehe auch ERLWANGER/BÉLANGER 1983). Einige Ergebnisse seien hier mitgeteilt, weil sie in drastischer Weise einige Auswirkungen der Aufgabe-Ergebnis-Deutung auf das Verständnis von Gleichungen aufzeigen.

a) *Aussagen der Form $a + b = \Box$*

Praktisch alle Sechs- und Siebenjährigen faßten Aussagen wie $2 + 3 = \Box$ als Handlungsanweisungen auf, die angeben, 2 und 3 zu addieren. Dies wurde auch noch so aufgefaßt, wenn nur $2+3$ geschrieben wurde. Praktisch kein Kind war in der Lage, $2+3$ als Name für eine Zahl zu sehen. Bestenfalls äußerten sie sich so: „$2+3$ ist eine Zahl, denn wenn man sie zusammenzählt, erhält man eine andere Zahl".

b) *Aussagen der Form $\Box = a + b$*

Viele Kinder lasen $\Box = 2+3$ von rechts nach links und schrieben $3+2 = \Box$. Oder sie strichen die Zeichen = und + durch und schrieben sie vertauscht darüber:

$$\square \overset{+}{=} 2 \overset{=}{+} 3$$

Andere wiederum schrieben $\square = 2+3$ um zu $5 = 2+3$ und lasen $3+2=5$.

Ein sechsjähriges Mädchen änderte die vorgegebene Gleichung $6 = 4+1$ zu $6 = 4+10$ und las $6+4 = 10$. Bei der Gleichung $3 = 2+1$ wollte es zunächst 1 zu 5 abändern, sah dann den Fehler ein, äußerte aber sein Mißfallen an dieser Schreibweise. Ein sechsjähriger Schüler fragte den Interviewer: „Lesen Sie rückwärts?"

Die meisten Sechs- und Siebenjährigen versuchten also, Aussagen der Form $\square = a+b$ in irgendeiner Form zu $a+b = \square$ oder $\square + a = b$ umzumünzen. Das galt z.T. auch noch für die Zwölfjährigen.

c) *Aussagen der Form $a = a$ oder $a = b$*

Die Aussage $3 = 5$ wurde von Sechs- und Siebenjährigen meist zu $3+5$, $3-5$, $3+5 = 8$ oder $2+3 = 5$ abgeändert, die Aussage $3 = 3$ zu $3+3$, $3-3$, $3+3 = 6$ oder $0+3 = 3$. Ein Sechsjähriger schrieb die Gleichung $3 = 5$ zuerst zu $3 =_8 5$ um und änderte dann zu $3+ =_8 5$. Nach Aufforderung, dies zu lesen, sagte er: „Ich lese rückwärts, 5 plus 3 ist 8", wobei er jeweils auf die Symbole zeigte. Damit auf der rechten Seite nicht 85 steht, setzte er die Ziffer 8 etwas tiefer. Die Gleichung $3 = 3$ änderte er in ähnlicher Weise zu $3+ =_6 3$ ab.

Obwohl Aussagen der Form $a = a$ oder $a = b$ keine Aktion verlangen, sondern höchstens die Feststellung ihrer Wahrheit bzw. Falschheit, änderten die meisten Sechs- und Siebenjährigen diese Aussagen zu $a+b = \square$ oder $a-b = \square$ ab. Das galt z.T. auch noch für die Zwölfjährigen.

d) *Aussagen der Form $a+b = b+a$ oder $a+b = c+d$*

Aussagen wie $2+3 = 3+2$ wurden von manchen Sechsjährigen zu $2+3+3+2$ oder $2+3+3+2 = 10$ abgewandelt. Ein sechsjähriges Mädchen bezeichnete zwar $2+3 = 5$ und $3+2 = 5$ als dasselbe, sah aber $2+3 = 3+2$ als falsch an. Es änderte $2+3 = 3+2$ ab zu: $2+3 = 5$ und $3+2 = 5$. Die Gleichung $1+5 = 5+1$ änderte es ab zu $1 + 5 = 1 + 5 = \ldots$ und bemerkte, daß nach dem letzten Gleichheitszeichen noch eine Antwort geschrieben werden müßte. Ein sechsjähriger Schüler änderte die Gleichung $1 + 2 = 2 + 1$ zu $1 + 2 \stackrel{3}{=} 2 + 1$ ab und las: „1 plus 2 ist 3 und 2 plus 1 ist 3", wobei er jeweils auf die Symbole zeigte. Siebenjährige akzeptierten gelegentlich die Gleichung $3 + 2 = 2 + 3$, verwiesen aber darauf, daß die rechte Seite rückwärts gelesen werden müsse. Gleichungen wie $4 + 1 = 2 + 3$ wurden von Siebenjährigen teilweise akzeptiert. Ein Siebenjähriger sagte: „Sie ergeben zwar beide 5, aber sie sind nicht gleich". (Dieser Schüler war sich also nicht im klaren, daß mit dem Gleichheitszeichen die Gleichheit von Zahlen und nicht die Gleichheit der Terme gemeint ist.)

6.2 Veränderungen der Sichtweise von Termen und Formeln

Geschlossene Darstellungen

In der Arithmetik ist das Gleichheitszeichen oft überhaupt entbehrlich. Betrachten wir etwa die Aufgabe:

> Die Summe der Zahlen 12 und 15 ist mit dem Produkt dieser Zahlen zu multiplizieren.

Man kann diese Aufgabe durch Nebenrechnungen lösen:

```
    12           12 · 15         27 · 180
    15             60              2160
   ----           ----            ------
    27            180              4860
```

Dazu braucht man kein Gleichheitszeichen, ja es ist nicht einmal nötig, die Aufgabe „geschlossen" anzuschreiben, d.h. in der Form:

$$(12 + 15) \cdot (12 \cdot 15)$$

In der Algebra sind Nebenrechnungen nicht mehr möglich, da die Rechenoperationen mit Buchstaben nicht mehr ausführbar sind. Statt dessen beschreibt man den Rechengang im allgemeinen in „geschlossener" Form durch einen Term oder eine Formel. Ist etwa die Summe der Zahlen a und b mit deren Produkt zu multiplizieren, so schreibt man:

$$(a+b) \cdot (a \cdot b) \quad bzw. \quad (a+b) \cdot (a \cdot b) = a^2b + ab^2$$

Es ist also ein wichtiges Lernziel in der elementaren Algebra, daß Schüler Rechengänge oder Beziehungen in „geschlossener" Form durch Terme oder Gleichungen beschreiben können und umgekehrt Terme und Gleichungen als solche Beschreibungen auffassen können. Diese Auffassung von Termen und Gleichungen kommt zwar schon in der Arithmetik vor, hat jedoch dort noch nicht die Bedeutung, die sie in der Algebra gewinnt.

Der Zwang, Rechengänge „geschlossen" aufzuschreiben, bringt allerdings Notationsprobleme mit sich, vor allem Probleme mit der Klammersetzung und Klammereinsparung (bzw. mit Bindungskonventionen wie Punktrechnung vor Strichrechnung). Zur Bewältigung dieser Probleme könnte man durchaus bereits in der Arithmetik wertvolle Vorarbeit leisten, z.B. dadurch, daß man Schüler stärker als üblich anhält, Rechnungen in „geschlossener" Form anzuschreiben und dabei auf die Klammerprobleme und Bindungskonventionen eingeht. So etwas kommt im Arithmetikunterricht zwar vor (die Lehrbücher enthalten beispielsweise Aufgaben wie: $3 + 2 \cdot 7 = \ldots$), der derzeitige Lernerfolg ist aber mehr als dürftig. Zum Beleg führe ich eine wahre Begebenheit an. Vor kurzem besuchte ich eine Zirkusvorstellung, in der ein rechnender Pudel vorgestellt wurde. Der Pudel wählte jeweils aus einer Menge von Karten jene Karte aus, die mit dem Resultat der gestellten Rechnung beschriftet war. Das Publikum wurde aufgefordert, eine „komplizierte" Rechnung anzusagen. Diese wurde auf eine Tafel geschrieben:

$$5 + 2 \cdot 3 + 4 \cdot 2$$

Dann wurde das Publikum zum gemeinsamen Ausrechnen aufgerufen. Das ganze Zirkuszelt brüllte: 5 plus 2 ist 7, mal 3 ist 21, plus 4 ist 25, mal 2 ist 50. Die Zeile auf der Tafel wurde ergänzt zu:

$$5 + 2 \cdot 3 + 4 \cdot 2 = 50$$

Inzwischen hatte der Pudel längst die Karte mit der Zahl 50 herbeigeschafft. Niemand protestierte, alle waren hochzufrieden.

Handlungs- und Beziehungsaspekte von Formeln

Die Handlungs-Beziehungs-Konvention (vgl. Seite 110) bringt zum Ausdruck, daß eine Formel eine Doppelnatur hat. Sie kann sowohl eine **Rechenhandlung** als auch eine **Beziehung zwischen Zahlen** darstellen. Z.B. gibt die Formel $z = x \cdot y$ einerseits an, wie man z aus x und y berechnen kann, stellt aber andererseits eine Beziehung zwischen den Zahlen z, x und y dar, nämlich daß z das Produkt von x und y ist. Beide Aspekte werden in der algebraischen Notation „kondensiert" (Fig. 57a).

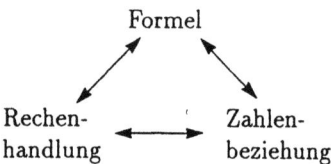

Fig. 57a

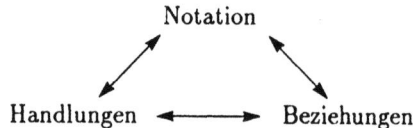

Fig. 57b

Man kann diese Zusammenhänge noch allgemeiner sehen. Wird eine Formel in einer außerarithmetischen Situation gedeutet, kann man sich neben einer Rechenhandlung und einer Zahlenbeziehung noch weitere Handlungen oder Beziehungen vorstellen, wenn die in der Formel vorkommenden Operationszeichen entsprechend gedeutet werden. Man kann also allgemein sagen, daß die algebraische (wie auch manche andere mathematische) Notation sowohl **Handlungen** als auch **Beziehungen** ausdrückt (Fig. 57b). Handlungen und Beziehungen stehen in einem Zusammenhang: Beziehungen werden durch Handlungen entdeckt bzw. konstruiert, Handlungen werden durch Beziehungen angeregt und gesteuert (DÖRFLER 1988, MALLE 1988 a). Handlungen und Beziehungen ergänzen und bedürfen also einander. In Anlehnung an eine Terminologie von

OTTE (1983, 1984) kann man von einer *Komplementarität von Handlungen und Beziehungen* sprechen.

In der Arithmetik dominiert bei angeschriebenen Termen und Gleichungen meist der Aspekt der Rechenhandlung (Aufgabe-Ergebnis-Deutung). Der Aspekt einer Zahlenbeziehung kommt zwar vor, hat aber für Schüler im allgemeinen eine untergeordnete Bedeutung. Es ist daher nicht verwunderlich, daß es vielen Schülern beim Übergang zur elementaren Algebra schwerfällt, in einer Formel eine Beziehung zwischen Zahlen zu sehen. Diese Schwierigkeit äußert sich etwa darin, daß Schüler eine Formel wie $z = x \cdot y$ für sinnlos halten, weil man z nicht berechnen könne, solange man x und y nicht kennt. In relativ vielen Interviews zeigte sich, daß Schüler beim Aufstellen einer Formel keinen Erfolg hatten, weil sie ganz versessen darauf waren, etwas auszurechnen. Als Beispiel dafür sei ein kurzer Ausschnitt aus dem Interview mit Mario (13) angeführt:

I: In diesen beiden Schachteln habe ich Murmeln verpackt. Ich habe aber vergessen, wie viele Murmeln ich in jede Schachtel gegeben habe. Ich weiß nur, daß ich in die zweite Schachtel viermal so viele Murmeln wie in die erste hineingelegt habe. Kannst du den Text durch eine Gleichung darstellen?

M: $(x + 4) \cdot x = x^2 + 4 \cdot x$
x für die Schachtel ... viermal mehr heißt plus vier, und das mal x, das ergibt $x^2 + 4x$.

[Etwas später macht Mario den folgenden Vorschlag.]

M: $x \cdot 4x = y$
x, da ich die Anzahl für die Kugeln nicht weiß ... Also x steht für die Anzahl der Kugeln in Schachtel eins, $4x$ steht für die Anzahl der Kugeln in Schachtel zwei, und das Ergebnis, das bezeichnen wir halt mit y. Das y steht für die Anzahl, die ich ausrechnen muß. Ich möchte ja wissen, wieviel Kugeln in der zweiten Schachtel sind ... das y steht also für die Kugeln in der zweiten Schachtel.

Es ist also ein wichtiges Lernziel des Unterrichts in elementarer Algebra, über die Vorstellung einer Formel als Rechenhandlung hinauszukommen und sie auch als eine Beziehung zwischen Zahlen auffassen zu können. Wie schon auf Seite 110 ausgeführt wurde, setzt dies die Fähigkeit voraus, *Terme als Zahlen* sehen zu können (Prozeß-Resultat-Konvention). Beispielsweise kann das Gleichheitszeichen in der Gleichung $z = x \cdot y$ nur dann als numerische Gleichheitsbeziehung aufgefaßt werden, wenn man in der Lage ist, in dem Term $x \cdot y$ eine (unbestimmte) Zahl zu sehen und nicht bloß eine „unausgeführte Rechnung".

In TALL/THOMAS 1991 (siehe auch THOMAS/TALL 1989 b und GRAY/TALL 1993) wird herausgearbeitet, daß Schüler, die Terme nur unter dem Handlungsaspekt sehen können, eine wesentlich schwierigere Algebra zu bewältigen haben als andere Schüler. Für einen solchen Schüler müssen etwa in der Gleichung $3 \cdot (a+b) = 3 \cdot a + 3 \cdot b$ die Terme auf den beiden Seiten ganz Verschiedenes bedeuten: Links wird ein Prozeß dargestellt, bei dem zuerst zwei Zahlen addiert werden und dann das Ergebnis mit 3 multipliziert wird; rechts wird ein Prozeß dargestellt, bei dem zuerst jede der beiden Zahlen mit 3 multipliziert wird und dann die Ergebnisse addiert werden. Darüber hinaus muß der Schüler die Gleichung so interpretieren, daß beide Prozeße zum selben Resultat führen. Wie viel leichter hat es ein Schüler, für den sich beide Terme zu unbestimmten Zahlen „objektiviert" („encapsulated" nach TALL/THOMAS) haben. Er muß lediglich konstatieren, daß $3 \cdot (a+b)$ und $3 \cdot a + 3 \cdot b$ dieselbe Zahl darstellen.

Ein anderes Beispiel: TALL und THOMAS stellten einigen Schülern zuerst die Gleichung

$$2 \cdot p - 1 = 5$$

und anschließend die Gleichung

$$2 \cdot (p+1) - 1 = 5$$

Handlungsorientiert denkende Schüler lösten zuerst die erste Gleichung und erhielten $p = 3$. Dann lösten sie unabhängig davon die zweite Gleichung, indem sie die Klammer mit 2 ausmultiplizierten usw. Einige Schüler erkannten jedoch, daß die zweite Gleichung aus der ersten hervorgeht, wenn man p durch $p+1$ ersetzt, und kamen schneller zum Ziel: $p + 1 = 3$, also $p = 2$. Ein solches Vorgehen ist aber nur einem Schüler möglich, der imstande ist, den Term $p+1$ als eine unbestimmte Zahl anzusehen.

Ein bloßes Denken in Handlungen ist in der Algebra nicht lange durchzuhalten. Der Unterricht verstärkt jedoch diese Haltung unter Umständen, indem er lediglich Regeln zum besseren „Handlungsmanagement" bereitstellt. TALL und THOMAS schreiben dazu:

> To cope with these difficulties, traditional teaching tends to emphasize the calculation and manipulation of algebraic expressions — teaching children the rules of algebra so that they develop the necessary manipulative ability. „Do multiplication before addition", „calculate expressions in brackets first", „collect together like terms", „of means multiply", „add the same thing to both sides", „change sides, change sign", „to divide, turn upside down and multiply", etc. etc. It is hoped that once the child is able to carry out the rules consistently, then understanding will follow, but it is a forlorn hope .... Once committed to such a course, it easily degenerates into a never ending downward spiral of instrumental activity: learning the „trick of the week" to survive, soon leading to a collection of disconnected activities that become more and more difficult to coordinate, even at a purely mechanistic level.

Wechsel von Handlungs- und Beziehungsaspekten

Die „Kondensation" von Handlungs- und Beziehungsaspekten in der algebraischen Notation bringt viele Vorteile mit sich, vor allem solche heuristischer Natur. Die Auswahl von Handlungs- und Beziehungsaspekten bzw. ein flexibler Wechsel zwischen diesen Aspekten erhöht unsere Chancen zum Aufstellen bzw. Interpretieren einer Formel. Wenn ein Aspekt nicht mehr weiterhilft, kann ein Übergang zum anderen Aspekt nützlich sein. Wir haben in Interviews beobachtet, daß für Schüler, die sich auf den Beziehungsaspekt festgebissen haben, häufig die Frage nützlich war: „Was muß gerechnet werden, um was zu erhalten?". Umgekehrt schien jedoch auch manchen Schülern, die zu sehr an Rechenhandlungen hingen, die Frage zu nützen: „Was muß wem gleich sein?"

Aus diesen Überlegungen ergibt sich, daß ein erstrebenswertes Lernziel des Algebraunterrichts darin besteht, eine gewisse Flexibilität im Umgang mit Handlungs- und Beziehungsaspekten von Formeln zu erreichen.

Leider haben wir in den Interviews festgestellt, daß derartige Wechsel zwischen Handlungs- und Beziehungsvorstellungen von den Schülern eher selten vollzogen wurden, oft erst dann, wenn der Interviewer dazu den Anstoß gab. Im allgemeinen wurde die vorgegebene Textorientierung beibehalten. Bestand der Text vorwiegend aus Handlungsbeschreibungen, wurde diese Orientierung meist während der gesamten Argumentation beibehalten; bestand der Text vorwiegend aus Beziehungsangaben, wurde diese Orientierung beibehalten. Wir sehen uns dazu einige Stellen aus dem Interview mit Klaus (11) an. Auf einen handlungsorientierten Text reagiert Klaus mit Handlungsvorstellungen (Rechnen, Verteilen):

I (legt folgende Aufgabe vor): Eine Klasse macht einen Ausflug. Insgesamt müssen b Schilling für den Omnibus und c Schilling für einen Museumsbesuch bezahlt werden. Die Gesamtkosten werden gleichmäßig auf die d Schüler der Klasse aufgeteilt. Stelle eine Formel für den Betrag a auf, den jeder Schüler bezahlen muß!

K: Da muß man einmal b und c rechnen ... b und c ist gleich so und so viel ... und das was herauskommt, also b plus c, und das was herauskommt, wird auf die d Schüler ... also b plus c zusammenrechnen, dann dividiert durch d ist gleich a.

Derselbe Schüler reagiert auf einen beziehungsorientierten Text ganz anders. Ohne auf eine Handlung oder einen Rechengang zurückzugreifen, überlegt er sich eine Beziehung, zuerst an konkreten Zahlen und dann allgemein:

I (legt folgende Aufgabe vor): Anton ist a cm groß, Bernhard ist b cm groß. Anton ist c-mal so groß wie Bernhard. Drücke das durch eine Gleichung aus!

K (murmelt): Der Anton ist zum Beispiel 1,73 m und der Bernhard 1,63 m und das c ist der Unterschied von den zwei ...

I: Lies noch einmal genau den Text!

K: Anton ist a cm groß ... c-mal so groß ... c-mal so groß ... ach so, dann ist der Anton zweimal so groß wie Bernhard. Dann ist a 96 cm groß und der Bernhard ist 48 cm groß und c ist, daß der Bernhard, nein der Anton ist zweimal so groß wie der Bernhard, $48 + 48 = 96$.

I: Versuche, die Gleichung allgemein mit den Variablen hinzuschreiben!

K (nach längerer Pause): $b + b = c$, ah $b + b = a$ ... (murmelt unverständlich vor sich hin) ... b mal 2 ... $b \cdot c = a$.

Im Bereich der elementaren Arithmetik konnte ziemlich klar nachgewiesen werden, daß handlungsorientierte Texte den meisten Schülern leichter fallen als beziehungsorientierte Texte (siehe etwa RILEY/GREENO/HELLER 1983 und die dort angegebene Literatur). Im Bereich der elementaren Algebra liegen nach meinen Erfahrungen die Verhältnisse nicht so eindeutig. Dies dürfte daran liegen, daß algebraische Formeln nicht in gleichem Maß auf Handlungsaspekte reduziert werden können wie manche arithmetische Rechnungen und daß das Zusammenspiel von Handlungen und Beziehungen in der elementaren Algebra bedeutsamer ist als in der Arithmetik. Es ist also vermutlich günstig, im Unterricht Einseitigkeiten zu vermeiden und handlungs- sowie beziehungsorientierte Texte zu mischen und das Übersetzen zu üben. Ebenso sollten Formeln auf beide Arten verbal interpretiert werden.

6.3 Veränderungen heuristischer Aktivitäten

Eine arithmetische Rechenaufgabe bedeutet im allgemeinen die Ausführung gewisser *Algorithmen*, wozu kaum heuristische Überlegungen notwendig sind. Derartige Überlegungen kommen in der Arithmetik höchstens ansatzweise vor, etwa wenn man sich überlegt, in welcher Reihenfolge man die Summe

$$17 + 16 + 13 + 24$$

am günstigsten berechnet. Bei Aufgaben in der elementaren Algebra, etwa dem Umformen eines Terms oder dem Lösen einer Gleichung, werden jedoch solche Überlegungen massiver erforderlich, weil die Manipulationen im allgemeinen weniger eindeutig bestimmt sind und eine Art „Lösungsplan" entworfen werden muß (auch wenn dies nicht sehr bewußt geschieht). Vielfach gelingt es zwar nicht, einen Lösungsweg bis zum Ende zu planen (oft wird ein Plan während der Lösung vervollständigt oder verändert), jedoch ist ein Planen praktisch immer im Spiel.

Im vorhinein ist oft nur eine bestimmte **Form des Ergebnisses** bekannt. In der Arithmetik ist die Form des Ergebnisses im allgemeinen klar: es soll eine Zahl berechnet werden. Bei manchen Aufgaben der elementaren Algebra ist die Form des Ergebnisses ebenfalls klar. Lautet die Aufgabe „Löse die Gleichung $5(x+3) = 10x$", dann ist das Ziel ein Ausdruck der Form „$x = \ldots$". Lautet die Aufgabe „Zerlege $x^2 + 5x + 6$ in Linearfaktoren", dann ist das Ziel ein Ausdruck der Form „$(x - \ldots) \cdot (x - \ldots)$". Es ist allerdings meist nicht unmittelbar klar, wie diese Form erreicht werden kann. Deshalb sind Planungsaktivitäten notwendig.

In der elementaren Algebra treten darüber hinaus auch häufig Fälle ein, in denen die Form des Ergebnisses nicht von vornherein bekannt ist. Lautet die Aufgabe „Vereinfache den Term ...."‚ dann ist die Form des Ergebnisses im vorhinein nicht bekannt und es ist oft auch bei der Durchführung der Umformung schwer entscheidbar, ob der Term hinreichend vereinfacht ist oder nicht. Hier sind spezielle heuristische Strategien notwendig, wobei auch ästhetische und andere subjektive Momente eine Rolle spielen.

Manche der in der Algebra erforderlichen Strategien lassen sich in die Form **einfacher Regeln** kleiden, z.B. beim Gleichungslösen:

– Versuche durch Ausmultiplizieren die Unbekannte aus den Klammern zu bringen!

– Versuche alle Glieder mit der Unbekannten auf eine Seite zu bringen und dann die Unbekannte herauszuheben!

Grundsätzlich wäre es möglich, die für das Termumformen und Gleichungslösen erforderliche Heuristik zu algorithmieren (dies muß z.B. zur Programmierung eines Computeralgebrasystems geschehen), in der Schule wäre dies jedoch ein hoffnungsloses und nicht wünschenswertes Unterfangen. Nur wenige heuristische Strategien lassen sich so griffig formulieren wie die obigen Beispiele. Das meiste wird hier auf einer unbewußten oder kaum bewußten Ebene gelernt werden müssen. Man kann nicht alles Nötige thematisieren und erklären (das ist ja gerade der Grundirrtum der Erklärungsideologie).

Daß die elementare Algebra im Vergleich zur Arithmetik ein so viel größeres Arsenal an heuristischen Strategien und einen flexibleren Einsatz vorhandener Strategien zuläßt bzw. erfordert, beruht u.a. auf der „Spurenkonservierung" der algebraischen Notation. Ich zitiere dazu MATZ (1980) in einer von mir vorgenommenen deutschen Übersetzung:

> In der Arithmetik enthält ein numerisches Resultat keine Spur des spezifischen Prozesses, der zu ihm geführt hat. Die meisten algebraischen „Antworten" hingegen spiegeln noch säuberlich die Folge und Art der Operationen wider, durch deren Verknüpfung sie entstanden sind. Folglich kann der Prozeß, der algebraischen „Resultaten" zugrundeliegt, trivial rekonstruiert werden, während numerische Resultate nicht eindeutig zurückverfolgt werden können.

Diese „Spurenkonservierung" erlaubt es beispielsweise, eine Strategie zur Isolation einer Unbekannten aus einer Gleichung zu entwickeln.

Die Lesbarkeit des Gleichheitszeichens in beiden Richtungen und die Rekonstruierbarkeit der Prozesse gestatten neue Kombinationen des Vorwärts- und Rückwärtsarbeitens. Z.B. kann die Aufgabe „Zerlege $x^2 + 5x + 6$ in Linearfaktoren" in einem ersten, antizipativen Schritt zu einem von links nach rechts gelesenen Gleichungsschema der Form

$$x^2 + 5x + 6 = (x - a) \cdot (x - b)$$

führen (zumindest in Gedanken). In einem zweiten Schritt können dann durch Probieren oder andere systematische Methoden die Zahlen a und b bestimmt werden, wobei die Richtigkeit durch Ausmultiplizieren der Klammern, also durch Lesen der Gleichung von rechts nach links, überprüft wird.

6.4 Unterrichtsvorschläge zur veränderten Sichtweise von Termen und Formeln

Im traditionellen Algebraunterricht werden kaum Anstrengungen unternommen, Schülern die Veränderungen beim Übergang von der Arithmetik zur Algebra bewußt zu machen. Vieles davon ist auch für den Lehrer kaum vorweg planbar, er wird vielmehr wiederum versuchen müssen, auf Schülerfehler sensibel zu reagieren und Mißverständnisse aufzuklären, z.B. falsche Auffassungen der Konkatenation, der Operationszeichen oder des Gleichheitszeichens. Zu manchen Punkten kann man jedoch gezielt **Aufgaben** stellen. Im folgenden führe ich einige Aufgaben an, die zum Ziel haben, die Sichtweise von *Termen als Zahlen* bzw. *Formeln als Beziehungen zwischen Zahlen* zu entwickeln. Die meisten dieser Aufgaben basieren auf der Idee, Terme bzw. Formeln zu *visualisieren*. Durch eine geeignete Visualisierung kann ein Term als zeichnerisches *Objekt* (Strecke, Rechteck, Markierung auf einer Skala usw.) dargestellt werden, was es vermutlich erleichtert, den Term selbst als ein Objekt (eine Zahl) anzusehen. In ähnlicher Weise kann eine geeignete Visualisierung einer Formel vermutlich helfen, die zeichnerisch dargestellte Objektbeziehung (Beziehung zwischen Strecken, Rechtecken, Markierungen usw.) als Zahlenbeziehung aufzufassen.

Terme als Zahlen

1 Es sei z irgendeine Zahl. Wie lautet die Zahl, die a) viermal so groß wie z ist, b) um 10 größer als z ist, c) um 3 kleiner als das Doppelte von z ist, d) halb so groß wie z ist?

2 Fülle die folgende Tabelle fertig aus:

z	$2 \cdot z$	$z + 10$	$2 \cdot z - 1$	$2 \cdot (z-1)$
3				
	10			
		16		
			25	
				28

3 In Fig. 58 sind drei Strecken gezeichnet, die die Zahlen x, y und z darstellen. Zeichne eine Strecke, die die Zahl $x + 2 \cdot y - z$ darstellt!

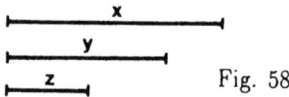

Fig. 58

4 Welche Zahlen werden durch die Strecken [A,B], [A,C] [B,D], [A,D] dargestellt:

5 In den nebenstehend abgebildeten Gefäßen, die alle eine gleich große Grundfläche haben, sind die Wasserstände (Wasserhöhen) mit u, v, w markiert. Jemand schüttet den Inhalt der beiden kleinen Gläser in das große Glas. Markiere den neuen Wasserstand im großen Glas! Wie kann man ihn mit Hilfe von u, v, w beschriften?

Fig. 59

6 Zeichne auf der folgenden Zahlengeraden die Zahlen $a + 1$, $2 \cdot a$ und $3 \cdot a - 1$ ein:

Fig. 60

7 Auf einem Lagerplatz befinden sich m Tonnen Sand. Davon werden monatlich p Tonnen weggenommen? Wieviel Sand ist a) nach 2 Monaten, b) nach t Monaten vorhanden? Stelle die Sandmengen für die ersten vier Monate durch eine Zeichnung dar und beschrifte diese!

8 In den in Fig. 61 abgebildeten Säcken befinden sich Kugeln. Im ersten Sack sind x Kugeln. Im zweiten Sack sind um 4 Kugeln mehr als im ersten Sack. Im dritten Sack sind dreimal so viele Kugeln wie im ersten Sack. Im vierten

Sack sind doppelt so viele Kugeln wie im zweiten Sack. Beschrifte die Säcke mit den Anzahlen der enthaltenen Kugeln!

Fig. 61

9 (Fortsetzung von Aufgabe 8) Es sei noch etwas verraten: im dritten und vierten Sack sind gleich viele Kugeln. Schreib dies als Gleichung in x an! Kannst du jetzt erraten, wie viele Kugeln in jedem Sack sind?

10 In Fig. 62 sind vier Flaschen abgebildet. In der ersten Flasche befinden sich u Liter, in der zweiten $u + 2$ Liter, in der dritten $2 \cdot v + 1$ Liter und in der vierten $u + v + w$ Liter Wasser.

  a) Drücke diese Angaben in Worten aus!
  b) Drücke alle Flascheninhalte durch u aus und beschrifte damit die Flaschen!

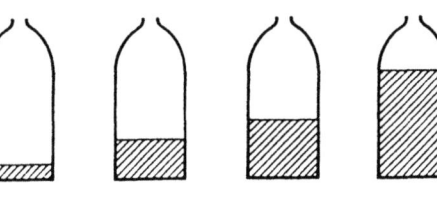

Fig. 62

Formeln als Beziehungen zwischen Zahlen

Durch ähnliche Aufgaben kann man Schüler von der bloßen Rechendeutung von Formeln wegbringen und sie dazu bewegen, Formeln auch als Beziehungen zwischen Zahlen (Größen) anzusehen. Vor allem kann man Zahlenbeziehungen zeichnerisch darstellen lassen oder umgekehrt aus Zeichnungen Zahlenbeziehungen herauslesen lassen. Zum Beispiel:

11 Stelle die Formel $x + y = a - b$ auf verschiedene Arten zeichnerisch dar!

12 Lies aus Fig. 63 verschiedene Beziehungen zwischen a, b, c, d, e ab!

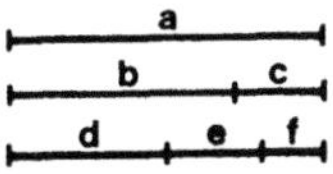

Fig. 63

13   Nebenstehend ist eine Wohnung abgebildet. Ermittle eine Formel für den Flächeninhalt und Umfang
   a) der einzelnen Räume,
   b) der Terrasse,
   c) der Wohnung ohne Terrasse,
   d) der Wohnung mit Terrasse!

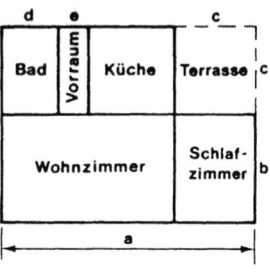

Fig. 64

14   (Fortsetzung von Aufgabe 13): Welche Fläche hat den Inhalt:

   a) $A = a \cdot b$ c) $A = (a-c) \cdot c$ e) $A = a \cdot (b+c)$
   b) $A = a \cdot b + c \cdot d$ d) $A = (a-c) \cdot (b+c)$ f) $A = a \cdot (b+c) - c^2$

15   Im Fig. 65 sind vier Kisten abgebildet, in denen sich k, u, v bzw. w Kugeln befinden. In der zweiten Kiste sind um 2 Kugeln mehr als in der ersten Kiste. In der dritten Kiste sind dreimal so viele Kugeln wie in der ersten Kiste. In der vierten Kiste sind um 6 Kugeln mehr als in der dritten Kiste.

   a) Drücke u, v, w durch k aus!
   b) Wievielmal so viele Kugeln sind in der vierten Kiste wie in der zweiten Kiste?
   c) In der dritten Kiste sind doppelt so viele Kugeln wie in der zweiten Kiste. Schreib dies als eine Gleichung in k an und versuche, k zu erraten!

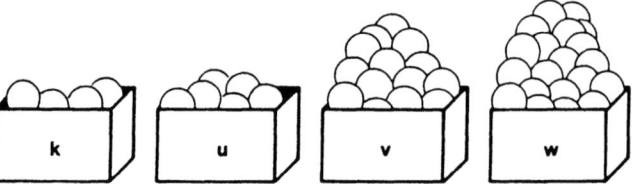

Fig. 65

Interessante Unterrichtsvorschläge sowie eine dazugehörige Untersuchung zu diesem Thema findet man in WOLTERS 1991.

6.5 Variable vor Zahlen?

An der Tatsache, daß im traditionellen Mathematikunterricht Variable meist erst im siebenten Schuljahr eingeführt werden, ist eine bestimmte Auslegung einer Theorie PIAGETs nicht ganz unschuldig. Nach PIAGET tritt ein Kind in seiner Intelligenzentwicklung etwa mit dem elften oder zwölften Lebensjahr aus dem „konkret-operativen Stadium" in das „formal-operative Stadium" (siehe WITTMANN 1975). Wir wollen uns hier nicht mit der Frage beschäftigen, ob diese Einteilung in Stadien sinnvoll ist. Manche Leute sind jedoch geneigt, daraus den Schluß zu ziehen, daß man Kindern frühestens mit dreizehn Jahren Variable zumuten kann. Daß diese Ansicht grundfalsch ist, wurde in eindrucksvoller Weise durch Experimente gezeigt, die unter der Leitung des russischen Didaktikers DAVYDOV in den Jahren 1964–67 durchgeführt wurden (beschrieben in FREUDENTHAL 1974, 1978, 1986 b, OTTE 1976). Diese Experimente zeigen, daß Kinder den Gebrauch von Variablen schon sehr viel früher — im Grundschulalter — erlernen können; ja mehr noch: der Gebrauch von Variablen kann bis zu einem gewissen Grad bereits vor dem Rechnen mit Zahlen erlernt werden.

Die Experimente wurden in sieben Klassen des zweiten Schuljahres in Rußland (entspricht unserem dritten Schuljahr) durchgeführt und umfaßten jeweils 42 Unterrichtseinheiten zu je 30–35 Minuten. Die ersten drei Viertel dieser Zeit wurden dazu verwendet, um die für grundlegend gehaltenen *Beziehungen zwischen den Teilen und dem Ganzen* zu behandeln. Dazu wurde mit konkreten Objekten hantiert, es wurde Papier geschnitten, Wasser umgefüllt usw. Es wurden dazu auch Skizzen angefertigt, wobei das Ganze und seine Teile von Anfang an mit Buchstaben bezeichnet wurden, z.B.:

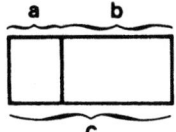 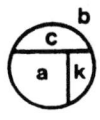 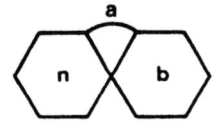

Fig. 66

Später wurden zu den Skizzen auch passende Gleichungen dazugeschrieben, z.B.:

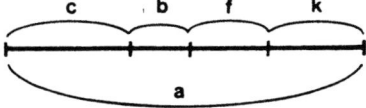 $k = a - c - b - f$ Fig. 67

Diese Gleichung wurde etwa so interpretiert: Vom Ganzen a werden die Teile c, b, f weggenommen, es verbleibt k. Am Ende dieser Unterrichtsphase konnten die meisten Schüler Skizzen in Gleichungen und Gleichungen in Skizzen umsetzen. Sie waren auch in der Lage, zu vorgelegten Skizzen oder Gleichungen selbst Texte zu erfinden.

Wohlgemerkt, bislang verlief das Ganze ohne die Verwendung konkreter Zahlen. Die Schüler hatten zwar ein rudimentäres Verständnis von Zahlen (sie kannten die natürlichen Zahlen, jedoch noch nicht die Bruchzahlen), es wurde aber noch kaum mit Zahlen gerechnet und vor allem wurde bei der Einführung von Variablen kein expliziter Gebrauch von Zahlen gemacht. Die Buchstaben bedeuteten dabei vielmehr konkrete Objektmengen: a Sand bedeutete eine vorgezeigte Menge Sand, b Wasser eine in einem Glas befindliche Wassermenge, c Papier eine ausgeschnittene Papierfläche. Die Rechenoperationen (Addition, Subtraktion) bedeuteten konkrete Handlungen wie Zusammenschütten, Auffüllen, Wegschneiden usw.

Der Zusammenhang der Buchstaben mit den Zahlen wurde erst in der 36. Unterrichtseinheit hergestellt und zwar auf folgende Weise: Der Lehrer stellte zwei Meßgläser mit Wasser vor, wobei der Wasserstand mit k bzw. c markiert wurde. Er schüttete das Wasser beider Gläser in ein drittes Glas (ohne Skala) und markierte dort den Wasserstand mit b. Die Schüler stellten die Beziehung zwischen k, c und b durch verschiedene Zeichnungen dar und notierten die Formeln

$$b = c + k \quad , \quad c = b - k \quad , \quad k = b - c$$

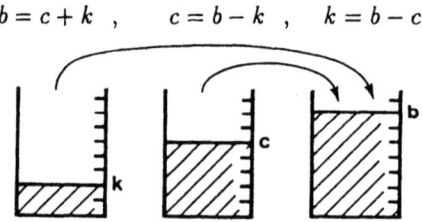

Fig. 68

Lehrer: Wir haben den Wasserstand durch Buchstaben gekennzeichnet, aber wir können ihn auch durch Zahlen messen. Mit welcher Größe sollen wir zu messen beginnen?

Schüler: Mit der Größe k, dem Wasser im ersten Meßglas.

Lehrer: Könnt ihr das Volumen des Wassers in diesem Meßglas bestimmen?

Schüler: (geht zum Tisch und schaut auf die Skala) Dieses Wasser sind 30 Gramm.

Lehrer:	Gut, schreiben wir $k = 30$.
Schüler:	Nun zum anderen Meßglas. Hier sind es 70 Gramm. $c = 70$.
Lehrer:	Wieviel Wasser ist in dem Glas dort? Es hat keine Skala. Wie können wir wissen, wieviel b ist? (Die Schüler sind verwirrt. Dann gehen Hände in die Höhe.)
Ljuda B.:	Man sollte es in ein Meßglas schütten und schauen, wieviel es ist.
Sereza S.:	Nicht nötig. b ist unser Ganzes, nicht wahr. Und k und c sind Teile. k ist 70 und c ist 30. Um das Ganze zu erhalten, muß man die Teile k und c addieren und erhält so 100.
Lehrer:	Wie können wir niederschreiben, wie wir b erhalten?
Sereza S.:	30 plus 70 ist 100.

Die Schüler zeichneten dann folgende Skizze und schrieben folgende Gleichungen an:

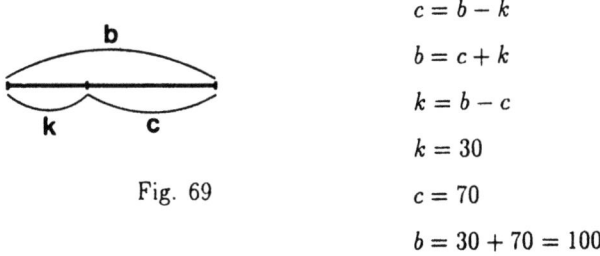

$$c = b - k$$
$$b = c + k$$
$$k = b - c$$
$$k = 30$$
$$c = 70$$
$$b = 30 + 70 = 100$$

Fig. 69

Am Ende dieses Unterrichts waren die Schüler in der Lage, Beziehungen zwischen Ganzem und Teilen mit Buchstaben auszudrücken und „additive Elementarumformungen" durchzuführen wie z.B.:

$$a = b + c \quad \ldots \quad b = a - c$$
$$a = b - c - d \quad \ldots \quad b = a + c + d$$

Damit konnten sie auch einfache Textaufgaben lösen. Um das Erreichte zu illustrieren, seien die Aufgaben des Schlußtests angeführt, der nach DAVYDOVs Angabe sehr gut ausfiel:

(1) Am Morgen arbeiteten a Traktoren auf dem Land. Im Laufe des Tages kamen einige hinzu. Dann waren es b Traktoren. Wie viele waren hinzugekommen?

(2) In der Garage waren einige Autos, k fuhren weg, c blieben übrig. Wie viele waren es ursprünglich?

(3) Kolja hatte einige Bücher. Vater gab ihm noch f und e dazu. Dann hatte er d Bücher. Wie viele hatte er ursprünglich?

(4) Am Morgen aßen die Kaninchen 5 Karotten und später noch einige. Zusammen aßen sie 13. Wie viele haben sie später am Tag gegessen?

(5) In einer Vase waren t Blumen, aber n verwelkten und wurden herausgenommen. Wie viele blieben übrig?

In einem zweiten Teil der Untersuchung wurden dann auch Textaufgaben behandelt, die über die Beziehungen der Teile zum Ganzen hinausgingen. Dabei kamen auch Textformulierungen vor wie: a ist um b größer als c, a ist b—mal so groß wie c. Ich beschränke mich darauf, die Aufgaben des Schlußtests anzuführen, der wiederum sehr gut ausfiel (wesentlich besser als in einer Kontrollklasse):

(1) Jeder Schüler einer Schule hatte a kg Alteisen abzuliefern, aber m Schüler überschritten die Norm und lieferten zusammen d kg Alteisen extra ab. Um wieviel überschritt jeder dieser Schüler die Norm?

(2) Der Abstand zwischen zwei Städten ist a km. Ein Reisender flog a Stunden mit einer Geschwindigkeit von b km pro Stunde und fuhr den Rest mit einem Lastkraftwagen mit einer Geschwindigkeit von d km pro Stunde. Wie viele Stunden fuhr er mit dem Lastkraftwagen?

(3) Bei einem Sportwettkampf nahmen a Leute teil, b Schwimmer, c Läufer mehr als Schwimmer; der Rest waren Ruderer. Wie viele Ruderer nahmen teil?

(4) Ein Kaufhaus verkaufte an einem Tag b Meter Kleiderstoff zu a Rubel pro Meter und d Meter Wollstoff. Ein Meter Wollstoff kostet c mal weniger als ein Meter Kleiderstoff. Wieviel nahm das Kaufhaus bei diesem Verkauf ein?

(5) Eine Mauer, a Meter hoch und c mal so lang, wurde geweißigt und ausgemalt. Der k—te Teil der Mauer wurde ausgemalt und der Rest wurde geweißigt. Wieviel Fläche wurde geweißigt?

Die Experimente DAVYDOVs haben gezeigt, daß es bis zu einem gewissen Grad möglich ist, den Umgang mit Variablen vor dem Umgang mit Zahlen zu erlernen. „Es ist eine andere Frage, ob es faktisch wünschenswert, nützlich, nötig ist" (FREUDENTHAL 1986 b). Zumindest stehen Vorerfahrungen von Kindern über Zahlen (Größen) und eine eingefahrene Unterrichtstradition einer so radikalen Unterrichtsreform entgegen. Aber selbst wenn man nicht so radikale Absichten hegt, kann man aus den Experimenten DAVYDOVs eines lernen: es kann nur vorteilhaft sein, wenn Variable „früh und progressiv" eingeführt werden, wenn möglich schon in der Grundschule, auf jeden Fall aber im 5. Schuljahr. Auch wenn Variable den Zahlen nicht vorausgehen, sollten sie von Anfang an in möglichst enger Verbindung mit Zahlen (Größen) gebraucht werden. In Fig. 70 ist angedeutet, daß man von konkreten Objekten und Handlungen ausgehend entweder über das Zahlenrechnen zum Buchstabenrechnen oder über das Buchstabenrechnen zum Zahlenrechnen gelangen kann. Sinnvoller erscheint jedoch eine Verquickung beider Wege, was dem systemischen Zusammenhang der drei Teilgebiete besser entspricht. Dadurch kann einerseits die Algebra profitieren: Buchstaben bleiben keine inhaltsleeren Hülsen. Andererseits kann aber auch die Arithmetik davon profitieren: die Kenntnis allgemeiner Zusammenhänge verleiht dem Rechnen mit konkreten Zahlen mehr Sinn.

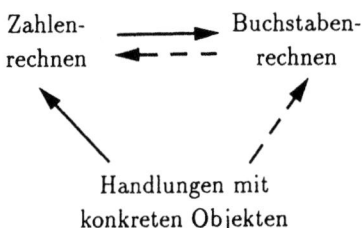

Fig. 70

7 SCHÜLERFEHLER BEIM UMFORMEN

Wenn ein Schüler einen algebraischen Ausdruck umformen soll, so erwartet man im Idealfall, daß er den Ausdruck genau ansieht, gewisse Regeln korrekt anwendet und damit zu einer richtigen Umformung kommt. Die Realität sieht allerdings häufig anders aus: Die Schüler sehen den Ausdruck nur flüchtig an, wenden dann irgendwelche Schemata an (die mit Regeln oft nichts zu tun haben) und kommen damit zu einer fehlerhaften Umformung. Dieser Gedanke wird in diesem Kapitel zu einem kognitionspsychologischen Modell des Umformens algebraischer Ausdrücke ausgebaut. Dabei werden wir insbesondere die von Schülern angewandten Schemata genauer beschreiben, soferne sich diese aus empirischen Beobachtungen ergeben.

7.1 Schemata, Metawissen und Kontrolle

Ein Schema enthält *Wissen über Handlungen oder Beziehungen*, möglicherweise auch *bildhaftes Wissen*, wobei gewisse *Leerstellen* (Slots) vorhanden sind, die erst bei einer konkreten Anwendung des Schemas ausgefüllt werden. Manche Schemata haben den Charakter mathematischer Regeln, wobei sich die Leerstellen bequem mit Hilfe von Variablen für Zahlen (wie $a, b, \ldots$) oder Variablen für Operationen (wie $\diamond, \circ, \ldots$) anschreiben lassen, z.B.:

$$\diamond(a \circ b) = (\diamond a) \circ (\diamond b) \; , \; a \diamond (b \circ c) = (a \diamond b) \circ (a \diamond c)$$

Natürlich wird nicht behauptet, daß ein Schüler ein Schema in einer solchen Form in seinem Gedächtnis abspeichert. Wie ein Schema wirklich abgespeichert wird, wissen wir nicht. Über derartige Schemata hinaus gibt es — auch in der elementaren Algebra — viele Schemata, die nicht den Charakter mathematischer Regeln haben und sich nicht auf eine so einfache Weise darstellen lassen.

Ein Schema allein ist für ein Subjekt so gut wie nutzlos. Man muß auch wissen, in welchen Fällen man ein Schema anwenden darf und in welchen nicht (d.h. welche Elemente man für die Leerstellen einsetzen darf und welche nicht). Das *in einem*

Schema steckende **Wissen** genügt also nicht, man braucht auch ein spezielles *Wissen über dieses Wissen*, also ein **Metawissen**.

Die elementare Algebra hat nun die unangenehme Eigenschaft, daß die Grenze zwischen erlaubten und unerlaubten Anwendungen eines Schemas an der Notation oft nicht unmittelbar ersichtlich ist. Im Gegenteil, die erlaubten und unerlaubten Anwendungen eines Schemas sehen, wie MATZ (1980) hervorhebt, häufig sehr ähnlich aus. Betrachten wir dazu zwei Beispiele:

Beispiel 1:

$$\text{Schema:} \quad \diamond(a \circ b) = (\diamond a) \circ (\diamond b)$$

Erlaubt:

$\sqrt{a \cdot b} = \sqrt{a} \cdot \sqrt{b}$

$(a \cdot b)^2 = a^2 \cdot b^2$

$-(a + b) = (-a) + (-b)$

Nicht erlaubt:

$\sqrt{a + b} = \sqrt{a} + \sqrt{b}$

$(a + b)^2 = a^2 + b^2$

$-(a \cdot b) = (-a) \cdot (-b)$

Beispiel 2:

$$\text{Schema:} \quad a \diamond (b \circ c) = (a \diamond b) \circ (a \diamond c)$$

Erlaubt:

$a \cdot (b + c) = a \cdot b + a \cdot c$

$a \cdot (b - c) = a \cdot b - a \cdot c$

Nicht erlaubt:

$a \cdot (b \cdot c) = (a \cdot b) \cdot (a \cdot c)$

$a^{b-c} = a^b - a^c$

Die Gleichungen, die durch eine unerlaubte Schemaanwendung entstehen, sind zwar falsch, zunächst signalisiert aber nichts, daß die Schemaanwendung unerlaubt war. Fragen wir uns einmal selbst, wieso wir eigentlich sagen können, daß eine Schemaanwendung erlaubt und eine andere unerlaubt ist. Ich glaube, die ehrlichste Antwort wird in vielen Fällen wohl sein: Wir *wissen* einfach, in welchen Fällen wir ein Schema anwenden dürfen und in welchen nicht; wir denken darüber gar nicht lange nach. Wir besitzen also ein hinreichendes *Metawissen* in bezug auf das betreffende Schema.

Allerdings: Im allgemeinen kann man nicht über alle möglichen Anwendungsfälle eines Schemas im voraus Bescheid wissen. Es tauchen immer wieder neue Fälle auf, in denen uns ein entsprechendes Metawissen über die Anwendbarkeit des jeweiligen Schemas noch fehlt. Wer in solchen Situationen bestehen will, bedarf gewisser **Kontrollmechanismen** (Prüfmethoden), mit deren Hilfe er entscheiden kann, ob eine Schemaanwendung erlaubt ist oder nicht. Mathematisch gebildete Personen besitzen solche Kontrollmechanismen, sie können z.B. eine Schemaanwendung durch Angabe einer Regel rechtfertigen (die wiederum begründet werden kann) oder durch Zahleneinsetzen widerlegen. Schüler besitzen aber häufig *weder das nötige Metawissen noch geeignete Kontrollmechanismen*. Unsere empirischen Beobachtungen haben im großen und ganzen bestätigt, daß die Kontrollmechanismen bei den meisten Schülern schwach entwickelt sind. Sie können meist weder Begründungen noch Widerlegungen durchführen. Z.B. setzen die meisten Schüler erst Zahlen ein, wenn dies von ihnen verlangt wird, tun dies aber eher selten von sich aus. Generell mangelt es vielen Schülern an einer *kritischen Einstellung* zu ihren Umformungstätigkeiten; sie kommen oft gar nicht auf die Idee, daß an ihren Umformungen etwas falsch sein könnte und kontrollieren daher ihre Rechnungen nicht. (Man erkennt aus diesen Überlegungen übrigens, daß es im Unterricht nicht nur darum geht, gewisse Umformungstätigkeiten zu erlernen, sondern auch die Kontrollmechanismen besser zu entwickeln, wozu in erster Linie das Begründen durch Regeln und Widerlegen durch Zahleneinsetzen gehören.)

Konnexionen

Das Auffinden eines geeigneten Schemas zur Umformung eines algebraischen Ausdrucks kann eine mühsame Sache sein (gesteuert durch Metawissen und heuristische Strategien), es kann aber auch ganz mühelos erfolgen; Schemata können sich geradezu ungewollt aufdrängen. Bei entsprechender Übung kann es zu einer festen Verbindung zwischen der Wahrnehmung gewisser Merkmale eines algebraischen Ausdrucks und dem Aufruf eines Schemas kommen. Das Schema wird dann durch diese Merkmale *automatisch* aufgerufen. SHEVAREV (1946) nennt eine solche automatische Verbindung eine **Konnexion** (russisch „konneksiya", in der englischen Übersetzung „connection").

Ich möchte im folgenden eine Konnexion kurz so darstellen:

$$\text{Merkmale} \longrightarrow \text{Schema}$$

(SHEVAREV beschreibt eine Konnexion als ein geordnetes Paar, dessen erste Komponente aus bestimmten Merkmalen des Ausdrucks und dessen zweite Komponente aus einer „Orientierung in Hinblick auf eine bestimmte Verhaltensweise" besteht, was ich als Aufruf eines Schemas interpretiere.)

7.2 Ein Schemamodell für algebraische Umformungen

Das folgende Modell sowie dessen Verwendung zur Erklärung von Schülerfehlern (in den nächsten Abschnitten) kann als eine Weiterentwicklung von Ideen in MATZ 1980 angesehen werden. Einige Anregungen stammen auch aus DAVIS / JOCKUSCH / McKNIGHT 1978, DAVIS 1984 und TIETZE 1987, 1988.

Der Grundgedanke des Modells ist in folgender Figur dargestellt:

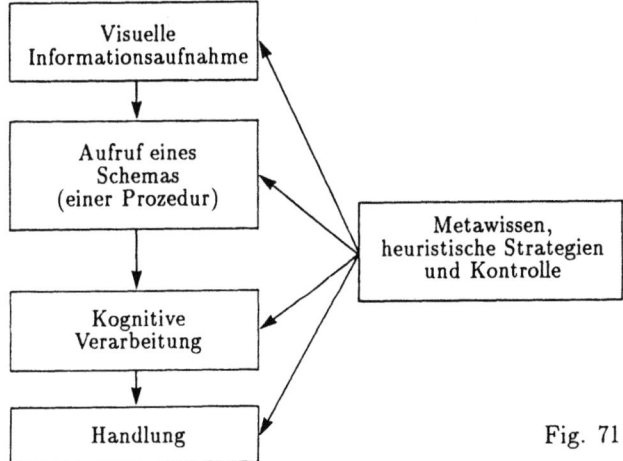

Fig. 71

Der Schüler sieht vor sich einen algebraischen Ausdruck und nimmt daraus gewisse **visuelle Informationen** auf. Dies führt zum Aufruf eines **Schemas**. Im allgemeinen wird das Schema nicht unmittelbar angewandt werden können, da es nicht ganz auf den algebraischen Ausdruck „paßt". In einem solchen Fall ist eine **kognitive Verarbeitung** der visuellen Information bzw. des Schemas notwendig, deren Ziel es ist, das Schema auf den algebraischen Ausdruck anwendbar zu machen. Gelingt dies, kann das Schema angewandt werden und führt zu einer bestimmten **Handlung** des Schülers in bezug auf den vorliegenden algebraischen Ausdruck. Die einzelnen Schritte werden durch entsprechendes **Metawissen** und **heuristische Strategien** gesteuert sowie durch eine **Kontrollinstanz** kontrolliert (wobei dies alles auch fehlen kann).

Zur Erklärung mancher Schülerfehler ist die bloße Angabe eines Schemas nicht besonders befriedigend. Die eigentlich interessante Frage ist vielfach die, wie dieses Schema entstanden ist. Deshalb werden wir uns im folgenden gelegentlich auch mit der Entstehungsgeschichte von Schemata auseinandersetzen.

Wie in Fig. 71 ersichtlich ist, kann man sich anstelle des Aufrufs eines **Schemas** auch den Aufruf einer **Prozedur** (Anweisung zu einer Handlungsabfolge) vorstellen. Wir werden diese Sichtweise gelegentlich vorziehen, wenn es zweckmäßig erscheint. Die Unterscheidung zwischen Schemata und Prozeduren erscheint im vorliegenden Zusammenhang eher sekundär, da zwischen Schemata und Prozeduren enge Zusammenhänge bestehen. Schemata bedürfen zu ihrer Anwendung gewisser Prozeduren und Prozeduren werden durch Schemata gesteuert (Komplementarität von Schemata und Prozeduren).

Ein Beispiel (nach MATZ 1980):

Nehmen wir an, ein Schüler erhält die Aufgabenstellung:

$$a \cdot (b + c + d) = \ldots\ldots\ldots$$

Er entnimmt die nötigen Informationen und findet möglicherweise in seinem Gedächtnis ein Schema der folgenden Form:

$$a \diamond (b \circ c) = (a \diamond b) \circ (a \diamond c)$$

Er kann jedoch dieses Schema nicht unmittelbar auf den gegebenen Ausdruck anwenden, weil es auf diesen nicht „paßt". Es bedarf also einer kognitiven Verarbeitung der visuellen Information oder des Schemas. Im wesentlichen gibt es dazu folgende Möglichkeiten:

a) Änderung des Schemas, sodaß dieses auf den Ausdruck paßt (*Adaption des Schemas an den Ausdruck* in der Sprechweise von PIAGET). Dies kann im vorliegenden Fall durch eine Verallgemeinerung des Schemas erreicht werden:

$$a \diamond (b \circ c \circ d) = (a \diamond b) \circ (a \diamond c) \circ (a \diamond d)$$

Die Anwendung dieses Schemas auf den vorgegebenen Ausdruck führt zur Handlung:

$$a \cdot (b + c + d) = a \cdot b + a \cdot c + a \cdot d$$

b) Verarbeitung der visuellen Information, sodaß der Ausdruck unter das Schema fällt (*Assimilation des Ausdrucks unter das Schema* in der Sprechweise von PIAGET). Dies kann etwa durch folgende Sicht des Ausdrucks erreicht werden:

$$a \cdot (b + c + d) = a \cdot ((b + c) + d)$$

Die zweimalige Anwendung des ursprünglichen Schemas auf den so umstrukturierten Ausdruck führt zur Handlung:

$$a \cdot (b + c + d) = a \cdot (b + c) + a \cdot d = a \cdot b + a \cdot c + a \cdot d$$

Das in Fig. 71 dargestellte Schemamodell kann zur Erklärung von Schülerfehlern beim Umformen algebraischer Ausdrücke herangezogen werden. Fehler können in jedem Schritt des Prozesses passieren. Es kann bereits bei der Informationsaufnahme oder Informationsverarbeitung etwas danebengehen. Weiters können Fehler beim Aufruf, bei der Verarbeitung oder der Anwendung von Schemata entstehen. Schließlich kann die Durchführung der Handlung aus irgendwelchen Gründen gestört werden. In den folgenden drei Abschnitten untersuchen wir typische Schülerfehler unter diesen Gesichtspunkten.

Einundderselbe Fehler kann unterschiedliche Ursachen haben, die unter Umständen verschiedenen Prozeßschritten zuzuordnen sind. Deshalb werden im folgenden einige Fehler mehrfach besprochen. Manche Umformungsfehler (wie etwa Kürzungsfehler) scheinen gerade deshalb so häufig und hartnäckig zu sein, weil verschiedene fehlererzeugende Momente zusammenspielen und einander verstärken können.

7.3 Fehler bei der Informationsaufnahme und Informationsverarbeitung

Unvollständige Informationsaufnahme

Schüler verwechseln gelegentlich Rechenoperationen. Solche Verwechslungen geschehen jedoch fast immer nur in einer Richtung, eine „höhere" Rechenoperation wird mit einer „niedrigeren" verwechselt.

Die Operation	*wird irrtümlich zur*	*Beispiel*
Multiplikation	Addition	$5 \cdot 4 = 9$
Division	Subtraktion	$25 : 5 = 20$
Potenzierung	Multiplikation	$2^3 = 6$

Diese Fehler geschehen auch mit Variablen, z.B.:

$$a \cdot a \cdot a = 3a \quad , \quad 3a : 2a = a \quad , \quad \underbrace{a \cdot a \cdots a}_{b \text{ Faktoren}} = b \cdot a$$

In DAVIS/JOCKUSCH/McKNIGHT 1978 wird dieser Fehler „binary confusion" genannt und es wird dafür eine einfache Erklärung vorgeschlagen. Der Mensch nimmt im allgemeinen durch seine Sinnesorgane Information nicht so auf, daß er alle Details bewußt wahrnimmt, sondern er stützt sich nur auf einzelne Elemente der Information, die er unbewußt auswählt (selektive Wahrnehmung). Wenn zu Beginn der Grundschule Aufgaben wie $5+4 = \ldots , 7+8 = \ldots$ usw. gestellt werden, braucht das Kind zunächst das Operationszeichen nicht näher zu beachten, da außer der Addition am Anfang keine weiteren Operationen vorkommen. Es entwickelt sich eine Konnexion, welche bewirkt, daß bei der Wahrnehmung von zwei Zahlen, zwischen denen ein weiteres Zeichen steht, automatisch ein Additionsschema aufgerufen wird. Später, wenn Aufgaben mit weiteren Operationszeichen vorkommen, muß das Kind allerdings auch die Operationszeichen genauer beachten. Nichtbeachtung führt infolge der bestehenden Konnexion zum Aufruf eines Additionsschemas und damit zu Fehlern wie $5 \cdot 4 = 9$, $7 \cdot 8 = 15$ usw.

Diese Erklärung ist plausibel, aber nicht ausreichend. Nach dieser Erklärung dürften eigentlich alle anderen Rechenoperationen nur mit der Addition verwechselt werden, was aber nicht der Fall ist. Es wird also damit nicht erklärt, warum vorwiegend nur die oben angegebenen Verwechslungen passieren. Leider schreiben DAVIS und seine Mitarbeiter darüber nichts. Mir ist auch nur eine Erklärung eingefallen: Das Kind denkt bei Aufgaben wie $5 + 4 = \ldots$, $25 - 5 = \ldots$ usw. nicht nur an das Addieren bzw. Subtrahieren, sondern auch an das *Vermehren* bzw. *Vermindern*. Es bilden sich bei diesen Aufgaben Konnexionen der Art:

$$\text{Zwei Zahlen, Vermehren} \longrightarrow \text{Addition}$$
$$\text{Zwei Zahlen, Vermindern} \longrightarrow \text{Subtraktion}$$

Bei späteren Aufgaben wie $5 \cdot 4 = \ldots$, $25 : 5 = \ldots$ usw. nimmt das Kind möglicherweise die Operationszeichen zwar nur unvollständig auf, erkennt aber immerhin, ob es sich um ein Vermehren oder Vermindern handelt. Durch die bestehenden Konnexionen kommt es dann zu Fehlern wie $5 \cdot 4 = 9$ oder $25 : 5 = 20$. Daß die Potenzierung vorwiegend mit der Multiplikation und nicht mit der Addition verwechselt wird, kann damit erklärt werden, daß 2^3 mehr Ähnlichkeit mit $2 \cdot 3$ hat als mit $2 + 3$. Bei Variablen ist dies noch deutlicher: a^b hat mehr Ähnlichkeit mit ab als mit $a + b$. Gewisse sprachliche Wendungen können die Fehler noch unterstützen, etwa: „$a \cdot a \cdot \ldots \cdot a$, d.h. b mal a, ergibt $b \cdot a$" oder „2^3 heißt $2 \cdot 2 \cdot 2$, d.h. 2 dreimal, also $2 \cdot 3$".

SHEVAREV beschäftigte sich schon 1946 mit ähnlichen Fehlererklärungen. Er untersuchte zwei Klassen einer Moskauer Schule (8. Schuljahr). In einer Klassenarbeit machten acht Schüler einen Fehler vom Typ:

$$(A^M)^N = A^{M+N}$$

Eine Analyse des Unterrichtsablaufes (die anhand von Unterrichtsaufzeichnungen durch den Lehrer und die Schüler in einem speziellen „Klassenheft" möglich war) zeigte, daß die Schüler zunächst eine große Anzahl von Beispielen der Form

$$A^M \cdot A^N = A^{M+N}$$

und anschließend eine zwar weniger große, aber immer noch beträchtliche Anzahl von Beispielen der Form

$$(A^M)^N = A^{MN}$$

gerechnet hatten. SHEVAREV vergleicht die Ausdrücke $A^M \cdot A^N$ und $(A^M)^N$ und unterscheidet *allgemeine* und *spezifische Merkmale* dieser beiden Ausdrücke. Allgemein sind solche Merkmale, die beiden Ausdrücken gemeinsam sind, spezifisch sind solche, die sie unterscheiden. Zu den allgemeinen Merkmalen zählen etwa, daß zwei Exponenten vorhanden sind und daß Plus- und Minuszeichen fehlen. Spezifisch für den ersten Ausdruck ist etwa das Vorhandensein von zwei Basen, spezifisch für den zweiten Ausdruck das Vorhandensein von nur einer Basis. Nach SHEVAREVs Meinung haben die Schüler die vorgelegten Ausdrücke nie genau genug angesehen, sondern nur die allgemeinen Merkmale erfaßt. Auf diese allgemeinen Merkmale reagierten sie je nach Lernphase unterschiedlich. In der ersten Lernphase, in der ausschließlich Aufgaben der Form $A^M \cdot A^N = A^{M+N}$ gerechnet wurden, reagierten sie mit einer Addition der Exponenten; in der zweiten Lernphase, in der ausschließlich Aufgaben der Form $(A^M)^N = A^{MN}$ gerechnet wurden, reagierten sie mit einer Multiplikation der Exponenten. Die unterschiedlichen Reaktionen erklärt SHEVAREV damit, daß Konnexionen entstanden sind, in deren erste Komponente nicht nur die allgemeinen Merkmale der algebraischen Ausdrücke, sondern auch der *schulische Kontext* (die jeweilige Lernphase) aufgenommen wurde:

Allgemeine Merkmale, Phase 1 ⟶ Addieren der Exponenten

Allgemeine Merkmale, Phase 2 ⟶ Multiplizieren der Exponenten

Die Schüler wußten in der ersten Phase, daß gerade Aufgaben behandelt werden, in denen die Exponenten zu addieren sind, und in der zweiten Phase, daß gerade Aufgaben behandelt werden, in denen die Exponenten zu multiplizieren sind (dies ist eine Form des Metawissens, wenn auch eine unerwünschte). Kapitelüberschriften und Aufgabensystematisierungen im Lehrbuch unterstützten diesen Effekt noch.

Später, als dieses Metawissen um die schulische Lernphase fehlten, gab es Konflikte, weil die Schüler nicht wußten, ob sie auf die allgemeinen Merkmale der vorgelegten Ausdrücke mit einer Addition oder einer Multiplikation der Exponenten reagieren sollten. Häufig schlug in einem solchen Konflikt die Addition der Exponenten durch, anscheinend weil dies das ältere Verhalten war und auch an einer größeren Zahl von Aufgaben eingeübt wurde.

Sowohl in der ersten als auch in der zweiten Lernphase lösten die betrachteten Schüler die gestellten Aufgaben größtenteils richtig, obwohl sie vermutlich niemals die entsprechende Potenzregel in dem Sinne anwandten, wie es der Lehrer erwartete. Sie waren ja auch nie wirklich gezwungen, sich die algebraischen Ausdrücke näher anzusehen und deren spezifische Merkmale zu beachten. Weder der Lehrer noch die Schüler bemerkten jedoch, daß etwas schief lief. Im Gegenteil, die beständigen Erfolge in den einzelnen Lernphasen bestärkten beide in dem Glauben an die Richtigkeit ihrer Verhaltensweisen.

SHEVAREV berichtet, daß dieselben Schüler, die den Fehler $(A^M)^N = A^{M+N}$ machten, in derselben Klassenarbeit diesen Fehler im Falle $(A^M)^2$ nicht machten. Er zieht daraus den Schluß, daß diese Schüler für das Quadrieren (möglicherweise auch das Kubieren) eigene Schemata entwickelt haben, die nicht als Spezialfälle des Schemas zum Potenzieren einer Potenz erkannt wurden (ähnlich wie in früheren Zeiten das Verdoppeln oder Halbieren nicht als Spezialfälle des Multiplizierens bzw. Dividierens angesehen wurden). Dies kann darin begründet sein, daß das Quadrieren im Unterricht dieser Schüler einen besonderen Platz einnahm, wesentlich früher behandelt und häufiger geübt wurde als das allgemeine Potenzieren.

SHEVAREV illustriert seine Ideen noch an ähnlichen Fehlern. Fünf Schüler machten in der erwähnten Klassenarbeit folgenden Fehler:
$$\frac{a^8 b^{12}}{a^6 b^{10}} = \frac{a^4 b^6}{a^3 b^5}$$
Diese Schüler kürzten die Exponenten, statt sie in geeigneter Weise zu subtrahieren. Dieser Fehler hat nach SHEVAREVs Auffassung seine Ursachen schon in einer früheren Lernphase, nämlich zu einer Zeit, als Aufgaben der folgenden Art gerechnet wurden:
$$\frac{8a \cdot 12b}{6a \cdot 10b} = \frac{4 \cdot 6}{3 \cdot 5}$$

Bei diesen Aufgaben genügte es wiederum, allgemeine Merkmale des Zählers und Nenners zu beachten, etwa: Es kommen im Zähler und Nenner konkrete Zahlen und Buchstaben vor. Spezifische Merkmale, vor allem daß die konkreten Zahlen als Faktoren und nicht als Exponenten auftreten, wurden nicht beachtet, ja konnten bis zu einem gewissen Grad gar nicht beachtet werden, da den Schülern zur damaligen Zeit Exponenten noch gar nicht bekannt waren (zumindest wurde noch nicht mit ihnen gerechnet). In den beiden Lernphasen reagierten die Schüler auf die allgemeinen Merkmale der Ausdrücke unterschiedlich, in der ersten Phase mit einem Kürzen, in der zweiten Phase mit einem Subtrahieren. Dies kann wieder durch die Einbeziehung des schulischen Kontextes erklärt werden, d.h. durch die Bildung von Konnexionen der Form:

$$\text{Allgemeine Merkmale, Phase 1} \longrightarrow \text{Kürzen}$$
$$\text{Allgemeine Merkmale, Phase 2} \longrightarrow \text{Subtrahieren}$$

In beiden Phasen lösten die Schüler die gestellten Aufgaben größtenteils richtig, obwohl sie weder die Kürzungsregel noch die Regel zur Division von Potenzen so anwandten, wie es der Lehrer erwartete. Sie waren ja nicht gezwungen, die spezifischen Merkmale des Zählers bzw. Nenners des Bruches zu beachten. Konflikte gab es erst später, als der schulische Kontext fehlte, wobei sich wiederum meist das ältere Verhalten (Kürzen) durchsetzte.

Diese Fehlererklärungen sind überzeugende Beispiele dafür, wie schädlich Aufgabensystematisierungen und das voneinander unabhängige Einüben von Aufgabentypen im Unterricht sein können, weil dadurch falsche Verhaltensweisen eingeschliffen werden können, ohne daß es jemand merkt. Die Auswirkungen können sich unter Umständen erst sehr viel später zeigen.

Diese Fehler wurden dadurch unterstützt, daß der Lehrer verabsäumt hat, die unterschiedlichen Aufgabentypen zu **durchmischen**, um damit die Schüler zu zwingen, auch spezifische Merkmale der algebraischen Ausdrücke zu beachten. SHEVAREV hat auch beobachtet, daß in der Phase, in der Exponenten im Zähler und Nenner des Bruches vorkamen, hauptsächlich Beispiele wie

$$\frac{a^8 \cdot b^6}{a^3 \cdot b^5} \;,\; \text{aber nicht} \;\; \frac{a^8 \cdot b^6}{a^4 \cdot b^3}$$

gerechnet wurden. Es wurden also Beispiele gerechnet, in denen ein Kürzen der Exponenten gar nicht möglich war. In solchen Fällen subtrahierten natürlich alle Schüler die Exponenten; ebenso in Fällen, wo die Exponenten Buchstaben oder algebraische Ausdrücke mit Buchstaben waren. Man hätte nach SHEVAREVs Meinung mehr Beispiele der zweiten Art geben müssen, in denen beide Verhaltensweisen aktiviert werden können, was Konflikte erzeugt und (unterstützt durch die Ankreidung von Fehlern durch den Lehrer) Schüler möglicherweise dazu bewegt, die Ausdrücke genauer anzusehen.

Unzulässiges Strukturieren von Termen

Zu jenen Fehlern, gegen die Lehrer oft einen aussichtslosen Kampf führen, gehören Kürzungsfehler der folgenden Art:

$$\frac{a \cdot \cancel{x} + b \cdot \cancel{y}}{\cancel{x} + \cancel{y}} = a + b \; , \quad \frac{\cancel{x} - y}{2\cancel{x}} = \frac{1 - y}{2} \; , \quad \frac{5\cancel{x} + 3z}{2\cancel{x} + y} = \frac{5 + 3z}{2 + y}$$

Diese Fehler können auf verschiedene Arten erklärt werden. Eine Möglichkeit besteht in der Annahme, daß Schüler in den vorgelegten Ausdrücken *Musterbeispiele* wiedererkennen, anhand derer sie im Unterricht korrektes Kürzen gelernt haben:

$$\frac{a \cdot b}{b} = a \; , \quad \frac{b}{a \cdot b} = \frac{1}{a} \; , \quad \frac{a \cdot c}{b \cdot c} = \frac{a}{b}$$

Werden diese Musterbeispiele in die vorgegebenen Ausdrücke „hineinprojiziert", ohne auf die Termstrukturen zu achten, können die obigen Fehler entstehen:

$$\frac{(a \cdot x) + (b \cdot y)}{x + y} = a + b, \quad \frac{x - y}{2x} = \frac{1 - y}{2}, \quad \frac{5x + 3z}{2x + y} = \frac{5 + 3z}{2 + y}$$

Ein ähnliches Beispiel liegt vor, wenn die Musterbeispiele (Definitionen)

$$\frac{1}{x} = x^{-1} \quad \frac{1}{x^2} = x^{-2}, \ldots$$

in Ausdrücken der folgenden Art wiedererkannt werden:

$$\frac{1}{x^2 + x} = x^{-2} + x^{-1}$$

Diese Art der Fehlerentstehung könnte man auch als eine unerlaubte Anwendung *bildhafter Schemata* („image schemata") auffassen, soferne man die Existenz solcher Schemata annimmt.

7.4 Fehler bei dem Aufruf, der Verarbeitung oder Anwendung von Schemata

Übergeneralisieren

Schemata entstehen häufig — bewußt oder unbewußt — durch einen Verallgemeinerungsprozeß. Z.B. kann es sein, daß Schüler anhand von Musterbeispielen wie

$$\sqrt{a \cdot b} = \sqrt{a} \cdot \sqrt{b} \quad , \quad (a \cdot b)^2 = a^2 \cdot b^2 \quad , \quad \ldots\ldots$$

ein allgemeines Schema der Form

$$\diamond(a \circ b) = (\diamond a) \circ (\diamond b)$$

entwickeln. Dies kann unabhängig davon erfolgen, ob der Lehrer jemals ein solches Schema erwähnt oder erläutert. Die Bildung solcher Schemata ist durchaus erwünscht, damit die elementare Algebra nicht ein Sammelsurium von Einzelregeln bleibt. Der kritische Punkt bei einem solchen Verallgemeinerungsprozeß ist jedoch der, daß gleichzeitig mit der Bildung des allgemeinen Schemas ein Metawissen mitentwickelt werden muß, welches besagt, wann das neue Schema angewandt werden darf und wann nicht. Im Falle des obigen Schemas muß beispielsweise gelernt werden, daß die Anwendung des Schemas in folgenden Fällen unzulässig ist:

$$\sqrt{a+b} = \sqrt{a} + \sqrt{b} \quad , \quad (a+b)^2 = a^2 + b^2$$

Dieser kritische Schritt unterbleibt leider häufig, sodaß der Anwendungsbereich des allgemeineren Schemas nicht genügend eingeschränkt wird. Eine derartige, über das Ziel hinausschießende Verallgemeinerung wird als *Übergeneralisierung* bezeichnet (z.B. in BECKER 1985).

Ein Beispiel für eine solche Übergeneralisierung liegt auch vor, wenn die Formel

$$(a+b)^2 = a^2 + 2ab + b^2$$

zu

$$(a \circ b)^2 = a^2 \circ 2ab \circ b^2$$

verallgemeinert wird und dann unkritisch in dem folgenden Fall angewendet wird:

$$(a \cdot b)^2 = a^2 \cdot 2ab \cdot b^2$$

Die Verallgemeinerung der Formel $(a+b)^2 = a^2 + 2ab + b^2$ zu $(a \circ b)^2 = a^2 \circ 2ab \circ b^2$ mag sinnlos erscheinen, da es in der ganzen elementaren Algebra keinen weiteren Anwendungsfall für dieses allgemeine Schema gibt. Die Bildung allgemeiner Schemata kann aber meist gar nicht verhindert werden, da unser Denken so geartet ist, daß es oft ziemlich schnell verallgemeinert. Das allgemeine Schema ist auch nicht ganz nutzlos, da es gewisse Aspekte der besonderen Formel deutlicher hervorhebt, z.B. lenkt es die Konzentration auf die Quadrate und das doppelte Produkt und läßt die Addition in den Hintergrund treten. Dies kann die Grundlage zur Bildung eines gemeinsamen Metaschemas für $(a+b)^2$ und $(a-b)^2$ sein: Bilde die Quadrate der beiden Glieder sowie das doppelte Produkt und gib dem letzteren im ersten Fall ein positives, im zweiten Fall ein negatives Vorzeichen!

Wir betrachten noch einige weitere Beispiele. MATZ (1980) hält es für möglich, daß Schüler anhand von Musterbeispielen wie

$$a + 0 = a \quad , \quad a \cdot 1 = a$$

die Zahlen 0 und 1 als „besondere Zahlen" (neutrale Elemente) erkennen und ein allgemeines Schema der Form

$$a \circ (\text{besondere Zahl}) = a$$

entwickeln. Unkritische Anwendung dieses Schemas führt dann zu Fehlern der Art:

$$a \cdot 0 = a$$

Dieser Fehler kann auch durch unvollständige Informationsaufnahme (Verwechslung der Multiplikation mit der Addition) erklärt werden.

Es kann auch sein, daß Schüler aus Musterbeispielen der Art

$$a + (-a) = 0$$

ein allgemeines Schema der Art

$$a \circ (\text{Gegenelement von } a) = 0$$

entwickelt, d.h. daß ein Element durch sein Gegenelement „aufgehoben" wird. Unkritische Anwendung dieses Schemas führt dann zu Fehlern der Art:

$$a \cdot \frac{1}{a} = 0$$

Man kann diese Fehler auch so sehen: Die Schüler erkennen nicht, daß die Begriffe „neutrales Element" bzw. „inverses Element" nur *bezüglich einer bestimmten Operation* definiert sind. Sie verallgemeinern den Begriff des neutralen bzw. inversen Elements und die Operation unabhängig voneinander ohne kritische Einschränkungen. Ein ähnlicher Fall liegt vor, wenn Schüler aus Musterbeispielen der Art

$$a \cdot (b \pm c) = a \cdot b \pm a \cdot c$$

ein allgemeines Schema der Form

$$a \diamond (b \circ c) = (a \diamond b) \circ (a \diamond c)$$

bilden und unkritisch etwa in dem folgenden Fall anwenden:

$$\frac{a}{b+c} = \frac{a}{b} + \frac{a}{c}$$

Hier wird nicht erkannt, daß Distributivität eine Eigenschaft einer Operation *bezüglich einer anderen Operation* ist. Diese Schüler verallgemeinern die beiden Operationen unabhängig voneinander ohne kritische Einschränkung.

Ein weiteres von MATZ behandeltes Beispiel ist das folgende. Es kann sein, daß Schüler anhand von Musterbeispielen wie

$$(x-5) \cdot (x-7) = 0 \iff x-5 = 0 \lor x-7 = 0$$

ein allgemeines Schema der Form

$$(x-a) \cdot (x-b) = c \iff x-a = c \lor x-b = c$$

entwickeln und dieses etwa in dem folgenden Fall unkritisch anwenden:

$$(x-5) \cdot (x-7) = 3 \iff x-5 = 3 \lor x-7 = 3$$

Diesen Fehler haben wir übrigens in verschiedenen Varianten beobachtet, z.B.

$$x \cdot (x-3) = 5 \iff x = 0 \lor x-3 = 5$$

oder
$$(x-1)\cdot(x-2) = 6 \iff x-1 = 2 \lor x-2 = 3$$

Interviewaufzeichnungen liegen dazu leider nicht vor. Hier scheinen neben Übergeneralisierung noch andere Momente mitzuspielen.

Unzulässiges Linearisieren

Dies ist ein besonders wichtiger Spezialfall des Übergeneralisierens, der darin besteht, daß allgemeine Linearisierungsschemata gebildet werden und unkritisch angewandt werden.

Linearisieren sei (nach MATZ 1980) in folgendem Sinn verstanden: Soll auf einen algebraischen Ausdruck eine Operation angewandt werden, so wird dieser Ausdruck in Teile zerlegt und die Operation der Reihe nach auf die einzelnen Teile angewandt; anschließend werden die Teilergebnisse wieder in einer dem ursprünglichen Ausdruck ähnlichen Weise zusammengesetzt. Z.B. können anhand von Musterbeispielen wie

$$\sqrt{a\cdot b} = \sqrt{a}\cdot\sqrt{b} \;,\quad (a\cdot b)^2 = a^2\cdot b^2 \;,\quad a\cdot(b+c) = a\cdot b + a\cdot c$$

allgemeine Linearisierungsschemata wie

$$\sqrt{a\circ b} = \sqrt{a}\circ\sqrt{b},\quad (a\circ b)^2 = a^2\circ b^2,\quad a\diamond(b\circ c) = (a\diamond b)\circ(a\diamond c)$$

gebildet werden und unkritisch in folgenden Fällen angewandt werden:

$$\sqrt{a+b} = \sqrt{a}+\sqrt{b} \;,\quad (a+b)^2 = a^2+b^2 \;,\quad a\cdot(b\cdot c) = (a\cdot b)\cdot(a\cdot c)$$

Häufig haben allgemeine Linearisierungsschemata nicht den Charakter mathematischer Regeln, sondern sind von unpräziserer Form, z.B.: „Statt etwas mit dem ganzen Ausdruck zu tun, zerlege diesen in Teile und arbeite die Teile der Reihe nach ab!" In der Tat kann man Linearisieren als einen Spezialfall des „sequentiellen Abarbeitens" auffassen, einer im Leben vielfach bewährten Strategie, zu der es oft gar keine Alternativen gibt. Wenn ich in einer Gesellschaft die Hände schütteln will, so bleibt mir gar nichts anderes übrig als einem nach dem anderen die Hände zu schütteln. Auch in der Mathematik bewährt sich das sequentielle Abarbeiten vielfach: Wenn ich mehrere Summanden zusammenzählen möchte, zähle ich einen nach dem anderen dazu. Wenn ich den Umfang eines Vielecks abmessen möchte, messe ich eine Seite nach der anderen ab. Usw.! In vielen Gebieten der Mathematik ist Linearisieren eine fundamentale Idee (siehe dazu etwa KRONFELLNER 1979). Erfahrungen dieser Art können ein allgemeines Schema der Form erzeugen: Wenn etwas mit mehreren Objekten zu tun ist, dann führe man dies mit den einzelnen Objekten der Reihe nach durch. Die unkritische Anwendung eines solchen Schemas kann zu Fehlern führen wie etwa den folgenden Kehrwertfehlern:

$$\frac{1}{3} = \frac{1}{x} + \frac{1}{7} \iff 3 = x + 7$$

$$\frac{1}{R} = \frac{1}{R_1} + \frac{1}{R_2} + \frac{1}{R_3} \iff R = R_1 + R_2 + R_3$$

In diesen Fällen wird auf beiden Seiten der Gleichung der Kehrwert gebildet, wobei auf der rechten Seite für die einzelnen Brüche der Reihe nach die Kehrwerte gebildet und diese dann addiert werden, quasi nach der Regel: Der Kehrwert einer Summe ist die Summe der Kehrwerte.

Verwendung inadäquater Schemata

Manche Schemata werden vom Lehrer weder gelehrt noch gewünscht, weil sie zur Lösung algebraischer Probleme im allgemeinen unpassend sind. Dies hindert die Schüler jedoch oft nicht, sie trotzdem zu entwickeln, gewissermaßen als „Privatschemata". Derartige Schemata sind meist nicht ganz unbrauchbar, sie funktionieren jedoch im allgemeinen nur in speziellen Fällen und führen in anderen zu Fehlern. Solche Schemata sind besonders gefährlich, weil sie vom Lehrer oft nur schwer erkannt werden können.

Beispiele für solche Schemata sind diverse **Streichschemata** bzw. **Weglaßschemata** zur Behandlung von Termen und Gleichungen, die es erlauben, unter gewissen Umständen gleichartige Buchstaben bzw. Zahlen im Zähler und Nenner eines Bruches oder auf den beiden Seiten einer Gleichung zu streichen bzw. diese wegzulassen. Zwei typische Beispiele, die wir oft beobachtet haben:

$$\frac{\cancel{a} \cdot b + c}{\cancel{a} \cdot d} = \frac{b + c}{d} \quad , \quad a \cdot b + \cancel{c} = \cancel{c} \cdot d \implies a \cdot b = d$$

Streich- bzw. Weglaßschemata gibt es in verschiedenen Varianten. Einige Schüler scheinen anhand von Musterbeispielen wie etwa $\frac{\not{a} \cdot b}{\not{a}} = b$ ein Schema zu entwickeln, welches es gestattet, gleiche Buchstaben bzw. Zahlen im Zähler und Nenner eines Bruches ohne Einschränkungen zu streichen; andere scheinen daraus ein Schema zu entwickeln, welches ein Streichen nur erlaubt, wenn neben den betreffenden Buchstaben nichts oder ein Mal steht. Einige Schüler glauben, daß gleichartige Buchstaben bzw. Zahlen mit unterschiedlichen „Vorzeichen" einander aufheben und somit gestrichen werden dürfen, unabhängig von ihrer Stellung in dem jeweiligen Term. Beispielsweise rechnet Sybille (14):

$$ac + (\not{b}c - a\not{b} - \not{a} \cdot \not{a}) = ac + (c - a)$$

Das Streichen von Buchstaben führt manchmal dazu, daß Operationszeichen ohne Operanden übrigbleiben. Z.B. rechnet Michael (14):

$$a \cdot b - \not{c} = \not{c} \cdot d$$
$$a \cdot b = d$$

Durch das Streichen von c bleibt auf der linken Seite ein Minuszeichen ohne Subtrahend übrig. Darauf reagiert Michael so, daß er auch das Minuszeichen wegläßt. Allgemein haben wir in solchen Fällen eine Tendenz beobachtet, daß Kinder beim Übrigbleiben von Operationszeichen ohne Operanden auch die Operationszeichen weglassen, z.B.:

$$\frac{3 - \not{x}}{2\not{x}} = \frac{3}{2} \quad, \quad \frac{3\not{x}}{2 - \not{x}} = \frac{3}{2}$$

Ein zu streichender Buchstabe wird oft einfach weggelassen. Dies erzeugt jedoch Schwierigkeiten bei Beispielen der folgenden Art:

$$\frac{\not{x}}{2\not{x} + y} = \overline{2 + y}$$

In diesem Fall schreiben Schüler meist eine 1 in den Zähler, manchmal auch eine 0, weil sonst ein Bruch ohne Zähler übrigbleiben würde. Wir haben aber auch beobachtet, daß manche den Bruchstrich weglassen und $2 + y$ als Ergebnis angeben.

Man kann annehmen, daß manche Schüler **Antwortformschemata** besitzen („well formed solution schemata" in DAVIS/JOCKUSCH/McKNIGHT 1978), die besagen, wie eine ordentliche Antwort auszusehen hat. Falls eine Antwort nicht in ein solches

Schema paßt, wie etwa eine Differenz ohne Subtrahend oder ein Bruch ohne Zähler, wird die Antwort so repariert, daß sie unter eines dieser Schemata paßt.

Noch ein interessantes Beispiel eines Weglaßschemas: Kurt (14) hatte aus der Formel

$$\frac{1}{R} = \frac{1}{R_1} + \frac{1}{R_2}$$

das R auszurechnen.

I: Forme dies bitte um!
K: $R = R_1 + R_2$ würde ich sagen. Und zwar, weil ich das Ganze durch 1 dividieren und dann kürzen könnte, sozusagen.
I: Noch einmal, bitte! Was hast du gemacht?
K: Durch 1 habe ich dividiert, also bleibt mir R. (Schreibt:)

$$\frac{1}{R} = \;\ldots\ldots \quad |:1$$
$$R = \frac{\ldots\ldots}{1}$$

Man kann vermuten, daß Kurt anhand von Musterbeispielen ein Weglaßschema entwickelt hat, welches besagt, daß man mittels Division durch einen Buchstaben diesen Buchstaben zum Verschwinden bringen kann. Da Kurt in dem vorliegenden Beispiel die Gleichung auf die Form $R = \ldots$ bringen will, bringt er durch Anwendung dieses Schemas die Zahl 1 im Zähler der linken Seite zum Verschwinden. Aufgrund eines Antwortformschemas läßt er dann auch den verbleibenden Bruchstrich weg. Durch unzulässiges Linearisieren bringt er auf die gleiche Weise die Zähler auf der rechten Seite weg.

Durch das Weglassen von Operationszeichen ohne Operanden kann man unter Umständen auch Fehler der folgenden Art erklären:

$$a - b \cdot x = c$$
$$b \cdot x = c - a$$

Bei richtigem Vorgehen

$$a - b \cdot x = c$$
$$-b \cdot x = c - a$$

muß das <u>Minuszeichen</u> auf der linken Seite von einem Subtraktionszeichen zu einem Inversenzeichen uminterpretiert werden. Möglicherweise hält der Schüler in der zweiten

Zeile an der Subtraktionsdeutung fest; da es jedoch keinen Minuenden mehr gibt, läßt er das Minuszeichen weg.

Weitere Beispiele für inadäquate Schemata bilden diverse **Sammelschemata**. MATZ (1980) und KÜCHEMANN (1981) vertreten die Ansicht, daß Schüler anhand von Rechnungen wie

$$3m \cdot 3m = 9m \cdot m = 9m^2$$

ein Schema entwickeln, welches besagt, daß man Maßeinheiten am Schluß sammeln kann. Werden Variable so aufgefaßt, kann dies zu Fehlern führen wie etwa:

$$3xy + 4yz = 7xyz$$

Eine besonders gefährliche Art von Schemata stellen solche Schemata dar, die sich bei anderen Anlässen bewährt haben, jedoch in der elementaren Algebra nicht mehr passend sind. Dazu kann man alle arithmetischen Schemata zählen, die in der Algebra nicht mehr taugen (z.B. das einseitige Lesen des Gleichheitszeichens oder das Antwortformschema, daß am Schluß einer Rechnung immer eine einzige Zahl herauskommen muß). Da wir Beispiele dieser Art bereits im Kapitel 6 ausführlich behandelt haben, soll hier nicht weiter darauf eingegangen werden.

Bildung unpassender Bedarfsschemata durch Metaschemata

MATZ (1980) hat für den Fehler

$$(x-a) \cdot (x-b) = c \iff x-a = c \lor x-b = c \qquad (1)$$

noch eine andere Erklärung gegeben (siehe auch DAVIS 1979). Sie geht von der Beobachtung aus, daß dieser Fehler häufig auch dann passiert, wenn im Unterricht auf ihn hingewiesen wurde. Sie hält es daher für möglich, daß das Schema (1) gar nicht als dauerhaftes Schema abgespeichert wird, sondern in jedem Anwendungsfall *von neuem erzeugt* wird und zwar durch ein gewissermaßen im Hintergrund befindliches Schema der Art:

$$\text{Es kommt auf die konkreten Zahlen nicht an.} \qquad (2)$$

Matz bezeichnet ein Schema der Art (1) als „surface rule", ein Schema der Art (2) als „deeper level rule". „Deeper level rules" werden auch gekennzeichnet als „rules which generate rules". Ich möchte im folgenden eine „surface rule" als **Bedarfsschema** und eine „deeper level rule" als **Metaschema** bezeichnen. Metaschemata können bei Bedarf Bedarfsschemata generieren, z.B. kann das Metaschema (2) aus der Regel $(x - a) \cdot (x - b) = 0 \Leftrightarrow x - a = 0 \lor x - b = 0$ das Bedarfsschema (1) generieren.

Die Existenz des Metaschemas (2) erscheint plausibel, weil Schüler in der elementaren Algebra klarerweise häufig die Erfahrung machen, daß es auf die konkreten Zahlen nicht ankommt. Dies äußert sich etwa, wenn jemand anhand einer Gleichung wie $3 + 5 = 5 + 3$ spontan erkennt, daß es auf die konkreten Zahlen 3 und 5 nicht ankommt und auf diese Weise das Kommutativgesetz der Addition entdeckt. Erfahrungen dieser Art müssen so selbstverständlich sein, daß es den Schülern entgeht, daß es in einigen wenigen Fällen doch auf die konkreten Zahlen ankommt. Anders ausgedrückt: Die Schüler erkennen nicht, daß gewisse Zahlen „zufällig", andere wiederum „notwendig" sind. In der Umformung

$$(x - 3) \cdot (x - 5) = 0 \iff x - 3 = 0 \lor x - 5 = 0$$

sind die Zahlen 3 und 5 zufällig, die Zahl 0 hingegen ist notwendig.

Wenn ein Fehler der hier besprochenen Art nicht durch ein dauerhaftes Schema der Form (1), sondern durch ein Metaschema der Form (2) bewirkt wird, ist es nicht effektiv, nur das Schema (1) zu bekämpfen, weil das Übel nicht an der Wurzel gepackt wird. Vielmehr müßte man danach trachten, das Metaschema (2) zu revidieren. Da wir jedoch in einem Einzelfall praktisch nicht in der Lage sind, zu entscheiden, ob das Schema (1) dauerhaft abgespeichert oder jeweils ad hoc durch das Metaschema (2) erzeugt wird, tut man gut daran, eine Revision beider Schemata anzustreben. Vielleicht läßt sich erreichen, daß Schüler an die Schemata (1) und (2) gewissermaßen **Achtungsignale** anhängen (in DAVIS/JOCKUSH/McKNIGHT 1978 heißen diese „correction cues"). Das bedeutet, daß sich bei jedem Aufruf des Schemas (1) bzw. (2) im Schüler eine „innere Stimme" meldet, die besagt: „Die Null ist notwendig" bzw. „Manchmal kommt es doch auf die konkreten Zahlen an".

Rückgriff auf allgemeine Lebensweisheiten

Wenn ein Schüler für einen vorgelegten algebraischen Ausdruck kein spezifisch algebraisches Schema findet, kann es sein, daß er auf sehr allgemeine Schemata bzw. Prozeduren zurückgreift, die sich sonst im Leben sehr bewährt haben. ANDELFINGER et al. (1983) bezeichnen diese als „allgemeine Denkhaltungen und Erfahrungswerte". Einige Beispiele:

"Eines nach dem anderen tun": $\quad\sqrt{a^2+b^2} = a+b$

"Alles unter einen Hut bringen": $\quad\sqrt{a}+\sqrt{b} = \sqrt{a+b}$

"Wenn man nicht alles bewältigt,
dann wenigstens so viel als möglich tun": $\quad x+5 = 3 - \frac{1}{x} \Longrightarrow x = -2$

(Der Schüler läßt $-\frac{1}{x}$ weg, weil er damit nichts anfangen kann.)

Man kann solche lebenspraktische Strategien auch als Metaschemata auffassen, die in konkreten Anwendungsfällen Bedarfsschemata erzeugen, die zu Fehler führen können. Beispielsweise kann das Metaschema „Eines nach dem anderen tun" in einem konkreten Anwendungsfall ad hoc das Linearisierungsschema $\diamond(x \circ y) = (\diamond x)\circ(\diamond y)$ erzeugen, dessen Anwendung dann zum Fehler $\sqrt{a^2+b^2} = a+b$ führt.

Verwendung zu offener Schemata

Eine Beobachtung von fundamentaler Bedeutung besteht darin, daß Schüler in vielen Fällen Schemata verwenden, die zu offen sind, d.h. zu wenig präzise angeben, was getan werden darf und was nicht. Dies äußert sich oft darin, daß Schüler für ihr Vorgehen zwar eine sprachliche Formulierung angeben können, daß aber hinter ihren Worten keine klaren Vorstellungen über die durchzuführenden Handlungen stecken. Solche offenen Schemata öffnen natürlich Fehlern Tür und Tor. Von Schülern werden sie anscheinend gelegentlich als recht „praktisch" empfunden, weil sie großen Handlungsspielraum lassen. In der Tat wenden und drehen diese Schüler derartige Schemata, wie sie es gerade brauchen.

Die zu große Offenheit von Schemata kann zwei Wurzeln haben. Einerseits kann das

Schema selbst zu armselig sein, d.h. zu wenig einschränkendes Wissen („constraints") enthalten, andererseits kann auch ein Mangel an Metawissen die Schemaanwendungen zu wenig einschränken. Häufig ist beides der Fall.

Daß manche Schemata zu unpräzise sind, um Schüler zu korrektem Handeln anzuleiten, läßt sich an beinahe allen bisherigen Beispielen erkennen. Bei Übergeneralisierungen fehlt es an Metawissen hinsichtlich erlaubter Anwendungen oder die gebildeten Schemata sind selbst zu unscharf. So ist etwa in dem Schema „ao (besondere Zahl) = a" zu wenig genau festgelegt, was eine besondere Zahl ist. Linearisierungsschemata sind ebenfalls oft unpräzise. Was sind die „Teile" eines Ausdrucks, was bedeutet es, nach Anwendung der Operation auf die Teile die Ergebnisse in einer dem ursprünglichen Ausdruck „ähnlichen" Form zusammenzusetzen, was bedeutet es, die Teile „der Reihe nach abzuarbeiten" usw.? Die „Privatschemata" der Schüler, wie verschiedene Streich- und Weglaßschemata, strotzen geradezu vor Ungenauigkeiten. Metaschemata sind meist sprachlich formuliert und daher oft vage. Schemata, die durch Rückgriff auf allgemeine Lebensweisheiten entstehen, sind naturgemäß für mathematische Zwecke zu ungenau.

Zur Verdeutlichung zu offener Schemata betrachten wir noch einige weitere Beispiele:

Peter (14) besitzt ein Schema, das er sprachlich so ausdrückt: „Jede Zahl in der Klammer muß mit der Zahl außerhalb der Klammer multipliziert werden". Peter rechnet:

$$(a^2 + b^3)^2 = a^4 + b^6$$

Man beachte, daß Peter nicht gegen seine Regel verstoßen hat. Er hat nur das getan, was seine Regel besagt. Die Regel gibt nämlich gerade die entscheidenden Informationen, die Peter für eine korrekte Umformung gebraucht hätte, nicht an, nämlich unter welchen Bedingungen jede Zahl in der Klammer mit der Zahl außerhalb der Klammer multipliziert werden darf (z.B. daß dies nicht erlaubt ist, wenn die Zahlen als Exponenten auftreten). Analoges gilt für die folgenden Beispiele.

Edith (14) besitzt ein Schema, das sie sprachlich so ausdrückt: „Gleiche Potenzen dürfen zusammengefaßt werden". Sie rechnet:

$$3a^3 + 15b^3 = 18a^3b^3$$

Edith erläutert diesen Schritt damit, daß sie die Zahlen und gleichen Potenzen zusammengefaßt hätte.

Marie (14) besitzt ein Schema, das sie sprachlich so beschreibt: „Den Nenner eines Bruches kann ich auf die andere Seite bringen, indem ich ihn hinübermultipliziere". Aus der Gleichung

$$a = \frac{b}{cd - 1}$$

rechnet sie die Variable d in folgender Weise aus:

M: Damit b übrigbleibt, muß ich einmal das mal rechnen, mal c. Also:

$$a = \frac{b}{cd - 1} \quad | \cdot c$$

$$ac = \frac{b}{d - 1}$$

I: Warum fehlt jetzt im Nenner das c ?

M: Weil ich es zu a multipliziert habe. Nun wieder mal, mal d, damit das d wegkommt:

$$ac = \frac{b}{d - 1} \quad | \cdot d$$

$$acd = \frac{b}{-1}$$

Dann mal -1, damit das -1 wegkommt:

$$acd - 1 = b$$

I: Ist das jetzt in Ordnung, bist du dir sicher?

M: Ja, denn Gleichungen lösen kann ich.

Dieses Interview ist auch ein Beispiel dafür, daß Schüler wegen der zu großen Offenheit ihrer Schemata von der Richtigkeit ihres Vorgehens überzeugt sein können und gar nicht auf die Idee kommen, daß etwas falsch sein könnte.

Manche Schüler entwickeln ein Schema, das so offen ist, daß es ihnen gestattet, Buchstaben oder Zahlen in beinahe beliebiger Weise von einer Seite einer Gleichung auf die andere zu bringen. Wir haben dieses Verhalten in unseren Untersuchungen als „Verschubspiel" bezeichnet und die entsprechenden Schüler „Verschieber" genannt. Ein Beispiel: Einer unserer Schüler (14) hatte aus der Formel

$$a = \frac{b}{1 + cd}$$

die Variable c zu berechnen. Er schrieb:

$$c = \frac{b}{1+ad}$$

Auf die Frage, was er da getan hätte, antwortete er: „Ich habe a und c vertauscht".

In einigen wenigen Fällen haben wir sogar beobachtet, daß Schüler Buchstaben innerhalb eines Terms mehr oder weniger beliebig verschieben. So gab es einige Schüler, die ohne Skrupel einen Buchstaben aus dem Nenner eines Bruches in dessen Zähler verschoben, weil ihnen dies hilfreich erschien oder einfach sympathischer war.

Verwendung unpassender Ersatzschemata

Findet ein Schüler zu einem algebraischen Ausdruck kein passendes Schema, kann es sein, daß er unter dem Handlungsdruck ein Ersatzschema heranzieht, obwohl er möglicherweise weiß, daß eine Anwendung dieses Schemas nicht gestattet ist. Betrachten wir etwa den Fehler:

$$(a \cdot b)^2 = a^2 + 2ab + b^2$$

Einige Schüler erklärten in den Interviews, daß sie keine Formel für $(a \cdot b)^2$ wußten und so auf die Formel

$$(a+b)^2 = a^2 + 2ab + b^2$$

zurückgriffen, obwohl sie sich nicht sicher waren, daß diese Formel hier verwendet werden darf.

In der „repair theory" (BROWN/BURTON 1978, BROWN/VanLEHN 1980, 1982, VanLEHN 1982, 1983) wird dieser Ersatzgedanke weiter ausgebaut und in der Sprache der Prozeduren beschrieben. Wenn ein Schüler bei der Ausführung einer Prozedur auf ein Hindernis trifft, kehrt er zum letzten noch ausführbaren Schritt zurück und versucht diesen so zu „reparieren", daß die Prozedur weiterlaufen kann. Ist eine solche Reparatur nicht möglich, kehrt er zum vorletzten Schritt zurück und versucht dort eine Reparatur usw. Diese Reparaturen sind im allgemeinen nur lokal, d.h. helfen der Prozedur momentan auf die Sprünge, können aber sofort wieder auf ein Hindernis führen, das wiederum durch eine lokale Reparatur umgangen wird usw.

Interferenz von Schemata

Es kann sein, daß ein bestimmter Ausdruck mehrere Schemata aufruft, die miteinander in Konkurrenz treten. Man sollte sich Schemata nicht nur als passive Wissenselemente vorstellen, die mehr oder weniger mühsam aus dem Gedächtnis gezogen werden müssen; in manchen Fällen mag dies zutreffen, in anderen wiederum dürfte es richtiger sein, sich Schemata als aktive Wissenselemente vorzustellen, die sich um die Anwendung geradezu drängen. Gelingt es nicht, ein passendes Schema auszuwählen oder die konkurrierenden Schemata miteinander zu verarbeiten, kann es zu Interferenzen von Schemata kommen — nicht im Sinne einer bewußten kognitiven Verarbeitung, sondern im Sinne einer eher ungewollten Verfilzung.

Wir betrachten dazu ein Beispiel. Harry (14) führt folgende Zerlegung durch:

$$(x-9)^2 = (x-3)(x+3)$$

I: Erklär mir bitte deine Lösung!

H: Also, zuerst ... $x - 3$ ist eine Formel und $(x-3)^2 = (x-3)(x+3)$. Und $x - 3$ bleibt gleich und $x^2 - 9$, das ist das gleiche wie $x - 3$ mal $x + 3$.

I: Wie kommst du auf das? $(x-3)^2 = (x-3)(x+3)$? Ist das wirklich richtig?

H: Ja! Ich könnte auch $x^2 - 6x + 9$ schreiben.

I: Was heißt denn eigentlich Klammer zum Quadrat? D.h. ja ...

H: ... Die Klammer wird mit sich selbst multipliziert.

I: Und du hast aber gesagt: $(x-3)^2 = (x-3)(x+3)$.

H: Ja, wenn ich minus nehme, dann wird das ja wieder plus. Weil minus mal minus plus ergibt.

I: D.h., $(x-3)(x-3)$ würde was ergeben?

H: $(x+3)^2$

I: Kannst du die Formel einmal aufschreiben?

H: $(x-3)(x-3) = (x+3)^2$

I: Warum glaubst du, daß die Formel gilt?

H: Weil minus mal minus plus ergibt.

Man erkennt, daß es zur Überlagerung dreier Schemata kommt, nämlich:

$$A^2 = A \cdot A \quad , \quad (-A) \cdot (+B) = -(A \cdot B) \quad , \quad A^2 - B^2 = (A - B) \cdot (A + B)$$

Nichtbeachtung von Prozedurhierarchien

Betrachten wir den Fehler:
$$2(\frac{x}{2} - 3) = x - 3$$

Dieser Fehler kann folgendermaßen erklärt werden. Der Schüler ruft eine *Prozedur* „Klammer ausmultiplizieren" auf. Die Ausführung dieser Prozedur erfordert zunächst, den Term $\frac{x}{2}$ mit 2 zu multiplizieren. Dazu ruft der Schüler die *Unterprozedur* „Bruch mit natürlicher Zahl multiplizieren" auf (die im vorliegenden Fall eine Anwendung des Kürzungsschemas $A \cdot \frac{B}{A} = B$ enthält). Die Ausführung dieser Unterprozedur erfordert wegen ihrer relativen Komplexität soviel Aufmerksamkeit, daß der Schüler vergißt, in die Oberprozedur zurückzukehren und auch -3 mit 2 zu multiplizieren. Er verliert also die Kontrolle über den Gesamtablauf.

Fehler dieser Art treten besonders dann auf, wenn die Unterprozedur komplex ist bzw. vom Schüler größeren Aufwand erfordert. Ein weiteres Beispiel:

$$\frac{x}{2} + \frac{x-1}{3} = 4$$
$$3x + 2(x-1) = 4$$

Hier ruft der Schüler eine Prozedur auf: „Mit dem gemeinsamen Nenner multiplizieren". Die Ausführung dieser Prozedur erfordert den Aufruf der Unterprozedur „Zähler zum gemeinsamen Nenner bestimmen". Die Ausführung dieser Unterprozedur nimmt den Schüler so gefangen, daß er vergißt, in die Oberprozedur zurückzuspringen.

Noch ein Beispiel:

$$\frac{x}{8} - \frac{2(x+3)}{8} = \frac{x - 2x + 3}{8}$$

Der Schüler ruft hier die Prozedur „Auf gemeinsamen Nenner bringen" auf. Er schreibt einen gemeinsamen Bruchstrich an, schreibt darunter den gemeinsamen Nenner 8 an und schreibt im Zähler: $x-$. Dadurch wird die Unterprozedur „Vorzeichen im restlichen Zähler ändern" aufgerufen, die wiederum die vorherige Ausführung der Unterprozedur „Klammer mit 2 ausmultiplizieren" erfordert. Nach der Ausführung dieser Unterprozedur steigt der Schüler aus dem Gesamtprozeß aus.

Zu Kontrollfehlern dieser Art vergleiche man auch BECKER 1985 sowie die dort angegebene Literatur.

7.4 Ausführungsstörungen

Manche Fehler lassen sich dadurch erklären, daß der betreffende Schüler zwar ein tadelloses Schema bzw. eine tadellose Prozedur verwendet, daß aber die Anwendung des Schemas bzw. die Ausführung der Prozedur in irgendeiner Weise gestört wird. MATZ (1980) nennt solche Fehler „Prozeßfehler (processing errors)". Vielfach werden sie auch als „Flüchtigkeitsfehler" bezeichnet (siehe dazu REITBERGER 1988). MATZ zählt auch die vorhin behandelten Fehler durch Nichtbeachtung von Prozedurhierarchien zu diesen Fehlern, was aber nur gerechtfertigt erscheint, solange diese nicht systematisch auftreten. Prozeßfehler erkennt man daran, daß sie die betreffenden Schüler meist sofort erkennen, wenn sie darauf aufmerksam gemacht werden oder ihre Umformungen selbst kontrollieren. Die Störungen, die solche Fehler hervorrufen, können auf einem äußeren Anlaß, einem momentanen Nachlassen der Aufmerksamkeit, einem Einfluß des Kurzzeitgedächtnisses oder ähnlichem beruhen. Relativ häufig konnten wir etwa „Nachklänge" beobachten wie z.B.:

$$(a+b)^2 + c = a^2 + 2ab + b^2 + c^2$$

Hier koinzidiert das (innere) Sprechen von „b Quadrat" mit dem Schreiben von „c" und erzeugt ein „c^2".

8 WEITERE BEOBACHTUNGEN ZU SCHÜLERFEHLERN BEIM UMFORMEN

In diesem Kapitel setzen wir unsere Beobachtungen zu Schülerfehlern beim Umformen algebraischer Ausdrücke fort, allerdings unter speziellen Gesichtspunkten. Wir gehen nach wie vor von dem im Kapitel 7 betrachteten Modell aus: Der Schüler nimmt gewisse Informationen aus dem vorgelegten Ausdruck auf, ruft ein Schema auf, das allenfalls verarbeitet wird, und wird dadurch zu einer bestimmten Handlung geführt. Diese Schritte werden u.a. durch heuristische Strategien gesteuert. Die empirischen Beobachtungen im Kapitel 7 haben gezeigt, daß die Informationsaufnahme oft flüchtig verläuft, wobei vor allem das nötige *Erkennen von Termstrukturen* fehlt. Weiters ist aus diesen Beobachtungen hervorgegangen, daß Schüler anstelle der erwünschten *Anwendung präziser Regeln* häufig offene und unpräzise Schemata verwenden. Inwieferne Schüler *heuristische Strategien* verwenden, haben wir im Kapitel 7 noch nicht untersucht, werden dies aber jetzt tun. Wir werden zunächst anhand des Gleichungslösens überlegen, wie diese drei Komponenten (Erkennen von Termstrukturen, Anwendung von Regeln, heuristische Strategien) zusammenspielen. Anschließend werden wir empirische Beobachtungen vorbringen, die zeigen, daß in Hinblick auf jede dieser Komponenten bei vielen Schülern enorme Defizite vorliegen.

8.1 Drei Komponenten des Gleichungslösens

Welche Prozesse spielen sich ab, wenn ein Schüler eine Gleichung mit Hilfe von Regeln löst? Im Idealfall läuft das Ganze etwa folgendermaßen ab. Der Schüler sieht vor sich eine **Gleichung**, sagen wir:

$$4x + 3 = 11$$

Er besitzt in seinem Gedächtnis einen gewissen **Vorrat an Regeln** (Gleichungsumformungs- und Termumformungsregeln), von denen er eine auswählen und auf die Gleichung anwenden muß. Aber welche Regel soll er auswählen und wie soll er sie anwenden? Das hängt von den **Strukturen der Terme** auf den beiden Seiten der

Gleichung ab. Der Term auf der rechten Seite läßt im vorliegenden Beispiel nur eine Struktur zu, der Term auf der linken Seite läßt jedoch mehrere Strukturen zu:

(1) $\boxed{4 \cdot x + 3} = 11$

(2) $\boxed{4 \cdot x} + \boxed{3} = 11$

(3) $\boxed{4} \cdot \boxed{x} + \boxed{3} = 11$

In den Fällen (1) und (3) wird der Schüler wahrscheinlich in seinem Gedächtnis keine anwendbare Regel finden, im Fall (2) kann er etwa die Regel $A+B = C \Longleftrightarrow A = C-B$ anwenden und kommt zur Gleichung:

$$4x = 8$$

Im nächsten Schritt kann er die Regel $A \cdot B = C \Longleftrightarrow B = C : A$ anwenden und kommt zu:

$$x = 2$$

Das Erkennen von Termstrukturen und die Auswahl einer Regel beeinflussen einander. Einerseits wird aufgrund erkannter Termstrukturen eine passende Regel gesucht. Andererseits wird der Term aufgrund bekannter Regeln in Hinblick auf eine passende Termstruktur durchmustert.

In manchen Fällen gibt es verschiedene Möglichkeiten der Regelanwendung. Z.B. kann man bei der Gleichung

$$\frac{x}{2} + 5 = 8$$

die Gleichungsumformungsregel $A + B = C \Leftrightarrow A = C - B$ anwenden und kommt zu:

$$\frac{x}{2} = 3$$

Man kann jedoch auch die Termumformungsregel $\frac{A}{B} + C = \frac{A + B \cdot C}{B}$ anwenden und kommt zu:

$$\frac{x + 10}{2} = 8$$

Beides eignet sich zum Weiterrechnen, jedoch führt die erste Möglichkeit schneller zum Ziel, nämlich der Isolation von x. Welche Regel jeweils aus dem Regelvorrat ausgewählt wird und wie diese angewendet wird, hängt nicht nur von den Strukturen der Terme, sondern auch von der **heuristischen Strategie** ab, die man zur Isolation der Unbekannten verfolgt.

Es liegt also ein systemischer Zusammenhang von drei Komponenten vor, der in folgender Figur dargestellt ist:

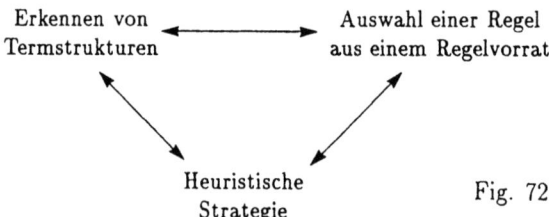

Fig. 72

Allerdings ist dies eine idealisierte Darstellung des Gleichungslösens, die einen „idealen Schüler" voraussetzt, nämlich einen, der Termstrukturen erkennen kann, Regeln kennt und anwenden kann sowie ein gewisses Arsenal an heuristischen Strategien besitzt. Im folgenden sehen wir uns an, wie die Realität aussieht.

8.2 Erkennen von Termstrukturen

Termstrukturerkennen ohne Umformen

Einigen Schülern haben wir Blätter vorgelegt, auf die wir verschiedene Terme geschrieben hatten. Wir forderten die Schüler auf, die Teilterme dieser Terme möglichst vollständig einzuringeln. Es wurde den Schülern vorher an Beispielen erklärt, was dabei zu tun ist. Ein Ausschnitt eines ausgefüllten Blattes ist im folgenden zu sehen:

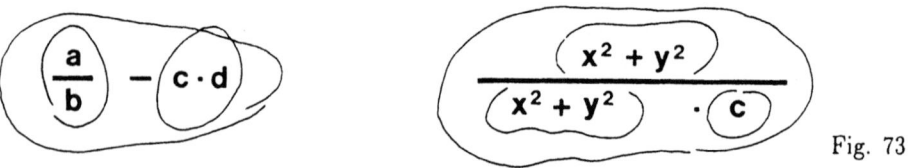

Fig. 73

Das Einringeln von Teiltermen geschieht auf diesen Blättern ohne die Aufforderung, eine Umformung vorzunehmen oder sonst etwas zu tun. Man kann annehmen, daß eine solche Aufforderung das Erkennen von Termstrukturen beeinflußt, aber damit werden wir uns erst im Abschnitt 8.3 beschäftigen. Zunächst geht es eher um ein „kontemplatives Betrachten" von Termen ohne weitere Aktivitäten. Die wichtigsten Beobachtungen bei Untersuchungen dieser Art waren folgende:

a) Einige Schüler waren durchwegs in der Lage, ihre Einringelungen durch eine *genetische Beschreibung* des *Terms* zu begründen, d.h. zu erklären, wie der Term schrittweise aufgebaut werden kann bzw. in welcher Reihenfolge die Rechenoperationen ausgeführt werden müssen. Beispielsweise erklärt Bernd (13) den Aufbau des Terms $(x-y)(u^2+v)^2 \cdot w$ folgendermaßen:

> **B:** Also, x minus y kann man einmal ausrechnen, in der Klammer lassen und dann mal u^2 plus v. Zuerst u^2 mal v, ah plus v, addiert mit v. Und dann das Ganze Quadrat setzen, dann Klammer ausrechnen und dann das Ganze mal w.

Diese Schüler erkannten gegebenenfalls auch sofort, daß die Struktur des vorgelegten Terms nicht eindeutig ist und konnten ohne Schwierigkeiten verschiedene Strukturen des Terms angeben. Mindestens ebensoviele Schüler waren jedoch nicht in der Lage, eine genetische Beschreibung des vorgelegten Terms zu geben, nicht einmal andeutungsweise. Sie waren anscheinend überhaupt nicht in der Lage, in Termen irgendwelche Strukturen zu sehen und konnten daher auch nicht entscheiden, ob ein Term nur eine Struktur oder mehrere Strukturen zuläßt.

b) In einigen Fällen hatten wir absichtlich Terme schlecht angeschrieben, insbesondere mit *irreführenden Abständen*, z.B.:

$$(x+y \ \cdot \ z) \ \cdot \ u-v$$

Es zeigte sich jedoch, daß die Schüler weniger oft in solche Fallen hineintappten als erwartet. Lediglich ein Schüler ringelte im obigen Falle so ein:

$$(\boxed{x+y}\cdot\ z\ )\cdot\boxed{u-v}$$

Schlecht geschriebene Abstände können also zwar Fehler im Erkennen von Termstrukturen unterstützen, scheinen aber keine wesentliche Ursache für solche Fehler zu sein.

c) Es bestand eine starke Tendenz, *gleichartige Bestandteile im Zähler und Nenner eines Bruches einzuringeln*. Möglicherweise dachten diese Schüler dabei an ein Kürzen. Einige Beispiele:

$$\frac{\overparen{x+y}}{\overparen{(x+y)}\cdot c} \qquad \frac{\overparen{a^2+b}}{\overparen{(a^2+b)}\cdot c}$$

d) Auffallend häufig wurden Bestandteile der Form $a^2 + b^2$ bzw. $a^2 - b^2$ eingeringelt. In manchen Fällen dachten sich die Schüler Klammern um solche Ausdrücke oder schrieben solche sogar hin, auch wenn dies nicht gerechtfertigt war. Ein Beispiel:

Michael (13) ging beim Term $a^2 - b^2 \cdot u^2 - v^2$ folgendermaßen vor:

$$\overparen{a^2-b^2} \cdot \overparen{u^2-v^2}$$

I: Warum hast du $a^2 - b^2$ eingeringelt?

M: Ja, weil in der Mitte eigentlich das richtige Rechenzeichen ist, mal.

I: Das richtige Rechenzeichen ... Ist das Minus kein richtiges Rechenzeichen?

M: Ja schon, aber die zwei Ausdrücke gehören zusammen.

I: Welche?

M: a^2 und b^2 [und auch u^2 und v^2].

I: Warum gehören die zusammen?

M: Weil man könnte es genausogut in Klammer setzen.

Manche Schüler gaben als Begründung an, daß die von ihnen eingeringelten Terme in *bekannten Formeln* auftreten.

e) Obwohl nicht verlangt wurde, die vorgelegten Terme umzuformen, schlug bei manchen Schülern eine starke *Umformungstendenz* durch. Sie faßten den Term als eine Aufforderung zum Umformen auf und verstanden nicht recht, was der Interviewer von ihnen wollte und was das Einringeln bedeuten soll. Es kam dabei gelegentlich zu kuriosen Mischformen zwischen dem Erklären der Termstruktur und dem Erklären der beabsichtigten Umformung. Ein Beispiel:

Michael (13) ging bei den Termen $a \cdot (b-c) \cdot d$, $a \cdot (b+c) + d + e$ und $(x-y) \cdot (u^2+v)^2 \cdot w$

folgendermaßen vor:

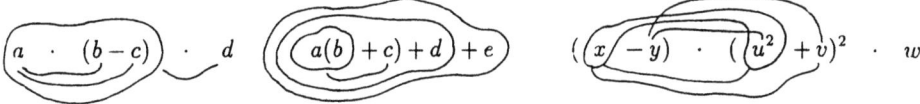

Michael war geradezu darauf versessen, die Terme umzuformen. Wenn sich bei einem Term nichts tun ließ, setzte er selbst Klammern, damit er diese auflösen konnte. Z.B. ging er beim Term $a \cdot b - c \cdot d$ so vor:

M (schreibt): $a \cdot (b - c) \cdot d$. Da kommt $a \cdot b - a \cdot c$. Also so. Da könnte man auch eine Klammer setzen.

I: Moment, das habe ich nicht ganz verstanden.

M: Ja so. Das einmal so rechnen. Könnte man auch eine Klammer setzen, da. Nur ist da keine. Und nachher das Ganze wieder mal d.

I: Warum glaubst du, daß man hier eine Klammer setzen könnte? Es steht ja keine da.

M: Ja ... weil es halt auch so ein Ausdruck ist und es ist wieder so, daß man jedes mit jedem oder den Ausdruck außer der Klammer mit dem in der Klammer ...

f) Eine wirklich vollständige Einringelung aller Teilterme gelang nur einem Schüler. Die meisten lieferten nur *unvollständige Lösungen*, wobei nur markante Bestandteile hervorgehoben wurden und auf die Einringelung von Klammern häufig verzichtet wurde. Ein Beispiel:

Friedrich (14):

Wurden die Schüler aufgefordert, weitere Einringelungen vorzunehmen, schüttelten sie oft den Kopf oder weigerten sich, fortzufahren.

g) Bezüglich der *Reihenfolge der Einringelungen* war bei keinem Schüler eine strikte Top-Down-Analyse oder Bottom-Up-Analyse zu beobachten. Die Schüler sprangen vielmehr in den Termen ohne erkennbares System hin und her, wobei lediglich eine gewisse Neigung zum Abarbeiten von links nach rechts zu erkennen war.

Betrachten von Termen unter vorgegebenen Strukturen

Einigen Schülern stellten wir Aufgaben, in denen verlangt war, vorgelegte Terme unter einer vorgegebenen Struktur zu sehen oder durch Umformen auf eine bestimmte Struktur zu bringen. Bei diesen Aufgaben versagten die Schüler fast völlig.

In einer Aufgabe ging es darum, den Term $\frac{c \cdot h}{2}$ in der Form $A \cdot B$ darzustellen. Wir betrachten einige Versuche:

Michael (13):
$$\frac{c \cdot h}{2} = \underbrace{\left(\frac{c}{2}\right)}_{A} \cdot \underbrace{\left(\frac{h}{2}\right)}_{B} = \underbrace{\left(\frac{c}{2}\right)}_{A} + \underbrace{\left(\frac{h}{2}\right)}_{B}$$

Bernd (13): Im weiteren Verlauf versuchte Bernd stets, c, h oder 2 einzuringeln, es gelang ihm jedoch nicht, den Ausdruck in der Form $A \cdot B$ darzustellen.

Rudolf (13):

1. Versuch: $\underbrace{\overbrace{c \cdot h}^{A}}_{\underbrace{2}_{B}} = A : B$

2. Versuch: $\overbrace{(c:2)} \cdot \overbrace{(h)} = A \cdot B$ (diese richtige Lösung wird von Rudolf sofort verworfen)

3. Versuch: $\overbrace{(c:2)} \cdot \overbrace{(h:2)} = A \cdot B$

In einer anderen Aufgabe ging es darum, festzustellen, ob verschiedene vorgegebene Terme von der Form $A \cdot B + C$ sind. Wir geben die Lösungsversuche der obigen Schüler wieder:

Bernd: $\underbrace{\overbrace{(2u)^2}^{A} \cdot \overbrace{(v)}^{B} + \overbrace{(3w)}^{C}}_{} \qquad \underbrace{\overbrace{u}^{A} (\overbrace{v}^{B} + \overbrace{uw}^{C})}_{}$

Michael: $u(v+uw) = \underbrace{\overbrace{u}^{A} \overbrace{v}^{B} + \overbrace{u}^{C^2} {}^2 \overbrace{w}^{D}}_{}$

Rudolf: $u(v+uw) = \underbrace{\overbrace{u \cdot v}^{A} + \overbrace{u^2}^{B} \cdot \overbrace{w}^{C}}_{}$

Es gelingt Rudolf dabei nicht, zu erkennen, daß dieser Term auch von der Form $A \cdot B + C$ ist.

Kompliziertere Terme wie etwa

$$\frac{u+v}{2} - \frac{u-v}{2} \quad \text{oder} \quad \frac{u+v}{2} \cdot w - \frac{u-v}{2}$$

in der Form $A \cdot B + C$ zu sehen, war den Schülern unmöglich, wobei besonders das Minuszeichen vor dem zweiten Bruch störte. So erklärte Rudolf:

R: $A \cdot B$ ginge ja noch, aber dann $+C$ nicht mehr.

I: Warum geht denn das $+C$ nicht?

R: Ja, weil kein + vorhanden ist.

Ergänzen von Termen

In einigen Aufgaben wurde verlangt, unvollständige Terme so zu ergänzen, daß eine bestimmte Gleichung gilt. Da das Verhalten der Schüler bei diesen Aufgaben einen gewissen Einblick in ihre Vorstellungen vom Aufbau der Terme liefert, seien einige Beispiele angeführt. In einer dieser Aufgaben wurde verlangt, in dem Ausdruck

$$a \,\square\, b \,\square\, c \,\square\, b = a \cdot c$$

in die Kästchen Rechenzeichen so zu setzen, daß die Gleichheit gilt. Alle interviewten Schüler schlugen die Lösung $a + b \cdot c - b = a \cdot c$ bzw. $a - b \cdot c + b = a \cdot c$ vor und erklärten, daß sich dabei die b's aufheben, sodaß $a \cdot c$ übrigbleibt. Wir betrachten einige Interviewausschnitte.

Michaela (14):

    I: Kannst du mir dein Vorgehen beschreiben, Michaela?

    M: Die beiden b muß ich versuchen wegzubringen. Die b, habe ich gedacht, lösen sich mit + und − auf, dann bleibt nur mehr a und c.

Kurt (14):

    I: Hast du die Frage verstanden?

    K: Ja, ja, freilich. (Seufzen)

    I: Hast du irgendeine Idee?

    K: Ja schon, $a + b$ und dann $-b$, aber wie ich dann auf das Mal komme?

Alexandra und Petra (beide 14):

- **A:** Da kommt ein Plus, da ein Minus und da ein Mal: $a + b \cdot c - b$.
- **P:** Nein!
- **A:** Doch! Denn es ist ja $a - b \cdot c + b$, denn die b's kann man weglassen und es bleibt $a \cdot c$ übrig.
- **I:** Aha, was sagst du dazu, Petra?
- **P:** Da ein Minus, ein Mal und da ein Plus: $a - b \cdot c + b$. Denn daraus folgt $-b + b = 0$.
- **I:** Alexandra, glaubst du, daß das richtig ist?
- **A:** Ja, das hebt sich ja dann auf, weil minus b plus b ist ja Null. Dann bleibt ja nur noch a und c übrig und es ergibt $a \cdot c$.

In einer anderen Aufgabe wurde verlangt, den Ausdruck

$$\frac{x+1}{x-1} = \frac{}{x^2 - 1}$$

so zu ergänzen, daß die Gleichheit gilt. Hier kam es teilweise zu recht kuriosen Lösungsversuchen. Die häufigste Antwort war

$$\frac{x+1}{x-1} = \frac{x^2 + 1}{x^2 - 1}$$

Marie (14) erklärte dazu:

- **M:** Ja, wenn unterhalb ein Quadrat dazukommt, muß es auch oben dazukommen.

Termstrukturerkennen als allgemeine Fähigkeit

Zum Abschluß dieses Abschnitts möchte ich noch eine Vermutung äußern. In der Fähigkeit zum Termstrukturerkennen zeigten sich überaus große individuelle Unterschiede bei den Schülern. Es war dabei aber auffällig, daß von den interviewten Schülern einige das Termstrukturerkennen durchwegs *sehr gut* und die restlichen durchwegs *sehr schlecht* beherrschten. Die einen analysierten alle vorgelegten Terme mit großer Leichtigkeit und machten fast nie Fehler, die anderen kamen ohne Hilfestellung fast nie zurecht und machten fast immer Fehler. Es gab kein Mittelding zwischen diesen Extremen („Alles oder nichts"). Ob es sich dabei um ein typisches Phänomen handelt, kann nicht mit Sicherheit gesagt werden, da die Anzahl der Versuchspersonen zu klein war. Sollte dies jedoch zutreffen, könnte man dafür folgende Erklärung geben: Das Erkennen von Termstrukturen lernt man nicht so, daß man Term für Term analysieren lernt und nach und nach immer mehr Terme analysieren kann, sondern so, daß man eine *allgemeine Einsicht* erwirbt; es muß einem sozusagen „der Knopf aufgehen" und das kann ziemlich plötzlich erfolgen. Vorher kann man mehr oder weniger keinen Term richtig analysieren, nachher kann man mehr oder weniger alle Terme richtig analysieren.

8.3 Anwenden von Regeln

Zum Anwenden von Regeln wurden recht umfangreiche Interviews geführt. Diese verliefen jedoch mit einer bemerkenswerten Konformität, sodaß eine kurze Darstellung genügt.

Inwieferne verwenden Schüler Regeln?

Eine der auffälligsten Beobachtungen in den Interviews war, daß die Schüler häufig keine Regeln kannten oder diese zumindest nicht formulieren konnten. Man kann annehmen, daß das Verhalten dieser Schüler beim Termumformen und Gleichungslösen durch **Handlungsschemata** gesteuert wird, die ihnen nicht bewußt werden. Es kann sein, daß diese Handlungsschemata die Folge einer automatisierten Regelanwendung sind und daß die Schüler die nun nicht mehr notwendigen Regeln vergessen haben. Ich hege jedoch eher den Verdacht, daß diese Schüler nie gelernt haben, Regeln präzise zu formulieren sowie bewußt anzuwenden und daß sich ihre Handlungsschemata eher anhand von Muster- und Übungsbeispielen — unabhängig von den im Unterricht eventuell gelernten Regeln — „eingeschliffen" haben.

Als typisches Beispiel für das Verhalten dieser Schüler betrachten wir einen Ausschnitt aus dem Gespräch mit Friedrich und Harry (beide 14). Beide Schüler begannen die

Lösung einer Gleichung mit folgendem Umformungsschritt:

$$\frac{2x+3}{x-2} = 3 \quad | \cdot (x-2)$$

$$2x + 3 = 3x - 6$$

Sie wurden vom Interviewer aufgefordert, diesen Schritt durch eine Regel zu begründen. Man bemerkt im folgenden, daß die Schüler krampfhaft nach einer Regel suchen, bis sie schließlich eingestehen, daß sie keine verwendet haben:

I:	Hast du beim ersten Schritt oben eine Regel verwendet? Könntest du diesen Schritt durch eine Regel begründen? Kennst du irgendeine Regel?
F:	(Pause) Mal dem Kehrwert multipliziert?
I:	Kannst du vielleicht die Regel irgendwie schöner formulieren, die du da verwendet hast, beim Übergang von der ersten zur zweiten Zeile?
F:	Also, der Bruch, der wird multipliziert, indem man mit dem Kehrwert ... also, ah wird dividiert, indem man mit dem Kehrwert multipliziert, also ...
I:	Ist das die Regel, die du angewandt hast, um zur zweiten Zeile zu kommen?
F:	Ja. Also ich hab' versucht, den Bruch wegzukriegen.
I:	Und da hast du diese Regel angewandt? (Zu Harry) Du wolltest etwas sagen ...
H:	Ja, es ... aber, den Bruchstrich kann ich auch schreiben als Division. Und dann könnte das ja eigentlich heißen: $(2x+3):(x-2)$.
I:	Kannst du nocheinmal versuchen, die Regel zu formulieren, die da angewendet wird?
H:	Der Bruchstrich ersetzt die Klammer.
I:	Ist das eine Regel, mit der man diesen Schritt begründen könnte? Oder habt ihr gar keine Regel verwendet?
F und H:	Nein!
F:	Das ist schon so Routine.

Erwartungsgemäß konnte kaum ein Schüler Gleichungsumformungsregeln mit Buchstaben formulieren. Vermutlich wurde das im Unterricht nicht gemacht. Die Mehrzahl der Schüler dürfte im Unterricht Regeln nur in verbaler Form kennengelernt haben. Aufgrund der verwendeten Lehrbücher kann man annehmen, daß dies verbale Formulierungen der „Waageregeln" waren: man darf auf beiden Seiten einer Gleichung dieselbe Zahl addieren usw. Kurz: man darf mit einer Gleichung mehr oder weniger alles machen, nur muß man links und rechts dasselbe machen. Die vorwiegenden Formulierungen der Schüler nahmen jedoch darauf kaum Bezug, sondern waren andere:

— „Man muß die inverse Rechenoperation ausführen."

— „Man muß ein Glied auf die andere Seite bringen."

In beiden Fällen konnten die Schüler ihre „Regeln" meist nicht präziser formulieren.

Betrachten wir ein typisches Beispiel für die Formulierungen der interviewten Schüler. Michael (13) beginnt eine Gleichungslösung folgendermaßen:

$$15 + 9x = 4x$$
$$15 + 5x = 0$$
$$5x = -15$$

I: Betrachten wir den Übergang von der ersten zur zweiten Zeile. Hast du bei diesem Schritt irgendeine Regel angewandt?

M: Ja.

I: Welche Regel?

M: Also eine Äquivalenzumformung.

I: Kannst du diese Regel irgendwie formulieren?

M: Also bei der Äquivalenzumformung muß man immer den entgegengesetzten Rechenschritt, also das entgegengesetzte Rechenzeichen und ... addiert oder subtrahiert, dividiert oder multipliziert ... auf beiden Seiten der Gleichung dasselbe ... mit derselben Zahl.

I: Ja ja, das war jetzt nicht besonders schön formuliert. Versuch nocheinmal, die Regel etwas schöner zu formulieren!

M: Aaah ... also bei der Äquivalenzumformung verwendet man immer das entgegengesetzte Rechenzeichen und bringt dadurch eine Zahl oder einen Ausdruck auf die andere Seite oder bringt ihn weg.

I: Mach noch einen Schritt, den nächsten Schritt [von der zweiten zur dritten Zeile]. Welche Regel hast du denn hier angewandt?

M: Da hab' ich wieder die Äquivalenzumformung angewandt, das entgegengesetzte, den entgegengesetzten Rechenschritt gemacht.

In diesem Interviewausschnitt kommt zwar die Formulierung „auf beiden Seiten der Gleichung dasselbe" vor, aber man hat den Eindruck, daß Michael von dieser Formulierung keinen weiteren Gebrauch macht. In seinen Erläuterungen dominieren eindeutig zwei andere Gedanken, nämlich „den entgegengesetzten Rechenschritt machen" und „einen Ausdruck auf die andere Seite bringen".

Die übrigen Interviews haben tendenziell ebenfalls gezeigt, daß die Schüler beim praktischen Gleichungslösen vorwiegend mit „inversen Rechenoperationen" und dem „Hinübergeben von Gliedern" arbeiten und praktisch nicht mit dem „Auf-beiden-Seiten-dasselbe-machen". Ihr tatsächliches Verhalten entspricht also nicht den im Unterricht gelernten „Waageregeln". Einige gaben auf die Frage, welche Regel sie verwendet hätten, zunächst eine verbal formulierte „Waageregel" an, erläuterten diese jedoch mit dem „Hinübergeben von Gliedern".

Soferne es den Schülern überhaupt gelang, Regeln zum Gleichungsumformen wenigstens andeutungsweise mit Buchstaben anzuschreiben, kamen ebenfalls nur selten die „Waageregeln" heraus. Diese könnte man ja so formalisieren:

$$A = B \Leftrightarrow A + C = B + C, \quad A = B \Leftrightarrow A - C = B - C \quad \text{usw.}$$

Die Formalisierungsvorschläge der Schüler entsprachen aber eher den „Elementarumformungsregeln", d.h. dem „Hinübergeben von Gliedern":

$$A + B = C \Leftrightarrow A = C - B \quad \text{und} \quad A \cdot B = C \Leftrightarrow A = C : B \; (B \neq 0)$$

Gelegentlich kamen auch Mischungen heraus. So formulierte Rudolf (13) im Fall einer Addition:

$$a - b = c \text{ ist das gleiche wie } a = c + b.$$

Im Falle einer Division formulierte er jedoch:

$$a = b \,|\, : c \text{ ist das gleiche wie } a : c = b : c.$$

Begründen von Umformungsschritten durch Regeln

Bei den ziemlich erfolglosen Versuchen der Schüler, ihre Umformungsschritte mit Buchstabenregeln zu begründen, zeigten sich zwei auffällige Schwierigkeiten:

a) Alle interviewten Schüler hatten enorme Schwierigkeiten, *die für eine Umformung relevante Termstruktur* auf der linken bzw. rechten Seite einer Gleichung zu erkennen.

Betrachten wir als Beispiel nochmals die Gleichung:

$$\frac{2x+3}{x-2} = 3$$

Unabhängig davon, ob man hier die Waageregeln oder Elementarumformungsregeln benutzt, ist die für den ersten Umformungsschritt relevante Struktur:

$$\frac{A}{B} = C$$

Die meisten Schüler erkannten jedoch diese Struktur nicht und gaben andere Strukturen an, z.B.:

Harry (14): $\frac{A+B}{C} = D$ Friedrich (14): $\frac{2a+b}{a-c} = b$

b) Alle interviewten Schüler hatten enorme Schwierigkeiten, zu erkennen, daß *ein Buchstabe* einer Regel *einen komplexeren Teilterm* der vorgelegten Gleichung bedeuten kann. Im allgemeinen wurden die Terme auf den beiden Seiten der Gleichung bis in die letzten Bestandteile, also Zahlen und Buchstaben, aufgelöst. Bei dem Versuch, die Struktur der Gleichung allgemein zu beschreiben, wurden oft nur anstelle der konkreten Zahlen weitere Buchstaben eingeführt. Man sieht dies bei Friedrichs obigem Vorschlag. Dabei beachte man noch, daß Friedrich für x sowohl im Zähler als auch im Nenner ein a setzt und für die Zahl 3 auf der linken und rechten Seite ein b. Die Struktur der Gleichung $3x = -3$ beschrieb er analog mit $a \cdot b = -a$. Auch die meisten übrigen Schüler setzten für Zahlen, die nur zufällig gleich waren, gleiche Buchstaben. Insgesamt kann man das Verhalten dieser Schüler durch ein „Kleben an den Zahlen und Buchstaben" kennzeichnen. Demgemäß artete das Begründen der einzelnen Schritte einer Gleichungslösung häufig in ein bloßes Nachrechnen der Gleichung aus, mit dem einzigen Unterschied, daß an die Stelle konkreter Zahlen Buchstaben gesetzt wurden.

Als typisches Beispiel betrachten wir das Vorgehen von Michael (13). Michael löste zunächst die folgende Gleichung anstandslos. Als er aufgefordert wurde, die einzelnen Schritte durch die Angabe von Regeln zu begründen, fügte er die folgenden Regeln am rechten Rand an und erläuterte deren Anwendung zum Teil durch Einringelungen:

$$\underset{a}{⑧}(\underset{b}{(x} + \underset{c}{④)}) = 5(x+7) \qquad\qquad a(b+c) = ab+ac$$

$$\underset{ax}{⑧x} + \underset{b}{㉜} = \underset{cx}{⑤x} + \underset{d}{㉟} \qquad\qquad ax + b = cx + d \quad |-cx$$

$$3x + 32 = 35 \quad |-32 \qquad\qquad ax - cx + b = d$$

$$3x = 3 \quad |:3$$

$$x = 1$$

8.4 Heuristische Strategien

Übersicht

Beim Umformen eines Terms oder dem Lösen einer Gleichung muß eine gewisse *Übersicht* bewahrt bleiben. Dies erfordert, während der gesamten Umformungstätigkeit verschiedene Dinge *präsent zu halten*, zumindest die folgenden:

a) die *Art der Tätigkeit* (z.B. eine Gleichung lösen, einen Term umformen),

b) das *Ziel* (z.B. eine Unbekannte isolieren, einen möglichst einfachen Term erhalten),

c) den *geplanten Weg* zu diesem Ziel (zumindest in groben Zügen oder bis zu einem Teilziel).

Geht davon im Lauf der Tätigkeit etwas verloren, kann dies zu Schwierigkeiten bzw. Fehlern führen, die man insgesamt als **Übersichtsverlust** bezeichnen kann.

Wir betrachten einige Beispiele. Es kam immer wieder vor, daß Schüler vom Gleichungslösen ins Termumformen verfielen oder umgekehrt, z.B.:

$$5 - \frac{x+3}{2} = \frac{x+1}{2}$$

$$5 = \frac{x+1}{2} + \frac{x+3}{2} = \frac{2x+4}{2} = \underline{\underline{x+2}}$$

Manche Schüler verfielen auch vom Gleichungslösen in ein Zahleneinsetzen. Manche isolierten in einer Formel eine falsche Unbekannte. Gelegentlich (besonders bei quadratischen Gleichungen) wurde eine Unbekannte durch sich selbst ausgedrückt, z.B.

$$x^2 + 3x - 10 = 0$$
$$x^2 = 10 - 3x$$
$$x = \sqrt{10 - 3x}$$

Relativ häufig waren Umformungen, die zwar richtig, aber für die Erreichung des Zieles unzweckmäßig waren, z.B.:

$$3x + 9 - \frac{x}{2} = 14$$
$$3(x + 3) - \frac{x}{2} = 14$$

Insbesondere kamen auch Zirkel vor wie:

$2(3 + x) = 5x$		$\frac{x}{2} + \frac{x}{3} = 5$
$6 + 2x = 5x$	oder	$\frac{3x}{6} + \frac{2x}{6} = 5$
$2(3 + x) = 5x$		$\frac{x}{2} + \frac{x}{3} = 5$

Abkürzende Beschreibung einer Strategie

Von jemandem, der eine Übersicht über einen längeren Umformungsprozeß besitzt, wird man erwarten, daß er diesen Prozeß in „groben Schritten" beschreiben kann.

Beispiele:

$\frac{x+2}{3} - 4 = 1$ „Ich gebe zuerst 4 auf die rechte Seite, multipliziere dann mit 3 und subtrahiere 2."

$\frac{x}{2} + \frac{x-2}{3} = 6$ „Ich bringe zuerst auf gemeinsamen Nenner, multipliziere mit diesem und dann werden wir weitersehen."

Die Erlangung der Fähigkeit, durchgeführte oder durchzuführende Prozesse in „groben Schritten" zu beschreiben, sehe ich als ein erstrebenswertes Ziel des Unterrichts nicht nur der elementaren Algebra an (vgl. dazu BORNELEIT 1991). Solche Beschreibungen werden durch neuere technologische Entwicklungen, etwa von Computeralgebrasystemen, immer wichtiger werden, da es in immer größerem Ausmaß möglich sein wird, Teilschritte eines Prozesses an die Maschine abzugeben, wodurch diese Teilschritte nicht mehr im Detail durchgedacht werden müssen. Leider findet man in den Lehrbüchern kaum Aufgaben zur Grobbeschreibung von Prozessen.

Die Erfassung eines Prozesses in „groben Schritten" wurde von MILLER (1956) als „chunking" bezeichnet (siehe dazu DAVIS/JOCKUSCH/McKNIGHT 1978). DAVIS und seine Mitarbeiter weisen darauf hin, daß es Schüler gibt, die zu einem solchen „chunking" nicht fähig sind, d.h. einen Prozeß nur Schritt für Schritt durchführen können, ohne ihn abkürzend erfassen zu können (was vermutlich daran liegt, daß ihnen die Übersicht fehlt).

Bei einer Gleichungslösung bedeutet das, daß diese Schüler immer nur gerade von einer Zeile zur nächsten kommen, ohne zu wissen, wie es weiter geht. Allgemein kann man einen Prozeß dieser Art folgendermaßen beschreiben: Eine bestimmte visuelle Darstellung führt zu einem Tätigkeitsschritt, der zu einer neuen Darstellung führt, die wieder einen Tätigkeitsschritt zur Folge hat usw. DAVIS und seine Mitarbeiter nennen einen solchen Prozeß eine „visually moderated sequence".

Unsere eigenen Beobachtungen haben bestätigt, daß viele Schüler nur **lokale heuristische Strategien** entwickeln, die sie nur von einem Ausdruck zum nächsten oder zumindest nicht sonderlich viel weiter führen. Globalere Strategien, die den gesamten Umformungsprozeß oder wenigstens einen großen Teil davon vorwegnehmen, haben wir eher selten beobachtet. Zu einer abkürzenden Beschreibung („chunking") waren erstaunlich wenige Schüler in der Lage.

Die abkürzende Beschreibung einer Umformungsstrategie setzt die Fähigkeit voraus, flexibel Termstrukturen zu erkennen und sich vorstellen zu können, wie sich diese Termstrukturen im Laufe der Umformung verändern — ohne die Terme jedesmal bis in die letzten Bestandteile auflösen zu müssen.

Welche Strategien dominieren?

Nach unseren Beobachtungen besitzen die meisten Schüler nur ein sehr kleines Arsenal an heuristischen Strategien — zumindest können sie weitere Strategien nicht artikulieren. In den Interviews waren zwei häufig vorkommende **Hauptstrategien** des Gleichungslösens zu bemerken. Die eine Strategie bestand darin, die *Glieder mit der Unbekannten auf eine Seite zu bekommen* (wobei manchmal noch an ein Herausheben gedacht wird). Die andere Strategie bestand darin, *störende Ausdrücke (z.B. Brüche) wegzubekommen*.

Heuristische Strategien und Rechtfertigung

Auffällig war, daß fast alle interviewten Schüler **keinen Unterschied zwischen heuristischen Strategien und Umformungsregeln** machten. Die meisten Schüler erläuterten ihre Gleichungslösungen durch Bekanntgabe irgendwelcher, meist kurzschrittiger Lösungsstrategien (vor allem der oben genannten Hauptstrategien). Die Frage, ob sie irgendwelche Regeln verwendet hätten, erzeugte oft Unverständnis. Sie hielten die Sache durch Bekanntgabe ihrer Lösungsstrategien für abgetan. Es war ihnen praktisch nicht bewußt, daß zur Durchführung bzw. Rechtfertigung der einzelnen Schritte ihrer jeweiligen Strategie noch eigene Umformungsregeln vonnöten sind.

Als typisches Beispiel für ein solches Verhalten sei ein kurzer Ausschnitt aus dem Gespräch mit Harry (14) angeführt. Es geht um die Rechtfertigung des Umformungsschrittes:

$$\frac{5}{2x-3} = \frac{1}{x} \quad | \quad (2x-3)$$
$$5 = \frac{2x-3}{x}$$

H: Ich habe wieder versucht, den Bruch wegzubekommen. Also habe ich mit $2x - 3$ multipliziert.

I: Und eine Regel kannst du nicht angeben, die einem sagt, warum man das eigentlich machen darf?

H: Nein, kann ich nicht.

9 AFFEKTIVE ASPEKTE VON SCHÜLERFEHLERN

In den von uns durchgeführten schriftlichen Tests und Interviews kam es relativ häufig zu Umformungen, an denen man zwar noch Spuren regelhaften Arbeitens erkennen kann, die aber insgesamt einen eher „chaotischen" Eindruck machten. Ein Beispiel:

$$\frac{x+7}{3} - \frac{4-x}{4} - \frac{3x}{8} = 3 \,|: \frac{3}{8}$$

$$\frac{x+7}{4} - \frac{4-x}{4} - x = \frac{24}{8} : \frac{3}{\cancel{8}}$$

$$\frac{x+7}{3} - \frac{\cancel{4}x}{\cancel{4}} - x = 1$$

$$x - x - x = 1$$

$$-2x + x = \frac{3}{3} : \frac{7}{3}$$

$$-2x + x = \frac{27}{9}$$

$$x = \frac{27}{\cancel{9}} = \frac{9}{3}$$

Vielfach konnten die Schüler in solchen Fällen für ihr Verhalten keine rechte Erklärung geben. Man kann annehmen, daß sie nicht immer „rational" vorgegangen sind, sondern sich von affektiven Momenten steuern ließen. Mit diesen beschäftigen wir uns in diesem Kapitel.

9.1 Rationales Denken und Wunschdenken

Wie man an zahlreichen Interviewstellen belegen kann, steht für einen Schüler häufig ein bestimmter **Wunsch** im Vordergrund, z.B. zu einer Lösung zu kommen, mit der Aufgabe möglichst rasch fertig zu werden, auf ein vertrauteres Zwischenergebnis zu kommen, störende Teilterme zu beseitigen usw. Ein solcher Wunsch kann zunächst noch etwas durchaus Kognitives sein, er kann ja Bestandteil einer heuristischen Strategie sein. Es kommt jedoch darauf an, wie Schüler versuchen, diesen Wunsch zu erfüllen. In diesem Abschnitt beschäftigen wir uns mit Schülern, deren „rationales" Denken von affektiven Momenten so beeinflußt wird, daß eine Art **Wunschdenken** entsteht, das zu wirrem Handeln führt. Auf die Tatsache, daß beim Umformen algebraischer Ausdrücke ein solches Wunschdenken das rationale Denken stören oder ganz überdecken kann, hat meines Wissens zuerst NOLTE (1985) hingewiesen.

Wir betrachten einige Beispiele für ein solches Wunschdenken. In den beiden ersten Interviewausschnitten geht es um die Aufgabe, aus der Formel $A = 4\pi r^2$ das r auszurechnen.

Angelika (14):

- I: Kannst du r ausrechnen?
- A: Das weiß ich nicht mehr, das habe ich vergessen.
- I: Probier es einfach!
- A: Als erstes muß man das Quadrat ... $A = 4\pi r^2$ ... $A = 4\pi \sqrt{r}$ ...
- I: Was hast du da gemacht?
- A: Nein, das was gesucht ist ... muß man hinschreiben ... $r = \ldots$
- I: Wieso hast du $\sqrt{r}$ hingeschrieben?
- A: Weil ich das Quadrat weghaben will. Gesucht ist r. Also $\sqrt{A} = 4\pi\sqrt{r}$.

Edith (14):

- E: $\sqrt{A\pi} = r$
- I: Erklär mir deine Vorgangsweise!
- E: Ja, weil r^2, ja weil ... weil wenn man das Quadrat weghaben will, dann muß man ja die Wurzel ziehen, das ist dann $\sqrt{A}$, oder? Und mit π muß man dann multiplizieren, nein, durch π muß man dividieren, das ist dann $\frac{\sqrt{A}}{\pi} = r$.

Für Angelika und Edith stehen zwei Wünsche deutlich im Vordergrund, nämlich das Quadrat wegzukriegen und das r zu isolieren. Sie haben jedoch nur ganz vage Vorstellungen davon, wie sie dieses Ziel erreichen können. Man hat den Eindruck, daß sie die einzelnen Schritte auf gut Glück durchführen. Sie verhielten sich bei aufeinanderfolgenden Versuchen nicht sehr konsistent. Wir haben ein ähnliches Verhalten desöfteren beobachtet und „aleatorisches Verhalten" genannt. Wenn ein solcher Schüler nicht weiter weiß, beginnt er gewissermaßen zu „würfeln" und tut irgendetwas, um zu einer Lösung zu kommen oder wenigstens zu einem Zwischenergebnis, bei dem er weiter weiß. Gefördert wird ein solches Verhalten offensichtlich dadurch, daß diese Schüler nur sehr offene Schemata zum Umformen algebraischer Ausdrücke besitzen, die einer subjektiven Interpretation Tür und Tor öffnen.

Die nächsten Beispiele sollen illustrieren, was der Wunsch bewirken kann, zu Zwischenergebnissen zu kommen, bei denen man weiter weiß. Harry und Friedrich (beide 14) wurden aufgefordert, aus der Formel

$$a = \frac{b}{1 + c \cdot d}$$

die Variable d auszurechnen. Harry schreibt:

$$a = \frac{b}{1 + c \cdot d} \quad | \cdot (1 + c)$$

$$a \cdot (1 + c) = \frac{b}{d}$$

I: Erklär mir bitte, wie du das gerechnet hast!

H: Also, zuerst wollte ich den Nenner wegbekommen. Aber das d sollte dableiben.

I: Warum sollte das d dableiben?

H: Ja, weil man das dann ausrechnen könnte ...

I: Warum hast du nur mit $1 + c$ multipliziert?

H: Ja, weil ich gedacht hab, daß man dann durch b dividieren soll und daß das d dann alleine steht.

Harrys heuristische Strategie ist folgende: Er will die rechte Seite auf die Form $\frac{b}{d}$ bringen, weil er dann weiter weiß. (Aus dem weiteren Interviewverlauf wird klar, daß er anschließend durch b dividieren, den Bruchstrich weglassen und damit das d isolieren will.) Er gibt sich keine Rechenschaft darüber ab, ob der von ihm durchgeführte Schritt erlaubt ist. Hauptsache, er kommt weiter!

Friedrich schreibt:

$$a = \frac{b}{1 + c \cdot d} \qquad | -b$$

$$a - b = \frac{1}{1 + c \cdot d} \qquad | \cdot (1 + c \cdot d)$$

$$(a - b) \cdot 1 + c \cdot d = 1 \qquad |: (a - b) \cdot 1 + c$$

$$d = \frac{1}{(a - b) \cdot 1 + c}$$

Es schließt sich folgendes Gespräch mit Friedrich und Harry an:

- **I:** Was wollen wir denn ausrechnen?
- **F:** d wollen wir ausrechnen. (Lange Pause.) Aber das ist ja so kompliziert. Wenn ich da dividiere, dann ist das $\frac{1}{d}$.
- **I:** Und das willst du nicht?
- **F:** Nein, wir wollen ja d haben. (Lange Pause.)
- **H:** Darf ich ihm helfen auch?
- **I:** Ja, hilf ihm!
- **H:** Also, d wird mit dem $(a-b) \cdot 1 + c$ multipliziert.
- **I:** Mit dem Rest da vorne?
- **H:** Ja, da kannst du durch das dividieren. Dann fällt das weg, also kommt auf die andere Seite.
- **I:** Wodurch muß man dividieren?
- **F:** Dividiert durch $(a-b) \cdot 1 + c \ldots$ Klammer $\ldots$
- **I:** Du hast aber vorne keine Klammer bei $1 + c$.
- **H:** Ja, kann er ja eine machen.
- **F:** (Schreibt) $d = \frac{1}{(a-b)\cdot(1+c)}$.

Man hat in diesem Interviewausschnitt den Eindruck, daß die beiden Schüler die Klammern setzen, wie sie es gerade brauchen. Hauptsache, sie kommen weiter!

Anschließend hatte Harry aus der folgenden Formel das s auszurechnen. Er schrieb:

$$\mathcal{O} = \frac{d\pi}{4}(d + 2s)$$
$$4\mathcal{O} = d\pi \cdot (4d + 8s) \quad |:d\pi$$
$$\frac{4\mathcal{O}}{d\pi} = 4d + 8s \quad | -4d$$
$$\frac{4\mathcal{O} - 4d}{d\pi} = 8s$$

Den Übergang von der dritten zur vierten Zeile erklärte er so:

- **H:** Also, ich will, daß s alleine steht. Deswegen muß ich $4d$ auf die andere Seite bekommen. Also da kommt minus $4d$ auf die linke Seite.
- **I:** Aha. Nun, warum hast du das in den Zähler des Bruches geschrieben? Warum schreibst du das z.B. nicht in den Nenner hinunter?
- **H:** Ja, weil ich es immer hinauf schreibe.
- **I:** Du schreibst es immer oben hin. Wäre es dir unsympathischer, wenn es unten stehen würde?

H: Ja.

Man hat hier den Eindruck, daß Harry die linke Seite auf eine möglichst einfache Form bringen will, wobei ihm der Term $\frac{4O-4d}{d\pi}$ einfacher erscheint als $\frac{4O}{d\pi-4d}$ oder $\frac{4O}{d\pi} - 4d$.

Wozu der Wunsch, ein einfaches Ergebnis zu erhalten, einen Schüler verleiten kann, zeigt der folgende Ausschnitt aus einem Interview mit Barbara (14). Barbara rechnete in einem vorangegangenen schriftlichen Test:

$$4 \cdot (3s + 5) - (4s - 7) \cdot 3 = (12s + 20) - (12s - 21) = 12s + 20 - 12s + 21 = 1$$

Der Interviewer legt ihr dieses Beispiel noch einmal mündlich vor.

B: Also, ist $12s + 20 - (12s - 21) = 12s + 20 - 12s + 21$. Also Vorzeichen verändern und jetzt zusammenfassen. Ist gleich, also das fällt weg und das ist gleich ... (kurze Pause) ... oh! Also 41.

I: Was stört dich an diesem Ergebnis, weil du so skeptisch reagierst?

B: Ja, weil das müßte normal ... glaub ich, daß da [zeigt vor 20] ein Minus hergehört, daß es dann schöner rauskommt, glaub ich. Aber ja, daß dann 1 rauskommt, oder so. Aber so kommt halt so heraus. Aber ich glaub, es stimmt schon.

I: Schau dir jetzt deinen Test an! (Legt ihr ihre Lösung der Testaufgabe vor.)

B: Ja ... weil ich hab' mich erinnern können, daß wir das einmal gemacht haben, daß man da ein Minus einfach machen kann.

I: Einfach so?

B: Ja, einmal hat man das machen dürfen.

I: Kannst du dich erinnern, wann das war?

B: Ich weiß nicht mehr ganz genau.

In manchen Fällen hat man den Eindruck, daß Schüler Regeln bzw. präzise Schemata nur befolgen, solange es leicht geht, aber diese sofort über Bord werfen, wenn sie ihrem Wunschdenken widersprechen. Ein typisches Beispiel dafür ist der folgende Ausschnitt aus einem Gespräch mit Marie (14), die aufgefordert wurde, aus der Formel

$$\frac{1}{R} = \frac{1}{R_1} + \frac{1}{R_2}$$

das R auszurechnen:

M: R ist gesucht? Dieses R?

I: Ja.

M: Also mal 1, $R = \frac{1}{R_1} + \frac{1}{R_2}$.

I: Also $\frac{1}{R} \cdot 1$ ergibt R?

M: Ja.

I: $\frac{1}{R_1} \cdot 1$, was ergibt das?

M: $\frac{1}{R_1}$.

I: Warum ergibt dann $\frac{1}{R} \cdot 1$ [gerade] R?

M: Ja, weil ich mit 1 multipliziert habe.

I: Und $\frac{1}{R_1}$?

M: (Pause) Ja, ich weiß nicht. Für mich bleibt das gleich. (Verlegenes Lachen.)

I: Unterscheiden sich $\frac{1}{R}$ und $\frac{1}{R_1}$?

        Versuche es bitte noch einmal!

M: Also $\frac{1}{R} = \frac{1}{R_1} + \frac{1}{R_2}$ $| \cdot 1$
           $R = 1 \cdot \frac{1}{R_1} + 1 \cdot \frac{1}{R_2}$
           $R = \frac{1}{R_1} + \frac{1}{R_2}$

Marie geht auf der linken Seite nach der Regel $\frac{1}{A} \cdot 1 = A$ und auf der rechten Seite nach der Regel $\frac{1}{A} \cdot 1 = \frac{1}{A}$ vor, wobei sie diese Inkonsistenz nicht stört, da sie ihrem Wunschdenken entspricht (sie will ja die Formel auf die Form $R = \cdots$ bringen).

An einer anderen Stelle rechnet Marie:

$$(a + \frac{1}{a} - 1)(a + 1) = (a - 1)(a + 1)$$

Ihre Erklärung: Sie wollte den Bruch weghaben. Wir haben desöfteren beobachtet, daß Schüler ungeliebte Teilterme einfach weglassen. Wunschdenken kann eine bloß **lokale Betrachtung algebraischer Ausdrücke** unterstützen. Allem Anschein kann man dabei zwei Verhaltensweisen unterscheiden. Manche Schüler werden Opfer der Selektivität der Wahrnehmung, d.h. ihre Wunschvorstellungen bewirken tatsächlich, daß gewisse Teilterme nicht wahrgenommen werden. Andere wiederum nehmen diese zwar wahr, ignorieren sie aber ohne besondere Skrupel.

9.2 Tiefenpsychologische Aspekte

NOLTE (1985) bringt die Unterscheidung von rationalem Denken und Wunschdenken in Zusammenhang mit einer psychoanalytischen Theorie. Sie zitiert HEY (1978), der ein „primärprozeßhaftes" und ein „sekundärprozeßhaftes Denken" unterscheidet. Diese beiden Denkformen werden von NOLTE folgendermaßen beschrieben:

> Primärprozeßhaftes „Denken" ist gekennzeichnet durch Wunschvorstellungen. Es ist die den Kindern gemäße Denkweise. Das Denken paßt sich nicht „an die in der Realität bestehenden Relationen zwischen den Dingen" an, „sondern die Umwelt wird nach dem Muster der eingebildeten Beziehungen" zwischen den Dingen (Hey, S. 82) interpretiert ...... Das sekundärprozeßhafte Denken ist gekennzeichnet durch größere Objektivität im Denken ...... Beziehungen werden jetzt realen Zusammenhängen entnommen ...... Der sekundärprozeßhafte Denkprozeß ist, wenn er einmal erreicht wurde, nicht für immer stabil. Wenn die Frustration zu stark ist, kann das Ich regredieren auf ein Niveau zielblinder Aktionen ......, d.h. primärprozeßhaftes Denken gewinnt wieder die Oberhand.

Man kann hier auch eine Parallele zum mythischen bzw. naturwissenschaftlichen Denken sehen, zumindest was die Einstellung des Menschen zu Regeln betrifft. Der mythisch denkende Mensch glaubt nicht an die Unerbittlichkeit von Regeln der Natur, er ist davon überzeugt, daß er diese durch sein eigenes Verhalten beeinflussen kann. Der naturwissenschaftlich denkende Mensch hat gelernt, sich der Unerbittlichkeit dieser Regeln zu fügen. Das heißt nicht, daß er nicht auch versucht, die Natur zu beeinflussen, aber er versucht es auf eine andere Weise — unter Anerkennung ihrer Regeln. Kinder stehen bekanntlich dem mythischen Denken oft näher als dem naturwissenschaftlichen. Man darf sich daher nicht wundern, wenn ein Kind sich der Unerbittlichkeit der algebraischen Regeln nicht bedingungslos fügt und glaubt, die Richtigkeit einer algebraischen Umformung durch sein eigenes (emotionales) Verhalten bestimmen zu können.

Diese Einstellung von Kindern gegenüber Regeln kann man bei Brettspielen beobachten. Kleinere Kinder finden gar nichts dabei, Spielregeln spontan abzuändern, besonders dann, wenn dies zu ihrem Vorteil gereicht (also ihrem Wunschdenken entspricht). Als typisches Beispiel möge ein kurzer Gesprächsausschnitt mit Philipp (4) genügen:

I: Warum würfelst du nocheinmal?
P: Ich darf jetzt zweimal würfeln.
I: Gut, dann würfle ich auch zweimal.
P: Nein, du darfst nur einmal.

Es kann also sein, daß ein Kind eine grundsätzlich andere Einstellung zu Regeln besitzt als ein erwachsener Mathematiker und noch gar nicht begreift, welche Rolle Regeln in der Mathematik spielen. Ein mathematisches Regelverständnis wird nicht über Nacht erworben, die Nachwirkungen früherer Einstellungen sind noch bei älteren Kindern oder Erwachsenen spürbar. Damit eröffnet sich ein neues **Metaziel** für den Unterricht in elementarer Algebra: Es geht nicht nur darum, Kindern bis zu einem gewissen Grad beizubringen, wie sie automatenhaft Symbolfolgen nach gewissen Regeln abarbeiten sollen, sondern es geht auch darum, ihr *grundsätzliches Verhältnis zu Regeln weiterzuentwickeln*. Das bedeutet unter anderem, daß Kinder einsehen sollten, daß man sich innerhalb gewisser Kontexte an die Regeln der Algebra halten muß, weil sonst die algebraischen Methoden nicht funktionieren. Es bedeutet auch, daß sie erkennen sollten, daß die Regeln der Algebra nicht willkürliche Spielregeln sind, sondern einen tieferen Hintergrund haben.

Ein Ziel des Unterrichts in elementarer Algebra ist zweifellos eine gewisse **Disziplinierung des Denkens**. „Disziplinierung" wird heute als allgemeines Lernziel nicht sehr hoch geachtet — nicht ganz zu Recht, denn wenn auch auf der einen Seite unbestritten der autonome Mensch angestrebt werden soll, der sich von unnötigen Abhängigkeiten und Fesseln befreit, so wird doch auf der anderen Seite eben dieser Mensch in vielen Bereichen seines Lebens und damit Denkens mehr als bisher lernen müssen, sich diszipliniert zu verhalten (vgl. dazu FISCHER 1990). Allerdings — und das ist der wesentliche Unterschied zu früheren Auffassungen — kann und soll dies in einsichtiger und bis zu einem gewissen Grad freiwilliger Weise geschehen. Dazu kann der Unterricht in elementarer Algebra beitragen: um ein bestimmtes Ziel zu erreichen, muß man sich an gewisse Regeln halten, was einen nicht daran hindern soll, außerhalb dieses Kontextes Regeln zu hinterfragen.

Ängstlichkeit und regelhaftes Denken

Gewisse emotionelle Grunddispositionen wie Selbstvertrauen oder Ängstlichkeit können das Verhalten beim Umformen algebraischer Ausdrücke beeinflussen. Die Auswirkungen können jedoch individuell verschieden sein. Selbstvertrauen kann zu einem souveränen Umgehen mit Regeln führen und Fehler vermeiden helfen, es kann aber auch Eigenwilligkeiten und damit Fehler fördern. Ähnlich kann Ängstlichkeit auf der einen Seite zu raschen Frustrationen bzw. Verzweiflungsreaktionen und damit zu Fehlern führen, auf der anderen Seite kann Ängstlichkeit zu einem betont regelhaften Denken führen und dadurch Fehler vermeiden. Wir haben ängstliche Schüler beobachtet, die sich praktisch keinen Schritt durchzuführen trauten, der nicht durch eine Regel abgesichert ist. Regeln erscheinen einem solchen Schüler als Rettungsanker in seiner Unsicherheit. Ängstlichkeit kann eine Ursache für „Formelsucht" sein. (Formelsucht kann jedoch auch andere Ursachen haben.)

Als Beispiele betrachten wir zwei Interviewausschnitte mit Edith (14). Dieses Mädchen machte schon von ihrem äußeren Verhalten her einen ängstlichen Eindruck. Der erste Interviewausschnitt soll diese Ängstlichkeit beim Umformen des Terms

$$6a \cdot 3b - (5ab + b \cdot 2a)$$

illustrieren. Edith traut sich praktisch keinen Schritt allein durchzuführen und versucht jedesmal, die Zustimmung des Interviewers einzuholen, bevor sie weitermacht:

E: Ja, da muß ich zuerst die Klammer auflösen. Stimmt das?

I: Bist du nicht sicher?

E: Ja, ich weiß nicht, ob es stimmt, hm, ich weiß nicht. Hab ich das am Zettel [schriftlicher Test vor dem Interview] können?

I: Das weiß ich nicht mehr.

E: Wahrscheinlich habe ich es nicht können. Stimmt denn das, daß ich die Klammern auflösen muß?

I: Löse sie einmal auf!

E: Hm, also ... $6a \cdot 3b - 5ab - 2ab$. So?

I: Warum hast du statt $+2ab$ nun $-2ab$ geschrieben?

E: Weil da ein Minus vor der Klammer ist ... weil sich die Vorzeichen ändern. Oder nicht? ... Paßt das nun oder nicht?

I: Ja.

E: Oh ... 6a mal 3b multipliziert ist $18ab - 5ab - 2ab = 11ab$. Kann das sein?

Da der Interviewer merkt, daß er zu häufig Zustimmungen gibt, beginnt er, diese zu versagen. Edith reagiert darauf mit einem stärkeren Verlangen nach Formeln, was schließlich in eine Art „Formelsucht" ausartet. Wenn Edith keine Formeln findet und auch der Interviewer keine Zustimmung erteilt, gibt Edith regelmäßig auf, z.B. bei der Berechnung von $x^2 y^3 (xy)^2$:

I: Was ist mit der Klammer?

E: Ich weiß nicht. Das ist ja auch keine Formel. Das ist auch nicht $(a+b)^2$ ...... $x^2 \cdot y^2$, nein, das kann nicht sein.

I: Warum nicht?

E: Ich weiß nicht, ich kann mir das nicht so richtig vorstellen. Weil $(a+b)^2$ ist auch nicht die richtige Formel dazu. Die Regel wär' nicht schlecht können. (Edith gibt nach kurzem Nachdenken auf.)

Man hat den Eindruck, daß das mangelnde Selbstvertrauen und das betont regelhafte Denken das Mädchen an einem wirklichen Nachdenken hindern, etwa an dem Versuch, den Term $(xy)^2$ durch Rückgriff auf die Definition des Quadrats einer Zahl zu lösen. Symptomatisch ist auch, daß Edith mit den Worten „Ja, da muß ich ..." beginnt. Solche Schüler leben in dem Glauben, daß in jeder mathematischen Situation etwas Bestimmtes getan werden muß. Die Freiheiten, die sogar in der elementaren Algebra bestehen, werden nicht gesehen. Dadurch können Dispositionen, die in diesen Schülern wahrscheinlich auch sonst vorhanden sind, verstärkt werden. Eine so verstandene Mathematik kann schädlich sein.

Eine „Therapie" dürfte in solchen Fällen schwer sein, weil sie letztlich auf eine Persönlichkeitsänderung abzielt. Der Mathematikunterricht kann zu einer solchen Änderung wahrscheinlich nur einen sehr kleinen Beitrag leisten, indem man versucht, dem Schüler mehr „mathematisches Selbstvertrauen" zu geben und ihm zu zeigen, daß man dieser Wissenschaft nicht bedingungslos ausgeliefert ist.

10 UMFORMUNGSREGELN

Wir haben in den Kapiteln 7 und 8 gesehen, daß Schüler beim Umformen algebraischer Ausdrücke kaum Regeln verwenden, sondern statt dessen vielfach offene und unpräzise Schemata anwenden, die oft zu Fehlern führen. Um derartige Fehler zu vermeiden, müssen diese Schemata präzisiert werden, sodaß sie den Schülern tatsächlich jene Informationen geben, die sie zum Umformen brauchen. Dies läuft darauf hinaus, daß man im Unterricht um eine präzise Formulierung von Regeln mit Buchstaben sowie eine präzise und bewußte Anwendung von Regeln nicht umhinkommt – zumindest solange, bis sich die Umformungstätigkeiten in einer korrekten Weise zu automatisieren beginnen. Aber auch späterhin können „Buchstabenregeln" gute Dienste leisten, um Unklarheiten zu beseitigen.

Wir stellen in diesem Kapitel einige Überlegungen zur Auswahl, zur Formulierung, zur Anwendung und zum Sinn von Umformungsregeln an. Aus diesen Überlegungen werden sich Unterrichtsvorschläge zur Einführung und Verwendung solcher Regeln ergeben.

10.1 Beschreibung und Begründung von Umformungsschritten

Daß zu offene Schemata Fehler erzeugen könnnen, sei nochmals an zwei Beispielen illustriert:

Beispiel 1: Nehmen wir an, ein Schüler hat im Unterricht folgende Regel kennengelernt: „Man darf auf beiden Seiten einer Gleichung dieselbe Zahl subtrahieren". Oder: „Man darf ein Glied auf die andere Seite geben, nur muß man die Rechenoperation durch die inverse Rechenoperation ersetzen". Der Schüler rechnet nun:

$$a = \frac{b}{cd+e} \implies a - e = \frac{b}{cd}$$

Dabei hat er gegen keine der beiden verbalen Regeln verstoßen; er hat ja nur gemacht, was die beiden Regeln besagen. Die beiden Regeln geben ihm nämlich gerade die entscheidenden Informationen nicht an, nämlich unter welchen Bedingungen und auf welche Weise man auf beiden Seiten dieselbe Zahl subtrahieren darf bzw. ein Glied auf die andere Seite geben darf.

Beispiel 2: Nehmen wir an, ein Schüler hat im Unterricht die Regel kennengelernt „Gleiche Faktoren im Zähler und Nenner eines Bruches dürfen gekürzt werden". Der Schüler rechnet:

$$\frac{a \cdot \cancel{b} + c}{\cancel{b} \cdot d} = \frac{a+c}{d}$$

Wiederum hat er nicht gegen die verbale Regel verstoßen. Auch hier gibt ihm die Regel gerade die entscheidenden Informationen nicht an, nämlich unter welchen Bedingungen und auf welche Weise man gleiche Faktoren kürzen darf.

Es nützt auch nicht viel, wenn man versucht, verbale Regeln sprachlich präziser zu formulieren. Irgendwie bleiben verbale Formulierungen immer unpräzise und können daher stets zu Fehlern führen. Eindeutigkeit und Unmißverständlichkeit wird im großen und ganzen erst erreicht, wenn Regeln mit Hilfe von Buchstaben formuliert werden. Wenn Regeln hilfreich sein sollen, kommt man um diesen Präzisierungsschritt im Unterricht nicht herum.

Damit soll nicht gesagt sein, daß die Schüler beim praktischen Rechnen stets Buchstabenregeln verwenden sollen. Dies tun wir ja selbst nicht. Ein Ziel des Algebraunterrichtes ist zweifellos ein automatisiertes Umformen ohne bewußte Verwendung von Regeln. Doch wird hier die These vertreten, daß zur Erreichung dieses Zieles – in einer Lernphase – das bewußte Verwenden von Buchstabenregeln von entscheidender Bedeutung ist, weil sonst korrektes Regelanwenden unter Umständen nie gelernt wird. Auch wenn das Umformen letztlich automatisiert ablaufen soll, sollten Schüler die Fähigkeit erlangen, gegebenenfalls ihre Umformungsschritte durch die Angabe von Buchstabenregeln begründen zu können. Dies kann nicht nur helfen, Unklarheiten zu beseitigen und Fehler zu vermeiden, sondern ist auch ein erstrebenswertes Lernziel für sich (ein Beitrag zum Begründen), auch wenn es mit zusätzlichen Anforderungen verbunden ist. Wir halten also fest:

Das allgemeine Beschreiben bzw. Begründen von Umformungsschritten mit Hilfe von Buchstabenregeln kann helfen, Fehler zu vermeiden, ist aber auch ein erstrebenswertes Lernziel für sich.

Auf Lehrerfortbildungsveranstaltungen habe ich immer wieder Lehrer angetroffen, die sich dagegen sträuben, Umformungsschritte durch Buchstabenregeln zu beschreiben bzw. zu begründen. Sie halten ein solches Vorgehen für „übertrieben exakt". Mit diesem Argument muß man jedoch vorsichtig umgehen. Daß man Schülern „übertriebene Exaktheit" erspart, ist zwar gut gemeint, wenn man ihnen aber dadurch notwendige Informationen zum Umformen vorenthält, tut man ihnen letztlich nichts Gutes. Die durch eine Verwässerung von Regeln erzeugten Fehler sind „hausgemacht".

Das Verhalten der erwähnten Lehrer ist übrigens widersprüchlich. Denn in manchen Fällen war es im Unterricht immer schon üblich, Buchstabenregeln bei konkreten Umformungen in einer sehr exakten Weise einzusetzen. Z.B. wird bei der Umformung $(2x+3y)^2 = 4x^2+12xy+9y^2$ durchaus die Formel $(a+b)^2 = a^2+2ab+b^2$ herangezogen und gefragt, was dem a bzw. b entspricht, wobei oft sogar explizit hingeschrieben wird: $a = 2x$, $b = 3y$. Warum sträubt man sich dann bei anderen Umformungschritten gegen ein analoges Vorgehen?

10.2 Die „Geometrie der Terme"

Es scheint so zu sein, daß wir gewisse Umformungsregeln in bildhafter Weise abspeichern (vgl. dazu KIRSHNER 1989 a). Z.B. wenden wir bei der Umformung von $\frac{x+1}{y} = z$ zu $x + 1 = z \cdot y$ ein Schema der folgenden Art an:

 Fig. 74

Derartige Bildschemata sind für ein automatisiertes Arbeiten beim Umformen algebraischer Ausdrücke überaus wichtig. Eine Aufgabe des Unterrichts ist es geradezu, solche Bildschemata zu entwickeln. Dazu kann man sich im Unterricht des Zeichnens von „Kästchen" (wie in Fig. 74) bedienen. Die zeichnerischen Darstellungen können noch dadurch unterstützt werden, daß man mit dem Finger auf die Kästchen zeigt, den Pfeil entlangfährt und bestimmte Sprechweisen verwendet wie „Das kommt dorthin", „Das wird hinübermultipliziert" usw.

Allerdings ersetzen solche Darstellungen nicht die Buchstabenregeln. Abgesehen davon, daß sich solche Darstellungen nur sehr beschränkt zur Kommunikation eignen, erreichen sie nicht immer die Präzision von Buchstabenregeln. Z.B. ist die Darstellung in Fig. 74 unpräzise, da nicht ausgedrückt wird, daß nach erfolgter Operation rechts ein Malpunkt zu setzen und links der Bruchstrich wegzulassen ist. Beides muß man gewissermaßen „hinzusehen". Grundsätzlich wäre es natürlich möglich, das Bildschema präziser darzustellen, z.B. so:

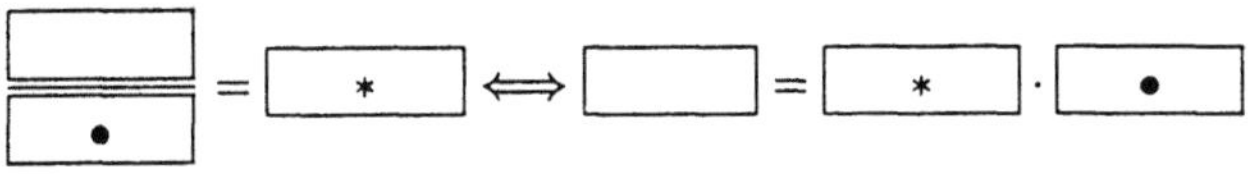

Fig. 75

Aber dann ist es doch einfacher und übersichtlicher, gleich eine Buchstabenregel hinzuschreiben:

$$\frac{A}{B} = C \iff A = C \cdot B$$

Letzten Endes bleibt auch in einer Buchstabenregel das Bildhafte des dahinterliegenden Bildschemas erhalten, wobei die Anordnung der Buchstaben auf der Schreibfläche eine wesentliche Rolle spielt. Man kann Buchstabenregeln als „stilisierte und präzisierte" Kästchendarstellungen ansehen. Insbesondere kann man Klammern als „Rudimente" von Kästchen auffassen. Diese Bildhaftigkeit algebraischer Ausdrücke hat FISCHER (1984) mit dem Schlagwort „Geometrie der Terme" belegt.

10.3 Regeln zum Umformen von Gleichungen

Elementarumformungsregeln und Waageregeln

Es wurde schon in Abschnitt 8.3 angedeutet, daß zwei Arten von Gleichungsumformungsregeln zur Verfügung stehen. Zunächst handelt es sich um Regeln, die im folgenden als **Elementarumformungsregeln** bezeichnet werden:

Additive Elementarumformung: $\quad A + B = C \iff A = C - B$

Multiplikative Elementarumformung: $\quad A \cdot B = C \iff A = C : B \quad (B \neq 0)$

Die additive Elementarumformungsregel kann man wie in nebenstehender Figur durch Strecken darstellen. Für die multiplikative Elementarumformungsregel ist eine analoge Darstellung leider nicht möglich.

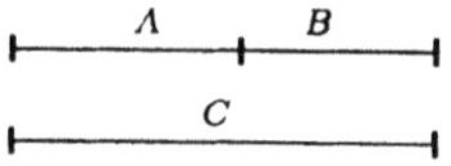

Fig. 76

Wir haben die Elementarumformungsregeln mit **Großbuchstaben** formuliert. Dies werden wir auch bei allen folgenden Regeln tun. Das hat einen zweifachen Sinn. Erstens soll dadurch die Kontextfreiheit der Variablen ausgedrückt werden und damit der **allgemeine Charakter** der Regeln betont werden. Zweitens soll dies die Vorstellung erleichtern, daß die in den Regeln enthaltenen Variablen nicht nur durch einzelne Zahlen oder Buchstaben, sondern auch durch **komplexere Terme** ersetzt werden dürfen.

Für das praktische Arbeiten ist es sehr zweckmäßig, die Elementarumformungsregeln nicht nur in der obigen Form anzuschreiben, sondern auch *Regelvarianten* der folgenden Art zuzulassen:

$$A - B = C \iff A = C + B, \quad A = B + C \iff A - C = B$$
$$A : B = C \iff A = C \cdot B, \quad A = B \cdot C \iff A : C = B$$

Natürlich braucht man sich diese Regelvarianten nicht alle auswendig zu merken. Die Auswahl einer geeigneten Regelvariante bereitet in der Praxis im allgemeinen keinerlei Schwierigkeiten, weil sie sich aus der Struktur der jeweiligen Gleichung und der Stellung der Unbekannten mehr oder weniger von selbst ergibt. So wird man etwa auf die Gleichung $3 + 2x = 11$ klarerweise die Variante $A + B = C \iff B = C - A$ anwenden.

Die Elementarumformungsregeln kommen in einigen Lehrbüchern vor (z.B. in LAUB et al. 1987), die meisten Lehrbücher und mit ihnen wohl die meisten Lehrer verwenden jedoch andere Regeln zum Gleichungsumformen, die man folgendermaßen formalisieren kann:

$$A = B \iff A + C = B + C$$
$$A = B \iff A - C = B - C$$
$$A = B \iff A \cdot C = B \cdot C \quad (C \neq 0)$$
$$A = B \iff A : C = B : C \quad (C \neq 0)$$

Da diese Regeln bekanntlich (in speziellen Fällen) durch eine Waage illustriert werden können, möchte ich sie **Waageregeln** nennen.

In vager sprachlicher Form kann man die Elementarumformungs- bzw. Waageregeln folgendermaßen charakterisieren. Die Elementarumformungsregeln beschreiben und rechtfertigen das „Hinübergeben eines Gliedes von einer Seite einer Gleichung auf die andere", die Waageregeln beschreiben und rechtfertigen, daß „man auf beiden Seiten der Gleichung dasselbe tun darf".

Grundsätzlich kann man jede Gleichungsumformung (die nicht bloß eine Termumformung ist) sowohl durch Elementarumformungsregeln als auch durch Waageregeln begründen. Als Beispiel betrachten wir die Umformung von $x+y=5$ zu $x=5-y$:

a) Begründung durch Elementarumformungsregeln:

$$x+y \;=\; 5 \iff x \;=\; 5-y$$
$$|\;| \quad\;\; | \qquad\;\; | \quad\; |\;|$$
$$A+B \;=\; C \iff A \;=\; C-B$$

b) Begründung durch Waageregeln:

$$\underbrace{x+y} \;=\; 5 \iff \underbrace{(x+y)-y} \;=\; 5-y \iff x=5-y$$
$$\;|\qquad\quad | \qquad\qquad |\;\; / \qquad\quad |\;|$$
$$A \;=\; B \iff A-C \;=\; B-C$$

Man sieht, daß eine korrekte Anwendung der Waageregel nicht direkt von $x+y=5$ zu $x=5-y$ führt, sondern zu einem Zwischenzustand, der erst durch die Anwendung verschiedener Termumformungsregeln auf die linke Seite der Gleichung in $x=5-y$ übergeht.

Soll man nun im Unterricht die Elementarumformungs- oder die Waageregeln verwenden? Von einem grundlagenorientierten Standpunkt aus kommt man durchaus mit einer Sorte von Regeln aus. Von einem didaktischen (also nicht puristischen) Standpunkt aus stellt sich die Situation jedoch anders dar. Jede der beiden Regelsorten besitzt gewisse Vor- und Nachteile. Um zu einer didaktischen Bewertung der beiden Regelsorten zu kommen, müssen wir zuerst Vor- und Nachteile beider Regelsorten genauer herausarbeiten.

Didaktischer Vergleich der Elementarumformungs- und Waageregeln

Einige Vorteile der Elementarumformungsregeln:

a) Wie man aus der obigen Gegenüberstellung der beiden Begründungsmöglichkeiten für die Umformung

$$x + y = 5 \iff x = 5 - y$$

erkennt, führt die Anwendung einer Elementarumformungsregel direkt von einer Zeile zur nächsten Zeile, während die Anwendung der entsprechenden Waageregel zu einem Zwischenstand führt, der genaugenommen erst durch die Anwendung verschiedener Termumformungsregeln in die zweite Zeile übergeführt werden kann. In der Praxis wird dieser Zwischenzustand jedoch nicht durchlaufen (er wird meist gar nicht bemerkt). Man geht bei der Anwendung einer Waageregel unmittelbar von der ersten zur zweiten Zeile über. Das bedeutet aber, daß beim praktischen Denken die Waageregeln nicht exakt verwendet werden (obwohl dies fälschlicherweise oft angenommen wird). Eine unexakte Regelanwendung kann natürlich kein Unterrichtsziel sein.

b) Wie sieht das praktische Denken beim Gleichungsumformen aus? Wir haben im Abschnitt 8.3 gesehen, daß die meisten Schüler beim praktischen Gleichungslösen im Sinne der Elementarumformungsregeln denken, auch wenn sie im Unterricht die Waageregeln kennengelernt haben. Das bedeutet, daß sie „Glieder auf die andere Seite der Gleichung geben" und nicht „auf beiden Seiten der Gleichung dasselbe tun". Beharrt der Lehrer auf den Waageregeln, so kann es zu einer Diskrepanz zwischen dem kommen, was die Schüler tatsächlich denken, und dem, was sie dem Lehrer gegenüber sagen müssen. Dies muß man wohl als eine unnötige Erschwernis für den Schüler ansehen. Die Elementarumformungsregeln hingegen rechtfertigen das Denken dieser Schüler. Eine Frage an den Leser: Wie denken Sie beim praktischen Lösen (nicht beim Unterrichten) einer Gleichung?

c) Im Vergleich zu den Waageregeln stehen die Elementarumformungsregeln in einem unmittelbareren und sinnvolleren Zusammenhang mit dem vertrauten Zahlenrechnen. Sie ergeben sich zwangloser aus dem Zahlenrechnen und beschreiben dieses angemessener. Wir stellen dazu folgenden Vergleich an:

$$7 + 3 = 10 \iff 7 = 10 - 3 \qquad\qquad 10 = 10 \iff 10 - 3 = 10 - 3$$
$$|\ \ | \quad\ \ \ | \qquad\ \ |\ \ |\ \ | \qquad\qquad\qquad |\ \ | \qquad\quad\ |\ \ |\quad\ \ |\ \ |$$
$$A + B = C \iff A = C - B \qquad\qquad A = B \iff A - C = B - C$$

Während Zahlenbeziehungen der linken Art beim Zahlenrechnen wirklich bedeutsam sind (man denke etwa an das „Eins minus Eins" oder an Proben), spielen Zahlenbeziehungen der rechten Art beim Zahlenrechnen wegen ihrer Trivialität keine Rolle. Man hat den Eindruck, daß solche Zahlenbeziehungen im Unterricht nur deshalb betrachtet werden, damit man aus ihnen die allgemeinen Waageregeln erhält. Umgekehrt erhält man aus diesen mittels Ersetzung der Variablen durch konkrete Zahlen wiederum nur triviale Zahlenbeziehungen – insgesamt ein schlechter Zirkel!

Analoges gilt für zugehörige Streckendarstellungen:

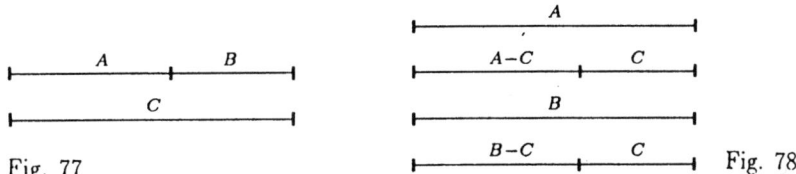

Fig. 77 \hfill Fig. 78

Während Streckendarstellungen wie in Fig. 77 hilfreich sein können, erscheinen Streckendarstellungen wie in Fig. 78 trivial und bedeutungslos. Welchen Sinn soll es haben, Gleiches doppelt darzustellen?

d) Jede nichttriviale, elementare Gleichung hat eine der acht Formen $A + B = C$, $A - B = C$, $A \cdot B = C$, $A : B = C$, $A = B + C$, $A = B - C$, $A = B \cdot C$, $A = B : C$, wobei eine Gleichung auch mehrere dieser Formen haben kann. Die Form einer Elementarumformungsregel *verlangt* nun, die vorgelegte Gleichung unter einer dieser acht Formen zu sehen. (Welche Form und welche Variante einer Elementarumformungsregel schließlich ausgewählt werden, hängt von der Stellung der Unbekannten in der Gleichung und der heuristischen Strategie ab, die zur Isolation dieser Unbekannten eingeschlagen wird.) Die Form einer Waageregel hingegen *verlangt nicht*, die vorgelegte Gleichung unter einer bestimmten Struktur zu sehen. Denn in einer Regel wie beispielsweise

$$A = B \Longleftrightarrow A + C = B + C$$

wird - soferne sie wie üblich von links nach rechts gelesen wird - nur verlangt, die beiden Seiten der gegebenen Gleichung als undifferenzierte Ganze (A, B) zu sehen. Daraus folgt zunächst gar nicht, ob eine Zahl auf beiden Seiten addiert oder subtrahiert werden soll, ob beide Seiten mit derselben Zahl multipliziert oder durch dieselbe Zahl dividiert werden sollen. Selbst wenn man sich für eine der vier Waageregeln entschieden hat, läßt diese Regel immer noch zu, ein beliebiges C zu addieren, subtrahieren usw. (auch wenn dies ganz sinnlos ist). Bei den Elementarumformungsregeln ist dies anders. Hat man sich für eine der oben angegebenen acht Formen einer Gleichung entschieden, gibt es höchstens zwei Möglichkeiten für die Wahl des Gliedes, das auf die andere Seite gebracht werden soll. Im allgemeinen ist damit klar, welches Glied gewählt werden soll und wie dieses Glied auf die andere Seite zu bringen ist.

Allerdings wählt man auch bei der praktischen Anwendung einer Waageregel keineswegs ein beliebiges C, sondern dieses C ergibt sich aus der Struktur der Terme auf den beiden Seiten der Gleichung und aus heuristischen Strategien. Das bedeutet, daß man auch bei der Anwendung einer Waageregel nicht umhin kommt, die vorgelegte Gleichung unter einer der oben angegebenen acht Formen zu sehen. Nur wird dies durch die Regel selbst nicht ausgedrückt, sondern in den *Kontext der Regelanwendung* verschoben. Die Elementarumformungsregeln *explizieren diese unumgängliche Termstrukturanalyse*, während die Waageregeln dies nicht tun. In Anlehnung an FISCHER (1984) kann man dies so ausdrücken: Die Elementarumformungsregeln sind „termrespektierend", die Waageregeln sind „termneutral" (soferne sie wie üblich von links nach rechts gelesen werden).

Dieser Mangel der Waageregeln spiegelt sich in der Modellvorstellung der Waage wider. Die Waage sagt einem nur, daß man auf beiden Seiten dasselbe tun muß, sie sagt einem aber nicht, *was* man tun muß. Um dies festzustellen, muß man den Inhalt der beiden Waagschalen näher analysieren. Die Inhalte der Waagschalen sind die

Hauptsache, die Waage ist eine Nebensache. Die Schwierigkeiten der Schüler liegen ja meist nicht darin, daß sie sich nicht bewußt sind, daß man auf beiden Seiten einer Gleichung dasselbe tun muß, sondern darin, zu erkennen, *was* man tun muß. Zur Kritik am Waagemodell vergleiche man auch WOLFF 1972.

Noch eine Bemerkung am Rande: Die Waageregeln werden gelegentlich mit der fundamentalen Idee der „Symmetrie" von Gleichungen verteidigt. Dies trifft sicher für das *abstrakte Prinzip*, das in den Waageregeln ausgedrückt wird, zu. Eine *konkret vorgelegte* Gleichung ist aber im allgemeinen etwas sehr Unsymmetrisches. Dem tragen die Elementarumformungsregeln eher Rechnung.

Einige Vorteile der Waageregeln:

a) Es gibt Situationen, in denen die Waageregeln zweckmäßiger sind als die Elementarumformungsregeln, z.B.

$$2x + 7 = \frac{x+1}{2} + 7 \qquad A + C = B + C \Longleftrightarrow A = B$$
$$2x = \frac{x+1}{2}$$

oder

$$3(2x - 1) = 3(x + 1) \qquad A \cdot C = B \cdot C \Longleftrightarrow A = B$$
$$2x - 1 = x + 1$$

Man beachte jedoch, daß in diesen Fällen die Waageregeln nicht in der üblichen, sondern umgekehrten Richtung angewendet werden, d.h. im Sinne von „Kürzungsregeln". So gelesen berücksichtigen auch die Waageregeln die Termstrukturen. Die Anwendung von Elementarumformungsregeln würde hier denselben Mangel aufweisen, den wir früher an den Waageregeln kritisiert haben. Die Elementarumformungsregeln würden nicht direkt von der ersten zur zweiten Zeile führen, sondern zu einem Zwischenzustand, der erst durch die Anwendung von Termumformungsregeln in die zweite Zeile übergeführt werden kann:

$$2x + 7 = \frac{x+1}{2} + 7 \qquad A + B = C \iff A = C - B$$
$$2x = \left(\frac{x+1}{2} + 7\right) - 7$$
$$2x = \frac{x+1}{2}$$

b) Die Waageregeln lassen sich leicht erweitern durch Regeln der folgenden Art, die früher oder später für das Gleichungslösen notwendig werden oder zumindest praktisch sind:

$$A = B \iff -A = -B$$
$$A = B \iff A^2 = B^2 \qquad \text{(falls } A > 0, B > 0\text{)}$$

c) Aus den Waageregeln läßt sich leicht die folgende Regel herleiten:

$$A = B \land C = D \iff A = B \land A + C = B + D$$

Diese Regel bildet zusammen mit der Regel

$$A = B \iff A \cdot C = B \cdot C \qquad (C \neq 0)$$

die Grundlage für das Gaußsche Eliminationsverfahren bei Gleichungssystemen in mehreren Unbekannten.

d) Die Waageregeln lassen sich erweitern durch die Monotonieregeln für Ungleichungen:

$$A < B \implies A + C < B + C$$
$$A < B \implies A \cdot C < B \cdot C \qquad \text{(falls } C > 0\text{)}$$
$$A < B \implies A \cdot C > B \cdot C \qquad \text{(falls } C < 0\text{)}$$

Man könnte für die Waageregeln auch ins Treffen führen, daß sie auf eine schwer aufzubrechende Schultradition zurückblicken können. In der Tat zeigen Erfahrungen auf Lehrerfortbildungsveranstaltungen, daß manche Lehrer einen erbitterten Kampf für die Waage fechten. Dieser Gesichtspunkt ist jedoch in einer didaktischen Diskussion mit langfristigen Perspektiven ein eher schwaches Argument.

Konsequenzen für den Unterricht

Aus den hier beschriebenen Vor- und Nachteilen der Elementarumformungs- bzw. Waageregeln geht meines Erachtens ein klarer Schluß hervor:

Die Elementarumformungsregeln sind für den Anfangsunterricht in elementarer Algebra geeigneter als die Waageregeln. Man kann sogar lange ohne die letzteren auskommen. Die Waageregeln bilden jedoch später eine durchaus sinnvolle Ergänzung.

Denn die unter b), c) und d) angeführten Vorteile der Waageregeln spielen am Anfang keine Rolle und Gleichungen der unter a) genannten Art kann man zunächst vermeiden. Es ist übrigens gar nichts dagegen einzuwenden, im Unterricht noch weitere Regeln zum Gleichungsumformen einzuführen, etwa die Regel zum kreuzweisen Ausmultiplizieren von Bruchgleichungen („Hosenträgerregel"):

$$\frac{A}{B} = \frac{C}{D} \iff A \cdot D = B \cdot C$$

10.4 Regeln zum Umformen von Termen

Zur Argumentationsbasis bei Termumformungen

Während man beim Gleichungsumformen mit wenigen Regeln auskommt, sieht man sich beim Termumformen mit einer großen Zahl von Regeln konfrontiert. Präzise

$$\begin{aligned}
x+5+2\cdot x &= \\
=(x+5)+2\cdot x &= \\
=x+(5+2\cdot x) &= \\
=x+(2\cdot x+5) &= \\
=(x+2\cdot x)+5 &= \\
=(1\cdot x+2\cdot x)+5 &= \\
=(1+2)\cdot x+5 &= \\
=3\cdot x+5 &
\end{aligned}
\qquad
\begin{aligned}
&\text{Definition: } A+B+C=(A+B)+C \\
&(A+B)+C=A+(B+C) \\
&A+B=B+A \\
&A+(B+C)=(A+B)+C \\
&A=1\cdot A \\
&A\cdot C+B\cdot C=(A+B)\cdot C \\
&1+2=3
\end{aligned}$$

Dabei wurde jeweils die auf eine Zeile angewandte Regel (oder sonstige Begründung) rechts neben die Zeile geschrieben. Ein solches Vorgehen erscheint für den Anfang wohl übertrieben. Zunächst wird man eher nach einem Regelvorrat als Argumentationsbasis suchen, der nicht viel mehr Zwischenschritte erfordert, als beim praktischen Rechnen angeschrieben werden. Die obige Umformung könnte man etwa so begründen:

$$\begin{aligned}
x+5+2\cdot x &= \\
=x+2\cdot x+5 &= \\
=3\cdot x+5 &
\end{aligned}
\qquad
\begin{aligned}
&A+B+C=A+C+B \\
&A+2\cdot A=3\cdot A
\end{aligned}$$

Eventuell kann der letzte Schritt in folgender Weise genauer begründet werden:

$$\begin{aligned}
x+2\cdot x+5 &= \\
=1\cdot x+2\cdot x+5 &= \\
=(1+2)\cdot x+5 &= \\
=3\cdot x+5 &
\end{aligned}
\qquad
\begin{aligned}
&A=1\cdot A \\
&A\cdot C+B\cdot C=(A+B)\cdot C \\
&1+2=3
\end{aligned}$$

Wie „differenziert" man hier vorgeht, hängt von der Aufgabenstellung, vom Kontext, von den Schülern und dem Unterrichtsverlauf ab. Es ist nicht möglich, eine Argumentationsbasis anzugeben, die für alle Unterrichtssituationen passend ist.

Damit läßt sich auch nicht genau angeben, welche Termumformungsregeln im Unterricht unbedingt formalisiert werden sollen. Zu einem unverzichtbaren Grundstock gehören wohl die folgenden Regeln:

(1) Klammerauflösungsregeln:

$$A - (B + C) = A - B - C \quad , \quad A - (B - C) = A - B + C$$

(2) Distributivgesetze:

$$A \cdot (B + C) = A \cdot B + A \cdot C \quad , \quad A \cdot (B - C) = A \cdot B - A \cdot C$$

(3) Bruchrechenregeln:

$$\frac{A}{B} = \frac{A \cdot C}{B \cdot C} \quad , \quad \frac{A}{C} + \frac{B}{C} = \frac{A+B}{C}$$

$$\frac{A}{B} \cdot \frac{C}{D} = \frac{A \cdot C}{B \cdot D} \quad , \quad \frac{A}{B} : \frac{C}{D} = \frac{\frac{A}{B}}{\frac{C}{D}} = \frac{A}{B} \cdot \frac{D}{C} = \frac{A \cdot D}{B \cdot C}$$

Eventuell können noch weitere Bruchrechenregeln angegeben werden (siehe BÜRGER/FISCHER/MALLE 1989, S. 17).

In vielen Lehrbüchern werden die Kommutativgesetze $A+B = B+A$, $A \cdot B = B \cdot A$ und Assoziativgesetze $(A + B) + C = A + (B + C)$, $(A \cdot B) \cdot C = A \cdot (B \cdot C)$ besonders hervorgehoben, wohl unter dem Einfluß der axiomatisierenden Tendenz der „Neuen Mathematik". Es ist nichts dagegen einzuwenden, daß diese Gesetze einmal formuliert (und interpretiert) werden, für das Buchstabenrechnen bringen sie jedoch nicht viel, da Umformungsschritte, in denen diese Gesetze bewußt angewandt werden, meist überspielt werden können. In Hinblick auf das Buchstabenrechnen sind diese Gesetze jedenfalls unwichtiger als die oben angeführten Regeln.

Selbstverständlich sollen die angeführten Regeln im Unterricht nicht alle auf einmal, sondern nach und nach eingeführt werden. Was über die oben angegebenen Regeln hinaus formalisiert wird, bleibt hier offen.

Metaschemata und Bedarfsregeln

Bei der oben betrachteten Umformung von $x + 5 + 2 \cdot x$ zu $3 \cdot x + 5$ wurden zur Begründung die Regeln $A + B + C = A + C + B$ und $A + 2 \cdot A = 3A$ herangezogen. Es kann sein, daß diese Regeln im Unterricht niemals explizit formuliert wurden und wegen ihrer Selbstverständlichkeit mehr oder weniger unreflektiert angewendet wurden. Trotzdem sei hier vorgeschlagen, auch solche Regeln zuzulassen. Es handelt sich um Regeln, die der Schüler selbst bei Bedarf formuliert und deshalb akzeptiert, weil sie ihm plausibel erscheinen. Man kann solche Regeln deshalb zulassen, weil es am Anfang des Unterrichts in elementarer Algebra nicht vorwiegend darum geht, alle Umformungen mit einem klar abgegrenzten Regelvorrat (einer festen Argumentationsbasis) zu begründen, sondern eher darum, die Umformungen mit irgendwelchen plausiblen Regeln (einer offenen Argumentationsbasis) zu beschreiben.

Derartige **Bedarfsregeln** gibt es in großer Zahl, man muß sie sich jedoch nicht einzeln merken, da sie durch **Metaschemata** generiert werden können. Z.B. lassen sich Regeln wie etwa

$$A \cdot (B + C - D) = A \cdot B + A \cdot C - A \cdot D ,$$
$$A \cdot (B - C - D) = A \cdot B - A \cdot C - A \cdot D ,$$
$$A \cdot (B + C - D + E) = A \cdot B + A \cdot C - A \cdot D + A \cdot E$$

aus dem Metaschema „Klammer ausmultiplizieren" gewinnen. Dieses kann als abstraktes Handlungs- oder Beziehungsschema im Gedächtnis abgespeichert werden. Es kann auch bildhaft gegeben sein oder mit einer verbalen Formulierung verbunden sein, etwa: „Eine Klammer wird mit einer Zahl multipliziert, indem man jeden Summanden in der Klammer mit der Zahl multipliziert, wobei die Vorzeichenregeln zu beachten sind." Die meisten Metaschemata sind unpräzise, die hervorgebrachten Bedarfsregeln können jedoch durchaus präzise sein und mit Hilfe von Buchstaben formuliert werden.

Die Entwicklung von Metaschemata zum Termumformen ist eine wichtige Aufgabe des Unterrichts. Vielfach werden sich solche Metaschemata anhand von Musterbeispielen mehr oder weniger unbewußt bilden. In manchen Fällen kann jedoch ein Bewußtmachen klärend und damit hilfreich sein.

Die wichtigsten Metaschemata zum Termumformen, die im Unterricht in irgendeiner Form thematisiert werden sollten, dürften die folgenden sein.

a) *Reihenfolge der Rechenoperationen*

Rechenoperationen sind ursprünglich nur für zwei Zahlen definiert und ausführbar. Grundsätzlich müßte man in einem Term, in dem mehr als eine Rechenoperation vorkommt, durch Setzen von Klammern die Reihenfolge der Rechenoperationen angeben. Dazu werden bekanntlich die folgenden Vereinbarungen getroffen, die die typische Form von Metaschemata haben:

- „*Punktrechnung vor Strichrechnung*". Dieses Metaschema kann Bedarfsregeln erzeugen wie $A \cdot B - C = (A \cdot B) - C$, $A : B + C \cdot D = (A : B) + (C \cdot D)$ usw.

- „*Links-Rechts-Abarbeiten*". Dieses Metaschema kann Bedarfsregeln erzeugen wie $A + B + C = (A + B) + C$, $A - B + C - D = ((A - B) + C) - D$ usw.

Während das Metaschema „ Punktrechnung vor Strichrechnung" im Unterricht meist besonders hevorgehoben wird, wird das Metaschema „Links-Rechts-Arbeiten" meist gar nicht erwähnt. In einigen Fällen kann es jedoch zur Beseitigung von Unklarheiten hilfreich sein. Beispielsweise können Terme der Form $A : B \cdot C$ auf manche Leute verwirrend wirken. Das genannte Metaschema klärt die Angelegenheit durch Generierung der Bedarfsregel:

$$A : B \cdot C = (A : B) \cdot C$$

b) *Allgemeine Kommutativität und Assoziativität*

Es handelt sich hier zunächst um ein Metaschema, das sprachlich so beschrieben werden kann: „In einer Summe (einem Produkt) können Summanden (Faktoren) beliebig vertauscht werden". Dieses Metaschema kann Bedarfsregeln erzeugen wie:

$$A + B + C + D = A + C + D + B \quad , \quad A \cdot B \cdot C \cdot D = D \cdot B \cdot A \cdot C$$

Dieses Metaschema kann noch durch das folgende Metaschema ergänzt werden: „Kommen in einem Term nur Strichrechnungen vor, können die Glieder unter Mitnahme des Plus- bzw. Minuszeichens in beliebiger Reihenfolge angeschrieben werden". Dieses Metaschema kann Bedarfsregeln erzeugen wie:

$$A - B + C - D = A + C - D - B$$

Ähnlich gebaut ist das Metaschema: „In einer Summe (einem Produkt) dürfen Summanden (Faktoren) beliebig durch Klammern zusammengefaßt werden". Dieses Metaschema kann Bedarfsregeln erzeugen wie:

$$A + B + C + D = (A + B) + (C + D) = ((A + B) + C) + D = \ldots$$

c) *Klammerauflösung*

Es handelt sich hier um ein Metaschema, das sprachlich so formuliert werden kann: „Wenn vor einer Klammer ein Plus steht, kann man die Klammer weglassen; wenn vor der Klammer ein Minus steht, müssen zusätzlich alle Vorzeichen in der Klammer geändert werden". Dieses Metaschema kann Bedarfsregeln erzeugen wie:

$$A + (B - C) = A + B - C \quad , \quad A - (B - C + D) = A - B + C - D \text{ usw.}$$

d) *Ausmultiplizieren von Klammern bzw. Herausheben*

Dieses Metaschema haben wir schon vorhin angeführt: „Eine Klammer wird mit einer Zahl multipliziert, indem man jeden Summanden in der Klammer mit der Zahl multipliziert, wobei die Vorzeichenregeln zu beachten sind". Dieses Metaschema kann Bedarfsregeln erzeugen wie:

$$A \cdot (B + C) = A \cdot B + A \cdot C \quad , \quad A \cdot (B - C - D) = A \cdot B - A \cdot C - A \cdot D \text{ usw.}$$

e) *Multiplikation von Klammern*

Dieses Metaschema bezieht sich vor allem auf die Multiplikation von Polynomen: „Zwei Klammern werden miteinander multipliziert, indem man jedes Glied der einen Klammer mit jedem Glied der anderen Klammer multipliziert, wobei die Vorzeichenregeln zu beachten sind". Dieses Metaschema kann Bedarfsregeln erzeugen wie:

$$(A - B) \cdot (C + D) = A \cdot C - B \cdot C + A \cdot D - B \cdot D$$

Das Verhältnis von Metaschema und Bedarfsregel ist übrigens nur ein relatives. So kann beispielsweise das obengenannte Metaschema „Herausheben" die Bedarfsregel

$B \cdot A + C \cdot A = (B + C) \cdot A$ generieren. Diese kann aber selbst wieder als Metaschema aufgefaßt werden und die Bedarfsregel $2 \cdot A + 3 \cdot A = 5 \cdot A$ generieren.

10.5 Zum Sinn des Umformens

Um eine gewisse Sicherheit im Umformen von Formeln und Termen zu erlangen, ist eine größere Zahl von Übungsaufgaben wahrscheinlich unumgänglich, in denen das Umformen mehr oder weniger als eine „Kunst für sich" betrieben wird. Dabei ist man allerdings stets der Gefahr ausgesetzt, daß solche Umformungsübungen so überhand nehmen, daß der Sinn des Umformens in einem Wust von Techniken verloren geht oder gar nicht erkannt wird. Wenn man dies vermeiden will, wird man im Unterricht auch geeignete **Aufgaben** stellen müssen, die einen **Sinn** des Umformens erkennen lassen.

Die Frage nach dem Sinn des Umformens möchte ich im folgenden in zwei Fragen zerlegen:
– Warum formen wir Formeln bzw. Terme um?
– Was leisten Umformungsregeln?

Zu diesen beiden Fragen möchte ich im folgenden einige naheliegende Antworten geben, ohne Anspruch auf Vollständigkeit oder Endgültigkeit zu erheben. Jede Antwort soll durch einige Aufgaben illustriert werden, die als Anregung dafür gedacht sind, im Unterricht möglichst sinnvolle Aufgaben zum Umformen zu stellen. Einige dieser Gedanken können auch mit Schülern besprochen werden, am besten im Anschluß an geeignete Aufgaben.

Warum formen wir Formeln und Terme um?

a) *Umformungen entlasten das Gedächtnis.*
Wenn man umformen kann, braucht man sich nicht für jede in einer Formel vorkommende Variable eine eigene Formel zu merken. In Formelsammlungen genügt es dementsprechend, nur eine Formel anzugeben.

1. Ein Schüler erzählt, daß er heute in der Schule vier Formeln über das Trapez kennengelernt hat:
$A = \frac{(a+c) \cdot h}{2}$, $h = \frac{2A}{a+c}$, $a = \frac{2A}{h} - c$, $c = \frac{2A}{h} - a$
a) Überprüfe, ob diese Formeln stimmen!
b) Muß sich der Schüler alle Formeln merken?

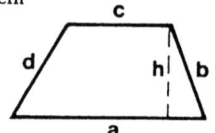

Fig. 79

Anmerkung zur Aufgabe 1: Ich habe Hauptschullehrer kennengelernt, die ihren Schülern ein Merkblatt mit diesen vier Formeln austeilten und alle vier Formeln auswendig lernen ließen.

b) *Umformungen können numerischen Berechnungen vorausgehen.*

Soll eine in einer Formel vorkommende Größe aus den übrigen numerisch berechnet werden, so drückt man häufig die gesuchte Größe zuerst durch die anderen Größen aus und setzt dann erst die Zahlen ein. Ein solches Vorgehen ist vor allem dann praktisch, wenn eine solche Rechnung häufig mit verschiedenen Zahlenwerten durchgeführt werden soll.

2. Von einem Trapez sind die Seitenlängen $a = 15$ und $c = 32$ gegeben. Berechne die Höhe h des Trapezes für folgende Werte des Flächeninhaltes A des Trapezes: $A = 350, 360, \ldots, 420$.

c) *Durch Umformen kann man Formeln vereinfachen oder auf eine bestimmte Gestalt bringen.*

Dadurch kann man insbesondere Rechenarbeit einsparen.

3. Ein Quader hat eine quadratische Grundfläche mit der Seitenlänge a und die Höhe $2a$. Stelle eine möglichst einfache Formel für den Oberflächeninhalt des Quaders auf!

d) *Durch Umformen können Größen wegfallen, wodurch Nicht-Abhängigkeiten erkannt werden können.*

Das Erkennen von Nicht-Abhängigkeiten ist manchmal ebenso wichtig oder interessant wie das Erkennen von Abhängigkeiten.

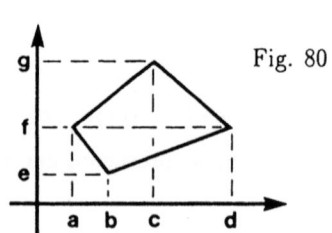

Fig. 80

4. Gib eine möglichst einfache Formel für den Flächeninhalt des nebenstehenden Vierecks an! Von welchen der Koordinaten a, b, c, d, e, f, g hängt dieser Flächeninhalt ab, von welchen nicht? Kannst du die Antwort auch geometrisch begründen?

e) *Durch Umformen kann man aus einer Formel verschiedene Zusammenhänge bzw. Interpretationen herauslesen.*

5 Ein Taxiunternehmer verlangt eine Grundgebühr von G_0 DM und pro (begonnenem) Kilometer p DM. Stelle eine Formel für die Gebühr G nach a Kilometer auf und erläutere diese Formel! Forme die Formel auf verschiedene Arten um und interpretiere die erhaltenen Formeln!

Lösung:

$G = G_0 + p \cdot a$ — Die Gebühr setzt sich zusammen aus der Grundgebühr und der Gebühr für die gefahrenen Kilometer.

$G - G_0 = p \cdot a$ — Die Gebührendifferenz ist der Anzahl der gefahrenen Kilometer direkt proportional.

$\dfrac{G - G_0}{a} = p$ — Der Kilometerpreis ist gleich der Gebührendifferenz pro Fahrstrecke.

6 Gegeben sei die Formel:

$$G = a \cdot (z + \frac{xz}{y} - z \cdot (a - \frac{x}{y}))$$

a) Ist G zu x direkt (indirekt) proportional?
b) Ist G zu y direkt (indirekt) proportional?
c) Ist G zu z direkt (indirekt) proportional?

f) *Termumformen ist ein Hilfsmittel zum Gleichungslösen.*

Gewisse Gleichungen lassen sich ohne Termumformungsregeln nicht lösen, z.B.:

7 Löse die Gleichung: $(x + 1,2) \cdot x = 11$. Kommt man mit den Elementarumformungsregeln allein aus? Welche Regel braucht man noch?

Was leisten Umformungsregeln?

a) *Mit Hilfe von Regeln kann man numerische Rechengänge begründen.*

8 Die Multiplikation $37 \cdot 6$ kann man im Kopf so ausführen:

$$(30 + 7) \cdot 6 = 30 \cdot 6 + 7 \cdot 6 = \ldots$$

Beschreibe dieses Vorgehen allgemein mit Variablen! Welches Rechengesetz wird hier verwendet?

9 Die Addition $12 + 7 + 8 + 13$ kann man im Kopf so ausführen:

$$12 + 7 + 8 + 13 = (12 + 8) + (7 + 13) = \ldots$$

Gib eine Regel an, welche dieses Vorgehen beschreibt!

b) *Mit Hilfe von Regeln kann man algebraische Umformungsschritte begründen.*

10 Forme um und gib bei jedem Schritt die verwendete Regel an:

a) $xy - (xz - xy)$ b) $\frac{x}{y} - \frac{x+y}{y}$

c) *Regeln ermöglichen Umformungen auch, wenn die Formeln bzw. Terme so komplex sind, daß inhaltliche Überlegungen nicht mehr möglich oder sinnvoll sind.*

Es empfiehlt sich, im Unterricht, einmal an einem Beispiel aufzuzeigen, daß inhaltliche Überlegungen beim Formelumformen bald an ihre Grenzen stoßen.

11 Der Oberflächeninhalt eines Quaders mit den Seitenlängen a, b, c ist
$O = 2(ab + ac + bc)$.
a) Begründe, ohne diese Formel umzuformen, anhand eines Quadernetzes die Formel:
$$c = \frac{O - 2ab}{a + b}$$
b) Leite diese Formel durch Umformen her!

Lösung von a): Anhand des schraffierten Rechtecks erkennt man:

$$2(a + b) \cdot c = O - 2ab$$

Daraus ergibt sich (Zusammenhang zwischen Multiplikation und Division):
$$c = \frac{O - 2ab}{2(a + b)}$$

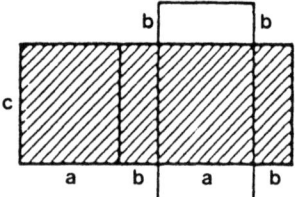

Fig. 81

d) *Regeln ermöglichen es, Umformungstätigkeiten einem Computer zu übergeben.*

12 Vereinfache den Term $\frac{b^5 - b^3}{b^2}$! Welche Regeln müssen einem Computeralgebrasystem einprogrammiert werden, damit es diese Vereinfachung automatisch durchführen kann?

10.6 Unterrichtsvorschläge zur Einführung von Regeln

Einführung von Gleichungsumformungsregeln

Wir gehen davon aus, daß im 5. und 6. Schuljahr hauptsächlich Aufgaben zum Aufstellen und Interpretieren von Formeln in bedeutungsvollen Situationen gestellt werden. Einfache Umformungen kommen dabei ganz zwanglos ins Spiel, wenn in einer

Formel eine Größe durch die übrigen Größen ausgedrückt werden soll. Z.B. haben wir in dem „Eurocity-Beispiel" in Abschnitt 2.3 aus der Formel $F = K + Z$ die Formeln $K = F - Z$ und $Z = F - K$ erhalten. Derartige **Umkehraufgaben** können in vielerlei Sachsituationen gestellt werden, z.B.:

1 Ein Paket wiegt samt Inhalt b kg (Bruttogewicht). Der Inhalt wiegt n kg (Nettogewicht), die Verpackung t kg (Taragewicht).
 a) Stelle eine Formel für das Bruttogewicht b auf!
 b) Gib zwei weitere Formeln an, die man aus dieser Formel erhalten kann!

2 Der Flächeninhalt eines Rechtecks ist $A = a \cdot b$. Gib zwei weitere Formeln an, die man aus dieser Formel erhalten kann!

Es ist empfehlenswert, die Symbole „$\Longrightarrow$" und „$\Longleftrightarrow$" spätestens bei solchen Aufgaben einzuführen und den Schülern die üblichen Lesarten dieser Symbole zu erklären. Damit läßt sich dann beispielsweise schreiben:

$$b = n + t \iff n = b - t, \quad b = n + t \iff t = b - n$$
$$A = a \cdot b \iff a = A : b, \quad A = a \cdot b \iff b = A : a$$

Dabei ist es unter Umständen empfehlenswert, zuerst nur Implikationspfeile von links nach rechts zu schreiben, sich dann zu überlegen, daß man auch von rechts nach links schließen kann und schließlich zu Äquivalenzen überzugehen.

Diese Äquivalenzen sind eigentlich ganz selbstverständlich, da sie auf dem bereits aus der Grundschule wohlbekannten Zusammenhang von Addition und Subtraktion bzw. Multiplikation und Division beruhen (Probe!). Sie können an konkreten Zahlenbeziehungen überprüft werden, im additiven Fall kann man sie auch aus einer Streckendarstellung ablesen (siehe Fig. 82).

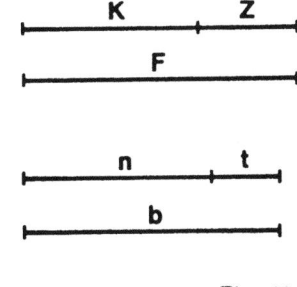

Fig. 82

Äquivalenzen der obigen Art können im Unterricht bei verschiedenen Gelegenheiten vorkommen. Sie ergeben sich auch bei dem Versuch, das Lösen konkreter Gleichungen allgemein zu beschreiben. Dabei werden je nach Beispiel unterschiedliche Buchstaben verwendet. Es handelt sich um Formulierungen mit **kontextabhängigen Variablen**, d.h. mit Buchstaben, die nur in einer bestimmten Situation (im Rahmen einer Aufgabe) interpretiert werden. Sollten mehrere Schüler in irgendeiner Form zu erkennen geben, daß es sich bei diesen Beziehungen doch „immer um dasselbe" handelt, scheint ein angemessener Zeitpunkt gekommen zu sein, das dahintersteckende allgemeine Prinzip in Form von Regeln mit **kontextfreien Variablen** zu formulieren. Dies führt zu den **Elementarumformungsregeln**:

$$A + B = C \Longleftrightarrow A = C - B \quad \text{bzw.} \quad A \cdot B = C \Longleftrightarrow A = C : B \quad (B \neq 0)$$

Über den Zeitpunkt der „offiziellen" Einführung dieser Regeln möchte ich keine allgemeine Empfehlung abgeben, weil dieser stark von den Schülern und vom Unterrichtsverlauf abhängt. Da diese Regeln im 5. und 6. Schuljahr nicht unbedingt vonnöten sind, würde es genügen, sie im 7. Schuljahr einzuführen. Da es aber andererseits wenig Sinn hat, die Regeln länger zu verheimlichen, wenn sie die meisten Schüler schon von selbst entdeckt haben, können sie auch schon früher eingeführt werden. Wann immer diese Einführung erfolgt, es erscheint mir wichtig, daß diese Regeln den Schülern nicht als *Zwangsjacke* verordnet werden. Es wäre falsch, ab dem Zeitpunkt der Einführung dieser Regeln von den Schülern strikt zu verlangen, ihre Umformungen nur mehr mit Hilfe dieser Regeln durchzuführen bzw. zu begründen. Ein so abrupter Übergang vom Inhaltlichen zum Formalen würde genau zu jenen unliebsamen Erscheinungen führen, die im Abschnitt 1.4 beschrieben wurden. Es erscheint mir zweckmäßiger, die Verwendung dieser Regeln in mehreren Anläufen zu erarbeiten und am Anfang zuzulassen, daß inhaltliches Umformen (ohne Regeln) und formales Umformen (mit Regeln) nebeneinander bestehen, wobei die Schüler selbst wählen dürfen, wie sie vorgehen wollen. Nach meinen Erfahrungen gibt es in bezug auf Regelverständnis große Unterschiede zwischen einzelnen Schülern. Während einige von ihnen den Zugang zum formalen Umformen nur schwer finden und relativ lange inhaltlicher Überlegungen auf der Sach-, Zahlen- oder Visualisierungsebene bedürfen, bewältigen andere diesen Übergang schnell und fühlen sich durch inhaltliche Überlegungen nur gelangweilt oder sogar gestört (vgl. dazu auch BOOTH 1987 a). Hier liegt offenbar ein Bereich vor, in dem eine „innere Differenzierung" besonders wünschenswert erscheint.

Wie schon auf Seite 220 erwähnt, ist es für das praktische Arbeiten vorteilhaft, die Elementarumformungsregeln in verschiedenen *Varianten* zu verwenden. Die oben angegebenen Formulierungen können als „prototypische" Formulierungen dieser Regeln angesehen werden. Nach meinen Erfahrungen bereitet es Schülern keine ernsthaften Schwierigkeiten, bei Bedarf Varianten anzuschreiben wie etwa im additiven Fall:

$$A - B = C \iff A = C + B \text{ oder } A = B + C \iff A - B = C$$

Schwierigkeiten kann dabei höchstens die folgende Variante machen, die man eigens hervorheben kann:

$$A - B = C \iff -B = C - A$$

Mit den Elementarumformungsregeln kann man im Unterricht lange das Auslangen finden; die Waageregeln können jedoch als Ergänzung angefügt werden, wenn sich im Rahmen eines Beispiels dafür ein Anlaß ergibt. Man kann die Waageregeln in der üblichen Weise anschreiben, z.B. $A = B \iff A + C = B + C$, allerdings sind sie zunächst nur bedeutsam, wenn sie im Sinne von „Kürzungsregeln" von rechts nach links gelesen werden. Es ist also am Anfang gar nicht unsinnig, sie in der Form $A + C = B + C \iff A = B$ anzuschreiben.

Einführung von Termumformungsregeln

Termumformungsregeln können im Prinzip auf die gleiche Weise eingeführt werden wie Gleichungsumformungsregeln. Im Rahmen des Aufstellens und Interpretierens von Formeln in bedeutungsvollen Situationen (Rechensituationen, geometrische Situationen, Sachsituationen) ergeben sich solche Regeln zwanglos, wenn ein Sachverhalt auf zwei verschiedene Arten beschrieben wird. Einige Beispiele:

3 Statt $157 - 25 - 75$ kann man auch $157 - (25 + 75)$ rechnen. Beschreibe beide Rechenarten mit Variablen! Welches Rechengesetz ergibt sich?

Lösung: $a - b - c = a - (b + c)$

4 Stelle zwei Formeln für den Flächeninhalt des Rechtecks $ABCD$ auf!

Lösung: $A = a \cdot (b + c) = a \cdot b + a \cdot c$

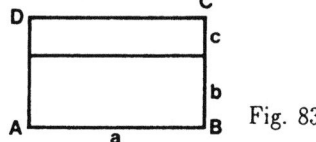

Fig. 83

5 Eine Flasche Fruchtsaft kostet p DM. Jemand kauft in einem Geschäft r Flaschen und in einem anderen Geschäft s Flaschen. Stelle zwei Formeln für den Gesamtpreis auf!

Lösung: $G = (r + s) \cdot p = r \cdot p + s \cdot p$

In diesen Beispielen sind die Regeln wiederum mit *kontextabhängigen Variablen* formuliert. Bei passender Gelegenheit können die dahinterstehenden Regeln mit *kontextfreien Variablen* formuliert werden, etwa in den vorliegenden Beispielen:

$$A - (B + C) = A - B - C \ , \quad A \cdot (B + C) = A \cdot B + A \cdot C$$

Die Einführung solcher Regeln kann nach und nach – verteilt auf mehrere Jahre – erfolgen, wann immer sich dazu eine passende Gelegenheit ergibt. Das obige Distributivgesetz sollte meines Erachtes eine der ersten Regeln sein, weil es für viele Aufgabenstellungen in Sachsituationen erforderlich ist. Mit anderen Regeln kann man sich eher Zeit lassen. Wie beim Gleichungsumformen sollte auch beim Termumformen formales Arbeiten das inhaltliche Arbeiten nicht abrupt ablösen.

Wie für Gleichungsumformungsregeln ist es auch für Termumformungsregeln zweckmäßig, *Regelvarianten* zuzulassen, z.B. für das obige Distributivgesetz:

$$(A + B) \cdot C = A \cdot C + B \cdot C \ , \quad A \cdot C + B \cdot C = (A + B) \cdot C$$

Beim Anschreiben solcher Regelvarianten sollen die Schüler auch lernen, eine Regel in beiden Richtungen zu lesen und mit der Kommutativität von Addition und Multiplikation flüssig umzugehen.

Die Frage, ob zwei Terme äquivalent sind (d.h. dieselbe unbestimmte Zahl darstellen), kann in der Unterrichtspraxis schon bei den allerersten Anfängen auftauchen, wenn Schüler eine Aufgabe auf unterschiedliche Arten lösen. Ein Beispiel dafür haben wir schon in dem Eurocitybeispiel auf Seite 67–71 kennengelernt; in Aufgabe 10 haben wir für den Kartenpreis einer Person einerseits $K = G : 3 - Z$, andererseits $K = (G - 3 \cdot Z) : 3$ erhalten.

Durch gezielte Aufgabenstellungen kann man solche Probleme forcieren. WELLSTEIN (1978) schlägt eine Methode vor, die auf unterschiedlichen Abzählungen von Gitterpunktmengen beruht. Wir betrachten dazu die Gitterpunktmenge in Fig. 84.

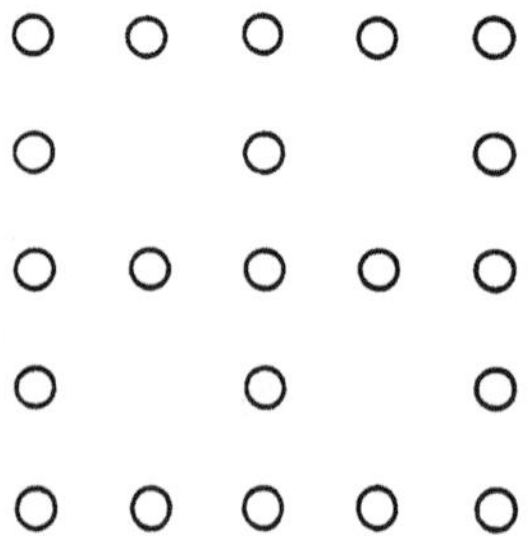

Fig. 84

Auf jeder Außenseite liegen 5 Gitterpunkte. Die Gesamtzahl der Gitterpunkte dieser Figur kann auf verschiedene Weisen systematisch abgezählt werden. Dasselbe können wir mit einer analogen Figur machen, auf deren Außenseiten jeweils 7, 9, 11, ..., allgemein n Punkte liegen (n ungerade). Je nachdem, wie man nun im allgemeinen Fall die Punkte abzählt, erhält man verschiedene Termdarstellungen für die Anzahl $A(n)$ der Gitterpunkte der Figur. Z.B.:

(1) Zählt man zuerst die Außen- und dann die Innenpunkte (wobei die äußeren Eckpunkte und der Mittelpunkt doppelt gezählt werden), erhält man:

$$A(n) = 4 \cdot n - 4 + 2 \cdot (n-2) - 1$$

(2) Zählt man die Punkte auf den Horizontalen ab, ergibt sich:

$$A(n) = 3 \cdot n + (n-3) \cdot 3$$

(3) Zählt man auf jeder Außenseite und jeder Mittellinie n Punkte ab, werden insgesamt 9 Punkte doppelt gezählt und man erhält:

$$A(n) = 6 \cdot n - 9$$

WELLSTEIN behandelt noch weitere Abzählmöglichkeiten und weitere Figuren. Bei den angegebenen Termen ist aus inhaltlichen Gründen klar, daß sie für ein bestimmtes n dieselbe Zahl darstellen. Beispiele dieser Art können jedoch zur Frage führen, ob man denn nicht formal entscheiden kann, daß diese Terme gleichwertig sind. Dadurch kann ein Bedürfnis nach Termumformungsregeln geweckt werden.

Wie die Sinnüberlegungen im Abschnitt 10.5 zeigen, kann das Termumformen schon früh in sinnvoller Weise verwendet werden, z.B. zur Vereinfachung von Formeln oder zum Lösen gewisser Gleichungen. Im Unterricht wird häufig anders vorgegangen. Das Termumformen wird *auf Vorrat* gelernt, d.h. zunächst als eine Kunst für sich betrieben, die später zum Formelvereinfachen, zum Gleichungslösen oder zu anderen Zwecken eingesetzt wird. Wenn so vorgegangen wird, haben Schüler zunächst kaum eine Chance, einen Sinn im Termumformen zu entdecken und man darf es ihnen nicht übelnehmen, wenn sie darin nur ein selbstgenügsames Spiel sehen. Ich plädiere dafür, eher mit dem Formelumformen zu beginnen und das Termumformen dann ins Spiel zu bringen, wenn es sich anbietet oder notwendig wird, etwa wenn man eine Formel vereinfachen will oder eine bestimmte Gleichung nicht mehr lösen kann.

10.7 Bewußtes Anwenden von Gleichungsumformungsregeln

Präzise Formulierungen von Regeln allein genügen nicht. Man muß auch lernen, Regeln präzise anzuwenden. Dazu sind **Aufgaben** notwendig, in denen eine **bewußte Regelanwendung** verlangt wird. Dazu schlage ich folgende Lernschritte vor:

1. Lernschritt: Einem Buchstaben der Regel entspricht ein Buchstabe der Gleichung

    1 Wende auf die folgende Formel eine passende Elementarumformungsregel an und erläutere die Anwendung der Regel:
       a) $m = h + k$ b) $e - 1 = g$ c) $u = r \cdot s$ d) $\frac{z}{2} = y$

    Lösungsmöglichkeit von a):

$$\begin{array}{ccc} A & = B & C \\ | & | & | \\ m & = h & + \; k \\ \\ m & - \; h & = k \end{array} \qquad A = B + C \Longleftrightarrow A - B = C$$

2. Lernschritt: Einem Buchstaben der Regel entspricht ein komplexerer Teilterm der Gleichung

Diesem Lernschritt muß besonderes Augenmerk zugewandt werden, da wir aus dem Abschnitt 8.3 wissen, daß viele Schüler in dieser Hinsicht große Defizite aufweisen.

    2 Forme die Formel $a + b + c = d + e$ auf mehrere Arten um und gib jeweils die verwendete Regel an! Wer findet die meisten Umformungen?

    Lösungsmöglichkeit: Eine Umformung ist etwa:

$$\begin{array}{ccc} A & B & C \\ | & | & | \\ \boxed{a+b} \; + & \boxed{c} & = \boxed{d+e} \\ \\ a+b & = & d+e-c \end{array} \qquad A + B = C \Longleftrightarrow A = C - B$$

Bei der Lösung solcher Aufgaben ist wesentlich, daß sichtbar gemacht wird, welche Teilterme bei der Anwendung einer Elementarumformungsregel den Buchstaben A, B, C der Regel entsprechen. Dies kann z.B. dadurch geschehen, daß die jeweils angewandte Regel rechts neben die Gleichung geschrieben wird und durch Einzeichnen von Kästchen und eventueller Beschriftung dieser Kästchen kenntlich gemacht wird, was den Buchstaben A, B, C entspricht. Dabei sind Varianten möglich: Regel ohne Kästchen, Regel mit unbeschrifteten Kästchen, Regel mit beschrifteten Kästchen, Kästchen ohne Regel. Im Unterricht können die Kästchen auch durch entsprechende Handbewegungen (etwa Umkreisen von Teiltermen) ersetzt werden. (Computeralgebrasysteme wie DERIVE gestatten es, diese Kästchen auf dem Bildschirm mittels Tastendruck zu erzeugen.)

3. Lernschritt: Mehrere Umformungen hintereinander

3 Forme die Formel $2 \cdot (a+b) + c = d$ mehrmals hintereinander um! Gib bei jedem Schritt die verwendete Regel an!

Lösungsmöglichkeit:

$$\boxed{2 \cdot (a+b)} + \boxed{c} = \boxed{d} \qquad A + B = C \Longleftrightarrow A = C - B$$
$$\boxed{2} \cdot \boxed{(a+b)} = \boxed{d-c} \qquad A \cdot B = C \Longleftrightarrow B = C : A$$
$$\boxed{a} + \boxed{b} = \boxed{(d-c) : 2} \qquad A + B = C \Longleftrightarrow B = C - A$$
$$b = (d-c) : 2 - a$$

Hier tritt die Schwierigkeit hinzu, daß vor jeder neuerlichen Umformung die betreffende Zeile unter einer *neuen Struktur* gesehen werden muß. (Man kann dies als ein „Umstrukturieren" im Sinne der Gestaltpsychologie auffassen.) Dabei können die Buchstaben A, B, C in jeder Zeile eine andere Bedeutung haben. Zum Beispiel ergibt sich aus der ersten Zeile durch Anwendung der Regel $A + B = C \Longleftrightarrow A = C - B$ die zweite Zeile zunächst in der Form:

$$\overset{A}{\boxed{2 \cdot (a+b)}} = \overset{C}{\boxed{d}} - \overset{B}{\boxed{c}}$$

Da im nächsten Schritt die Regel $A \cdot B = C \iff B = C : A$ angewendet wird, muß diese Zeile unter einer neuen Struktur gesehen werden:

$$\begin{array}{ccc} A & B & C \\ | & | & | \\ \boxed{2} \cdot \boxed{(a+b)} & = & \boxed{d-c} \end{array}$$

Die Buchstaben A, B, C haben jetzt eine andere Bedeutung als vorher. Analoges gilt für den nächsten Schritt.

Spielerisches und zielgerichtetes Umformen

Im derzeitigen Algebraunterricht wird beim Gleichungsumformen meist verlangt, aus der vorgelegten Gleichung eine bestimmte Unbekannte auszurechnen. Dies verlangt ein **zielgerichtetes Umformen**. Ein solches Umformen wird sich ohne Zweifel bereits sehr früh ergeben, besonders wenn man im Rahmen von Sachbeispielen interessante Probleme lösen will. Wie aber die Aufgaben 1, 2, 3 zeigen, ist es am Anfang nicht immer nötig, nach einer bestimmten Unbekannten zu fragen; in diesen Aufgaben wird nur verlangt, mit den vorgelegten Formeln *irgendwelche* Umformungen vorzunehmen. Ein derartiges **spielerisches Umformen** bringt gegenüber einem zielgerichteten Umformen den Vorteil mit sich, daß sich die Schüler auf eine korrekte Regelanwendung konzentrieren können und sich nicht mit der Frage belasten müssen, ob ihre Umformungen in Hinblick auf ein bestimmtes Ziel (Isolation einer bestimmten Variablen) zweckmäßig sind.

Was beim zielgerichteten Umformen gegenüber dem spielerischen Umformen neu hinzukommt, sind **heuristische Strategien**, die erforderlich sind, um die jeweilige Unbekannte zu isolieren. Der Schüler muß bei jedem Schritt überlegen, welche Regel er in welcher Variante auswählt und wie er diese auf die konkret vorliegende Gleichung anwendet. Ein Beispiel:

    4 Der Flächeninhalt eines Trapezes ist $A = \frac{(a+c)\cdot h}{2}$. Drücke c durch die übrigen Größen der Formel aus! Gib bei jedem Umformungsschritt die verwendete Umformungsregel an!

Mögliche Lösung:

$$A = \frac{(a+c)\cdot h}{2} \qquad\qquad A = \frac{B}{C} \Longleftrightarrow C \cdot A = B$$
$$2 \cdot A = (a+c) \cdot h \qquad\qquad A = B \cdot C \Longleftrightarrow \frac{A}{C} = B$$
$$\frac{2 \cdot A}{h} = a + c \qquad\qquad A = B + C \Longleftrightarrow A - B = C$$
$$\frac{2 \cdot A}{h} - a = c$$

Ein lokales „Von-Zeile-zu-Zeile-Denken" reicht nicht aus, diese Aufgabe zu lösen. Man braucht auch eine Gesamtübersicht bzw. einen Gesamtlösungsplan. Wir wissen aus dem Abschnitt 8.4, daß in dieser Hinsicht bei Schülern große Defizite bestehen. Es erscheint daher empfehlenswert, Schüler vor der Ausführung einer zielgerichteten Gleichungslösung ihr beabsichtigtes Vorgehen beschreiben zu lassen, z.B.: „Ich bringe zuerst die 2 auf die linke Seite, dividiere dann durch h und bringe dann noch irgendwie das c weg." (Man vergleiche dazu auch BORNELEIT 1991.)

10.8 Bewußtes Anwenden von Termumformungsregeln

Im Prinzip kann das bewußte Anwenden von Termumformungsregeln auf die gleiche Weise erfolgen wie das bewußte Anwenden von Gleichungsumformungsregeln. Allerdings ist das bewußte Anwenden von Termumformungsregeln aus drei Gründen schwieriger:

– Es gibt eine wesentlich größere Zahl an Termumformungsregeln als an Gleichungsumformungsregeln.

– Eine exakte Begründung von Umformungsschritten verlangt im allgemeinen die Zerlegung in viele Einzelschritte, die nicht mehr dem praktischen Rechnen entsprechen.

– Beim praktischen Rechnen ist die Argumentationsbasis manchmal unklar. Zur Begründung sind viele Bedarfsregeln notwendig und oft funktioniert nicht einmal das, sodaß man auf die Anwendung vager Metaschemata angewiesen ist.

Eine mögliche Abfolge von Lernschritten (nach BÜRGER 1993)

Die im folgenden vorgeschlagene Abfolge von Lernschritten zielt auf den Erwerb von Fertigkeiten im Termumformen ab, nicht jedoch auf ein genaueres Begründen einzelner Umformungsschritte. Buchstabenregeln werden eingesetzt, soferne dies zum Erlernen des Termumformens hilfreich erscheint und ohne größeren Aufwand möglich ist. Wie wir bereits früher festgestellt haben (siehe Seite 227, 228), erzeugt ein genaueres Begründen von Umformungsschritten oft Diskrepanzen zum praktischen Rechnen. Derartige Diskrepanzen sollen im folgenden nach Möglichkeit vermieden werden, doch ist es in manchen Fällen angezeigt, Umformungsschritte zumindest anfänglich etwas detaillierter zu behandeln als beim praktischen Rechnen üblich. Beim praktischen Rechnen werden nämlich vielfach mehrere Einzelschritte im Kopf durchgeführt. Z.B. wird gerechnet:

$$-(2x + 3y - 5) \cdot x = -2x^2 - 3xy + 5x$$

Dabei werden das Auflösen und Ausmultiplizieren der Klammer, die nötigen Vertauschungen und Zusammenfassungen in Produkten sowie die Ersetzung von $x \cdot x$ durch x^2 im Kopf durchgeführt. Die Ausführung so vieler Einzelschritte im Kopf kann jedoch Anfänger leicht überfordern und eine Fehlerquelle sein, die oft nicht bedacht wird.

Die folgenden Lernschritte sind im großen und ganzen hierarchisch aufgebaut, d.h. jeder Lernschritt setzt die Beherrschung der vorangegangenen Lernschritte voraus. Im allgemeinen wird bei der erstmaligen Durchführung eines Lernschrittes etwas detaillierter vorgegangen, d.h. manche Umformungsschritte werden in mehr Einzelschritte zerlegt als üblich. Wenn jedoch das in dem Lernschritt Geforderte beherrscht wird und bis zu einem gewissen Grad automatisiert ist, wird in den nachfolgenden Lernschritten auf diese Einzelschritte nicht mehr eingegangen. Ebenso werden Begründungen dann oft nur mehr kursorisch gegeben. Stellt ein Lehrer fest, daß ein Schüler mit einem vergangenen Lernschritt Schwierigkeiten hat, kann er auf eine frühere Stufe zurückgehen und dem jeweiligen Schüler durch eine wiederum detailliertere Behandlung des jeweiligen Lernschritts helfen.

1. Lernschritt: Zusammenfassen gleichartiger Ausdrücke; Herausheben

Zusammenfassungen wie $2 \cdot x + 3 \cdot x = 5 \cdot x$ sind meist unproblematisch und werden von Schülern oft als selbstverständlich angesehen. Anscheinend sehen sie dabei x als ein bedeutungsloses Objekt an (vor allem wenn der Malpunkt nicht angeschrieben wird) und denken in Analogie zur „Fruchtsalatarithmetik": 2 Äpfel plus 3 Äpfel sind 5 Äpfel. Wenngleich diese Denkweise problematisch ist, erzeugt sie hier wenigstens keine Fehler und ist durchaus nicht unpraktisch. Wenn man eine geringfügige Diskrepanz zum praktischen Rechnen in Kauf nimmt, kann man solche Umformungen auch mit dem folgenden Distributivgesetz begründen:

$$
\begin{aligned}
& 2 \cdot x + 3 \cdot x = \\
& = (2+3) \cdot x = \\
& = 5 \cdot x
\end{aligned}
\qquad
\begin{aligned}
& A \cdot C + B \cdot C = (A+B) \cdot C \\
& 2 + 3 = 5
\end{aligned}
$$

Auch mehrgliedrige Ausdrücke können so behandelt werden, wobei Bedarfsregeln der folgenden Art herangezogen werden können:

$$
\begin{aligned}
& 10 \cdot x + 9 \cdot x - 3 \cdot x = \\
& = (10 + 9 - 3) \cdot x = \\
& = 16 \cdot x
\end{aligned}
\qquad
\begin{aligned}
& A \cdot D + B \cdot D - C \cdot D = (A+B-C) \cdot D \\
& 10 + 9 - 3 = 16
\end{aligned}
$$

2. Lernschritt: Vertauschen und Zusammenfassen in „Summen"

Zum Beispiel:

$$
\begin{aligned}
& 2 \cdot x - y + 4 \cdot x + 5 \cdot y = \\
& = \underbrace{2 \cdot x + 4 \cdot x}_{} \underbrace{- y + 5 \cdot y}_{} = \\
& = 6 \cdot x + 4 \cdot y
\end{aligned}
\qquad
\begin{aligned}
& A - B + C + D = A + C - B + D \\
& \text{Zusammenfassen}
\end{aligned}
$$

Hier wird vorausgesetzt, daß das im ersten Lernschritt behandelte Zusammenfassen gleichartiger Ausdrücke bereits automatisiert ist, weshalb der zweite Umformungsschritt nicht detaillierter begründet wird.

Beim obigen Beispiel kommt die Schwierigkeit hinzu, daß der Schüler sich beim Zusammenfassen auf Teilterme des vorliegenden Terms konzentrieren muß. Dies wurde hier durch Haken unter der betreffenden Zeile kenntlich gemacht. (Man könnte auch Klammern setzen, doch entspricht dies nicht dem praktischen Rechnen.) Dieser Schritt ist keineswegs selbstverständlich, denn wenn der Schüler sich auf einen „Teil" konzentriert, der kein Teilterm ist, können leicht Fehler passieren:

$$2 \cdot x + 4 \cdot x \underbrace{- y + 5 \cdot y}_{} = 2 \cdot x + 4 \cdot x - 6 \cdot y$$

Die Zusammenfassung von $-y + 5 \cdot y$ zu $4 \cdot y$ kann auf unterschiedlichen intuitiven Gedankengängen beruhen. Der Schüler kann sich am Rechnen mit ganzen Zahlen orientieren oder so denken: Von etwas (hier $2 \cdot x + 4 \cdot x$) wird y abgezogen und $5y$ dazugegeben, also insgesamt $4y$ dazugegeben.

3. Lernschritt: Auflösen von Klammern
Zum Beispiel:

$$\begin{aligned}
3 \cdot x - (2 \cdot x - y) = & \quad A - (B - C) = A - B + C \\
= 3 \cdot x - 2 \cdot x + y = & \quad \text{Zusammenfassen} \\
= x + y &
\end{aligned}$$

Eine besondere Schwierigkeit liegt hier vor, wenn der Klammerausdruck mit einem Minuszeichen beginnt. Dieser Fall kann eventuell ausführlicher behandelt werden:

$$\begin{aligned}
\overset{A}{\boxed{3 \cdot x}} - (\overset{B}{\boxed{-2 \cdot x}} + \overset{C}{\boxed{y}}) = & \quad A - (B + C) = A - B - C \\
= 3 \cdot x - (-2 \cdot x) - y = & \quad -(-A) = A \\
= 3 \cdot x + 2 \cdot x - y = & \quad \text{Zusammenfassen} \\
= 5 \cdot x - y &
\end{aligned}$$

In diesem Lernschritt sollten auch Aufgaben behandelt werden, in denen mehrere Klammern vorkommen, z.B.:

$$\begin{aligned}
(\overset{A}{\boxed{13 \cdot x}} + \overset{B}{\boxed{27}}) - \overset{C}{\overbrace{(5 \cdot x - 11)}} = & \quad (A + B) - C = A + B - C \\
= \overset{A}{\boxed{13 \cdot x + 27}} - (\overset{B}{\boxed{5 \cdot x}} - \overset{C}{\boxed{11}}) = & \quad A - (B - C) = A - B + C \\
= 13 \cdot x + 27 \quad - \quad 5 \cdot x + 11 & \quad = \text{usw.}
\end{aligned}$$

Auch ineinandergeschachtelte Klammern sollten vorkommen, z.B.:

$$a + [a + (2 \cdot a - b) - b] =$$
$$A + (B + C - D) = A + B + C - D$$
$$= a + a + (2 \cdot a - b) - b = \text{usw.}$$

4. Lernschritt: Vertauschen und Zusammenfassen in Produkten

Dieser Lernschritt könnte auch schon früher erfolgen, da er die vergangenen Lernschritte nicht voraussetzt, doch werden das Vertauschen und Zusammenfassen in Produkten erst beim Ausmultiplizieren von Klammern (5. Lernschritt) benötigt, weshalb er an dieser Stelle vorgeschlagen wird.

In der Praxis werden meist mehrere Einzelschritte im Kopf durchgeführt, z.B.:

$$2 \cdot a \cdot 5 \cdot a \cdot b = 10 a^2 b$$

Es empfiehlt sich aber, zunächst schrittweise vorzugehen:

$$2 \cdot a \cdot 5 \cdot a \cdot b = \qquad \text{Vertauschen und Zusammenfassen}$$
$$= (2 \cdot 5) \cdot (a \cdot a) \cdot b = \qquad A \cdot A = A^2$$
$$= 10 \cdot a^2 \cdot b$$

5. Lernschritt: Ausmultiplizieren von Klammern

In der Praxis werden auch hier meist mehrere Einzelschritte im Kopf durchgeführt, z.B.:

$$4 \cdot (3x + 7y - z) = 12x + 28y - 4z$$

Am Anfang erscheint es jedoch besser, so vorzugehen:

$$4 \cdot (3 \cdot x + 7 \cdot y - z) = \qquad A \cdot (B + C - D) = A \cdot B + A \cdot C - A \cdot D$$
$$= \underline{4 \cdot (3 \cdot x)} + \underline{4 \cdot (7 \cdot y)} - 4 \cdot z = \qquad A \cdot (B \cdot C) = (A \cdot B) \cdot C$$
$$= (4 \cdot 3) \cdot x + (4 \cdot 7) \cdot y - 4 \cdot z =$$
$$= 12 \cdot x + 28 \cdot y - 4 \cdot z$$

Ein anderes Beispiel:

$$(2 \cdot x + 3 \cdot y - 5) \cdot x = \qquad (A + B - C) \cdot D = A \cdot D + B \cdot D - C \cdot D$$
$$= (2 \cdot x) \cdot x + (3 \cdot y) \cdot x - 5 \cdot x = \qquad \text{Zusammenfassen in Produkten}$$
$$= 2 \cdot (x \cdot x) + 3 \cdot (y \cdot x) - 5 \cdot x = \qquad \text{Vertauschen in Produkten}$$
$$= 2 \cdot (x \cdot x) + 3 \cdot (x \cdot y) - 5 \cdot x = \qquad A \cdot A = A^2, \ A \cdot (B \cdot C) = A \cdot B \cdot C$$
$$= 2 \cdot x^2 + 3 \cdot x \cdot y - 5 \cdot x$$

6. Lernschritt: Kombination von Klammerausmultiplizieren und Klammerauflösen

In der Praxis werden wiederum meist mehrere Einzelschritte im Kopf durchgeführt, z.B.:

$$4 \cdot (3x - 1) - 6 \cdot (x - 4) = 12x - 4 - 6x + 24 = \text{usw.}$$

Es empfiehlt sich aber, zunächst folgendermaßen vorzugehen:

$$\boxed{\overset{A}{4 \cdot (3 \cdot x - 1)}} - \boxed{\overset{B}{6}} \cdot \boxed{\overset{C}{(x - 4)}} = \qquad A - B \cdot C = A - (B \cdot C)$$
$$= \underbrace{4 \cdot (3 \cdot x - 1)}_{} - [6 \cdot (x - 4)] = \qquad A \cdot (B - C) = A \cdot B - A \cdot C$$
$$= 12 \cdot x - 4 - [6 \cdot x - 24] = \qquad A - (B - C) = A - B + C$$
$$= 12 \cdot x - 4 - 6 \cdot x + 24 = \qquad \text{Vertauschen und Zusammenfassen}$$
$$= 6 \cdot x + 20$$

Wichtig erscheint hier das Setzen der eckigen Klammer im ersten Umformungsschritt. Dadurch wird im nächsten Schritt das gleichzeitige Ausführen des Ausmultiplizierens und Auflösens der in der eckigen Klammer enthaltenen runden Klammer vermieden. Man könnte sich in der zweiten Zeile auch mit einem Haken begnügen und die Klammer erst in der dritten Zeile setzen.

Im Rahmen dieses Lernschrittes sollte auch die Potenzschreibweise verwendet werden, z.B.:

$$a^2 \cdot (a^2 - 1) + 2 \cdot a^3 \cdot (a + 5) = \ldots$$

7. Lernschritt: Multiplizieren von Klammern

Zum Beispiel:

$(x+2) \cdot (y+5) =$ $\qquad (A+B) \cdot (C+D) = A \cdot C + B \cdot C + A \cdot D + B \cdot D$

$= x \cdot y + 2 \cdot y + x \cdot 5 + 2 \cdot 5 =$ usw.

Oder etwas komplizierter:

$(x+2) \cdot (y+5) - (x-7) \cdot (y+3) =$	$A \cdot B - C \cdot D = (A \cdot B) - (C \cdot D)$
$= [(x+2) \cdot (y+5)] - [(x-7) \cdot (y+3)] =$	Klammern ausmultiplizieren
$= [x \cdot y + 2 \cdot y + 5 \cdot x + 10] - [x \cdot y - 7 \cdot y + 3 \cdot x - 21] =$	Klammer auflösen
$= x \cdot y + 2 \cdot y + 5 \cdot x + 10 - x \cdot y + 7 \cdot y - 3 \cdot x + 21 =$	Zusammenfassen
$= 2 \cdot x + 9 \cdot y + 31$	

8. Lernschritt: Umformen von Bruchtermen

Hier sind verschiedenartige Strukturen zu behandeln (vgl. die Rechenregeln auf Seite 229). Über eine geeignete Abfolge müßten noch differenziertere Überlegungen angestellt werden. Der Kürze halber begnügen wir uns mit einem Beispiel:

$x - \frac{x-1}{5} =$	$A = \frac{B \cdot A}{B}$
$= \frac{5 \cdot x}{5} - \frac{x-1}{5}$	$\frac{A}{C} - \frac{B}{C} = \frac{A-B}{C}$
$= \frac{5 \cdot x - (x-1)}{5} =$	$-(A-B) = -A + B$
$= \frac{5 \cdot x - x + 1}{5} =$	Zusammenfassen
$= \frac{4 \cdot x + 1}{5}$	

Eine besondere Schwierigkeit tritt hier in der dritten Zeile auf, weil um $x-1$ eine Klammer zu setzen ist. Diese Klammer war in der zweiten Zeile nicht notwendig, da die Konvention besteht, daß eine Klammer um den Zähler bzw. Nenner eines Bruches weggelassen werden darf. Dieser Fall sollte besonders thematisiert werden. Unter Umständen ist es am Anfang empfehlenswert, alle vorkommenden Zähler und Nenner, die nicht nur aus einzelnen Zahlen bzw. Buchstaben bestehen, in Klammern zu setzen.

Kombination von Gleichungs- und Termumformen

Das Gleichungs- und Termumformen wurden in diesem Abschnitt der Deutlichkeit halber getrennt abgehandelt. Im Unterricht kann natürlich beides miteinander vermischt vorkommen. Wie schon auf Seite 241 und 242 festgestellt wurde, kann man beispielsweise mit dem Gleichungsumformen beginnen und das Termumformen dann ins Spiel bringen, wenn es zur Lösung von Gleichungen notwendig wird. Ein Beispiel:

6 $\frac{2 \cdot r}{r+s} = t$. Drücke r durch s und t aus! Begründe jeden Umformungschritt durch eine Regel!

Lösung:

$$\frac{2 \cdot r}{r+s} = t \qquad \frac{A}{B} = C \Longleftrightarrow A = C \cdot B$$
$$2 \cdot r = t \cdot (r+s) \qquad A \cdot (B+C) = A \cdot B + A \cdot C$$
$$2 \cdot r = t \cdot r + t \cdot s \qquad A = B + C \Longleftrightarrow A - B = C$$
$$2 \cdot r - t \cdot r = t \cdot s \qquad A \cdot C - B \cdot C = (A - B) \cdot C$$
$$(2 - t) \cdot r = t \cdot s \qquad A \cdot B = C \Longleftrightarrow B = \frac{C}{A}$$
$$r = \frac{t \cdot s}{2 - t}$$

Bewußtmachen von Fehlern

Das Angeben von Regeln und das Zeichnen von Kästchen können fallweise eingesetzt werden, wenn Unklarheiten bestehen oder Fehler passieren. Dem Lehrer gibt diese Methode eine Möglichkeit in die Hand, Schüler auf Fehler aufmerksam zu machen und zur Kontrolle anzuregen. Grundsätzlich sollten Schüler dahin kommen, Umformungsschritten gegenüber mißtrauisch zu sein, wenn sie diese nicht durch Regeln begründen können. Betrachten wir als Beispiel nochmals den Umformungsfehler:

$$a = \frac{b}{cd + e}$$
$$a - e = \frac{b}{cd}$$

Das Zeichnen von Kästchen kann klar machen, daß hier ein unbegründeter Schritt durchgeführt wurde:

$$a = \frac{\boxed{b}}{\boxed{cd} + \boxed{e}}$$

Nach welcher Regel?

Bei dieser Umformung kann auch noch ein anderer Fehler leicht passieren:

$$a = \frac{b}{cd+e}$$
$$acd + e = b$$

Der Schüler ist hier an und für sich korrekt nach der Regel $A = \frac{B}{C} \iff A \cdot C = B$ vorgegangen, hat aber verabsäumt, eine Klammer zu setzen, die vorher nicht da war. Das letztere beruht auf der Konvention, daß ein Bruchstrich eine Klammer im Zähler bzw. Nenner hinfällig macht. Ein Bewußtmachen dieser Konvention sowie das eventuelle Setzen einer Klammer im Nenner des Bruches können helfen. Das Zeichnen von Kästchen kann ebenso helfen. Denn wenn ein Schüler ein Kästchen um den Nenner zeichnet, wird er dazu angeregt, diesen als ein Ganzes zu sehen und wird dadurch vielleicht eher daran denken, nach dem Umformungsschritt eine Klammer um $cd + e$ zu setzen.

11 ERKENNEN VON TERMSTRUKTUREN

Das Umformen algebraischer Ausdrücke setzt das Erkennen von Termstrukturen voraus, vor allem dann, wenn Regeln bewußt angewendet werden sollen. Die Fähigkeit, Termstrukturen zu erkennen, ist aber weder angeboren noch selbstverständlich. Termstrukturen kann man nicht einfach dadurch erkennen, daß man einen Term lange genug anschaut. Sie sind keine Eigenschaften der Schreibfiguren an sich, sondern **Sichtweisen**, die angeben, wie diese Schreibfiguren zu verstehen sind. Diese Sichtweisen sind historisch entstanden und müssen von Lernenden in einem Lernprozeß nachentwickelt werden. Da diese Sichtweisen wesentlich auf **Konventionen** beruhen, ist ein solches Lernen ohne Kommunikation nicht möglich. Irgendjemand muß dem Lernenden sagen oder auf eine andere Weise mitteilen, wie Terme in der Mathematik zu „sehen" sind. Damit wird aber auch schon die hauptsächliche Schwierigkeit im Unterricht sichtbar: Wie kann man in die Wahrnehmungsprozesse eines fremden Menschen eingreifen und diese in einer bestimmten Weise steuern, wo man doch zu diesen Prozessen keinen direkten Zugriff hat? Man kann diese Prozesse nur indirekt beeinflussen, z.B. durch geeignete Aufgabenstellungen oder Visualisierungen (etwa das Zeichnen von Kästchen). Dadurch soll die Aufmerksamkeit der Lernenden in eine bestimmte Richtung gelenkt werden. Letztlich kann man dabei aber nur hoffen, daß das „Sehen" von Termstrukturen in der intendierten Weise erlernt wird. Erzwingen kann man es nicht.

Es gibt Schüler, denen das „Sehen" von Termstrukturen anscheinend keine Probleme bereitet. Wie jedoch die empirischen Beobachtungen aus dem Abschnitt 8.2 zeigen, weisen viele Schüler in dieser Hinsicht enorme Defizite auf. Im Unterricht wird dagegen kaum etwas unternommen. Viele Lehrer sind sich der Tatsache gar nicht bewußt, daß dem Umformen algebraischer Ausdrücke ein Termstrukturerkennen zugrundeliegt. Man begnügt sich daher meist mit einem „endlosen" Üben des Umformens, ohne gezielt auf diese Voraussetzung – die man geradezu als „crux" aller Schülerfehler beim Umformen ansehen kann – einzugehen. Die Ausführungen in diesem Kapitel sollen zeigen, daß man zur Entwicklung der Fähigkeit zum Termstrukturerkennen im Unterricht durchaus etwas beitragen kann. Wesentliche Beiträge werden bereits geleistet, wenn Umformungsschritte mit Hilfe von Buchstabenregeln und Kästchen beschrieben werden, wie dies im Kapitel 10 dargelegt wurde. Man kann jedoch auch Aufgaben entwerfen, die gezielter bestimmte Aspekte des Termstrukturerkennes ansprechen.

11.1 Aufgaben zum Erkennen von Termstrukturen

Im folgenden werden einige Aufgaben vorgestellt, die das Ziel haben, die Fähigkeit im Erkennen von Termstrukturen zu verbessern. Die Aufgaben sind nach verschiedenen Schülertätigkeiten gegliedert. Diese Tätigkeiten spielen im Rahmen des Umformens eine Rolle (wenngleich sie oft nicht bewußt ausgeführt werden), sind aber auch sonst in der Mathematik von Bedeutung.

a) *Klammereinsparungskonventionen durch Setzen von Klammern bewußt machen*

Die diversen Klammereinsparungskonventionen der algebraischen Notation machen diese zwar übersichtlicher, erschweren aber gleichzeitig das Erkennen von Termstrukturen. Es ist daher empfehlenswert, am Anfang des Algebraunterrichts Termstrukturen durch das Setzen überflüssiger Klammern deutlicher zu machen. Dabei können einzelne Teilterme eingeklammert werden, man kann aber auch systematischer vorgehen:

   1 Setze in dem folgenden Term möglichst viele Klammern, ohne dessen Struktur zu verändern:

$$\text{a)} \quad a \cdot b - \frac{2 \cdot (a+b)}{a \cdot b} \qquad \text{b)} \quad a + b \cdot c + \frac{c}{a+b}$$

Lösung:

$$\text{a)} \quad \left((a \cdot b) - \left(\frac{2 \cdot (a+b)}{(a \cdot b)} \right) \right) \qquad \text{b)} \quad \left((a + (b \cdot c)) + \left(\frac{c}{(a+b)} \right) \right)$$

Schließt man die eingetragenen Klammern oben und unten, erhält man geschachtelte Kästchendarstellungen:

Zwischen Klammern und Kästchendarstellungen besteht also kein wesentlicher Unterschied. Wie schon früher festgestellt, können Klammern als „Rudimente" von Kästchen angesehen werden. Im Unterricht kann man Kästchendarstellungen auch mehrfärbig anfertigen lassen. LARKIN (1989 a) berichtet von der Entwicklung eines Computerprogramms, in dem Schachtelstrukturen räumlich dargestellt werden können, z.B.:

Fig. 85

b) *In einem vorgegebenen Term verschiedene Termstrukturen sehen.*

2 Gib verschiedene Strukturen des Terms $\frac{x \cdot (3y-z)}{x \cdot z}$ an! Überlege in jedem Fall, ob eine Umformungsregel angewandt werden kann! Wenn ja, gib diese Regel an!

Lösungsmöglichkeit:

$\dfrac{\boxed{x} \cdot \boxed{(3y-z)}}{\boxed{x \cdot z}} = \dfrac{A \cdot B}{C}$ Keine Regel anwendbar!

$\dfrac{\boxed{x} \cdot (\boxed{3y} - \boxed{z})}{\boxed{x \cdot z}} = \dfrac{A \cdot (B-C)}{D}$ $A \cdot (B - C) = A \cdot B - A \cdot C$

$\dfrac{\boxed{x} \cdot \boxed{(3y-z)}}{\boxed{x} \cdot \boxed{z}} = \dfrac{A \cdot B}{A \cdot C}$ $\dfrac{A \cdot B}{A \cdot C} = \dfrac{B}{C}$

3 Der Oberflächeninhalt eines quadratischen Prismas mit der Grundkante a und der Höhe h ist $O = 2a^2 + 4ah$. Gib möglichst viele Strukturen der rechten Seite dieser Formel mit Hilfe von Kästchen an und überlege jedesmal, wie sich die Kästchen geometrisch deuten lassen!

c) *Zu einer vorgegebenen Termstruktur Terme angeben.*

4 Gib möglichst viele Formeln (aus der Geometrie, Physik usw.) an, die von der Form $A = \frac{B \cdot C}{D}$ sind! Gib jedesmal A, B, C, D an!

5 Gib drei Beispiele zur Anwendung der Regel $\frac{A \cdot C}{B \cdot C} = \frac{A}{B}$ an! Stelle jeweils A, B, C durch Kästchen dar!

d) *Einen vorgegebenen Term unter vorgegebener Struktur sehen.*

6 Sind die folgenden Terme von der Form $A \cdot B + A \cdot C$ (mit $A \neq 1$)? Wenn ja, gib A, B, C an und führe die Umformung $A \cdot B + A \cdot C = A \cdot (B + C)$ durch!
 a) $(x-2)y + (x-2)(x-3)$ c) $(x-2)y - (x-2)(y-3)$
 b) $(x-2)y + (y-2)(x-3)$ d) $(x-2)y + x - 2$

7 Das Volumen eines Zylinders mit dem Radius r und der Höhe h ist $V = r^2 \pi h$.
   a) Ist diese Formel vom Typ $y = k \cdot x$, d.h. ist V zu einer der Größen r oder h direkt proportional? Wenn ja, gib den Proportionalitätsfaktor k an!
   b) Ist diese Formel vom Typ $y = k \cdot x^2$, d.h. ist V zum Quadrat von r oder h direkt proportional? Wenn ja, gib den Proportionalitätsfaktor k an!
   c) Ist V zur Grundfläche des Zylinders direkt proportional? Wenn ja, gib den Proportionalitätsfaktor an!

Bei der Lösung der Aufgabe 7 müssen minimale Umformungen, z.B. die Umformung von $V = r^2 \pi h$ zu $V = \pi h \cdot r^2$ schriftlich oder im Kopf durchgeführt werden, bevor die betreffende Proportionalität abgelesen werden kann.

e) *Einen vorgegebenen Term auf eine vorgegebene Struktur bringen.*

   8 Stelle die Formel $A = \frac{c \cdot h}{2}$ für den Flächeninhalt eines Dreiecks auf möglichst viele Arten in der Form $A = B \cdot C$ (mit $B \neq 1, C \neq 1$) dar und überlege jedesmal, wie man das Ergebnis geometrisch deuten könnte!

   9 Stelle den folgenden Bruch in der Form $\frac{A \cdot B}{C}$ dar (mit $A \neq 1, B \neq 1$)! Läßt sich der Bruch anschließend vereinfachen?

   a) $\dfrac{x^2 - x^3 y^2}{x^2}$ b) $\dfrac{a \cdot (b-1) - b^2 + b}{b - 1}$

   10 Stelle $x^6 - 8$ in der Form $A^3 - B^3$ dar! Gib A und B an und führe anschließend die Umformung $A^3 - B^3 = (A - B)(A^2 + AB + B^2)$ durch!

f) *Zu vorgegebenen Termen eine gemeinsame Struktur sehen.*

   11 Kann man beide Seiten der folgenden Gleichung durch einen gemeinsamen Term dividieren?

   a) $(x-2)(a+3) = y(a+3)$ b) $6(x-1)(y+1) = 6(y-1)(x+1)$

g) *Vorgegebene Terme auf eine gemeinsame Struktur bringen.*

   12 Welche der folgenden Terme sind äquivalent? Begründe oder widerlege!

   a) $x - \frac{1}{y}$ c) $\frac{x}{y} - \frac{1}{y}$
   b) $\frac{x-1}{y}$ d) $\frac{xy-1}{y}$

11.2 Auf- und Abbau von Termen

Einsichten in mögliche Strukturen eines Terms lassen sich auch dadurch gewinnen, daß der Term schrittweise auf- bzw. abgebaut wird. In einfachen Fällen können dadurch Gleichungen gelöst werden (wobei die Unbekannte nur auf einer Seite vorkommen darf). Ein Beispiel (nach BORN et al. 1986):

13 Ich denke mir eine Zahl, multipliziere sie mit 2, addiere 3 und erhalte 17. Wie heißt die gesuchte Zahl?

Lösung: Wir nennen die gesuchte Zahl x. Um diese Zahl zu bestimmen, können wir in zwei Schritten vorgehen:

1. Schritt: Aufbau einer Gleichung („Einpacken der Zahl x")

Ich denke mir eine Zahl ... x
multipliziere sie mit 2... $2x$
addiere 3 und erhalte 17... $2x + 3 = 17$

2. Schritt: Abbau der Gleichung („Auspacken der Zahl x")

Wenn $2x + 3 = 17$ ist ... $2x + 3 = 17$
dann ist $2x = 17 - 3 = 14$... $2x = 14$
und somit $x = 14 : 2 = 7$... $x = 7$

Wir können beide Schritte kürzer so darstellen:

$$
\begin{array}{c}
x = 7 \\
2x = 14 \\
2x + 3 = 17
\end{array}
$$

(mit $\cdot 2$, $+3$ auf der linken Seite und $:2$, -3 auf der rechten Seite)

Beim Programmieren vermeidet man häufig kompliziertere Formeln und zieht statt dessen einen schrittweisen Aufbau der Formeln vor. Dieser Aspekt wird durch die folgenden beiden Aufgaben angesprochen:

14 Eine Größe F wird aus den Größen x, y, z berechnet, indem man der Reihe nach folgende Rechenschritte ausführt:

(1) $A = x + y$
(2) $B = 3 \cdot A$
(3) $C = B - 1$
(4) $F = C : z$

Berechne F für $x = 2$, $y = 3$, $z = 5$! Drücke F durch eine Formel in x, y und z aus!

15 Wir betrachten die Formel: $F = x + y - \frac{x-y}{(x+y)z^2}$.
Gib eine Folge von Rechenschritten an, mit deren Hilfe man ausgehend von x, y, z die Größe F berechnen kann!

Der schrittweise Aufbau eines Terms und die damit verbundene Hierarchie der Rechenoperationen kann unter Umständen auch durch einen Baum wie in Fig. 86 dargestellt werden. In der Literatur sind auch andere Baumdarstellungen gebräuchlich, z.B. wie in Fig. 87. Man beachte jedoch, daß sich Baumdarstellungen dieser Art beträchtlich von der üblichen algebraischen Notation entfernen und daß die Übersetzung eines Terms in einen solchen Baum Anforderungen stellt, die mit dem ursprünglichen Ziel des Termstrukturerkennens nichts mehr unmittelbar zu tun haben.

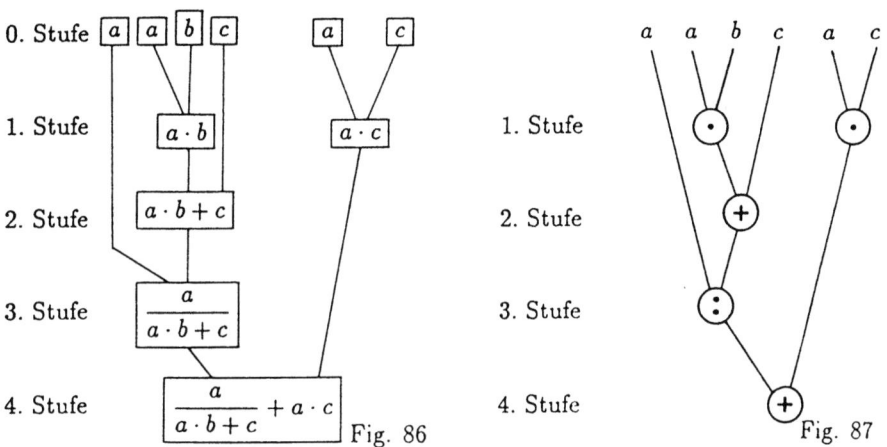

Fig. 86   Fig. 87

11.3 Substituieren

Beim Substituieren werden Variable durch Terme oder umgekehrt Terme durch Variable ersetzt. Betrachten wir als Beispiel eine Anwendung der Regel $(A + B)^2 = A^2 + 2AB + B^2$:

$$(2x + 3y)^2 \longrightarrow (A + B)^2$$
$$\downarrow$$
$$(2x)^2 + 2 \cdot (2x) \cdot (3y) + (3y)^2 \longleftarrow A^2 + 2AB + B^2$$

Dabei wird im ersten Schritt $2x$ durch A und $3y$ durch B ersetzt. Im letzten Schritt wird wiederum A durch $2x$ und B durch $3y$ ersetzt. In der Praxis werden diese Schritte meist implizit (im Kopf) durchgeführt. Explizites Substituieren liegt vor, wenn die Ersetzungen auch angeschrieben werden: $A = 2x$, $B = 3y$. Dies kann einen ähnlichen Effekt haben wie das Zeichnen von Kästchen um $2x$ bzw. $3y$ und deren

Beschriftung mit A bzw. B. Aus diesem Grund leisten Aufgaben zum expliziten Substituieren einen gewissen Beitrag zum Termstrukturerkennen.

Aber auch davon abgesehen sind Substitutionsaufgaben erstrebenswert, weil Substituieren eine grundlegende Tätigkeit in der Mathematik ist. In Schulbüchern kommen Aufgaben zum expliziten Substituieren erstaunlicherweise eher selten vor.

Damit sinnvolle Aufgaben konstruiert werden können, muß die Frage nach dem **Sinn des Substituierens** gestellt werden. Einige naheliegende Antworten auf diese Frage werden im folgenden gegeben (ohne Anspruch auf Vollständigkeit oder Endgültigkeit). Jede Antwort wird durch einige Aufgaben zum expliziten Substituieren illustriert.

a) *Durch Substituieren kann man Sachverhalte mit unterschiedlicher Detailliertheit allgemein beschreiben.*

Damit kann man sich insbesondere den jeweiligen Erfordernissen, z.B. den gegebenen Größen, besser anpassen und ein umfassenderes Verständnis der jeweiligen Situation erhalten.

> 16 Ein gerader Zylinder habe den Radius r und die Höhe h. Stelle eine Formel für die Grundfläche G und eine für den Mantel M auf! Zeige, daß man durch Einsetzen in die Formel $O = G + M$ vier verschiedene Formeln für den Oberflächeninhalt O des Zylinders erhalten kann!

> 17 Ein Mitglied einer Berufsvereinigung bezahlt jährlich G DM an diesen Verein. Dieser Betrag setzt sich zusammen aus dem jährlichen Mitgliedsbeitrag M und den Abonnementkosten A für eine Zeitschrift. Jährlich erscheinen a Hefte dieser Zeitschrift, der Preis eines Heftes beträgt H DM. Dieser Preis setzt sich zusammen aus dem Herstellungspreis h eines Heftes und den Versandkosten v für ein Heft.
> a) Drücke G durch M und A aus!
> b) Drücke A durch a und H aus!
> c) Drücke H durch h und v aus!
> d) Leite aus den in a), b), c) aufgestellten Formeln eine weitere Formel für A her!
> c) Leite aus den in a), b), c), d) aufgestellten Formeln drei weitere Formeln für G her!

b) *Durch Substituieren kann man das implizite Anwenden von Regeln explizieren.*

Insbesondere kann man damit genauer begründen, daß man trotz einer unendlichen Vielfalt von Termen und Gleichungen mit wenigen Regeln auskommt.

18 Berechne $(x^2y + 2z)^3$! Formuliere die dabei verwendete Regel mit den Buchstaben A, B und gib A sowie B an!

c) *Durch Substituieren kann man kompliziertere Formeln in einfachere zerlegen oder umgekehrt einfachere Formeln zu komplizierteren zusammensetzen.*

In den Naturwissenschaften werden Formeln manchmal in folgender Form angegeben:
$$pV = nRT \text{ , wobei } n = \frac{m}{M}$$
Man vergleiche dazu auch die Aufgaben 14 und 15 auf Seite 258.

d) *Durch Substituieren kann man Größen aus einem System von Formeln eliminieren.*

Dadurch kann man insbesondere die Anzahl der Variablen in einem Problem reduzieren bzw. störende Variablen (z.B. solche, die nicht gegeben oder nicht bestimmbar sind) beseitigen. Dies wird u.a. beim Lösen eines Gleichungssystems ausgenutzt.

19 Leite aus den Formeln $A = \frac{a \cdot h}{2}$ und $h = \frac{a}{2}\sqrt{3}$ eine Formel für den Flächeninhalt A eines gleichseitigen Dreiecks mit der Seitenlänge a her!

20 Zur Berechnung der Querschnittsfläche eines Grabens, welche die Form eines gleichschenkeligen Trapezes hat, mißt man a, b und c ab. Stelle eine Formel auf, mit der die Querschnittsfläche berechnet werden kann!

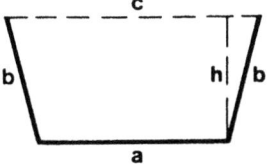

Fig. 88

Lösungshinweis: $A = \frac{a+c}{2} \cdot h$
Nach dem Pythagoräischen Lehrsatz gilt:
$h^2 + (\frac{a-c}{2})^2 = b^2$
Berechne h aus der zweiten Gleichung und substituiere in die erste!

e) *Durch Substituieren kann man zunächst unverbundene Größen zueinander in Beziehung setzen.*

21 Gib eine Beziehung zwischen dem Flächeninhalt A und dem Umfang U eines Kreises an!

Lösungshinweis: Berechne r aus der Formel $U = 2r\pi$ und setze in die Formel $A = r^2\pi$ ein!

12 FORMELN UND FUNKTIONEN

Im Kapitel 3 haben wir funktionale Aspekte von Formeln betrachtet und Unterrichtsvorschläge zur Betrachtung von Formeln unter solchen Gesichtspunkten gemacht. Diese Vorschläge bezogen sich auf das 5. bis 8. Schuljahr und waren dadurch gekennzeichnet, daß noch kein expliziter Funktionsbegriff verwendet wurde. Im wesentlichen ging es um Fragen der Art:

- Wie ändert sich eine Größe, wenn sich eine andere Größe in einer bestimmten Weise ändert?
- Ist eine Größe zu einer anderen direkt oder indirekt proportional?
- Von welchem Typ ist der Zusammenhang zweier Größen? Wie sieht der Funktionsgraph aus?

Etwa ab dem 9. Schuljahr steht ein expliziter Funktionsbegriff zur Verfügung, womit funktionale Zusammenhänge in Formeln expliziter dargestellt werden können. Dazu stehen Schreibweisen wie $x \mapsto f(x)$, $f(x) = \ldots$ und ähnliches zur Verfügung.

Betrachten wir etwa die Formel für den Flächeninhalt eines Rechtecks mit den Seitenlängen a und b:

$$A = a \cdot b$$

Diese Formel ordnet jedem Paar (a, b) von Seitenlängen den Flächeninhalt A des jeweiligen Rechtecks zu:

$$(a, b) \mapsto A$$

Hält man b bzw. a konstant, kann man in der Formel folgende Zuordnungen sehen:

$$a \mapsto A \quad (b \text{ konstant}), \quad b \mapsto A \quad (a \text{ konstant})$$

Durch Umformung der Formel zu

$$a = \frac{A}{b} \quad \text{bzw.} \quad b = \frac{A}{a}$$

werden weitere Zuordnungen ersichtlich:

$$(A, b) \mapsto a, \quad (A, a) \mapsto b$$

$$A \mapsto a \ (b \text{ konstant}), \quad A \mapsto b \ (a \text{ konstant})$$

$$b \mapsto a \ (A \text{ konstant}), \quad a \mapsto b \ (A \text{ konstant})$$

Verschiedene auftretende Funktionen können zu *Funktionstypen* geordnet werden, z.B. $x \mapsto k \cdot x$, $x \mapsto k \cdot x + d$, $x \mapsto x^2$, $x \mapsto \frac{k}{x}$ usw. (vgl. dazu BÜRGER/FISCHER/MALLE 1986). Darüber hinaus kann ab dem 9. Schuljahr der Funktionsgraph extensiver als bisher eingesetzt werden.

Den obengenannten Fragen können also zumindest die folgenden Fragen hinzugefügt werden:

- Von welchem Typ ist eine Funktion?
- Wie sieht der Graph einer Funktion aus? Was kann aus ihm herausgelesen werden?

In diesem Kapitel werden nach einigen anfänglichen Überlegungen zu Variablenaspekten bei Funktionen Unterrichtsvorschläge unterbreitet, die sich auf die gestellten Fragen beziehen und etwa ab dem 9. Schuljahr verwendet werden können.

12.1 Variablenaspekte bei Funktionen

Im Abschnitt 3.1 (Seite 80) haben wir einen *Einzelzahlaspekt* und einen *Bereichsaspekt* von Variablen unterschieden, wobei wir den letzteren in einen *Simultanaspekt* und einen *Veränderlichenaspekt* unterteilt haben. Bei Funktionen spielen alle diese Aspekte eine Rolle.

Betrachten wir etwa eine Funktion $f : \mathbb{R}_0^+ \to \mathbb{R}$ mit $f(x) = c \cdot x^2$ $(c > 0)$. Im Normalfall wird man sich dabei unter c eine beliebige, aber feste Zahl aus einem bestimmten Bereich vorstellen (Einzelzahlaspekt). Was man sich unter x vorstellt, hängt vom Kontext ab. Betrachtet man den Funktionswert an einer durch den Kontext bestimmten Stelle x, steht der Einzelzahlaspekt im Vordergrund (Fig. 89 a). Dies ist etwa der Fall in der Aussage „Sei $x \in \mathbb{R}_0^+$ und $f(x)$ der dazugehörige Funktionswert". Betrachtet man die Funktionswerte für alle x aus einem bestimmten Bereich, steht der Simultanaspekt im Vordergrund (Fig. 89 b). Dies ist etwa der Fall in der Aussage „$\forall x \in \mathbb{R}_0^+$: $f(x) \geq 0$". Denkt man sich einen Bereich durchlaufen, steht der Veränderlichenaspekt im Vordergrund (Fig. 89 c). Dies ist etwa der Fall in der Aussage „Durchläuft x den Bereich $\mathbb{R}_0^+$, dann wächst $f(x)$".

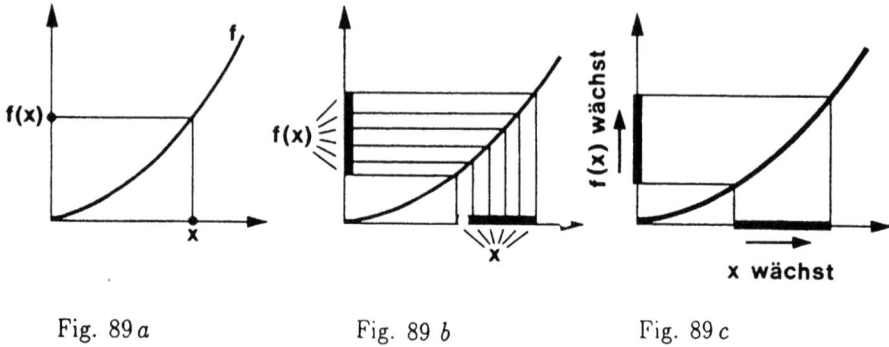

Fig. 89 a   Fig. 89 b   Fig. 89 c

In der Schreibweise $f(x) = c \cdot x^2$ bezeichnet man c häufig als *Parameter*. Dabei wird c unter dem Einzahlzahlaspekt, x hingegen unter dem Bereichsaspekt gesehen. Welche Variable als Parameter anzusehen sind, müßte strenggenommen immer dazugesagt werden; es geht dies jedoch häufig aus dem Kontext hervor. Außerdem gibt es dafür weithin akzeptierte Konventionen, z.B. daß die Buchstaben am Anfang des Alphabets eher Parameter und die am Ende des Alphabets eher Veränderliche bezeichnen. So werden etwa in dem Polynom $ax^2 + bxy + cy^2$ die Buchstaben a, b, c – wenn nichts anderes dazugesagt wird – als Parameter und die Buchstaben x, y, z als Veränderliche aufgefaßt. Durch geeignete Schreibweise kann man hervorheben, welche Buchstaben als Parameter und welche als Veränderliche gemeint sind, z.B.:

$f(x,y) = ax^2 + bxy + cy^2$ (a, b, c konstant)   bzw. $f_{abc}(x,y) = ax^2 + bxy + cy^2$
$g(a,b,c) = ax^2 + bxy + cy^2$ (x, y konstant)   bzw. $g_{xy}(a,b,c) = ax^2 + bxy + cy^2$

Die Tatsache, daß die Argumente und auch die Werte einer Funktion unter verschiedenen Aspekten gesehen werden können, führt zu einer zweifachen Sichtweise von Funktionen:

- **Funktion als punktweise Zuordnung:** Jedem x wird ein $f(x)$ zugeordnet. Dabei wird x unter dem Einzelzahlaspekt oder Simultanaspekt gesehen, je nachdem, ob eine einzelne Stelle x oder alle x aus einem Bereich betrachtet werden.

- **Funktion als Zuordnung von Änderungen:** Jeder (dynamisch verstandenen) Änderung von x entspricht eine Änderung von $f(x)$. Dabei wird x unter dem Veränderlichenaspekt gesehen.

Diese beiden Gesichtspunkte, die im Prinzip auch von VOLLRATH (1989) hervorgehoben

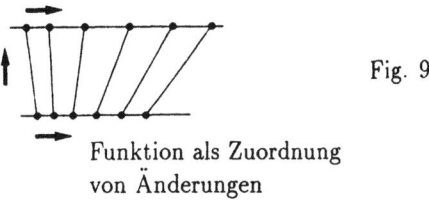

Funktion als punktweise Zuordnung

Funktion als Zuordnung von Änderungen

Fig. 90

werden, sind in Fig. 90 dargestellt. Für ein angemessenes Verständnis des Funktionsbegriffes sind beide Gesichtspunkte notwendig.

Die unterschiedlichen Variablenaspekte spielen auch bei manchen Begriffen eine Rolle, die in Zusammenhang mit Funktionen auftreten. Die folgenden beiden Beispiele behandeln die Begriffe „Monotonie" und „Proportionalität" in Hinblick auf die verschiedenen Variablenaspekte.

Beispiel 1: Monotonie von Funktionen. Die ursprüngliche intuitive Idee des streng monotonen Wachsens dürfte wohl die sein: Wenn x wächst, dann wächst auch $f(x)$. Dazu genügt es nicht, die Funktion bloß als „punktweise Zuordnung" zu sehen, man muß sie auch als „Zuordnung von Änderungen" auffassen können (siehe Fig. 89 c). Dies setzt den Veränderlichenaspekt von Variablen voraus und könnte so notiert werden:

(1) $$x \uparrow \Longrightarrow f(x) \uparrow$$

Leider sind Notationen dieser Art nicht üblich. In der Mathematik beschreibt man diese Idee vielmehr unter Vermeidung des Veränderlichenaspekts:

(2) $$\forall x_1, x_2 \in I \;:\; x_1 < x_2 \Longrightarrow f(x_1) < f(x_2)$$

Dabei steht im Vorspann „$\forall x_1, x_2 \in I$" der Simultanaspekt von x_1 bzw. x_2 im Vordergrund. Der nachfolgende Ausdruck „$x_1 < x_2 \Longrightarrow f(x_1) < f(x_2)$" wird aber wohl eher so interpretiert: Wenn man zwei Stellen x_1, x_2 aus I mit $x_1 < x_2$ beliebig auswählt und festhält, dann ist auch $f(x_1) < f(x_2)$. Zumindest wählt man diese Vorstellung, wenn man die strenge Monotonie durch eine Figur veranschaulichen oder einen Monotonienachweis führen will. Damit steht der Einzelzahlaspekt von x_1 bzw. x_2 im Vordergrund. Jedenfalls läßt sich sagen, daß für ein umfassendes Verständnis des Monotoniebegriffes alle genannten Variablenaspekte erforderlich sind.

Der Übergang von der inoffiziellen Notation (1) zur offiziellen Notation (2) ist nicht untypisch für viele Definitionen in der Mathematik. Man kann ihn als eine Diskretisierung eines stetigen Prozesses auffassen. In der Tat sind stetige Prozesse mathematisch kaum anders beschreibbar als durch eine Diskretisierung (zumindest mit den üblichen Notationsmitteln). Durch den Übergang von (1) zu (2) verliert man einiges an intuitiven Vorstellungen, vor allem geht ein gewisses „dynamisches" Moment verloren und wird durch ein „statisches" ersetzt. Man gewinnt allerdings die Möglichkeit formalen Argumentierens, weil auf (2) der Kalkül des Buchstabenrechnens anwendbar ist, während für (1) kein entsprechender Kalkül existiert. Die Vorstellung (1) ist zum Auffinden einer Monotonievermutung günstiger als (2), wenn man jedoch einen formalen Monotonienachweis führen will, muß man auf (2) zurückgreifen. Als heuristisches Instrument bleibt also die Vorstellung (1) nach wie vor wichtig, auch wenn sie aus der offiziellen Notationsebene ausgeklammert wird.

Beispiel 2: Proportionalität. Direkte Proportionalität etwa beruht auf der Vorstellung: Wenn x auf das a-fache wächst, dann wächst auch $f(x)$ auf das a-fache. Man könnte dies so notieren.

$$x \uparrow_a \implies f(x) \uparrow_a$$

Dies beruht auf dem Veränderlichenaspekt von x. Die bloße Vorstellung, daß x einen Bereich durchläuft, genügt aber nicht. Man muß außerdem sowohl für die Argumente als auch die Funktionswerte den Ausgangs- und Endzustand des Wachsens in Gedanken festhalten und miteinander vergleichen. Wie im Falle der Monotonie ist auch die obige Notation für direkte Proportionalität unüblich. Man notiert den Vergleich von Ausgangs- und Endzustand der Argumente bzw. Funktionswerte vielmehr unter Vermeidung des Veränderlichenaspektes:

(1) $$\forall x \in I, \forall a \in \mathbb{R} : f(a \cdot x) = a \cdot f(x)$$

Dabei ist x eine beliebige Zahl aus I und a eine beliebige Zahl aus $\mathbb{R}$ (Simultanaspekt). Beim praktischen Arbeiten mit dieser Gleichung, wo die Quantoren meist weggelassen werden, faßt man a jedoch eher als einen Parameter auf (Einzelzahlaspekt). Auch für den Proportionalitätsbegriff läßt sich also sagen, daß zu einem umfassenden Verständnis alle genannten Variablenaspekte erforderlich sind.

Direkte Proportionalität kann nicht nur durch (1), sondern auch auf folgende Art definiert werden:

(2) $\quad\quad\quad\quad \exists k \in \mathbb{R} : \forall x \in I \quad : \quad f(x) = k \cdot x$

Die Definition (2) entspricht einer „Funktion als punktweiser Zuordnung": Jedem x aus I wird das k-fache von x zugeordnet. Die Definition (1) entspricht eher einer „Funktion als Zuordnung von Änderungen": Einer Änderung von x auf das a-fache entspricht eine Änderung von $f(x)$ auf das a-fache (wenngleich dies unter Vermeidung des Veränderlichenaspekts notiert wird). In diesen beiden Beschreibungen von Proportionalität findet sich also die vorhin erwähnte Doppelgesichtigkeit des Funktionsbegriffes wieder.

12.2 Unterrichtsvorschläge zur funktionalen Betrachtung von Formeln (etwa ab dem 9. Schuljahr)

Die folgenden Beispiele erfordern zum Teil einen expliziten Funktionsbegriff. Bezüglich weiterer Beispiele sei auf BÜRGER/FISCHER/MALLE 1986 und 1989 (S. 133-140) verwiesen.

Eine Aufgabensequenz: Meßgläser

Nebenstehend ist ein zylindrisches Meßglas dargestellt. Mit einem solchen Meßglas werden Flüssigkeitsvolumina mit Hilfe von Höhen gemessen. Hat die Grundfläche den Radius r und der Flüssigkeitsspiegel die Höhe h, so beträgt das Flüssigkeitsvolumen:

$$V = r^2 \pi h$$

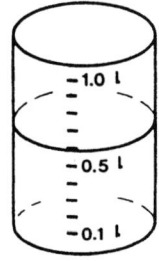

Fig. 91

Da der Radius r für alle Flüssigkeitsmengen im Meßglas *konstant* ist, ist auch $r^2\pi$ konstant. Beispielsweise gilt für $r = 3$:

$$V = 9\pi \cdot h \, , \quad \text{also } V \approx 28{,}27 \cdot h$$

Um zu betonen, daß V nur von h abhängt, schreibt man:

$$V(h) = r^2\pi h \qquad (r \text{ konstant})$$

Man kann in dieser Formel eine *Funktion* sehen, die jeder Flüssigkeitshöhe h das entsprechende Flüssigkeitsvolumen $V(h)$ zuordnet. Bringt man auf dem Meßglas eine Skala mit Teilstrichen an, so kann man diese Teilstriche statt mit der jeweiligen Höhe gleich mit dem jeweiligen Volumen beschriften.

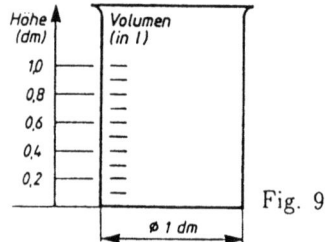

3 Nebenstehend ist ein zylindrisches Meßglas mit dem Radius $r = 0,5$ dm dargestellt. Berechne die Flüssigkeitsvolumina $V(h)$ für $h = 0,2; 0,4; \ldots; 1,0$ dm (runde auf zwei Kommastellen)! Trage die errechneten Volumina in der jeweiligen Höhe ein!

Fig. 92

Setzt man in der Formel $V(h) = r^2\pi h$ zur Abkürzung $k = r^2\pi$, so geht die Formel über in:

$$V(h) = k \cdot h \qquad (k \text{ konstant})$$

Daraus erkennt man: Das Flüssigkeitsvolumen $V(h)$ ist zur Höhe h *direkt proportional*. Die Funktion $h \mapsto V(h)$ ist vom Typ $x \mapsto k \cdot x$.

4 Beantworte für ein zylindrisches Meßglas anhand der Formel $V(h) = r^2\pi h$ folgende Fragen:

  a) Wie ändert sich das Flüssigkeitsvolumen, wenn die Höhe auf das Doppelte, 7fache, $\frac{1}{4}$fache bzw. 8,27fache wächst? Begründe mit Hilfe der Formel!

  b) Wie ändert sich das Flüssigkeitsvolumen, wenn die Höhe auf das a-fache wächst? Begründe mit Hilfe der Formel!

  c) Wie muß die Höhe geändert werden, damit das Flüssigkeitsvolumen vervierfacht, verzehnfacht bzw. halbiert wird?

  d) Wie ändert sich das Flüssigkeitsvolumen, wenn die Höhe um 10 % wächst?

  Lösung von a):
  $V(h) = r^2\pi h$
  $V(2h) = r^2\pi \cdot 2h = 2 \cdot r^2\pi h = 2 \cdot V(h)$ Setze selbst fort!

Wir betrachten nun zylindrische Meßgläser mit verschiedenen Radien, die aber alle bis zur gleichen Höhe mit Flüssigkeit gefüllt sind. Da jetzt die Höhe h konstant ist und der Radius r veränderlich, schrei-

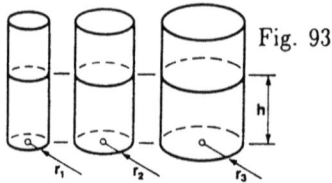

Fig. 93

ben wir die Formel $V = r^2\pi h$ so um:

$$V(r) = \pi h \cdot r^2 \quad (h \text{ konstant})$$

Da h konstant ist, ist auch πh konstant. Man kann in dieser Formel eine Funktion sehen, die jedem Meßglasradius r das Volumen $V(r)$ der in dem Meßglas enthaltenen Flüssigkeit zuordnet. Die Funktion $r \mapsto V(r)$ ist vom Typ $x \mapsto c \cdot x^2$.

5   In nebenstehender Figur sind die Grundflächen von einigen Meßgläsern durch konzentrische Kreise dargestellt. Alle Meßgläser sind bis zur Höhe $h = 3$ dm mit Flüssigkeit gefüllt. Berechne die Flüssigkeitsvolumina $V(r)$ für $r = 1, 2, 3, 4, 5$ dm (runde auf zwei Nachkommastellen)! Schreib die Werte der Volumina zu den jeweiligen Kreisen!

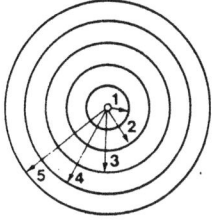

Fig. 94

6   Meßgläser mit verschiedenen Radien sind alle bis zur gleichen Höhe h mit Flüssigkeit gefüllt. Beantworte anhand der Formel $V(r) = \pi h r^2$ folgende Fragen und begründe die Antworten:

   a) Sind die Flüssigkeitsvolumina zu den Radien direkt proportional? Sind die Flüssigkeitsvolumina zu den Quadraten der Radien direkt proportional? Sind die Flüssigkeitsvolumina zu den Inhalten der Grundflächen der Meßgläser direkt proportional?

   b) Auf das Wievielfache wächst das Flüssigkeitsvolumen $V(r)$, wenn der Radius r auf das a-fache wächst? Was bedeutet das für $a = 2$, $a = 5$, $a = \frac{1}{2}$, $a = 3{,}42$?

   c) Auf das Wievielfache muß der Radius r vergrößert werden, damit das Flüssigkeitsvolumen auf das 4fache, das 8fache, 9fache bzw. $\frac{1}{25}$fache wächst?

Bezeichnet man den Flächeninhalt der Grundfläche eines zylindrischen Meßglases mit A, dann gilt: $V = r^2\pi \cdot h = A \cdot h$. Daraus folgt: $h = \frac{V}{A}$. Gießt man eine bestimmte Flüssigkeitsmenge (mit konstantem Volumen V) in verschiedene Meßgläser, so hängt die Höhe des Flüssigkeitsspiegels von der Grundfläche des Meßglases ab, und zwar in folgender Weise:

$$h(A) = \frac{V}{A} \quad (V \text{ konstant})$$

Daraus erkennt man: Die Höhe $h(A)$ ist zum Inhalt A der Grundfläche *indirekt proportional*. Die Funktion $A \mapsto h(A)$ ist vom Typ $x \mapsto \frac{c}{x}$.

7 Eine bestimmte Flüssigkeitsmenge wird der Reihe nach in zylindrische Meßgläser gegossen, deren Grundfläche immer größer wird. Beantworte anhand der Formel $h(A) = \frac{V}{A}$ (V konstant) folgende Fragen und begründe die Antworten:

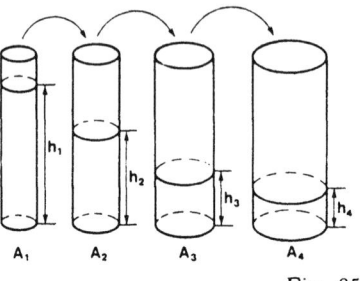

Fig. 95

a) Wie ändert sich die Höhe des Flüssigkeitsspiegels, wenn die Grundfläche größer wird?

b) Wie ändert sich die Höhe, wenn die Grundfläche zweimal, dreimal, viermal, 7,25mal, a-mal so groß wird?

c) Zeichne den Graphen der Funktion $A \mapsto h(A)$ für $V = 1$ (A in dm^2, V in Liter)! Wirkt sich ein kleiner Fehler in der Bestimmung der Grundfläche auf die Berechnung der Flüssigkeitshöhe stärker aus, wenn die Grundfläche klein oder wenn sie groß ist? (Überlege anhand des Graphen!)

Zum Abschluß betrachten wir noch anstelle eines zylindrischen Meßglases ein kegelförmiges Meßglas:

8 Betrachte ein kegelförmiges Meßglas! Leite mit Hilfe ähnlicher Dreiecke oder des Strahlensatzes die folgende Formel her:

$$V(h) = \frac{\pi R^2}{3H^2}$$

Beantworte mit Hilfe dieser Formel folgende Fragen:

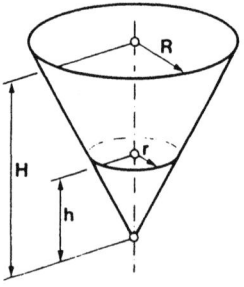

Fig. 96

a) Ist das Volumen $V(h)$ zur Höhe h direkt proportional?

b) Auf das Wievielfache wächst das Flüssigkeitsvolumen, wenn die Höhe verdoppelt, verdreifacht bzw. ver-a-facht wird?

c) Auf dem Meßglas sollten Teilstriche für die Volumina $0,1; 0,2; \ldots; 1,0$ Liter angebracht werden. Was läßt sich über deren Abstände sagen?

Eine weitere Aufgabensequenz: Verkehrsunfälle

9 Ein Verkehrsunfall: Ein Auto ist frontal gegen eine Mauer gefahren. Als Maß für die „Stärke" des Aufpralls kann man die kinetische Energie (Bewegungsenergie) des Autos nehmen. Hat das Auto die Masse m und fährt es mit der Geschwindigkeit v, so beträgt seine kinetische Energie: $E = \frac{mv^2}{2}$.

a) Angenommen, das Auto wäre so beladen gewesen, daß es die $1\frac{1}{2}$fache Masse besessen hätte. Auf das Wievielfache wäre die kinetische Energie gewachsen?

b) Angenommen, das Auto wäre mit doppelter Geschwindigkeit gegen die Wand gefahren. Auf das Wievielfache wäre dann die kinetische Energie gewachsen?

c) Betrachte die Funktionen $m \mapsto E$ und $v \mapsto E$! Welche dieser Funktionen sind linear? Wenn nicht, gib den Typ der Funktion an!

d) Zeichne den Graphen der Funktion $m \mapsto \frac{mv^2}{2}$ für drei verschiedene Werte von v!

e) Zeichne den Graphen der Funktion $v \mapsto \frac{mv^2}{2}$ für drei verschiedene Werte von m!

10 Noch ein Verkehrsunfall: Ein mit überhöhter Geschwindigkeit fahrendes Auto wurde durch die Fliehkraft aus einer Kurve geschleudert. Für die Fliehkraft gibt es eine Formel. Fährt ein Auto der Masse m auf einer Kreisbahn vom Radius r mit der Geschwindigkeit v, so beträgt die auf das Auto wirkende Fliehkraft:

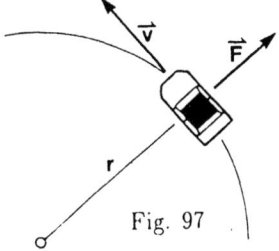

Fig. 97

$$F = \frac{mv^2}{r}$$

a) Ist F zu m bzw. zu v direkt proportional, indirekt proportional oder keines von beidem? Ist F zu v^2 direkt oder indirekt proportional oder keines von beidem?

b) Auf das Wievielfache wächst die Fliehkraft, wenn das Auto mit doppelter Geschwindigkeit fährt? Auf das Wievielfache wächst die Fliehkraft, wenn das Auto so beladen wird, daß es die $1\frac{1}{2}$fache Masse besitzt? Wie würde sich die Fliehkraft ändern, wenn der Radius der Kurve doppelt so groß wäre?

11 Ein weiterer Verkehrsunfall: Einem Auto ist ein Reifen geplatzt. Der Druck in einem Autoreifen hängt vom Volumen des Reifens und der Temperatur ab. Beim Volumen V und der (absoluten) Temperatur T beträgt der Druck $p = C \cdot \frac{T}{V}$, wobei C eine Konstante ist.

a) Wie ändert sich der Reifendruck, wenn die Temperatur steigt (z.B. durch schnelles Fahren)? Wie würde sich der Druck ändern, wenn man dieselbe Luftmenge in einen Reifen von größerem Volumen pumpen würde?

b) Wie müßte sich die Temperatur ändern, damit der Reifendruck um 10 % abnimmt? Welches Volumen müßte der Reifen haben, damit der Druck um 10 % kleiner ist?

c) Zu welchen der Größen T und V ist p direkt, zu welchen indirekt proportional?

d) Gib den Typ der Funktionen $T \mapsto p$ und $V \mapsto p$ an! Diese beiden Funktionen werden durch die nebenstehenden beiden Schaubilder dargestellt. Welches Schaubild stellt welche Funktion dar? (Beschrifte die Achsen!)

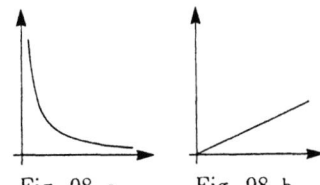

Fig. 98 a   Fig. 98 b

Aufstellen von Formeln aus der Kenntnis von Eigenschaften

In den bisherigen Aufgaben dieses Abschnitts haben wir stets vorgegebene Formeln in Hinblick auf Abhängigkeiten zwischen den vorkommenden Größen untersucht (Proportionalitäten, Funktionstypen usw.). In der Praxis steht man häufig vor dem umgekehrten Problem: Aufgrund von Messungen oder einfach aufgrund gewisser plausibler Annahmen weiß man, wie eine bestimmte Größe von anderen Größen abhängt und will daraus eine Formel für diese Größe aufstellen.

12 Drähte aus einem bestimmten Metall mit verschiedenen Querschnitten und Längen werden durch Anhängen verschiedener Gewichte geringfügig gedehnt. Durch Messungen stellt man fest:

- Die Dehnung Δl ist direkt proportional dem Gewicht G und der Länge l.
- Die Dehnung ist indirekt proportional dem Inhalt q der Querschnittsfläche des Drahtes.

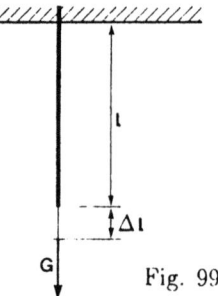

Fig. 99

Stelle eine Formel für die Dehnung Δl auf!

Lösung: In Frage kommt zunächst jede Formel der Form $\Delta l = c \cdot \frac{G \cdot l}{q}$ mit $c \in \mathbb{R}$. Die Konstante c kann man bestimmen, wenn man von einem Meßergebnis ausgeht. Hat man etwa für $l = 700$ mm, $G = 6,8$ kg und $q = 2$ mm² die Dehnung $\Delta l = 3$ mm gemessen, dann erhält man die Gleichung

$$3 = c \cdot \frac{6,8 \cdot 700}{2}$$

und daraus $c \approx 0,0013$. Damit lautet die Formel:

$$l \approx 0,0013 \cdot \frac{G \cdot l}{q} \qquad (G \text{ in kg}, l \text{ in mm}, q \text{ in mm}^2)$$

Aufgaben der in diesem Abschnitt behandelten Art, können auch in anderen Bereichen der Schulmathematik gestellt werden, z.B. im Rahmen der Trigonometrie, Differential- oder Integralrechnung (siehe MALLE 1986 c). Sie können auf höherer Ebene auch mit Vektor- und Matrizenformeln fortgesetzt werden (siehe MALLE 1986 c; BÜRGER/FISCHER/MALLE 1989, S. 156–158, 193–194; BÜRGER/FISCHER/MALLE 1990, S. 278–281, 290–291, 303–306).

LITERATUR

ADI, H.(1978): Intellectual Development and Reversibility of Thought in Equation Solving. Journal for Research in Mathematics Education 9 (3), 204-213.

ANDELFINGER, B.(1983): Entwicklung des arithmetisch-algebraischen Lehrguts (S-I) im deutschen Sprachraum vom 18. Jahrhundert bis heute – ein grober Überblick über Lehrpläne. Occasional Paper 31, Institut für Didaktik der Mathematik, Universität Bielefeld.

ANDELFINGER, B.(1985 a): Didaktischer Informationsdienst Mathematik. Thema: Arithmetik, Algebra und Funktionen. Curriculum Heft 44, Landesinstitut für Schule und Weiterbildung, Soest.

ANDELFINGER, B.(1985 b): Wie Schüler Algebra sehen und verstehen. Occasional Paper 72, Institut für Didaktik der Mathematik, Universität Bielefeld.

ANDELFINGER, B. / BEKEMEIER, B. / JAHNKE, H.N.(1983): Zahlbereichserweiterungen als Kernlinie des Lehrplans – Probleme und Alternativen. Occasional Paper 31, Institut für Didaktik der Mathematik, Universität Bielefeld.

ANDELFINGER, B. / JAHNKE, H.N. / SCHMITT, H. / STEINBRING, H.(1985): Verständnis- und Verständigungsprobleme in Arithmetik- und Algebraunterricht der Sekundarstufe I. Occasional Paper 72, Institut für Didaktik der Mathematik, Universität Bielefeld.

ANDELFINGER, B. / ZUCKETT-PEERENBOOM, R.D.(1984): Quellensammlung zu: Didaktischer Informationsdienst Mathematik. Thema: Arithmetik, Algebra und Funktionen. Dokumentation: Literaturnachweis 4. Landesinstitut für Schule und Weiterbildung, Soest.

ANDERSON, J.(1978): Algebra. The Mathematics Curriculum: A Critical Review. Blackie, Glasgow.

ANDERSON, J.(1983): Gleichungen lösen. Der Mathematikunterricht 29 (2), 36-53.

AVILA, A. / GARCIA, F. / ROJANO, T.(1990): Algebraic Syntax Errors: A Study with Secondary School Children. Proceedings of PME-14, Mexico, Vol. II, 11-18.

BAIREUTHER, P.(1984): Unterhaltsame Mathematik für den Unterricht. Zahlenzaubereien (2) - Zahlenerraten. Mathematische Unterrichtspraxis 5 (1), 43-44.

BARBEAU, E.J.(1991): A Holistic Approach to Algebra. The Mathematics Teacher 84 (7), 522-525.

BARDY, P.(1987): Verwendung von Formeln im kaufmännischen Rechnen - Pro und Kontra. In Dörfler, W. / Fischer, R. / Peschek, W. (Hrsg.): Wirtschaftsmathematik in Beruf und Ausbildung. Schriftenreihe Didaktik der Mathematik, Bd. 17. Hölder-Pichler-Tempsky, Wien, und B.G. Teubner, Stuttgart.

BARDY, P. / HOFFMANN, B. / ZÜLKE, W.(1978): Analyse von Algebra-Lehrbüchern für Berufsfachschulen der Fachrichtung Wirtschaft. Wirtschaft und Erziehung 10, 272-283.

BARDY, P. / MARKERT, D.(1988): Zum Algebraunterricht in Berufsfach- und Berufsbauschulen unter besonderer Berücksichtigung des Anwendungsaspekts und des Rechnereinsatzes. In Bardy, P. / Kath, F.M. / Zebisch, H.J. (Hrsg.): Umsetzen von

Aussagen und Inhalten. Mathematik in der beruflichen Bildung. Blickfeld Ausbildung. Technisch-didaktische Schriftenreihe: Diskussionsfeld technische Ausbildung, Bd. 3. Leuchtturm-Verlag, Alsbach.

BARFUSS, J.(1985): Lösen von Gleichungen mit mehreren Unbekannten in Anlehnung an Formeln der Geometrie. Ehrenwirth Hauptschulmagazin 10 (12), 43-45.

BARROZZI, G. / CLEMENTS, R.R.(1987): The Potential Uses of Computer Algebra Systems in the Mathematical Education of Engineers. International Journal of Mathematical Education in Science and Technology, No. 5, Sept., 681-683.

BARTH, F.(1978): (Un-)Zeitgemäße Bemerkungen zum Algebraunterricht. Didaktik der Mathematik 6 (4), 289-295.

BARTSCH, T.(1988): Algebra im 13. Jahrhundert: Die Formel von Fibonacci. Der Mathematische und Naturwissenschaftliche Unterricht 41 (8), 463-465.

BARUK, S.(1973): Échec et maths. Éditions du Seuil, Paris.

BARUK, S.(1989): Wie alt ist der Kapitän? Über den Irrtum in der Mathematik. Birkhäuser, Basel.

BATSON, J. / CARTER, R. / SHEFFER, N.(1987): How Does the Computer Know which is the Good List and which is the False. Journal of Mathematical Behavior 6 (2), 219-226.

BAUERSFELD, H.(1983): Subjektive Erfahrungsbereiche als Grundlage einer Interaktionstheorie des Mathematiklernens und -lehrens. In: Lernen und Lehren von Mathematik, IDM - Reihe Untersuchungen zum Mathematikunterricht, Bd. 6, 1-56. Aulis-Verlag, Deubner, Köln.

BAUMGART, J.K.(1969): The History of Algebra. In Historical Topics for the Mathematics Classroom. Thirty-first Yearbook, 232-260. National Council of Teachers of Mathematics, Washington, DC.

BECKER, G.(1985): Schülerfehler als Folge von Nicht-Berücksichtigung von Programm-Hierarchien. In Dörfler, W. / Fischer, R. (Hrsg.): Empirische Untersuchungen zum Lehren und Lernen von Mathematik, Bd. 10, 27-32. Hölder-Pichler-Tempsky, Wien, und B.G. Teubner, Stuttgart.

BECKER, G.(1987): Die Bedeutung von Lern- und Denkmodellen der Kognitionspsychologie für den Mathematikunterricht - aufgezeigt an Beispielen aus dem Algebraunterricht der gymnasialen Mittelstufe. Der Mathematikunterricht 33 (1), 5-20.

BECKER, G.(1988): A Classification of Students' Errors in Secondary Level Algebra. Proceedings of PME-12, Veszprém, Vol. I, 131-138.

BECKSTEIN, M.(1978): Wir errechnen die Lösungsmengen für Ungleichungen. Ehrenwirth Grundschulmagazin 5 (5), 25-26.

BEHR, M. / ERLWANGER, S. / NICHOLS, E.(1976): How Children View Equality Sentences (PMDC Technical Report No. 3). Florida State University. (ERIC Document Reproduction Service No. ED 144802.)

BEHR, M. / ERLWANGER, S. / NICHOLS, E.(1980): How Children View the Equals Sign. Mathematics Teaching 92, Sept., 13-15.

BEHR, M. / SOWDER, L.(1980): Disadvantaged College Students and Methods of Solving Equations. An Exploratory Study. Focus on Learning Problems in Mathematics 2(3), 49-55.

BELL, A.(1988): Algebra-Choices in Curriculum Design. Proceedings of PME-12, Veszprém, 147-153.

BELL, A. / JANVIER, C.(1981): The Interpretation of Graphs representing Situations. For the Learning of Mathematics 2 (1), 34-42.

BELL, A. / MALONE, J. / TAYLOR, P.(1987): Algebra: An Exploratory Teaching Experiment. Curtin University, Perth, and Shell Centre, Nottingham.

BELL, A. / O'BRIEN, D. / SHIU, C.(1981): Designing Teaching in the Light of Research on Understanding. Nottingham University, Shell Centre for Mathematical Education.

BENNETT, A.B.(1988): Visual Thinking and Number Relationships. The Mathematics Teacher 81 (4), 267-272.

BERG, G.(1988): Schülerverhalten beim Lösen einer komplexen Algebra-Aufgabe. Eine empirische Untersuchung in der Sekundarstufe I. Mathematica didactica 11 (3/4), 53-71.

BERGER, A.(1980): Einfluß der Informatik auf den Mathematikunterricht. In Schauer, H. / Tauber, M. (Hrsg.): Informatik in der Schule, 222-225. Schriftenreihe der Österreichischen Computergesellschaft. Oldenbourg, Wien.

BERMAN, B. / FRIEDERWITZER, F.(1989): Algebra Can Be Elementary ... When It's Concrete. Arithmetic Teacher 36, April 1989, 21-24.

BERNARD, J.E.(1983 a): Signs of Progress Solving Elementary Algebraic Equations. Proceedings of PME-NA-5, Montreal, Vol. I, 144-152.

BERNARD, J.E.(1983 b): An Essay on Perception and Understanding of Mathematical Symbolism. International Journal of Mathematical Education in Science and Technology 14 (4), 489-496.

BERNARD, J.E. / BRIGHT, G.W.(1982): Student Perfomance Solving Linear Equations. Proceedings of PME-6, Antwerpen, 144-149.

BERNARD, J.E. / BRIGHT, G.W.(1984): Student Performance in Solving Linear Equations. International Journal of Mathematical Education in Science and Technology 15 (4), 399-421.

BERNARD, J.E. / COHEN, M.P.(1988): An Integration of Equation-solving Methods into a Developmental Learning Sequence. In Coxford, A.F. / Shulte, A.P. (Eds.): The Ideas of Algebra, K-12. Yearbook 1988, 97-111. National Council of Teachers of Mathematics, Reston, VA.

BERNHARD, A.(1989): Das Wandeln von Summen in Produkte. Erziehungskunst 53 (2), 96-102.

BLAIS, D.M.(1988 a): Concrete versus Abstract in Teaching Algebra. The Mathematics Teacher 81 (3), 187-188.

BLAIS, D.M.(1988 b): Constructivism – a Theoretical Revolution for Algebra. The Mathematics Teacher 81 (8), 624-630.

BLAKELY, B. / CABLE, J. / GIRLING, M. / WATSON, F.R. / WILLSON, W.W.(1981): Algebra with Calculators. Mathematical Association, Leicester (UK).

BLISS, J. / SAKONIDIS, H.(1988): Teachers' Written Explanations to Pupils about Algebra. Proceedings of PME-12, Veszprém, Vol. I, 139-146.

BLUBAUGH, W.L.(1988): Why Cancel? The Mathematics Teacher 81 (4), 300-302.

BLUM, W. / KIRSCH, A.(1989): The Problem of the Graphic Artist. In Blum, W. et al. (Eds.): Applications and Modelling in Learning and Teaching Mathematics, 179-220. Ellis Horwood Limited, Chichester.

BOBROW, D.G.(1968): Natural-language Input for a Computer Problem-solving System. In Minsky, M. (Ed.): Semantic Information Processing, 135-215. MA: MIT Press, Cambridge.

BOILEAU, A. / KIERAN, C. / GARANCON, M.(1987): La pensée algorithmique dans l'initiation á l'algébre. Proceedings of PME-11, Montreal, Vol. I, 183-189.

BOLTJANSKIJ, V.G.(1983): Das Erkennen funktionaler Zusammenhänge durch graphische Darstellungen unterstützen. Mathematik in der Schule 21 (9), 651-659.

BOOKER, G.(1985): Development of Algebraic Thinking: The Transition from Primary School Arithmetic to Secondary School Arithmetic to Secondary School Algebra. Proceedings of the 23rd Annual Conference of the Mathematics Association of Victoria, Melbourne.

BOOKER, G.(1987): Conceptual Obstacles to the Development of Algebraic Thinking. Proceedings of PME-11, Montreal, Vol. I, 275-281.

BOORMAN, P.(1988): Metaphor. Mathematics Teaching 122, March, 65-66.

BOOTH, L.R.(1981 a): Child-methods in Secondary Mathematics. Educational Studies in Mathematics 12, 29-41.

BOOTH, L.R.(1981 b): Strategies and Errors in Generalised Arithmetic. Proceedings of PME-5, Grenoble, 140-146.

BOOTH, L.R.(1982 a): Sums and Brackets. Mathematics in School 11 (5), 30-31.

BOOTH, L.R.(1982 b): Developing a Teaching Module in Beginning Algebra. Proceedings of PME-6, Antwerpen, 280-285.

BOOTH, L.R.(1982 c): Getting the Answer Wrong. Mathematics in School 11 (2), 4-6.

BOOTH, L.R.(1982 d): Ordering Your Operations. Mathematics in School 11 (3), 5-6.

BOOTH, L.R.(1983 a): Misconceptions Leading to Error in Elementary Algebra (Generalised Arithmetic). Doctoral Dissertation, Chelsea College, London.

BOOTH, L.R.(1983 b): A Diagnostic Teaching Programme in Elementary Algebra: Results and Implications. Proceedings of PME-7, Shoresh, 307-312.

BOOTH, L.R.(1984 a): Algebra: Children's Strategies and Errors. Windsor, Berkshire: NFER-Nelson.

BOOTH, L.R.(1984 b): Misconceptions Leading to Error in Elementary Algebra. Journal of Structural Learning 8, 125-138.

BOOTH, L.R.(1986): Difficulties in Algebra. The Australian Mathematics Teacher 2-4, Sept. 1986.

BOOTH, L.R.(1987 a): Equations Revisited. Proceedings of PME-11, Montreal, Vol. I, 282-288.

BOOTH, L.R.(1987 b): Grade 8/9 Students' Understanding of Structural Properties in Mathematics. James Cook University of North Queensland. Townsville, Queensland, Australia.

BOOTH, L.R.(1988): Children's Difficulties in Beginning Algebra. In Coxford, A.F./ Shulte, A.P. (Eds.): The Ideas of Algebra, K-12. Yearbook 1988, 20-32. National Council of Teachers of Mathematics, Reston, VA.

BOOTH, L.R.(1989 a): Grade 8 Students' Understanding of Structural Properties in Mathematics. Proceedings of PME-13, Paris, 141-148.

BOOTH, L.R.(1989 b): A Question of Structure. In Wagner, S. / Kieran, C. (Eds.): Research Issues in the Learning and Teaching of Algebra, 57-59. Lawrence Erlbaum Associates, National Council of Teachers of Mathematics, Reston VA.

BOOTH, L.R.(1989 c): The Research Agenda in Algebra: A Mathematics Education Perspective. In Wagner, S. / Kieran, C. (Eds.): Research Issues in the Learning and Teaching of Algebra, 238-246. Lawrence Erlbaum Associates, National Council of Teachers of Mathematics. Reston, VA.

BORASI, R.(1986): Algebraic Explorations of the Error. Mathematics Teacher 79 (4), 246-248.

BORGES, R.(1988, 1989): Hilfen für die Wahl der Variablen beim Lösen von Textaufgaben. Didaktik der Mathematik 16 (1), 45-55; 332-338.

BORN, I. / KOCH, I. / LANG, CH. / MÖSER, J. / SEILER, M. / SIEGEL, G.(1986): Der Weg zum x. Mathematik lehren, Heft 15, 21-34.

BORNELEIT, P.(1982): Zum Formulieren des Ansatzes bei Sachaufgaben. Wissenschaftl. Zeitschrift der Karl-Marx-Universität Leipzig, Mathematisch-naturwissenschaftliche Reihe, 31 (6), 503-517.

BORNELEIT, P.(1991): Zusammenhängendes sprachliches Darstellen im Mathematikunterricht. Mathematik in der Schule 29 (2/3), 92-102.

BORNELEIT, P.(1992): Vom Text zur Gleichung. Mathematik lehren, Heft 51, 69-73.

BREINLINGER, K.(1982): Formeln ohne Spinnweben. Mathematiklehrer Nr. 2, 7- 11.

BREINLINGER, K.(1983 a): Formeln als Leitlinie. Der Mathematikunterricht 29 (2), 12- 23.

BREINLINGER, K(1983 b): Algebra im Umfeld der Gleichungslehre. Der Mathematikunterricht 29 (2), April.

BRESLICH, E.R.(1939): Algebra, a System of Abstract Processes. In C.H. Judd (Ed.): Education as Cultivation of the Higher Mental Processes. Macmillan, New York.

BREUER, W.(1979): Zum Lösen von Gleichungen und Ungleichungen in den Klassen 6,7 und 8. Mathematik in der Schule 16 (2/3), 82-89; 16 (4), 178-183; 17 (2/3), 102-108.

BRIARS, D.J. / LARKIN, J.H.(1984): An Integrated Model of Skill in Solving Elementary Word Problems. Cognition and Instruction 1, 245-296.

BRIGGS, J. / DEMANA, F. / OSBORNE, A.(1986): Moving into Algebra: Developing the Concepts of Variable and Function. The Australian Teacher, Sept., 5-8.

BROWN, C.A. / CARPENTER, T.P. / KOUBA, V.L. / LINDQUIST, M.M. / SILVER, E.A. / SWAFFORD, J.O. (1988): Secondary School Results for the Fourth NAEP Mathematics Assessment: Algebra, Geometry, Mathematical Methods, and Attitudes. The Mathematics Teacher 81, 337-347.

BROWN, J.S. / BURTON, R.R.(1978): Diagnostic Models for Procedural Bugs in Basic Mathematical Skills. Cognitive Science 2, 155-192.

BROWN, J.S. / VANLEHN, K.(1980): Repair Theory: A Generative Theory of Bugs in Procedural Skills. Cognitive Science 4, 379-426.

BROWN, J.S. / VANLEHN, K.(1982): Toward a Generative Theory of Bugs in Procedural Skills. In Carpenter, T. / Moser, J. / Romberg, T. (Eds.): Addition and Subtraction: A Cognitive Perspective. Lawrence Erlbaum Associates, Hillsdale, NJ.

BROWNELL, W.A.(1987): Meaning and Skill – Maintaining the Balance. Arithmetic Teacher 34, 18-25.

BRÜGELMANN, H.(1983): Kinder auf dem Weg zur Schrift. Faude, Konstanz.

BRÜGELMANN, H.(1986a): Schrift ist nicht beliebiges „Spuren"-Machen. Grundschule 9, 46-47.

BRÜGELMANN, H.(1986b): Schrift als detektivisches Rätsel. Grundschule 6, 25-33.

BRUNER, J.S.(1973): Der Prozeß der Erziehung. Schwann, Düsseldorf.

BRÜNING, A. / SPALLEK, K.(1978): Eine inhaltliche Gestaltung der Gleichungslehre: Terme oder Abbildungen und Funktionen. Mathematisch–Physikalische Semesterberichte 25 (2), 236-271.

BRUSTON, M.(1983): Inconnues et variables. In Bruston, M. / Rouxel, C. (Eds.): Obstacles et déblocages en mathématiques, 63-72. Association des Professeurs de Mathématiques, Paris.

BUCHBERGER(1984): Report on the Work of Group 3.1.4 at 5th ICME. Sigsam Bulletin 18 (4).

BURNS, J. / ALDRIDGE, M.(1980): $(X+Y)^2$-Fun. It Can Be. School Science and Mathematics 80 (7), 615-619.

BURTON, R.R.(1982): Diagnosing Bugs in a Simple Procedural Skill. In Sleeman, D. / Brown, J.S. (Eds.): Intelligent Tutoring Systems, 157-183. Academic Press, New York.

BURTON, M.B.(1988): A Linguistic Basis for Student Difficulties with Algebra. For the Learning of Mathematics 8 (1), 2-7.

BÜRGER, H.(1985): Umgang mit Variablen in der 1. und 2. Klasse. In Benedikt, E. et al. (Hrsg.): Mathematik AHS, Kommentarheft 1, 91-98. Österr. Bundesverlag, Wien.

BÜRGER, H.(1986): Elementare Algebra in der Sekundarstufe I. Beiträge zum Mathematikunterricht 1986, 69-72. Schroedel, Hannover.

BÜRGER, H.(1989): Tendenzen in neuen österreichischen Mathematiklehrplänen. Beiträge zum Mathematikunterricht 1989, 101-104.

BÜRGER, H.(1991): Darstellen und Interpretieren, Argumentieren und exaktes Arbeiten. In Leitner, L. / Benedikt, E. (Hrsg.): Mathematik AHS-Oberstufe, 40-47. Österr. Bundesverlag, Wien.

BÜRGER, H.(1993): Lernschritte beim Umformen von Termen. Unveröffentlichtes Manuskript.

BÜRGER, H. / FISCHER, R. / MALLE, G.(1986): Formeln als Funktionen. Mathematik lehren, Heft 15, 41-45.

BÜRGER, H. / FISCHER, R. / MALLE, G.et al. (1989, 1990, 1991, 1992): Mathematik Oberstufe 1-4. Hölder-Pichler-Tempsky, Wien.

BÜRGER, H. / LITSCHAUER, D.(1985): Elementare Algebra in der 3. und 4. Klasse. In Benedikt, E. et al. (Hrsg.): Mathematik AHS, Kommentarheft 1, 45- 66. Österr. Bundesverlag, Wien.

BÜRGER, H. / MALLE, G. / WINTER, H.(1986): Variable helfen, Sachverhalte zu beschreiben. Mathematik lehren, Heft 15, 15-20.

BYERS, V. / ERLWANGER, S.(1984): Content and Form in Mathematics. Educational Studies in Mathematics 15, 259-275.

CAPPONI, B. / BALACHEFF, N.(1989): Tableur et calcul algébrique. Educational Studies in Mathematics 20, 179–210.

CARPENTER, T.P. / CORBITT, M.K. / KEPNER, H.S. / LINDQUIST, M.M. / REYS, R.E. (1982): Student Performance in Algebra: Results from the National Assessment. School Science and Mathematics, Oct. 1982, 514-531.

CARRAHER, T.N. / SCHLIEMANN, A.D.(1987): Manipulating Equivalences in the Market and in Maths. Proceedings of PME-11, Montreal, Vol. I, 289-294.

CARRY, L.R. / LEWIS, C.W. / BERNARD, J.E.(1979): Psychology of Equation Solving: An Information Processing Study. NIE-NSF Project Report, Department of Curriculum and Instruction. The University of Austin, Texas.

CARRY, L.R. / LEWIS, C.W. / BERNARD, J.E.(1980): A Psychological Study of Equation Solving. University of Texas at Austin, Texas.

CASHING, D.L. / WHITE, A(1986): The Mathematics of Wrong Turns. The Mathematics Teacher 79 (8), 615-616.

CHAIKLIN, S.(1989): Cognitive Studies of Algebra Problem Solving and Learning. In Wagner, S. / Kieran, C. (Eds.): Research Issues in the Learning and Teaching of Algebra, 93-114. Lawrence Erlbaum Associates, National Council of Teachers of Mathematics. Reston, VA.

CHAIKLIN, S. / LESGOLD, S.B.(1984): Prealgebra Student's Knowledge of Algebraic Tasks with Arithmetic Expressions. Report, Learning Research and Development Center, Pittsburgh Univ., PA.

CHALOUH, L. / HERSCOVICS, N.(1983): The Problem of Concatenation in Early Algebra. Proceedings of PME-NA-5, Montreal, Vol. I, 153-160.

CHALOUH, L. / HERSCOVICS, N.(1984): From Letter Representing a Hidden Quantity to Letter Representing an Unknown Quantity. Proceedings of PME-NA 6, Madison, 71-76.

CHALOUH, L. / HERSCOVICS, N.(1988): Teaching Algebraic Expressions in a Meaningful Way. In Coxford, A.F. / Shulte, A.P. (Eds.): The Ideas of Algebra, K-12. Yearbook 1988, 33-42. National Council of Teachers of Mathematics, Reston, VA.

CHEVALLARD, Y.(1982): Balisage d'un champ de recherche: L'enseignement de l'algèbre au premier cycle. Seconde Ecole d'Eté de Didactique des Mathématiques. Orléans.

CHEVALLARD, Y.(1984, 1988, 1989): Le passage de l'arithmétique à l'algèbre dans l'enseignement des mathématiques au collége. Petit x, no. 5, 51-94; no. 19, 43-72; no. 23, 5-38.

CHEVALLARD, Y.(1989): Arithmétique, algébre, modélisation – Etapes d'une recherche. Publications de L'IREM d'Aix-Marseille, no. 16.

CHEVALLARD, Y. / CONNE, F.(1984): Jalons á propos d'algébre. Interactions didactiques 3, 1-54.

CHIAPPINI, G. / LEMUT, E.(1991): Construction and Interpretation of Algebraic Models. Proceedings of PME-15, Assisi, Vol. I, 199-206.

CLAPPONI, P.(1985): Exercise-Hex. Petit x, no. 8, 31.

CLAUSING, W.(1986): Probleme beim Lösen quadratischer Gleichungen. Mathe-Journal Nr. 2, 1.

CLEMENT, J.(1982): Algebra Word Problem Solutions: Thought Processes underlying a Common Misconception. Journal for Research in Mathematics Education 13 (1), 16-30.

CLEMENT, J. / KAPUT, J.J.(1979): Letter to the Editor. The Journal of Children's Mathematical Behavior, 2, 208.

CLEMENT, J. / LOCHHEAD, J. / MONK, G.(1981): Translation Difficulties in Learning Mathematics. American Mathematical Monthly 88, 286-290.

CLEMENT, J. / LOCHHEAD, J. / SOLOWAY, E.(1979): Translating between Symbol Systems: Isolating a Common Difficulty in Solving Algebra Word Problems. Unpublished manuscript. Amherst: University of Massachusetts, Department of Physics and Astronomy.

CLEMENT, J. / LOCHHEAD, J. / SOLOWAY, E.(1980): Positive Effects of Computer Programming on Students' Understanding of Variables and Equations. Proceedings of the Annual Conference of the American Society for Computing Machinery, 467-474.

CLEMENT, J. / NARODE, R. / ROSNICK, P.(1981): Intuitive Misconceptions in Algebra as a Source of Math Anxiety. Focus on Learning Problems in Mathematics 3, 36-45.

COBB, P.(1985): Mathematical Actions, Mathematical Objects and Mathematical Symbols. The Journal of Mathematical Behavior 4 (2), 127-134.

COHEN, M.P.(1987): Flexibility and Algebraic Problem Solving. The Mathematics Teacher 80 (4), 294-295.

COHORS-FRESENBORG, E.(1992): Gleichungssysteme als Werkzeug für die Formalisierung von Wissen. Beiträge zum Mathematikunterricht, 137-140. Franzbecker, Hildesheim.

COLLIS, K.F.(1975 a): A Study of Concrete and Formal Operations in School Mathematics. A Piagetian Viewpoint. Australian Council for Education Research, Melbourne.

COLLIS, K.F.(1975 b): The Development of Formal Reasoning. University of Newcastle, Australia.

COLLIS, K.F.(1978): Operational Thinking in Elementary Mathematics. In Keats, J.A. / Collis, K.F. / Halford, G.S. (Eds.): Cognitive Development. Wiley, New York.

CONNE, F.(1985): Calculs numériques et calculs relationels dans la résolution de problèmes d'arithmétique. Recherches en didactique des mathématiques 5 (3), 269-332.

COOPER, M.(1984 a): The Mathematical „Reversal error" and Attempts to correct it. Proceedings of PME-8, Sydney, 162-171.

COOPER, M.(1984 b): The Reversal Error – Do Your Students Display it? The Australian Mathematics Teacher 40(3), 10.

COOPER, M.(1986): The Dependence of Multiplicative Reversal on Equation Format. Journal of Mathematical Behavior 5 (2), 115-120.

CORTES, A. / KAVAFIAN, N. / VERGNAUD, G.(1990): From Arithmetic to Algebra: Negotiating a Jump in the Learning Process. Proceedings of PME-14, Mexico, Vol. II, 27-34.

COXFORD, A.(1985): School Algebra: What is Still Fundamental and what is not? In Hirsch, C.R. (Ed.): The Secondary School Mathematics Curriculum (1985 Yearbook), 53-64. National Council of Teachers of Mathematics, Reston, VA.

COXFORD, A.F. / SHULTE, A.P.(1988) (Eds.): The Ideas of Algebra, K-12. Yearbook 1988. National Council of Teachers of Mathematics, Reston, VA.

DAVENPORT, J.H. / SIRET, Y. / TOURNIER, E.(1988): Computer Algebra. Systems and Algorithms for Algebraic Computation. Academic Press, London.

DAVIES, D.(1988): An Algebra Class Unveils Models of Linear Equations in Three Variables. In Coxford, A.F. / Shulte, A.P. (Eds.): The Ideas of Algebra, K-12. Yearbook 1988, 199-203. National Council of Teachers of Mathematics, Reston, VA.

DAVIS, R.B.(1975 a): Cognitive Processes Involved in Solving Simple Algebraic Equations. Journal of Children's Mathematical Behavior 1 (3), 7-35.

DAVIS, R.B.(1975 b): A Second Interview with Henry – Including some Suggested Categories of Mathematical Behavior. Journal of Children's Mathematical Behavior 1(3), 36-62.

DAVIS, R.B.(1979): Error Analysis in High School Mathematics conceived as Information-processing Pathology. Paper presented at the Annual Meeting of the American Educational Research Association, San Francisco. (ERIC Document Reproduction Service No. ED 171551.)

DAVIS, R.B.(1980): The Postulation of certain Specific, Explizit, Commonly- shared Frames. Journal of Mathematical Behavior, Vol. 3 (1), 167-201.

DAVIS, R.B.(1984): Learning Mathematics. The Cognitive Science Approach to Mathematics Education. Ablex Publishing Corporation, Norwood, New Jersey.

DAVIS, R.B.(1985): ICME-5 Report: Algebraic Thinking in the Early Grades. Journal of Mathematical Behavior 4, 195-208.

DAVIS, R.B.(1988): The Interplay of Algebra, Geometry, and Logic. The Journal of Mathematical Behavior 7, No. 1, 9-28.

DAVIS, R.B.(1989 a): Three Ways of Improving Cognitive Studies in Algebra. In Wagner, S. / Kieran, C. (Eds.): Research Issues in the Learning and Teaching of Algebra, 115-119. Lawrence Erlbaum Associates. National Council of Teachers of Mathematics. Reston, VA.

DAVIS, R.B.(1989 b): Research Studies in How Human Think About Algebra. In Wagner, S. / Kieran, C. (Eds.): Research Issues in the Learning and Teaching of Algebra, 266-274. Lawrence Erlbaum Associates, National Council of Teachers of Mathematics. Reston, VA.

DAVIS, R.B. / COONEY, T.J.(1977): Identifying Errors in Solving Certain Linear Equations. The MATYC Journal 11, 170-178.

DAVIS, R.B. / JOCKUSCH, E. / MCKNIGHT, C.C.(1978): Cognitive Processes in Learning Algebra. Journal of Children's Mathematical Behavior, Vol. 2 (1), 10-320.

DAVIS, R.B. / MCKNIGHT, C.C.(1980): The Influence of Semantic Content on Algorithmic Behaviour. Tech. Report. Curriculum Laboratory, University of Illinois.

DAVYDOV, V.(1977): Arten der Verallgemeinerung im Unterricht. VEB Verlag der Wissenschaften, Berlin.

DEMANA, F. / LEITZEL, J.(1988): Establishing Fundamental Concepts through Numerical Problem Solving. In Coxford, A.F. / Shulte, A.P. (Eds.): The Ideas of Algebra, K-12. Yearbook 1988, 61-68. National Council of Teachers of Mathematics, Reston, VA.

DENMARK, T. / BARCO, E. / VORAN, J.(1976): Final Report: A Teaching Experiment on Equality. PMDC Technical Report No. 6, Florida State University. (ERIC Document Reproduction Service No. ED 144805.)

DESCHAUER, S.(1988): Methoden der vorsymbolischen Algebra im Unterricht. Mathematica didactica 11 (3/4), 97-119.

DESCHAUER, S.(1988):Die Methoden der falschen Ansätze zur Lösung von Gleichungen im Unterricht. Mathematik lehren, Heft 27, 31-34.

DÖRFLER, W.(1988): Die Genese mathematischer Objekte und Operationen aus Handlungen als kognitive Konstruktion. In Dörfler, W. (Hrsg.): Kognitive Aspekte mathematischer Begriffsentwicklung. Schriftenreihe Didaktik der Mathematik, Band 16, 55-125. Hölder-Pichler-Tempsky, Wien, und B.G. Teubner, Stuttgart.

DÖRFLER, W.(1991): Wieso kann man mit abstrakten Objekten rechnen? Beiträge zum Mathematikunterricht 1991, 195-198. Franzbecker, Bad Salzdetfurth.

DRYGAS, H.: (1982): Über die Rendite von Bundesfinanzierungsschätzchen. Mathematische Schriften Kassel, Preprint Nr. 3.

DUERR, C.(1985): Vorschläge für intensives Arbeiten mit Variablen im Mathematikunterricht der unteren Schuljahre. Wissenschaftliche Zeitschrift der Humboldt-Universität Berlin, Mathematisch-Naturwissenschaftliche Reihe 34 (7), 615-623.

DUGDALE, S.(1982): Green Globs: A Microcomputer Application for Graphing of Equations. The Mathematics Teacher 75 (3), 208-214.

DUNKELS, A.(1989): What's the next number after G. Journal of Mathematical Behavior 8 (1), 15-20.

EASTMAN, P.M.(1982): The Interaction of Spatial Visualization and General Reasoning Abilities with Instructional Treatment in Absolute Value Inequalities. International Journal of Mathematics Education in Science and Technology 13 (4), 441-447.

EISENBERG, T.A.(1977): Begle Revisited: Teacher Knowledge and Student Achievement in Algebra. Journal for Research in Mathematics Education 8 (3), 216- 222.

EISENBERG, T. / DREYFUS, T.(1988): Polynomials in the School Curriculum. In Coxford, A.F. / Shulte, A.P. (Eds.): The Ideas of Algebra, K-12. Yearbook 1988, 112-118. National Council of Teachers of Mathematics. Reston, VA.

EKENSTAM, A.(1989): Programming and Understanding of Variables. Journal für Mathematik-Didaktik 10 (2), 99-121.

EKENSTAM, A. / GREGER, K.(1987): On Children's Understanding of Elementary Algebra. Journal of Structural Learning 9 (3/4), 303-315.

ERLWANGER, S. / BÉLANGER, M.(1983): Interpretations of the Equal Sign among Elementary School Children. Proceedings of PME-NA-5, Montreal, Vol. I, 250-258.

ESCHBACH, P.D.(1987): Der Variablenbegriff in der Sekundarstufe I: Ein Unterrichtsbeispiel mit der Programmiersprache LOGO. Beiträge zum Mathematikunterricht 1987, 138-141. Schroedel, Hannover.

ESQUILONA, A(1984): Visualizing Equations. Matimyas Mat. 8 (1), 29-31. Also published in UPSEC Newsletter 7 (2).

FALOKUN, O.C.(1987): Effective Use of Symbols in the Application of "Simple Algebraic Equations" as a "Mathematical Technique" in Lower Secondary Mathematics. Teaching Mathematics and its Applications 6(2), 68-70.

FEIL, S.(1981): Aufbau und Entwicklung der Gleichheitsbeziehung im Hinblick auf das Lösen von Gleichungen. Mathematische Unterrichtspraxis 2 (2), 15-24.

FEURZEIG, W.(1986): Algebra Slaves and Agents in a Logo-based Mathematics Curriculum. Instructional Science 14, 229-254.

FEY, J.T.(Ed.) (1984): Computing and Mathematics: The Impact on Secondary School Curricula. College Park: The University of Maryland.

FEY, J.T.(1989): School Algebra for the Year 2000. In Wagner, S. / Kieran, C. (Eds.): Research Issues in the Learning and Teaching of Algebra, 199-213. Lawrence Erlbaum Associates, National Council of Teachers of Mathematics. Reston, VA.

FICHTENHOLZ, G.M.(1971): Differential- und Integralrechnung. VEB Deutscher Verlag der Wissenschaften, Berlin.

FILLOY, E.(1986): Teaching Strategies for Elementary Algebra and the Interrelationship between the Development of Syntactic and Semantic Abilities. Proceedings of PME-NA-8, East Lansing, 108-113.

FILLOY, E.(1987): Modelling and the Teaching of Algebra. Proceedings of PME-11, Montreal, Vol. III, 295-300.

FILLOY, E.(1990): P.M.E. Algebra Research. A Working Perspective. Proceedings of PME-14, Mexico, Vol. I, PII. 1-33.

FILLOY, E.(1991): Cognitive Tendencies and Abstraction Processes in Algebra Learning. Proceedings of PME-15, Assisi, Vol. II, 48-55.

FILLOY, E. / ROJANO, T.(1984 a): La aparición del lenguaje aritmético algebraico. L'Educazione Matematica, anno V(3), Cagliari, Italia, 278-306.

FILLOY, E. / ROJANO, T.(1984 b): From an Arithmetical to an Algebraic Thought (a Clinical Study with 12-13 years olds). Proceedings of PME-6, Madison, 51-56.

FILLOY, E. / ROJANO, T.(1985 a): Obstructions to the Learning of Elemental Algebraic Concepts and Teaching Strategies. Proceedings of PME-NA-7, Columbus.

FILLOY, E. / ROJANO, T.(1985 b): Obstructions to the Aquisition of Elemental Algebraic Concepts and Teaching Strategies. Proceedings of PME-9, Nordwijkerhout, Vol. I, 154-158.

FILLOY, E. / ROJANO, T.(1985 c): Operation on the Unknown and Models of Teaching. Proceedings of PME-NA-7, Columbus, 75-79.

FILLOY, E. / ROJANO, T.(1989): Solving Equations: The Transition from Arithmetic to Algebra. For the Learning of Mathematics 9 (2), 19-25.

FILLOY, E. / ROJANO, T.(1991): Translating from Natural Language to the Mathematical System of Algebraic Signs and Vice Versa. Proceedings of PME-13, Blacksburg, Vol. II, 29-35.

FINK, H.U. / WAHNER, W.(1988): Termumformungen für IBM PC und Kompatible mit GWBASIC-BASICA [Computerprogramm]. Aulis Übungsprogramme Mathematik. Deubner, Köln.

FIRTH, D.E.(1975): A Study of Rule Dependence in Elementary Algebra. Unpublished master's thesis. University of Nottingham, England.

FISCHER, R.(1984): Geometrie der Terme oder Elementare Algebra vom visuellen Standpunkt aus. Mathematik im Unterricht 8, S. 19-34, Institut für Didaktik der Naturwissenschaften, Universität Salzburg.

FISCHER, R.(1990): Längerfristige Perspektiven des Mathematikunterrichts. Mathematica didactica 13, Heft 2, 38-62.

FISCHER, R. / MALLE, G.(1985): Mensch und Mathematik. Eine Einführung in didaktisches Denken und Handeln. Bibliographisches Institut, Mannheim.

FISHER, K.(1988): The Students-and-Professors Problem Revisited. Journal for Research in Mathematics Education 19(3), 260-262.

FITTING, M.(1982): Propositional Logic Using Elementary Algebra. Mathematics and Computer Education 16 (3), 204-207.

FLADE, L.(1982 a): Ist „$4a - 6b$" eine Summe? Mathematik in der Schule 20 (11), 833-835.

FLADE, L.(1982 b): Richtiges Arbeiten mit Variablen ist Bestandteil des Rechnenkönnens. Mathematik in der Schule 20 (1), 1-6.

FLADE, L.(1984): Zu einigen typischen Schülerfehlern beim Lösen von Gleichungen in den Klassen 4 und 5. Wie können sie verhindert werden? Unterstufe 31 (12), 235-237.

FLADE, L.(1985): Zum Lösen von Gleichungen. Mathematik in der Schule 23 (10), 712-717.

FLADE, L. / GOLDBERG, E.(1992): Vielfältiges Üben. Was bedeutet das beim Lösen von Gleichungen, Ungleichungen bzw. Gleichungssystemen? Mathematik lehren, Heft 51, 55-60.

FLADE, L. / GOLDBERG, E. / MOUNNARATH, V.N.(1992): Inhaltliches Lösen von Gleichungen – eine legitime Methode. Mathematik lehren, Heft 51, 15-18.

FLADE, L. / MOUNNARATH, V.N.(1992): Zur Könnensentwicklung beim Lösen linearer Gleichungen, Ergebnisse aus mehreren Ländern. Mathematik lehren, Heft 51, 11-14.

FLADE, L. / WALSCH, W.(1992) (Hrsg.): Gleichungen. Mathematik lehren, Heft 51, April.

FLANDERS, H.(1988): Computer Software for Algebra: what should it be? In Coxford, A.F. / Shulte, A.P. (Eds.): The Ideas of Algebra, K-12. Yearbook 1988, 149-151. National Council of Teachers of Mathematics, Reston, VA.

FLORES, A.(1988): Computer-calculated Roots of Polynomials. In Coxford, A.F. / Shulte, A.P. (Eds.): The Ideas of Algebra, K-12. Yearbook 1988, 164-169. National Council of Teachers of Mathematics, Reston, VA.

FRAEDRICH, A.M.(1989): Vorschläge für Beweisübungen im Algebraunterricht der Sekundarstufe I. Beiträge zum Mathematikunterricht 1989, 147-150.

FRANK, M.L. / ERICKSEN, D.B.(1989): I Have ... Algebra! Mathematics in School 18 (5), 15-16.

FRANKE, M.(1990): Zum Arbeiten mit Variablen im Mathematikunterricht der unteren Klassen. Beiträge zum Mathematikunterricht 1990, 99-102. Schroedel, Hannover.

FRANKE, M.(1991): Systematisches Arbeiten mit Variablen von Klasse 1 an – Bilanz in Klasse 9. Beiträge zum Mathematikunterricht, 219-223. Franzbecker, Hildesheim.

FRANKE, M. / WYNANDS, A.(1991): Zum Verständnis von Variablen - Testergebnisse in 9. Klassen Deutschlands. Mathematik in der Schule 29 (10), 674-675.

FRAUNHOLZ, W.(1984): Gleichungslehre und Schulfernsehen. In Kautschitsch, H. / Metzler, W. (Hrsg.): Anschauung als Anregung zum mathematischen Tun. Schriftenreihe Didaktik der Mathematik, Bd. 9, 232-251. Hölder-Pichler-Tempsky, Wien, und B.G.Teubner, Stuttgart.

FRAZE, P.(1988): Computer Lessons in Algebra. In Coxford, A.F. / Shulte, A.P. (Eds.): The Ideas of Algebra, K-12. Yearbook 1988, 158-163. National Council of Teachers of Mathematics, Reston, VA.

FREEDMAN, D. / PISANI, R. / PURVES, R.(1978): Statistics. W.W. Norton & Company, New York - London.

FREGOLA, C.(1983): Spunti didattici per una educazione algoritmica. Ricerche Didattiche 38 (4/5), 153-172.

FRENZEL, L.(1992): Arbeiten mit Skizzen und Variablen im Mathematikunterricht – eine Könnensanalyse in den Klassen 5-10. Beiträge zum Mathematikunterricht, 136-166. Franzbecker, Hildesheim.

FRENZEL, L. / GRUND. K.H.(1988): Schülerfehler beim Arbeiten mit Formeln - was tun? Mathematik in der Schule 26 (1), 26-32.

FREUDENTHAL, H.(1973): Mathematik als pädagogische Aufgabe. Band 1 und 2. Klett, Stuttgart.

FREUDENTHAL, H.(1974): Soviet Research on Teaching Algebra at the Lower Grades of the Elementary School. Educational Studies in Mathematics 5, 391-412.

FREUDENTHAL, H.(1978): Lessen van Sovjet rekenonderwijskunde. Pedagogische Studien 56, 17-24.

FREUDENTHAL, H.(1983): Didactical Phenomenology of Mathematical Structures. Reidel, Dordrecht.

FREUDENTHAL, H.(1986 a): Brüche. Von der Sprache her. Mathematik lehren Nr. 16, 4-7.

FREUDENTHAL, H.(1986 b): Algebra in der Grundschule. Mathematik lehren Nr. 15, 12-13.

FRIEDLANDER, A.(1977): The Steeplechase. Mathematics Teaching Sept. 80, 37-38.

FRIEDLANDER, A. / HADAS, N.(1988): Teaching Absolute Value Spirally. In Coxford, A.F. / Shulte, A.P. (Eds.): The Ideas of Algebra, K-12. Yearbook 1988, 212-220. National Council of Teachers of Mathematics, Reston, VA.

FRIEDLANDER, A. / HERSHKOWITZ, R. / ARCAVI, A.(1989): Incipient "Algebraic" Thinking in Pre-Algebra Students. Proceedings of PME-13, Paris, Vol. I, 283-290.

FRIEDLANDER, A. / TAIZI, N.(1987): Early Algebra Games. Mathematics in School 16 (1), 2-6.

FRISKE, J.S.(1988): Using Computer Graphing Software Packages in Algebra Instruction. In Coxford, A.F. / Shulte, A.P. (Eds.): The Ideas of Algebra, K-12. Yearbook 1988, 181-184. National Council of Teachers of Mathematics, Reston, VA.

FUJI, T.(1988): The Meaning of „X" in Linear Equation and Inequality: Preliminary Survey using Cognitive Conflict Problems. Proceedings of PME-12, Veszprém, Vol. I, 334-341.

GALLARDO, A.(1990): Avoidance and Acceptance of Negative Numbers in the Context of Linear Equations. Proceedings of PME-14, Mexico, Vol. II, 43-50.

GALLARDO, A. / ROJANO, T.(1987): Common Difficulties in the Learning of Algebra among Children displaying Low and Medium Pre-algebraic Proficiency Levels. Proceedings of PME-11, Montreal, Vol. I, 301-307.

GALLARDO, A. / ROJANO, T.(1988): Areas de dificultades en la adquisición del lenguaje aritmético-algebraico. Recherches en Didactique des Mathématiques, Vol. 9, No. 2, 155-188.

GALLIN, P. / RUF, U.(1990): Sprache und Mathematik in der Schule. Verlag Lehrerinnen und Lehrer, Schweiz. Zürich.

GALVIN, W.P. / BELL, A.W.(1977): Aspects of Difficulties in the Solution of Problems Involving the Formation of Equations. Shell Centre for Mathematical Education, University of Nottingham.

GARANCON, M. / KIERAN, C. / BOILEAU, A.(1990): Introducing Algebra: A Functional Approach in Computer Environment. Proceedings of PME-14, Mexico, Vol. II, 51-58.

GARMAN, B.(1984): The Calculator, Math Magic and Algebra. The Mathematics Teacher 77 (6), 448-450.

GAZZANIGA, M.S.(1985): The Social Brain, Basic Books, New York.

GERACE, W.J. / MESTRE, J.P.(1982): A Study of the Cognitive Development of Hispanic Adolescents Learning Algebra Using Clinical Interview Techniques. Final report. Educational Resources Information Center, Washington, DC.

GIAMBRONE, T.M.(1984): Challenges for Enriching the Curriculum: Algebra. The Mathematics Teacher 76 (4).

GLATZER, D.(1988): Which One Doesn't Belong? In Coxford, A.F. / Shulte, A.P. (Eds.): The Ideas of Algebra, K-12. Yearbook 1988, 221-222. National Council of Teachers of Mathematics, Reston, VA.

GOETHNER, P.(1983): Über begriffliche Grundlagen in der Gleichungslehre. Teil 1: Mathematik in der Schule 21 (5), 348-360. Teil 2: Mathematik in der Schule 21 (6), 412-421.

GOLDBERG, E.(1990): Wie kann man bei den Schülern in Klasse 7 sichere Fertigkeiten im Lösen linearer Gleichungen ausbilden ? Mathematik in der Schule 28, 15-21.

GOLDBERG, E.(1992): Die Probe beim Lösen von Gleichungen. Mathematik lehren, Heft 51, 19-22.

GOODMAN, T. / COHEN, M.P.(1988): Algebra Problems for Classroom Use. In Coxford, A.F. / Shulte, A.P. (Eds.): The Ideas of Algebra, K-12. Yearbook 1988. National Council of Teachers of Mathematics, Reston, VA.

GOODNOW, J.(1972): Rules and Repertoires, Rituals and Tricks of the Trade. In Farnham-Diggory (Ed.): Information Proceeding in Children. Academic Press, New York, London.

GÖTZ, W.(1963): Notwendigkeit und Grenzen einer Umgestaltung des Algebraunterrichts. Der mathematische und Naturwissenschaftliche Unterricht 16 (5), 214-218.

GRAY, E. / TALL, D.(1993): Success and Failure in Mathematics. Procept and Procedure. To Appear.

GRIESEL, H.(1982): Leerstellenbezeichnung oder Bedarfsname. Anmerkungen zur Didaktik des Variablenbegriffs. Mathematisch-Physikalische Semesterberichte XXIX, Heft 1, 68- 81.

HALTER-KOCH, F.(1985): Algebra - Auflösen von Gleichungen. Didaktikr-Reihe der Österreichischen Mathematischen Gesellschaft 12, 27-35.

HANDSCHEL, G.(1988): Gleichungen mit Formvariablen. Mathematica didactica 11 (3/4), 120-129.

HARPER, E.W.(1980 a): The Boundary between Arithmetic and Algebra: Conceptual Understandings in Two Language Systems. Proceedings of PME-5, Grenoble, 171-176.

HARPER, E.W.(1980 b): The Boundary between Arithmetic and Algebra: Conceptual Understandings in two Language Systems. International Journal of Mathematical Education in Science and Technology 11 (2), 237-243.

HARPER, E.(1987): Ghosts of Diophantus. Educational Studies in Mathematics 18, 75-90.

HARPER, E.W. / HARRIS, J. / STRONG, R.(1977): Maths Minipacks. Book 11. Simplifying Algebraic Expressions. Addison-Wesley, London.

HART, K.M.et al (1981) (Ed.): Children's Understanding of Mathematics: 11-16.

HART, K.M.(1986): The Step to Formalisation. Proceedings of PME-10, London, 159-164.

HARTEN, G.von (1985 a): Formeln in der Berufsschule und in der Sekundarstufe I des allgemeinbildenden Schulwesens. Mathematica didactica 8 (4), 179-194.

HARTEN, G.von (1985 b): Formeln in der Berufsschule und in der Sekundarstufe I des allgemeinbildenden Schulwesens. Beiträge zum Mathematikunterricht 1985, 142-145. Schroedel, Hannover.

HARTEN, G. / OTTE, M.(1986): Gleichungen. In Harten, G. et al. (Hrsg.): Funktionsbegriff und funktionales Denken, 131-180. Aulis Verlag, Deubner, Köln.

HATCH, G. / HEWITT, D.(1991): On Symbolic Manipulators. Mathematics Teaching 137, Dez., 16-18.

HAWKING, S.W.(1991): Eine kurze Geschichte der Zeit. Die Suche nach der Urkraft des Universums. Rowohlt, Hamburg.

HAYEN, J.(1983): Schwierigkeiten mit der Mittelstufen-Algebra in der Sekundarstufe 2. Beiträge zum Mathematikunterricht 1983, 135-138. Franzbecker, Bad Salzdetfurth.

HEAD, L.Q. / LINDSEY, J.D.(1984): Remedial Math: Its Effect on the Final Grade in Algebra. Improving College and University Teaching 32 (3), 146-149.

HEID, M.K. / KUNKLE, D.(1988): Computer-generated Tables: Tools for Concept Development in Elementary Algebra. In Coxford, A.F. / Shulte, A.P. (Eds.): The Ideas of Algebra, K-12. Yearbook 1988, 170-177. National Council of Teachers of Mathematics, Reston, VA.

HEIDLER, K.(1978): Gleichungslehre in der Sprache der Algebra - eine inhaltlich orientierte Alternative zur sog. modernen Gleichungslehre. Beiträge zum Mathematikunterricht 1978, 105-107. Schroedel, Hannover.

HEIDLER, K.(1986): Gleichungslehre mit undefinierten Termen in der Schule. Der Mathematische und Naturwissenschaftliche Unterricht 39 (5), 269-274.

HENNIG, R.(1985): Zum inhaltlichen Lösen von Gleichungen in Klasse 5. Mathematik in der Schule 23 (1), 29-33.

HENNING, R. / KLAUERT, S. / LENEKE, B.(1986): Zur Realisierung des polytechnischen Prinzips im fakultativen Kurs „Praktische Mathematik", Klassen 9/10. Mathematik in der Schule 24 (9), 643-654.

HENTSCHKE, G.(1985): Wie der Platzhalter in die Schule kam. MUED-Rdbr. 2, 4-8.

HERMANNS, F.J.(1986): Einige Erfahrungen mit Algebra in Klasse 5. Mathe- Journal Nr. 2, 3.

HERMES, H.(1967): Logische Gesichtspunkte bei der Theorie der Gleichungen. Der Mathematikunterricht 13 (5), 37-43.

HERSCOVICS, N.(1979):A Learning Model for some Algebraic Concepts. In Fuson, K.C. / Geeslin, W.E. (Eds.): Explorations in the Modelling on the Learning of Mathematics, 98-116. ERIC Clearinghouse for Science, Mathematics and Environmental Education, Columbus.

HERSCOVICS, N.(1989): Cognitive Obstacles Encountered in the Learning of Algebra. In Wagner, S. / Kieran, C. (Eds.): Research Issues in the Learning and Teaching of Algebra, 60-86. Lawrence Erlbaum Associates. National Council of Teachers of Mathematics, Reston, VA.

HERSCOVICS, N. / CHALOU, L.(1984): Using Literal Symbols to Represent Hidden Quantities. Proceedings of PME-NA-6, Madison, 64-70.

HERSCOVICS, N. / CHALOU, L.(1985): Conflicting Frames of Reference in the Learning of Algebra. Proceedings of PME-NA-7, Columbus, 123-131.

HERSCOVICS, N. / KIERAN, C.(1980): Constructing Meaning for the Concept of Equation. The Mathematics Teacher 73 (8), 572-580.

HERSCOVICS, N. / LINCHEVSKI, L.(1991 a): Crossing the Didactic Cut in Algebra: Grouping Like Terms in an Equation. Proceedings of the PME-13, Blacksburg, Vol. II, 196-202.

HERSCOVICS, N. / LINCHEVSKI, L.(1991 b): Pre-algebraic Thinking: Range of Equations and Informal Solution Processes Used by Seventh Graders Prior to any Instruction. Proceedings of PME-15, Assisi, Vol. II, 173-180.

HEWITT, D.(1985): Equations. Mathematics Teaching 111, 15-16.

HEY, G.(1978): Psychoanalyse des Lernens. Düsseldorf 1978.

HIGGINS, J.L.(1988): One Point of View: We Get What we Ask For. Arithmetic Teacher 35 (5), 2.

HINSLEY, D.A. / HAYES, J.R. / SIMON, H.A.(1977): From Words to Equations: Meaning and Representation in Algebra Word Problems. In Just, M.A. / Carpenter, P. (Eds.): Comprehension and Cognition, 89-106. Lawrence Erlbaum, Hillsdale, N.J.

HIRSCH, CH.R.(1982): Finding Factors Physically. The Mathematics Teacher 75 (5), 388-399, 419.

HOFMANN, E. / SCHLOSSER, G.(1986): Zur Könnensentwicklung im selbständigen Lösen von Aufgaben in Klasse 6. Mathematik in der Schule 24 (9), 611-616.

HOLDAN, G.(1988): Making Algebra Homework More Effective. In Coxford, A.F. / Shulte, A.P. (Eds.): The Ideas of Algebra, K-12. Yearbook 1988, 242-247. National Council of Teachers of Mathematics, Reston, VA.

HOMAGK, F.(1980): Bemerkungen zur Behandlung von Gleichungen und Ungleichungen im Mathematikunterricht. Der Mathematikunterricht 26 (1), 34-41.

HORAK, V.M. / HORAK, W.J.(1981): Geometric Proofs of Algebraic Identities. The Mathematics Teacher 74 (3), 212-216, 231.

HOUSE, P.A.(1988): Reshaping School Algebra: Why and How? In Coxford, A.F. / Shulte, A.P. (Eds.): The Ideas of Algebra, K-12. Yearbook 1988, 1-7. National Council of Teachers of Mathematics, Reston, VA.

HUGHES, B.(1988): First Year Algebra: A Computer Coordinated Curriculum. The Journal of Computers in Mathematics and Science Teaching 7 (4), 23-25.

HUND, W.(1981): Aussage und Aussageform. Ehrenwirth Hauptschulmagazin 6 (4), 43-46.

ILANI, B. / TAIZI, N. / BRUCKHEIMER, M.(1982): Variations of a Game as Strategy for Teaching Skills. In Silvey, L. / Smart, J.R. (Eds.): Mathematics for the Middle Grades (NCTM 1982 Yearbook), 220-225. National Council of Teachers of Mathematics, Reston, VA.

INSTITUT für Film und Bild in Wissenschaft und Unterricht GmbH, Grünwald: Schülerfehler in der Algebra. Film Nr. 41 0157, 42 0157.

JAHNER, H.(1978): Methodik des mathematischen Unterrichts. Quelle & Meyer, Heidelberg.

JAHNKE, H.N.(1978): Zum Verhältnis von Wissensentwicklung und Begründung in der Mathematik – Beweisen als didaktisches Problem. Materialien und Studien, Bd. 10. Institut für Didaktik der Mathematik, Universität Bielefeld.

JAHNKE, H.N. / OTTE, M.(1979): Der Zusammenhang von Verallgemeinerung und Gegenstandsbezug beim Beweisen – am Beispiel der Geometrie diskutiert. In Dörfler, W. / Fischer, R. (Hrsg.): Beweisen im Mathematikunterricht. Schriftenreihe Didaktik der Mathematik, Bd. 2, 225-242. Hölder-Pichler-Tempsky, Wien, und B.G. Teubner, Stuttgart.

JANVIER. C.(1978): The Interpretation of Complex Cartesian Graphs Representing Situations. Dissertation, Univ. Nottingham, Shell Centre for Mathematical Education.

JANVIER. C.(1981): Difficulties related to the Concept of Variable. Proceedings of PME-5, Grenoble.

JANVIER. C.(1984): Constructing the Notion of Variable Using History and Bottles. Proceedings of PME-NA-6, Madison, 57-63.

JENSEN, R.J. / WAGNER, S.(1982): Three Perspectives on the Process Uniformity of Beginning Algebra Students. Proceedings of PME-NA-4, Athens, 133-139.

JOHNSON, M.(1987): The Body in the Mind: The Bodily Basis of Meaning, Imagination, and Reason. University of Chicago Press, Chicago.

JOHNSON, M.(1990): A New Look for Some Old Algebra Concepts. The Mathematics Teacher 83 (1), 34-35.

JULLIEN, M.(19): Le calcul algébrique au collége étude d'un exemple. Petit x, no. 24, 73-77.

JURASCHEK, B. / ANGLE, N.S.(1986): The Binomial Grid. The Mathematics Teacher 79 (5), 337-339.

KAISER, H.K.(1983): Die Auflösung von algebraischen Gleichungen – ein historischer Abriß. Didaktik-Reihe der Österreichischen Mathematischen Gesellschaft 10, 67-79.

KAPUT, J.J.(1983): Representation Systems and Mathematics. Proceedings of PME-NA-5, Montreal, Vol. II, 57-65.

KAPUT, J.J.(1984): The Role of Cognitive Model Building: A Case Study. Proceedings of the PME-NA-6: Madison, 77-82.

KAPUT, J.J.(1986 a): Information Technology and Mathematics, Opening New Representational Windows. Journal of Mathematical Behavior, 5 (2), 187-207.

KAPUT, J.J.(1986 b): Representation and Mathematics. In Janvier, C. (Ed.): Problems of Representation in Mathematics Learning and Problem Solving. Erlbaum, Hillsdale, NJ.

KAPUT, J.J.(1987 a): The Cognitive Foundations of Modeling with Intensive Quantities. Paper presented at the Second Annual Conference on the Teaching of Mathematical Modelling, Kassel.

KAPUT, J.J.(1987 b): PME XI Algebra Papers: A Representational Framework. In Bergeron, J.C. / Herscovics, N. / Kieran, C. (Eds.): Proceedings of PME-11, Montreal, Vol. I, 345-354.

KAPUT, J.J.(1987 c): The Role of Information Technology in the Affective Dimension of Mathematical Experience: Some Preliminary Notes. In McLeod, D.B. / Adams, V.M. (Eds.): Affect and Mathematical Problem Solving: A New Perspective. Springer, New York.

KAPUT, J.J.(1987 d): Toward a Theory of Symbol Use in Mathematics. In Janvier, C. (Ed.): Problems of Representation in the Teaching and Learning of Mathematics, 159-195. Lawrence Erlbaum, Hillsdale, NJ.

KAPUT, J.J.(1987 e): Representation Systems and Mathematics. In Janvier, C. (Ed.): Problems of Representation in the Teaching and Learning of Mathematics, 19-26. Lawrence Erlbaum, Hillsdale, NJ.

KAPUT, J.J.(1989): Linking Representations in the Symbol Systems of Algebra. In Wagner, S. / Kieran, C. (Eds.): Research Issues in the Learning and Teaching of Algebra, 167-194. Lawrence Erlbaum Associates, National Council of Teachers of Mathematics. Reston, VA.

KAPUT, J.J. / GORDON, L.(1987): A Concrete-to-Abstract Software Ramp: Environments for Learning Multiplication, Division and Intensive Quantity. Tech. Rep. No. 87-3. Harvard Graduate School of Education, Educational Technology Center. Cambridge, MA.

KAPUT, J.J. / LUKE, C. / POHOLSKY, J. / SAYER, A.(1986): The Role of Representations in Reasoning with Intensive Quantities. Tech. Rep. No. 86-9. Harvard Graduate School of Education, Educational Technology Center, Cambridge, MA.

KAPUT, J.J. / LUKE, C. / POHOLSKY, J. / SAYER, A.(1987): Multiple Representations and Reasoning with Intensive Quantities. Proceedings of PME-11, Montreal, Vol. II, 289-295.

KAPUT, J.J. / SIMS-KNIGHT, J.E.(1983): Errors in Translations to Algebraic Equations: Roots and Implications. In Behr, M. / Bright, G. (Ed.): Mathematics Learning Problems of the Post Secondary Student. Focus on Learning Problems in Mathematics, 63-78.

KAPUT, J.J. / SIMS-KNIGHT, J.E. / CLEMENT, J.(1985): Behavioral Objections: A Response to Wollmann. Journal for Research in Mathematics Education 16(1), 56-63.

KARPLUS, R. / TOURNIAIRE, F. / PULOS, S. / STAGE, K.(1982): Reasoning with Unknowns in Grades Four, Six, and Eight. Proceedings of PME-NA-4, Athens.

KENT, D.(1978): The Dynamic of Put. Math. Teaching 82, March 32-36.

KERR, D.R. JR.(1981): Algebra Teachers– Build Algebra on Arithmetic. The MATYC Journal 15 (2), 99-105.

KIERAN, C.(1979 a): Children's Operational Thinking within the Context of Bracketing and the Order of Operations. Proceedings of PME-3, Warwick.

KIERAN, C.(1979 b): Constructing Meaning for the Concept of Equation. Unpublished master's thesis. Concordia University, Montreal.

KIERAN, C.(1980): The Interpretation of the Equal Sign: Symbol for an Equivalence Relation vs. an Operator Symbol. Proceedings of PME-4, Berkeley, 163-169.

KIERAN, C.(1981 a): Concepts associated with the Equality Symbol. Educational Studies in Mathematics 12, 317-326.

KIERAN, C.(1981 b): Pre-Algebraic Notions among 12 and 13 Year Olds. Proceedings of PME-5, Grenoble, 158-164.

KIERAN, C.(1982): The Learning of Algebra: A Teaching Experiment. Paper presented at the Annual Meeting of the American Educational Research Association, New York. (ERIC Document Reproduction Service No. ED 216 884.)

KIERAN, C.(1983): Relationships between Novices' Views of Algebraic Letters and their Use of Symmetric and Asymmetric Equation-solving Procedures. In: Bergeron, J.C. / Herscovics, N. (Eds.): Proceedings of PME-NA-5, Montreal, Vol. I, 161-168.

KIERAN, C.(1984 a): Cognitive Mechanisms underlying the Equation-solving Errors of Algebra Novices. Proceedings of PME-8, Sydney, 70-77.

KIERAN, C.(1984 b): A Comparison between Novice and More-expert Algebra Students on Tasks dealing with the Equivalence of Equations. Proceedings of PME-NA-6, Madison, 83-91.

KIERAN, C.(1986): The Equation-Solving Errors of Novice and Intermediate Algebra Students. Proceedings of PME-9, Noordwijkerhout, Vol. I, 141-146.

KIERAN, C.(1988 a): Learning the Structure of Algebraic Expressions and Equations. Proceedings of PME-12, Veszprém, Vol. II, 433-440.

KIERAN, C.(1988 b): Two Different Approaches among Algebra Learners. In Coxford, A.F. / Shulte, A.P. (Eds.): The Ideas of Algebra, K-12. Yearbook 1988, 91- 96. National Council of Teachers of Mathematics, Reston, VA.

KIERAN, C.(1989 a): A Perspective on Algebraic Thinking. Proceedings of PME-13, Paris, Vol. II, 163-171.

KIERAN, C.(1989 b): The Early Learning of Algebra: A Structural Perspective. In Wagner, S. / Kieran, C. (Eds.): Research Issues in the Learning and Teaching of Algebra, 33-56. National Council of Teachers of Mathematics, Reston, VA.

KIERAN, C.(1990): The Learning and Teaching of School Algebra. In Grouws, D.A. (Ed.): Handbook of Research on the Teaching and Learning of Mathematics. Macmillan, New York.

KIERAN, C.(1991 a): A Procedural-structural Perspective on Algebra Research. Proceedings of PME-15, Assisi, Vol. II, 245-253.

KIERAN, C.(1991 b): Cognitive Processes involved in Learning School Algebra. In Nesher, P. / Kilpatrick, J. (Eds.): Mathematics and Cognition. Cambridge University Press, Cambridge, New York, Port Chester, Melbourne, Sydney.

KIERAN, C. / BOILEAU, A. / GARANCON, M.(1989): Processes of Mathematization in Algebra Problem Solving with a Computer Environment: A Functional Approach. Proceedings of PME-NA-11, New Brunswick, 26-34.

KIERAN, C. / GARANCON, M. / BOILEAU, A. / PELLETIER, M.(1988): Numerical Approaches to Algebra Problem Solving in a Computer Environment. Proceedings of PME-NA-10, Dekalb, 141-149.

KIERAN, C. / WAGNER, S.(1989): The Research Agenda Conference on Algebra: Background and Issues. In Wagner, S. / Kieran, C. (Eds.): Research Issues in the Learning and Teaching of Algebra, 1-10. Lawrence Erlbaum Associates, National Council of Teachers of Mathematics, Reston, VA.

KINACH, B.(1985): Activities: Solving Linear Equations Physically. Mathematics Teaching 78 (6), 437-441, 445-457.

KINTSCH, W. / GREENO, J.G.(1985): Understanding and Solving Word Arithmetic Problems. Psychological Review 92 (1), 109-129.

KIPP, H.(1982 a): Zusammenfassen gleichartiger Glieder beim Lösen von Gleichungen. Ein Beitrag zur Behandlung von Termumformungen in Klasse 8. Mathematische Unterrichtspraxis 3 (2), 25-30.

KIPP, H.(1982 b): Gleich-ix. Ein Spiel als Beitrag zur Propädeutik der Gleichungslehre. Mathematische Unterrichtspraxis 3(1), 15-18.

KIPPELS, H.(1983): Aspekte zum Thema „Gleichungsformen" - Gleichungen mit Formvariablen. Der Mathematikunterricht 29 (2), 57-64.

KIRSCH, A.(1982, 1983): Der effektive Zinssatz bei Kleinkrediten. Teil 1: Praxis der Mathematik 24, 65-71. Teil 2: Praxis der Mathematik 24, 164-172. Teil 3: Praxis der Mathematik 25, 73-77.

KIRSCH, A.(1991): Formalismen oder Inhalte? Schwierigkeiten mit linearen Gleichungssystemen im 9. Schuljahr. Didaktik der Mathematik 19 (4), 294-308.

KIRSHNER, D.(1983): Issues in Cognitive Explanations of Algebraic Manipulative Skill. Proceedings of PME-NA-5, Montreal, Vol. I, 169-179.

KIRSHNER, D.(1985): A Linguistic Model of Algebraic Symbol Skill. Proceedings of PME-NA, 153-164.

KIRSHNER, D.(1986): Knowledge of Transformational Rules in Algebra. Proceedings of PME-NA, East Lansing.

KIRSHNER, D.(1987 a): The Grammar of Symbolic Elementary Algebra. Unpublished doctoral dissertation, University of British Columbia, Vancouver.

KIRSHNER, D.(1987 b): The Myth about Binary Representation in Algebra. Proceedings of PME-11, Montreal, Vol. I, 308-315.

KIRSHNER, D.(1989 a): The Visual Syntax of Algebra. Journal for Research in Mathematics Education 20, 274-287.

KIRSHNER, D.(1989 b): Critical Issues in Current Representation System Theory. In Wagner. S. / Kieran, C. (Eds.): Research Issues in the Learning and Teaching of Algebra, 195-198. Lawrence Erlbaum Associates, National Council of Teachers of Mathematics. Reston, VA.

KIRSHNER, D.(1990): Acquisition of Algebraic Grammar. Proceedings of PME-14, Mexico, Vol. II, 75-83.

KORN, C.(1992): Elementare Algebra in der Unterstufe. Diplomarbeit, Universität Wien.

KÖNIG, G.(1983): Gleichungen - Bibliographische Rundschau. Der Mathematikunterricht 29 (2), 69-75.

KOWSZUN, J.(1986): Algebra with LOGO. Micromath 2 (3), 24-26.

KRAUSKOPF, R.(1978): Der funktionale Aspekt in der Schulmathematik - Bemerkungen zur (Un-)Gleichungslehre. Der Mathematikunterricht 26 (1), 42-55.

KRETZSCHMAR, CHR.(1985): Beiträge zur Didaktik und Geschichte der Buchstabenrechnung. Dissertation, Universität Klagenfurt.

KRETZSCHMAR, CHR.(1986): Bezeichnungen für Unbekannte in der Geschichte und bei Schülern. Mathematik lehren, Heft 15, April 1986.

KREUL, H.(1987): Gleichungen - vom Computer gelöst. In Kreul, H. / Leupold, W. / Horn, T. (Hrsg.): Kleinstrechner Tips. VEB Fachbuchverlag, Leipzig.

KRIST, B.J.(1981): Algebra and Instructional Computing. Viewp. Teach. Learn. 57 (2), 55-70.

KRIST, B.J.(1988): Logarithms, Calculators and Teaching Intermediate Algebra. In Coxford, A.F. / Shulte, A.P. (Eds.): The Ideas of Algebra, K-12. Yearbook 1988, 185-191. National Council of Teachers of Mathematics, Reston, VA.

KROLL, W .(1980): Eine Methode zum Auffinden des Ansatzes bei sogenannten Textaufgaben. Praxis der Mathematik 22 (11), 325-335.

KRONFELLNER, M.(1978): Linearisierungen. Beiträge zum Mathematikunterricht 1978, 157-159. Schroedel, Hannover.

KRONFELLNER, M.(1979): Das Prinzip der Linearisierung. Mathematica didactica 2 (1), 1-32.

KRUMMHEUER, G.(1982): Rahmenanalyse zum Unterricht einer achten Klasse über „Termumformungen". In Bauersfeld, H. / Heymann, H.W. / Krummheuer, G. / Lorenz, J.H. / Reiss, V. (Hrsg.): Analysen zum Unterrichtshandeln. Reihe: Untersuchungen zum Mathematikunterricht, Bd. 5. Aulis Verlag, Deubner, Köln.

KRUMMHEUER, G.(1983 a): Das Arbeitsinterim im Mathematikunterricht. In Bauersfeld et al. (Hrsg.): Lernen und Lehren von Mathematik. Analysen zum Unterrichtshandeln 2. Aulis Verlag, Deubner, Köln.

KRUMMHEUER, G.(1983 b): Algebraische Termumformungen in der Sekundarstufe I. Abschlußbericht eines Forschungsprojektes. Institut für Didaktik der Mathematik, Universität Bielefeld.

KRUMMHEUER, G.(1988): Verständigungsprobleme im Mathematikunterricht. Der Mathematikunterricht 34 (2), 55-60.

KRUMMHEUER, G.(1992): Untersuchungen zur Behandlung von Gleichungen im Arithmetikunterricht der Grundschule. Beiträge zum Mathematikunterricht, 275-278. Franzbecker, Hildesheim.

KRYSICKI, W.(1984): Keine Angst vor x und y. Quadratische Gleichungen und Gleichungssysteme. Mathematische Schülerbücherei, Nr. 119. Teubner, Leipzig.

KÜCHEMANN, D.E.(1978): Children's Understanding of Numerical Variables. Mathematics in School 7 (4), 23-26.

KÜCHEMANN, D.E.(1980): The Understanding of Generalized Arithmetic by Secondary School Children. Unpublished doctoral dissertation, Chelsea College, University of London, London.

KÜCHEMANN, D.E.(1981): Algebra. In Hart, K.M. et al. (Ed.): Children's Understanding of Mathematics: 11-16. John Murray, London.

KÜCHEMANN, D.E.(1982): Object Lessons in Algebra ? Mathematics Teaching, March, 47-51.

KÜCHEMANN, D.E.(1983): Quantitative and Formal Methods for Solving Equations. Mathematics in School 12 (5), 17-19.

KÜCHEMANN, D.E.(1984): Stages in Understanding Algebra. Journal of Structural Learning 8, 113-124.

KUHLMAY, E.(1985): Lösen von Gleichungen nach verschiedenen Modellen. Ehrenwirth Hauptschulmagazin 10 (12), 39-42.

KYSH, J.(1991): First-Year Algebra. The Mathematics Teacher 84 (9), 715-722.

LABORDE, C.(1991): Language and Mathematics. In Nesha, P. / Kilpatrick, J. (Eds.): Mathematics and Cognition. Cambridge University Press, Cambridge, New York, Port Chester, Melbourne, Sydney.

LAING, D.R. / WHITE, A.T.(1991): Exhibiting Connections between Algebra and Geometry. The Mathematics Teacher 84 (9), 703-705.

LAKOFF, G.(1987): Women, Fire, and Dangerous Things. What Categories Reveal about the Mind. The University of Chicago Press, Chicago and London.

LANDRY, M.(1980): Algebra and the Computer, The Mathematics Teacher 73 (9), 663-667.

LARKIN, J.H.(1989 a): Robust Performance in Algebra: The Role of the Problem Representation. In Wagner, S. / Kieran, C. (Eds.): Research Issues in the Learning and Teaching of Algebra, 120-134. Lawrence Erlbaum Associates, National Council of Teachers of Mathematics. Reston, VA.

LARKIN, J.H.(1989 b): Eight Reasons for Explicit Theories in Mathematics Education. In Wagner, S. / Kieran, C. (Eds.): Research Issues in the Learning and Teaching of Mathematics, 275-277. Lawrence Erlbaum Associates, National Council of Teachers of Mathematics. Reston, VA.

LAUB, J. / HRUBY, E. / KÖRPERTH, W. / SCHMID, A.(1977): Mathematik Arbeitsbuch 1-4. Hölder-Pichler-Tempsky, Wien; Franz Deuticke, Wien; Jugend u. Volk, Wien; Leykam, Graz-Wien.

LAUB, J. / HRUBY, E. / REICHEL, H.-CH. /LITSCHAUER, D. / GROSS, H.(1986, 1987, 1988, 1989): Mathematik Arbeitsbuch 1-4. Hölder-Pichler-Tempsky, Wien.

LAURSEN, K.W.(1978): Errors in First-year Algebra. Mathematics Teacher 71 (3), 194-195.

LAUTER, J.(1964): Aufbau der elementaren Gleichungslehre nach logischen und mengentheoretischen Gesichtspunkten. Der Mathematikunterricht 10 (5), 59-119.

LAUTER, J.(1967): Logische und mengentheoretische Grundlegung der Gleichungslehre. In: Mathematischer Unterricht an deutschen Universitäten und Schulen.

LAUTER, J.(1978): Zur Gleichungslehre. Beiträge zum Mathematikunterricht 1978, 165-167. Schroedel, Hannover.

LAWLER, R.W.(1981): The Progressive Construction of Mind. Cognitive Science 5 (1), 1-30.

LEE, L.(1987): The Status and Understanding of Generalised Algebraic Statements by High School Students, Proceedings of PME-11, Montreal, Vol. I, 316-323.

LEE, L. / WHEELER, D.(1986): High School Student's Conception of Justification in Algebra. Proceedings of PME-8-NA, East Lansing.

LEE, L. / WHEELER, D.(1987): Algebraic Thinking in High School Students; Their Conceptions of Generalisation and Justification. Concordia University, Montreal.

LEE, L. / WHEELER, D.(1989): The Arithmetic Connection. Educational Studies in Mathematics 20 (1), 41-54.

LEHMANN, I.(1979): Gilt das Kommutativgesetz immer? Mathematik in der Schule 17 (4), 168-174.

LEITZEL, J.R.(1989): Critical Considerations for the Future of Algebra Instruction. In Wagner, S. / Kieran, C. (Eds): Research Issues in the Learning and Teaching of Algebra, 25-32. Lawrence Erlbaum Associations, National Council of Teachers of Mathematics. Reston, VA.

LEITZEL, J.R. / DEMANA, F.(1988): Establishing Fundamental Concepts in Algebra through Numerical Problem solving. In Coxford, A.F. (Ed.): The Ideas of Algebra K-12, Yearbook 1988, 61-68, National Council of Teachers of Mathematics, Reston, VA.

LEMKE, H. / REHM, M.(1986): Zur Subtraktion von Summen im Stoffgebiet „1. Arbeiten mit Variablen" in Klasse 8. Mathematik in der Schule 24 (7/8), 536- 543.

LEMKE, H. / REHM, M.(1988): Klasse 8: Zwei Jahre danach - Zum Stoffgebiet „1. Arbeiten mit Variablen". Mathematik in der Schule 26 (7/8), 512-524.

LEPIK, M.(1990): Algebraic Word Problems: Role of Linguistic and Structural Variables. Educational Studies in Mathematics 21, 83-90.

LERON, U. / ZAZKIS, R.(1986): Functions and Variables. Proceedings of the 2nd International Conference for Logo and Mathematics Education, London, 186-192.

LEWIS, C.(1981): Skill in Algebra. In: Anderson, J.R. (Ed.): Cognitive Skills and their Acquisition. Lawrence Erlbaum, Hillsdale, NJ.

LEWIS, M.W.(1989 a): Tutoring Systems: First Steps and Future Directions. In Wagner, S. / Kieran, C. (Eds.): Research Issues in the Learning and Teaching of Algebra, 162-166. Lawrence Erlbaum Associates, National Council of Teachers of Mathematics. Reston, VA.

LEWIS, M.W.(1989 b): The Research Agenda in Algebra: A Cognitive Science Perspective. In Wagner, S. / Kieran, C. (Eds.): Research Issues in the Learning and Teaching of Algebra, 247-256. Lawrence Erlbaum Associates, National Council of Teachers of Mathematics. Reston, VA.

LIETZENMAYER, H.(1984): Ergänzungsgleichungen. Ehrenwirth Sonderschulmagazin 6 (3), 15-16.

LIETZMANN, W.(1916, 1919, 1924): Methodik des mathematischen Unterrichts, Teil I, II, III, Leipzig.

LINCHEVSKI, L. / SFARD, A.(1991): Rules Without Reasons as Processes Without Objects - The Case of Equations and Inequalities. Proceedings of PME-15, Assisi, Vol. II, 317-324.

LINCHEVSKI, L. / VINNER, S.(1990): Embedded Figures and Structures of Algebraic Expressions. Proceedings of PME-14, Mexico, Vol. II, 85-92.

LINS, R.L.(1990): A Framework for Understanding what Algebraic Thinking is. Proceedings of PME-14, Mexico, Vol. II, 93-100.

LOCHHEAD, J.(1980): Faculty Interpretations of Simple Algebraic Statements: The Professor's Side of the Equation. Journal of Mathematical Behavior, Vol. 3, Nr. 1, 29-37.

LOCHHEAD, J. / MESTRE, J.P.(1988): From Words to Algebra: Mending Misconceptions. In Coxford, A.F. / Shulte, A.P. (Eds.): The Ideas of Algebra, K-12. Yearbook 1988, 127-135. National Council of Teachers of Mathematics, Reston, VA.

LÖFFLER, E.(1964) (Hrsg.): Gleichungslehre. Der Mathematikunterricht 10, Heft 5.

LONDON, R.(1983): An Inductive Approach to Algebra. The Mathematics Teacher 76 (8), 582-584.

LÖRCHER, G.A.(1986): Schülerschwierigkeiten in Algebra. In: KUPARI, P. (Hrsg.): Mathematikunterricht in Finnland. Jahrbuch 1986, 59-84.

LOVE, E.(1986): What is Algebra? Mathematics Teaching 117, Dec., 48-50.

LOVITT, C. / CLARKE, D.(1987): Algebra: Challenging Existing Assumptions about Teaching and Learning. The Australian Mathematics Teacher 43 (2), 22-23.

LOWE, P.(1985): Addition of Cubes. Mathematics in School 14 (1), 4-5.

LURIJA, A.R.(1986): Die historische Bedingtheit individueller Erkenntnisprozesse. VEB Deutscher Verlag der Wissenschaften, Berlin, und VCH Verlagsgesellschaft, Weinheim.

LYNCH, J.K. / FISCHER, P. / GREEN, S.F.(1989): Teaching in a Computer-intensive Algebra Curriculum. The Mathematics Teacher 82 (9), 688-694.

MACDONALD, T.H.(1986): Problems in Presenting Quadratics as a Unifying Topic. The Mathematics Teacher 42 (3), 20-22.

MACGREGOR, M.E.(1986): A Fresh Look at Fruit-salad Algebra. The Australian Mathematics Teacher 42 (3), 9-11.

MACGREGOR, M.E.(1987): Adding x to y. The Australian Mathematics Teacher 43 (4), 12-13.

MACKUTH, T. / LUY, U.(1978): Zwei Unterrichtsentwürfe. Anregungen für eine didaktische Autopsie. Aspekte Mathematikdidakt. Nr. 5, 89-99.

MAHER, C.A. / PACE, J.P. / PANCARI, J.(1988): Integrating Statistical Applications in the Learning of Algebra through Problem Solving. In Coxford, A.F. / Shulte, A.P. (Eds.): The Ideas of Algebra, K-12. Yearbook 1988, 223-228. National Council of Teachers of Mathematics, Reston, VA.

MAIER, H.(1978): Empirische Befunde zum Textrechnen. Beiträge zum Mathematikunterricht 1978, 186-188.

MALLE, G., unter Mitarbeit von BÜRGER, H. UND FISCHER, R.(1982): Didaktische Fragen zur elemtaren Algebra. Skriptum zur Lehrerfortbildung. Universität Klagenfurt.

MALLE, G.(1983): Zur Fähigkeit von Schülern im Aufstellen und Interpretieren von Formeln. Der Mathematiklehrer 2, 11-17. Ebenso erschienen in: Didaktik-Reihe der Österr. Math. Gesellschaft, Heft 9 (1982), 244-266, sowie in Fischer, R. et al. (Hrsg.): Pädagogik und Fachdidaktik für Mathematiklehrer. Schriftenreihe Didaktik der Mathematik, Bd. 14, 261-280, Hölder-Pichler-Tempsky, Wien, und B.G. Teubner, Stuttgart.

MALLE, G.(1984): Problemlösen und Visualisierung. In Kautschitsch, H. / Metzler, W. (Hrsg.): Anschauung als Anregung zum mathematischen Tun. Schriftenreihe Didaktik der Mathematik, Bd. 9, 65-121. Hölder-Pichler-Tempsky, Wien, und B.G. Teubner, Stuttgart.

MALLE, G.(1985): Schülerinterviews zur elementaren Algebra. In Dörfler, W. / Fischer, R. (Hrsg.): Empirische Untersuchungen zum Lehren und Lernen von Mathematik. Schriftenreihe Didaktik der Mathematik, Bd. 10, 167-174. Hölder- Pichler-Tempsky, Wien, und B.G. Teubner, Stuttgart.

MALLE, G.(1986 a): Variable. Basisartikel mit Überlegungen zur elementaren Algebra. Mathematik lehren, Heft 15, 2-8.

MALLE, G.(1986 b): Was denken sich Schüler beim Aufstellen und Interpretieren von Formeln? Mathematik lehren, Heft 15, 9-11.

MALLE, G.(1986 c): ... und in der Oberstufe geht es weiter. Vorschläge zum Umgang mit Formeln im 9. bis 13. Schuljahr. Mathematik lehren, Heft 15, 45- 47.

MALLE, G.(1986 d): Zur Rolle der Aufmerksamkeitsfokussierung in der Entwicklung mathematischen Denkens. In Steiner, H.G. (Hrsg.): Grundfragen der Entwicklung mathematischer Fähigkeiten. Aulis Verlag, Deubner, Köln.

MALLE, G.(1986 e): Schülerfehler beim Buchstabenrechnen. Skriptum, Universität Klagenfurt.

MALLE, G.(1986 f) (Hrsg.): Buchstabenrechnen. Mathematik lehren, Heft 15, April.

MALLE, G.(1988 a): Die Entstehung neuer Denkgegenstände – untersucht am Beispiel der negativen Zahlen. In Dörfler, W. (Hrsg.): Kognitive Aspekte der Mathematikdidaktik. Schriftenreihe Didaktik der Mathematik, Hölder-Pichler- Tempsky, Wien, und B.G. Teubner, Stuttgart.

MALLE, G.(1988 b): Neue Wege zum Buchstabenrechnen. Didaktik-Reihe der Österreichischen Mathematischen Gesellschaft, Heft 16, 76-83.

MALLE, G.(1988 c): Task-based Interviews in Elementary Algebra. In Schmidt, H.-J. (Ed.): Empirical Research in Science and Mathematics Education. ICASE, Hongkong.

MALLE, G.(1988 d): The Question of Meaning in Teacher Education. In Dossey, J.A. / Dossey, A.E. / Parmantie, M. (Ed.): Preservice Teacher Education. Papers of Action Group 6 from ICME 6 in Budapest, 18-25. Illinois.

MALLE, G.(1990): Semantic Problems in Elementary Algebra. Proceedings BISME 2, Bratislava, 37-57.

MARGULIES, S.(1993): Algebraic A...s. The Mathematics Teacher, Jan., 40-41.

MARKOVITS, Z. / EYLON, B.S. / BRUCKHEIMER, M.(1988): Difficulties Students have with the Function Concept. In Coxford, A.F. / Shulte, A.P. (Eds.): The Ideas of Algebra, K-12. Yearbook 1988, 43-60. National Council of Teachers of Mathematics, Reston, VA.

MARON, M.J.(1979): The Student's Universal Distributive Law. The Mathematics Teacher 72 (1), 46-47.

MARQUI, J.(1988): Common Mistakes in Algebra. In Coxford, A.F. / Shulte, A.P. (Eds.): The Ideas of Algebra, K-12. Yearbook 1988, 204-205. National Council of Teachers of Mathematics, Reston, VA.

MARTINEZ, J.G.R.(1988): Helping Students Understand Factors and Terms. The Mathematics Teacher 81 (9), 747-751.

MASON, J. / GRAHAM, A. / PIMM, D. / GOWAR, N.(1985): Routes to/Routes of Algebra. Milton Keynes: The Open University Press.

MATOS, J.F.(1986): The Construction of the Concept of Variable in a Logo Environment. A Case Study. Proceedings of PME-10, London, 271-276.

MATZ, M.(1980): Towards a Computational Theory of Algebraic Competence. Journal of Mathematical Behavior, Vol. 3 (1), 93-166.

MATZ, M.(1982): Towards a Process Model for High School Algebra Errors. In Sleeman, J. / Brown, S. (Eds.): Intelligent Tutoring Systems, 25-50. Academic Press, New York.

MAXIM, B.R. / VERHEY, R.F.(1988): Using Spreadsheets in Algebra Instruction. In Coxford, A.F. / Shulte, A.P. (Eds.): The Ideas of Algebra, K-12. Yearbook 1988, 178-180. National Council of Teachers of Mathematics, Reston, VA.

MAYER, R.E.(1980): Schemas for Algebra Story Problems (Report No. 80-3). University of California, Santa Barbara, Department of Psychology, Series in Learning and Cognition.

MAYER, R.E. / LARKIN, J.H. / KADANE, J.B.(1983): A Cognitive Analysis of Mathematical Problem-solving Ability. In Sternberg, R.J. (Ed.): Advances in the Psychology of Human Intelligence 2, 231-273. Lawrence Erlbaum, Hillsdale, NJ.

MCARTHUR, D.(1985): Developing Computer Tools to Support Performing and Learning Complex Cognitive Skills. In Berger, D. / Pedzek, K. / Ganks, W. (Eds.): Applications of Cognitive Psychology. Lawrence Erlbaum, Hillsdale, NJ.

MCARTHUR, D. / STASZ, C. / HOTTA, J.(1987): Learning Problem-solving Skills in Algebra. Journal of Educational Technology Systems, 15 (3), 303-324.

McConnell, J.W.(1988): Technology and Algebra. In Coxford, A.F. / Shulte, A.P. (Eds.): The Ideas of Algebra, K-12. Yearbook 1988, 142-148. National Council of Teachers of Mathematics, Reston, VA.

McLaurin(1985): A Unified Way to Teach the Solution of Inequalities. Mathematics Teaching 78 (2), 91-95.

McLean, K.R(1983): Why doesn't $(a+b)^2$ equal a^2+b^2? Mathematics in School 12 (5), 32.

Meier, G.(1978): Übersicht zum Arbeiten mit Gleichungen und Ungleichungen in den Klassen 1 bis 5. Mathematik in der Schule 16 (5), 243-249.

Meierhöfer, B.(1981): Vom Term zur linearen Gleichung mit einer Variablen. Ehrenwirth Hauptschulmagazin 6 (6), 43-46.

Meierhöfer, B.(1981): Bruchgleichungen. Ehrenwirth Hauptschulmagazin 6 (10), 47-50.

Meierhöfer, B.(1982): Gleichungen mit Bruchzahlen in Bruchstrichschreibweise. Ehrenwirth Hauptschulmagazin 7 (10), 51-54.

Meserve, B.E.(1980): The History of Mathematics as a Pedagogical Tool. Proceedings of the Fourth International Congress on Mathematical Education (ICME-4), Berkely, CA.

Mestre, J.P.(1982): Just How Important are Language Skills in Mathematical Problem Solving? Proceedings of PME-NA-4, Athens, 126-132.

Mestre, J.P. / Lochhead, J.(1983): The Variable-reversal Error among five Cultural Groups. Proceedings of PME-NA-5, Vol. I, 180-188.

Meyer, K.(1988): Vom intuitiven zum systematischen Lösen von Gleichungen, dargestellt an Beispielen der Lehrbuchreihe Brennpunkt. Beiträge zum Mathematikunterricht 1988, 196-199. Schroedel, Hannover.

Milis, M.(1987): Un coup d'oeil du cote de ce que les élèves nous disent par leurs erreurs en mathématique. Mathématique et Pédagogie 13 (62), 45-47.

Miller, G.(1956): The Magic Number 7±2. Psychological Review 63, S. 81-97.

Minor, L.H.(1988): Factoring Twins as a Teaching Tool. In Coxford, A.F. / Shulte, A.P. (Eds.): The Ideas of Algebra, K-12. Yearbook 1988, 192-198. National Council of Teachers of Mathematics, Reston, VA.

Minsky, M.(1975): A Framework for Representing Knowledge. In Winston, P. (Ed.): The Psychology of Computer Vision, Mc Graw-Hill, New York.

Möller, R.(1989 a): Mathematik in der Weiterbildung: Eine Fallstudie zu einem Algebrakurs der „University of Maryland, European Division". Franzbecker, Bad Salzdetfurth.

Möller, R.(1989 b): Über Reflexionsphasen in einem Algebrakurs. Beiträge zum Mathematikunterricht 1989, 254-256. Franzbecker, Bad Salzdetfurth.

Möller, R.(1990): Über die Rolle von Anforderungen in Aufgabenstellungen der Algebra. Beiträge zum Mathematikunterricht 1990, 193-196. Schroedel, Hannover.

Möller, H. / Schultz, W.(1987): Klasse 6: Zwei Jahre neues Lehrbuch - Zum Stoffgebiet „3. Einführung in die Gleichungslehre; Proportionalität". Mathematik in der Schule 25, 269-275.

Monroe, W.S.(1915): Measurements of Certain Algebraic Abilities. School and Society 1, 393-395.

MORMANN, T.(1981): Argumentieren – Begründen – Verallgemeinern. Zum Beweisen im Mathematikunterricht. Scriptor, Königstein.

MUED-ARBEITSGRUPPE(1985): Thema: Einführung in die Gleichungslehre. MUER-Rdbr. 2, 1-32.

MULLIGAN, C.H.(1988): Using Polynomials to Amaze. In Coxford, A.F. / Shulte, A.P. (Eds.): The Ideas of Algebra, K-12. Yearbook 1988, 206-211. National Council of Teachers of Mathematics, Reston, VA.

MÜLLER, G. / WITTMANN, E.(1977): Der Mathematikunterricht in der Primarstufe. Vieweg, Braunschweig.

NAHRGANG, C.L. / PETERSEN, B.T.(1986): Using Writing to Learn Mathematics. Mathematics Teaching 79 (6), 461-465.

NÄGERL, H.(1984): Über die Schwierigkeiten von Studienanfängern der Medizin, Terme umzuformen. In Reiss, M. / Steiner, H.G. (Hrsg.): Mathematikkenntnisse-Leistungsmessung-Studierfähigkeit, 107-125. Aulis Verlag, Deubner, Köln.

NAIM, N. / AVITAL, S.(1980): Using Student's Mistakes as a Teaching Device. Proceedings of PME 4, Berkely, 7-13.

NICOLAS, J.L.(1982): Calcul formel et ordinateur. Plot. no. 19, 25-26.

NOLTE, M.(1985): Lernschwierigkeiten von schwachen Schülern am Beispiel Algebra. In Dörfler, W. / Fischer, R. (Hrsg.): Empirische Untersuchungen zum Lehren und Lernen von Mathematik. Schriftenreihe Didaktik der Mathematik, Band 10, 191-197. Hölder-Pichler-Tempsky, Wien, und B.G. Teubner, Stuttgart.

NOLTE, M.(1991): Strukturmomente des Unterrichts und ihre Bedeutung für das Lernen. Beispiel: Algebraunterricht in einer lernschwachen Lerngruppe. Franzbecker, Hildesheim.

NORMAN, F.A.(1986): Students' Unitizing of Variable Complexes in Algebraic and Graphical Contexts. Proceedings of PME-NA-8, East Lansing, 102-107.

NORMAN, F.A.(1987): A Psycholinguistic Perspective of Algebraic Language. Proceedings of PME-11, Montreal, Vol. I, 324-330.

NOSS, R.(1986): Constructing a Conceptual Framework for Elementary Algebra through Logo Programming. Educational Studies in Mathematics 17, 335- 357.

NOVÝ, L.(1973): Origins of Modern Algebra. Noordhoff International Publishing, Leyden 1973.

NUNN, T.P.(1935): The Teaching of Algebra. Longmans, Green and Co., London, New York, Toronto.

OBERSCHELP, A.(1984): Gleichungslehre als Identitätslogik, Der Mathematikunterricht 30 (4), 16-47.

OBERSCHELP, W.(1988): Rechenverfahren und Formelalgorithmen als Unterrichtsgegenstände. Occasional Paper 116, 25-39. Institut für Didaktik der Mathematik, Universität Bielefeld.

O'BRIEN(1980): Solving Equations. Unpublished master's thesis, University of Nottingham, England.

O'DAFFER, P.G.(1985): Problem Solving Tips for Teachers. Arithmetic Teacher 32 (9), 14-15.

OLIVER, J. / SAVAGE, J.(1989): Sharing Teaching Ideas. The Mathematics Teacher 82 (1), 33-36.

OLIVIER, A.I.(1984): Developing Basic Concepts in Elementary Algebra. Proceedings of PME-8, Sydney, 110-115.

OLIVIER, A.I.(1988 a): Leerlinge se begryping van lettersimbole in elementêre algebra. Unpublished doctoral dissertation, University of Stellenbosch, Stellenbosch.

OLIVIER, A.I.(1988 b): The Construction of an Algebraic Concept through Conflict. Proceedings of PME-12, Veszprém, Vol. II, 511-518.

OLLONGREN, A.(1984, 1985): Classroom Experience with Interactive Formula Manipulation. SIGSAM Bulletin 18 (4), 19 (1), 31-37.

OSTERMANN, P.(1986): ALI – das intelligente Algebraprogramm für den Commodore 64/128 (mit Diskette). Heureka Teachware Ostermann, München.

OTTE, M.(1976): Die didaktischen Systeme von V.V. Davidov / D.B. Elkonin einerseits und L.V. Zankov andererseits. Educational Studies in Mathematics 6, 475-497.

OTTE, M.(1983): Texte und Mittel. Zentralblatt für Didaktik der Mathematik 83/4, 183-194.

OTTE, M.(1984): Komplementarität. Occasional Paper 42. Institut für Didaktik der Mathematik, Universität Bielefeld.

PAIGE, J.M. / SIMON, H.A.(1966): Cognitive Processes in Solving Algebra Word Problems. In Kleinmuntz, B. (Ed.): Problem Solving: Research, Method and Theory. Wiley, New York.

PAULITSCH, A.(1986): Wie die Zahlen Mathematik machen. Aulis Verlag, Deubner, Köln.

PAVELLE, R. / ROTHSTEIN, M. / FITCH, J.(1981): Computer Algebra. Scientific American 245 (6), 102-113. Deutsche Übersetzung in: Spektrum der Wissenschaften Nr. 2 (Feb. 1982), 71-78.

PECK, D.M. / JENCKS, S.M.(1988): Reality, Arithmetic, Algebra. Journal of Mathematical Behavior 7 (1), 85-91.

PEHKONEN, E.(1991): Zwei Modi des Denkens – Implikationen zum Mathematikunterricht. Mathematica didactica 14 (1), 46-59.

PEREIRA-MENDOZA, L.(1987): Error Patterns and Strategies in Algebraic Simplification. Proceedings of PME-11, Montreal, Vol. I, 331-337.

PETITTO, A.(1979): The Role of Formal and Non-formal Thinking in Doing Algebra. Journal of Children's Mathematical Behavior 2 (2), 69-82.

PETRICIG, M.(1988): Combining Individualized Instruction with the Traditional Lecture Method in a College Algebra Course. The Mathematics Teacher 81 (5), 385-387.

PHILIPP, R.A.(1992): A Study of Algebraic Variables.: Beyond the Student-Professor Problem. The Journal of Mathematical Behavior 11 (2), 161-176.

PICKERT, G.(1961): Bemerkungen zum Variablenbegriff. Mathematisch-Physikalische Semesterberichte 7, 76-88.

PICKERT, G.(1980 a): Logische Gesichtspunkte der Gleichungslehre. Der Mathematikunterricht 26 (1), 8-19.

PICKERT, G.(1980 b): Bemerkungen zur Gleichungslehre. Der Mathematikunterricht 26 (1), 20-33.

PIMM, D.(1980): Metaphor and Analogy in Mathematics. Proceedings of PME 4, Berkeley, 157-162.

PIRKER, TH.(1983): Fehleranalyse und Interviews zum Variablenverständnis. Diplomarbeit, Universität Klagenfurt.

PLACERES, L.P.(1983): Vorschläge zur logisch-sprachlichen Schulung im Mathematikunterricht unter besonderer Berücksichtigung der Behandlung von Ungleichungen, Gleichungssystemen und quadratischen Gleichungen in der 9. Klasse. Dissertation, Päd. Hochschule Erfurt/Muehlhausen.

PLUVINAGE, F.(1988): Test de closure et formules mathématiques. Annales de Didactique et de Sciences Cognitives 1, IREM de Strasbourg, 217-234.

POLYA, G.(1949): Schule des Denkens. Sammlung Dalp. Francke, Bern.

POPPER, K.R. / ECCLES, J.C.(1977): The Self and Its Brain. Springer, Berlin.

POSCH, P.(1977): Unterrichtsplanung, Manz, Wien.

POST, T.R. / BEHR, M.J. / LESH, R.(1988): Proportionality and the Development of Prealgebra Understandings. In Coxford, A.F. / Shulte, A.P. (Eds.): The Ideas of Algebra, K-12. Yearbook 1988, 78-90. National Council of Teachers of Mathematics, Reston, VA.

PRODI, G. / VILLANI, V.(1982): Anche il calcolo letterale puo essere intelligente. Archimede 34 (4), 163-173.

PRUZINA, M.(1981): Anregungen zum Stoffgebiet „3. Lineare Gleichungen und Ungleichungen mit einer freien Variablen". Mathematik in der Schule 19(10), 722-734.

PUTNAM, R.T. / LESGOLD, S.B. / RESNICK, L.B. / STERRETT, S.G.(1987): Understanding Sign Change Transformations. Proceedings of PME-11, Montreal, Vol. I, 338-344.

QUINE, W.V.O.(1976): Die Ursprünge der Referenz. Suhrkamp, Frankfurt.

QUINLAN, C.(1986): Damnation to Fruit-salad Algebra. New Zealand Math. Magazine 23 (2), 31-33.

RACHLIN, S.L.(1982 a): The Processes Used by College Students in Understanding Basic Algebra. ERIC Clearinghouse for Science, Columbus, Ohio. Mathematics, and Environmental Education, April (SE 036 097).

RACHLIN, S.L.(1982 b): A Teacher's Analysis of Student's Problem-Solving Processes in Algebra. Proceedings of PME-NA-4, Athens, 140-147.

RACHLIN, S.L.(1987): Using Research to Design a Problem-solving Approach for Teaching Algebra. In Sit-Tui Ong (Ed.): Proceedings of the Fourth Southeast Asian Conference on Mathematical Education (ICMI-SEAMS), 156-161. Singapore Institute of Education, Singapore.

RACHLIN, S.L.(1989): The Research Agenda in Algebra: A Curriculum Development Perspective. In Wagner, S. / Kieran, C. (Eds.): Research Issues in the Learning and Teaching of Algebra, 257-265. Lawrence Erlbaum Associates, National Council of Teachers of Mathematics. Reston, VA.

RADATZ, H.(1979): Error Analysis in Mathematical Education. Journal for Research in Mathematics Education 10 (3), 163-172.

RADATZ, H.(1980): Fehleranalysen im Mathematikunterricht. Vieweg, Braunschweig.

RADEL, J.(1985): Zahlenwertgleichungen – ein vermeidbares Übel. Berufsbild Schule 37 (11), 683-687.

RATH, I.(1983): Unterrichtsentwürfe zum Lehrplaninhalt „Lineare Gleichungen mit zwei Variablen". Mathematik im Unterricht Nr. 6, 16-27.

REED, S.K.(1987): A Structure-mapping Model for Word Problems. Journal of Experimental Psychology: Learning, Memory and Cognition 10, 778-790.

REHM, M.(1980): Problemhafte Unterrichtsgestaltung. Gleichungen mit Zahlenpaaren als Lösungen. Mathematik in der Schule 18(11), 597-600.

REICHOLD, K.(1983): Zur Behandlung von Sachaufgaben in Klasse 7 unter Beachtung des auszuprägenden Könnensniveaus beim Finden des mathematischen Ansatzes. Mathematik in der Schule 21 (7/8), 532-545.

REISINGER, M.(1991): Arbeiten mit Variablen in der 5. und 6. Schulstufe. Diplomarbeit, Universität Wien.

REITBERGER, W.(1988): Die Ursachen von Flüchtigkeitsfehlern aus der Sicht neuerer psychologischer Theorien. Beiträge zum Mathematikunterricht 1988, 252-255. Schroedel, Hannover.

RESNICK, L.B.(1983): A Developmental Theory of Number Understanding. In Ginsburg, H.P. (Ed.): The Development of Mathematical Thinking, 109-151. Academic Press, London, New York, San Francisco.

RESNICK, L.B. / FORD, W.W.(1981): The Psychology of Mathematics for Instruction. Hillsdale, N.J.

RHODES, F.(1987): Carelessness. Mathematical Gazette 71 (458), 285-292.

RICHARDS, J. / FEURZEIG, W. / CARTER, R.(1988). The Algebra Workbench [Computerprogramm]. BBN Labs, Cambridge, MA.

RILEY, M.S. / GREENO, J.G. / HELLER, J.I.(1983): Development of Children's Problem-Solving Ability in Arithmetic. In Ginsburg, H.P. (Ed.): The Development of Mathematical Thinking, 153-196. Academic Press, London, New York, San Francisco.

RIXECKER, H.(1983): Unterrichtserfahrungen mit quadratischen Termen. Der Mathematikunterricht 29 (2), 54-56.

ROBERTS, N. / CARTER, R. / DAVIS, F. / FEURZEIG, W.(1989): Power Tools for Algebra Problem Solving. Journal of Mathematical Behavior 8, 251-265.

ROBITAILLE, D.F.(1989): Teaching Processes in Algebra and Geometry. In: Science and Technology Education Document Series, no. 32. Proceedings of the Sixth International Congress on Mathematical Education, Theme group T 4 „Evaluation and assessment", Budapest 1988.

RÖHRL, E.(1980): (Hrsg.): Gleichungslehre II. Der Mathematikunterricht 26, Heft 1.

ROJANO, T.(1985): De la aritmética al álgebra (estudio clinico con niños de 12 a 13 años de edad). Doctoral Dissertation. Centro de Investigación y de Estudios Avanzados del IPN, México.

ROJANO, T.(1986): Learning and Usage of Algebraic Syntax: Its Semantic Aspects. Proceedings of PME- 8-NA, East Lansing, 121-126

ROJANO, T.(1991): Symbolising and Solving Algebra Word Problems: The Potential of a Spreadsheet Environment. Proceedings of PME-15, Assisi, Vol. I, 207-213.

ROJANO, T. / COLIN, J.(1990): Bombelli, la sincopacion del algebra y la resolution de ecuaciones. Enviado a l'Educazione matematica, Dec.

ROJANO, T. / SUTHERLAND, R.(1991): Symbolising and Solving Algebra Word Problems: The Potential of a Spreadsheet Environment. Proceedings of PME-15, Assisi, Vol. III, 207-213.

ROSNICK, P.C.(1981): Some Misconceptions concerning the Concept of Variable. The Mathematics Teacher 74 (6), 418-420.

ROSNICK, P.C.(1982): The Use of Letters in Precalculus Algebra. Unpublished doctoral dissertation, University of Massachusetts, Massachusetts.

ROSNICK, P.C. / CLEMENT, J.(1980): Learning without Understanding: The Effect of Tutoring Strategies on Algebra Misconceptions. Journal of Mathematical Behavior 3 (1), 3-27.

RUB, R.(1989, 1990): Typische Schülerfehler kennen - ihnen rechtzeitig entgegenwirken. Mathematik in der Schule 27, 327-332; 27, 781-785; 28, 137-140; 28, 317-323; 28, 689-692.

RUBIO, G.(1990): Algebra Word Problems: A Numerical Approach for its Resolution. (A Teaching Experiment in the Classroom.) Proceedings of PME-14, Mexico, Vol. II, 125-132.

SAAD, G.(1960): Understanding in Mathematics. Oliver and Boyd.

SAINFORT, A.(1988): Mémoire sur une inconnue. Petit x, no. 16, 5-34.

SAKONIDIS, H. / BLISS, J.(1990): Children's Writing about the Idea of Variable in the Context of a Formula. Proceedings of PME, Mexico, Vol. II, 133-140.

SAMSON, J. / SEROUL, R.(1983): Calculatrices et calcul littéral. Ouvert. no. 30, 28-41.

SAUNDERS, J. / DEBLASSIO, J.(1988): Relating Functions to their Graphs. In Coxford, A.F. / Shulte, A.P. (Eds.): The Ideas of Algebra, K-12. Yearbook 1988, 155-157. National Council of Teachers of Mathematics, Reston, VA.

SAUVY, J.(1977): Pour passer de l'arithmétique a l'algèbre: recherche de voies appropriées. Bull. Assoc. Prof. Math. Enseignement Publ. v. 56 (311), 769- 777.

SAWYER, W.W.(1963): Vision in Elementary Mathematics. Penguin Books, Harmondsworth, Middlesex.

SAWYER, W.W.(1983): Einige Gedanken zum Algebraunterricht. Der Mathematikunterricht 29 (2), 5-11.

SAWYER, W.W.(1989 a): Vision in Elementary Mathematics. Mathematics: in School 18 (2), 6-7.

SAWYER, W.W.(1989 b): Vision in Elementary Mathematics: Investigations. Mathematics in School 18 (4), 42-43.

SAWYER, W.W.(1990): Mathematics and the Sense of Power. Mathematics in School 19 (3), 8-9.

SCHLESINGER, W.(1983): Gleichungen in Klasse 8 – Ein Unterrichtsbeispiel. Der Mathematikunterricht 29 (2), 24-35.

SCHLOSSER, G.(1982): Zur Verwendung des Begriffes „Term" im Mathematikunterricht. Mathematik in der Schule 20 (5), 330-334.

SCHLUETER, D.(1988): BASIC-Lösung von linearen Gleichungssystemen. Z. Mikrocomput.-Tech. 7, 157.

SCHMITT, H.(1985): Lehr- und Lernprobleme im Mathematikunterricht aus der Sicht eines Lehrers. Ein Beispiel aus dem Algebraunterricht. Occasional paper 72, 3-24. Institut für Didaktik der Mathematik, Universität Bielefeld.

SCHMITT, H.(1988): Lehrer- und Schülerhandeln im alltäglichen Matheunterricht. Beobachtungen in einem Algebra-Kurs einer 8. Klasse (Gymnasium). Der Mathematikunterricht 34 (2), 20-28.

SCHMITT, H.(1992): $14xy + 4xy = 14x^2 + 4y^2$ oder Algebraunterricht ein (sanfter?) Hürdenlauf. Beiträge zum Mathematikunterricht 1992, 399-402. Franzbecker, Hildesheim.

SCHNEIDER, E.(1988): Anschauung und Abstraktion bei Textaufgaben. Diplomarbeit, Universität Klagenfurt, Institut für Mathematik.

SCHNEIDER, S.(1979): Vorschläge für die Gestaltung täglicher Übungen. Mathematik in der Schule 17 (2/3), 88-93.

SCHOEN, H.L.(1988): Teaching Elementary Algebra with a Word Problem Focus. In Coxford, A.F. / Shulte, A.P. (Eds.): The Ideas of Algebra, K-12. Yearbook 1988, 119-126. National Council of Teachers of Mathematics, Reston, VA.

SCHOENFELD, A.H. / ARCAVI, A.(1988): On the Meaning of Variable. The Mathematics Teacher 81 (6), 420-27.

SCHOENWALD, H.G.(1983): „Fast überall" äquivalente Umformungen von Gleichungen. Mathematikunterricht 29 (2), 65-68.

SCHOENWALD, H.G.(1988): Binomische Spielereien. Der Mathematische und Naturwissenschaftliche Unterricht 4 (13), 151-152.

SCHORNSTEIN, J.(1992): Ein Vorschlag zur Behandlung der binomischen Formel. Beiträge zum Mathematikunterricht 1992, 407-410. Franzbecker, Hildesheim.

SCHRANKEL, P.S.(1982): Interaktionen im Mathematikunterricht – Schüler und Lehrer als „Fälle". In Fischer, D. (Hrsg.): Fallstudien in der Pädagogik. Aufgaben, Methoden, Wirkungen. Faude, Konstanz.

SCHWARTZ, J.L.(1987 a): The Representation of Function in The Algebraic Proposer. Proceedings of PME-11, Montreal, Vol. I, 235-240.

SCHWARTZ, J.L.(1987b): The ALGEBRAIC PROPOSER: A Mathematical Environment for Modelling, Analysis and Problem solving. True BASIC, Inc. Hanover, New Hampshire.

SCHWARTZ, J.L.(1988): The Algebraic Proposer Computer program. True BASIC, Inc., Hanover, NH.

SCHWARTZ, J.L. / YERUSHALMY, M. / HARVEY, W.(1988): The Algebraic Supposers [Computerprograms]. Sunburst Communications, Pleasantville, NY.

SCHWARTZE, H.(1980): Elementarmathematik aus didaktischer Sicht. Bd. 1: Arithmetik und Algebra. Kamp, Bochum.

SCHWARTZMAN, S.(1977): Helping Students Understand the Distributive Property. The Mathematics Teacher 70 (7), 594-595.

SCHWARTZMAN, S.(1985): Some Little-known Rules and why they Work. The Mathematics Teacher 78 (7), 554-58.

SCHWARZ, F.(1985): Computeralgebra. GMD Jahresbericht 1984. Gesellschaft für Mathematik und Datenverarbeitung, St. Augustin, Bonn.

SEEGER, F.(1990): Observations on the "Reversal Error" in Algebra Tasks. Proceedings of PME-14, Mexico, Vol. II, 141-148.

SENK, S.L.(1989): Toward School Algebra in the Year 2000. In Wagner, S. / Kieran, C. (Eds.): Research Issues in the Learning and Teaching of Algebra, 214-219. Lawrence Erlbaum Associates, National Council of Teachers of Mathematics. Reston, VA.

SFARD, A.(1991): On the Dual Nature of Mathematical Concepts: Reflections and Processes and Objects as Different Sides of the Same Coin. Educational Studies in Mathematics 22, 1-36.

SHEVAREV, P.A.(1946): An Experiment in the Psychological Analysis of Algebraic Errors. Proceedings of the Academy of Pedagogical Sciences of the RSFSR, Vol. 3, 135-180.

SHROPSHIRE MATHEMATICS CENTRE(1990): Maths Resource — Linking Cubes and Algebra. Mathematics in School 19 (3), 22-27.

SHUMWAY, R.J.(1988): Programming Finite Group Structures to Learn Algebraic Concepts. In Coxford, A.F. / Shulte, A.P. (Eds.): The Ideas of Algebra, K-12. Yearbook 1988, 152-154. National Council of Teachers of Mathematics, Reston, VA.

SIMON, M.A. / STIMPSON, V.C.(1988): Developing Algebraic Representation Using Diagrams. In Coxford, A.F. / Shulte, A.P. (Eds.): The Ideas of Algebra, K-12. Yearbook 1988, 136-141. National Council of Teachers of Mathematics, Reston, VA.

SIMONART, G.(1988): Raisonnement et symbolisme mathématiques: Les premiers balbutiements. Mathématique et Pédagogie, no. 68, 27-43.

SIMS-KNIGHT, J. / KAPUT, J.(1983 a): Exploring Difficulties in Transforming Between Natural Language and Image Based Representations and Abstract Symbol Systems of Mathematics. In Rogers, D. / Sloboda, J. (Eds.): The Acquisition of Symbolic Skills. Plenum Press, New York.

SIMS-KNIGHT, J. / KAPUT, J.(1983 b): Misconceptions of Algebraic Symbols: Representations and Component Processes. In Novak, J. (Ed.): Proceedings of the Int. Seminar on Misconceptions in Mathematics and Science, Columbia. ERIC Clearinghouse for Science, Mathematics and Environmental Education.

SINTERHAUF, R. / LEITNER, W.(1985): Terme und Termumformungen. Ehrenwirth Hauptschulmagazin 10 (12), 35-38.

SKEMP, R.R.(1976): Relational Understanding and Instrumental Understanding. Mathematics Teaching 77, Dec., 20-26.

SLEEMAN, D.(1982): Assessing Competence in Basic Algebra. In: Sleeman, D. / Brown, J.S. (Eds.): Intelligent Tutoring Systems. Academic Press, New York.

SLEEMAN, D.(1983 a): A Rule Directed Modelling System. In Michalski, R. / Carbonell, J. / Mitchell, T.M. (Eds.): Machine Learning, 483-510. Tioga Press, Palo Alto.

SLEEMAN, D.(1983 b): An Attempt to Understand Pupil's Understanding of Basic Algebra. Cognitive Science 8, 387-412.

SLEEMAN, D.(1984): Solving Linear Equations. Mathematics in School 13 (4), 37-38.

SLEEMAN, D.(1985): Basic Algebra Revisited: A Study with 14-year-olds. International Journal of Man-Machine Studies 22, 127-149.

SLEEMAN, D.(1986): Introductory Algebra: a Case Study of Student Misconceptions. Journal of Mathematical Behavior 5 (1), 25-52.

SLEEMAN, D. / LOVELL, K. / BENNETT, D.(1985): Some Experiences of an Algebra Game with Preschool Children. Occasional paper. School of Education, Stanford University.

SMALL, D. / HOSACK, J. / LANE, K.(1986): Computer Algebra Systems in Undergraduate Instruction. The College Mathematics Journal 17 (5), 423-433.

SOTSCHECK, P.(1976): Gedanken zur Verwirklichung des polytechnischen Prinzips beim Arbeiten mit Gleichungen, Ungleichungen und Funktionen. Mathematik in der Schule 14 (12), 652-656.

SOWA, J.F.(1984): Conceptual Structures. Information Processing in Mind and Machine. Addison-Wesley, Reading. Mass.

SPRENGEL, H.J.(1984): Zur Behandlung des Themas „Gleichungen, Ungleichungen und Funktionen" in der außerunterrichtlichen Tätigkeit. Mathematik in der Schule 22 (10), 712-722.

SPRINGER, / DEUTSCH, (1987): Linkes, rechtes Gehirn. Funktionelle Asymmetrien. Spektrum Akademischer Verlag, Heidelberg, Berlin, New York.

STEINBERG, R.M. / SLEEMANN, D.H. / KTORZA, D.(1990): Algebra Students' Knowledge of Equivalence of Equations. Journal for Research in Mathematics Education, 22 (2), 112-121.

STEINER, H.-G.(1961): Logische Probleme im Mathematikunterricht: Die Gleichungslehre. Mathematisch-Physikalische Semesterberichte 7, 178-207.

STOLTMANN, H.(1988): Charly's Aufgaben – Problemaufgabe zum Lösen von Gleichungen. Lehrer Journal Hauptschulmagazin 3 (6), 41-46.

STRÄSSER, R.(1980): „Formelumstellen" in der Berufsschule - eine Anwendung der Mathematik. Beiträge zum Mathematikunterricht 1980, 339-342.

STRÄSSER, R.(1981): Gleichungslehre in der Berufsschule. Mathematica didactica 4 (2), 105-113.

SUTHERLAND, R.(1986): Explorations in LOGO. Variable names. Times Educ. Suppl. no. 3673, 44.

SUTHERLAND, R.(1987): A Study of the Use and Understanding of Algebra related Concepts within a Logo Environment. Proceedings of PME-11, Montreal, Vol. I, 241-247.

SUTHERLAND, R.(1988): A Longitudinal Study of the Development of Pupils' Algebraic Thinking in a Logo Environment. Unpublished Doctoral Thesis, University of London, Institute of Education.

SUTHERLAND, R.(1989 a): Providing a Computer Based Framework for Algebraic Thinking. Educational Studies for Mathematics 20 (3), 317-344.

SUTHERLAND, R.(1989 b): Developing Algebraic Understanding: The Potential of a Computer Based Environment. Proceedings of PME-13, Paris, Vol. III, 205-212.

SUTHERLAND, R.(1990): What is Algebraic about Programming in Logo ? In Hoyles, C. / Noss, R. (Eds.): Logo and Mathematics: Research and Curriculum Issues. MIT Press, Cambridge.

SUTHERLAND, R.(1991): Some Unanswered Research Questions on the Teaching and Learning of Algebra. For the Learning of Mathematics 11 (3), 40-46.

SUTHERLAND, R. / HOYLES, C.(1986): Logo as a Context for Learning about Variable. Proceedings of PME 11, Vol. I, 241-247. Université de Montreal, Canada.

SWAIN, R.L.(1962): The Equation. The Mathematics Teacher 55 (4), 226-236.

SWAIN, S.G.(1990): A Conceptual Approach to Solving Equations. The Mathematics Teacher 83 (6), 454-456.

TAIZI, N. / BRUCKHEIMER, M.(1982): Formation of the „Variable" Concept Using Mathematical Games. Proceedings of PME-6, Antwerpen, 35-40.

TALL, D.O.(1983): Introducing Algebra on the Computer. Mathematics in School 12, 37-40.

TALL, D.O.(1989 a): Different Cognitive Obstacles in a Technological Paradigm. In Wagner, S. / Kieran, C. (Eds.): Research Issues in the Learning and Teaching of Algebra, 87-92. Lawrence Erlbaum Associates. Reston, VA.

TALL, D.O.(1989 b): Concept Images, Generic Organizers, Computers and Curriculum Change. For the Learning of Mathematics 9 (3), 37-42.

TALL, D.O. / THOMAS, M.O.J.(1991): Encouraging Versatile Thinking in Algebra Using the Computer. Educational Studies in Mathematics 22, 125-147.

THAELER, J.S.(1986): A New Solution to an Old Problem – Solving Word Problems in Algebra. Mathematics Teaching 79 (9), 682-689.

THAELER, J.S.(1988): Input-Output Modifications to Basic Graphs: a Method of Graphing Functions. In Coxford, A.F. / Shulte, A.P. (Eds.): The Ideas of Algebra, K- 12. Yearbook 1988, 229-241. National Council of Teachers of Mathematics, Reston, VA.

THOMAS, M.O.J.(1985 a): The Effects of Basic Computer Programming on the Understanding of the Use of Letters as Variables in Algebra. Unpublished M. Sc. Thesis, University of Warwick.

THOMAS, M.O.J.(1985 b): A Conceptual Approach to the Early Learning of Algebra Using a Computer. Unpublished Ph. D. Thesis, University of Warwick.

THOMAS, M.O.J.(1987): Algebra with the Aid of a Computer. Mathematics in School 16 (1), 36-38.

THOMAS, M.O.J.(1988): A Conceptional Approach to the Early Learning of Algebra Using a Computer. Unpublished Ph.D.Thesis, University of Warwick.

THOMAS, M.O.J. / TALL, D.O.(1986): The Value of the Computer in Learning Algebra Concepts. Proceedings of PME-10, London, 313-318.

THOMAS, M.O.J. / TALL, D.O.(1988): Longer-Term Conceptual Benefits from Using a Computer in Algebra Teaching. Proceedings of PME-12, Budapest, Vol. II, 601-608.

THOMAS, M.O.J. / TALL, D.O.(1989 a): Dynamic Algebra. In Secondary Mathematics with Micros, Mathematical Association, Leicester, UK.

THOMAS, M.O.J. / TALL, D.O.(1989 b): Verbal Evidence for Versatile Understanding of Variables in a Computer Environment. Proceedings of PME-13, Paris, Vol. III, 213-220.

THOMPSON, C. / BABCOCK, J.(1978): A Successful Strategy for Teaching Missing Addends. Arithmetic Teacher 26 (4), 38-41.

THOMPSON, F.M.(1988): Algebraic Instruction for the Younger Child. In Coxford, A.F. / Shulte, A.P. (Eds.): The Ideas of Algebra, K-12. Yearbook 1988, 69- 77. National Council of Teachers of Mathematics, Reston, VA.

THOMPSON, P.(1987): Word Problem Assistant [Computerprogram]. Normal: Illinois State University, Department of Mathematical Sciences.

THOMPSON, P.(1989 a): Expressions [Computerprogram]. Normal: Illinois State University, Department of Mathematical Sciences.

THOMPSON, P.(1989 b): Artificial Intelligence, Advanced Technology and Learning and Teaching Algebra. In Wagner, S. / Kieran, C. (Eds.): Research Issues in the Learning and Teaching Algebra. Lawrence Erlbaum Associates, National Council of Teachers of Mathematics. Reston, VA.

THOMPSON, P. / THOMPSON, A.(1987): Computer Presentations of Structure in Algebra. Proceedings of PME-11, Montreal, Vol. I, pp. 248-254.

THORNDIKE, E.L. / COBB, M.V. / ORLEANS, J.S. / SYMONDS, P.M./ WALD, E./ WOODYARD, E. (1923): The Psychology of Algebra. Macmillan, New York.

THORPE, J.A.(1989): Algebra: What should we Teach and How should we Teach it? In Wagner, S. / Kieran, C. (Eds.): Research Issues in the Learning and Teaching of Algebra. Lawrence Erlbaum Associates, National Council of Teachers of Mathematics, Reston, VA.

THWAITES, G.N.(1982): Why do Children find Algebra Difficult? Mathematics in School 11 (3), 16-17.

TIETZE, U.-P.(1986): Schülerfehler und Lernschwierigkeiten in der Algebra. Beiträge zum Mathematikunterricht 1986, 304-307. Schrödel, Hannover.

TIETZE, U.-P.(1987): Lernschwierigkeiten und Schülerfehler in der Algebra. Mathematica didactica 10 (1), pp. 45-59.

TIETZE, U.-P.(1988): Schülerfehler und Lernschwierigkeiten in Algebra und Arithmetik – Theoriebildung und empirische Ergebnisse aus einer Untersuchung. Journal für Mathematik – Didaktik 9 (2/3), 163-204.

TIROSH, D. / HADASS, R. / MOVSHOVITZ - HADAR, N.(1991): Overcoming Overgeneralizations: The Case of Commutativity and Associativity. Proceedings of PME-15, Assisi, Vol. III, 310-315.

TROPFKE, J.(1980): Geschichte der Elementarmathematik. De Gruyter, Berlin.

TRUJILLO, M.(1987): Analisís de Estrategias de Traducción Algebraica. Memorias de la Primera Reunión Centroamericana y del Caribe sobre Formación de Profesores e Investigación en Matemática Educativa. Merida, Yucatan, Mexico, 213-217.

TSCHAMPEL, L.(1981): Zur Diskussion: Über Gleichungsprobleme. Praxis der Mathematik 23(3), 72-77.

URSINI, S.(1989): Generalization Processes in Elementary Algebra: Interpretation and Symbolization. Proceedings of PME-14, Mexico, Vol. II, 149-156.

URSINI, S.(1991): First Steps in Generalization Prozess in Algebra. Proceedings of PME-15, Assisi, Vol. III, 316-323.

USISKIN, Z.(1980): What should not be in the Algebra and Geometry Curricula of the Average College-bound Students? The Mathematics Teacher 73 (6), 413-424.

USISKIN, Z.(1988): Conceptions of School Algebra and Uses of Variables. In Coxford A.F. / Shulte, A.P. (Eds.): The Ideas of Algebra, K-12. 1988 Yearbook, 8- 19. National Council of Teachers of Mathematics, Reston, VA.

VAN DE WALLE, J. / THOMPSON, CH.(1981): Let's Do It: A Poster – Board Balance Helps Write Equations. Arithmetic Teacher 28(9), 4-8.

VANDYK, R.P.(1990): Expressions, Equations, and Inequalities. The Mathematics Teacher 83 (1), 41-45.

VANLEHN, K.(1982): Bugs are not enough: Empirical Studies of Bugs, Impasses and Repairs in Procedural Skills. The Journal of Mathematical Behavior 3 (2), 3-71.

VANLEHN, K.(1983): On the Representation of Procedures in Repair Theory. In Ginsburg, H.P. (Ed.): The Development of Mathematical Thinking. Academic Press, New York.

VERGNAUD, G. / CORTES, A.(1986): Introducing Algebra to „Low-Level" 8th and 9th Graders. Proceedings of PME-10, London, 319-324.

VIENNOT, L.(1981): Common Practice in Elementary Algebra. European Journal of Science Education 3(2), 183-194.

VOCKENBERG, H.(1972): Untersuchungen zur Anwendung des Rückführungsprinzips von Bestimmungsaufgaben im Arithmetikunterricht der Klasse 6. Dissertation. Akademie der Pädagogischen Wissenschaften der DDR, Berlin. Institut für Mathematischen, Naturwissenschaftlichen und Polytechnischen Unterricht.

VOLLMER, G.(1987): Evolutionäre Erkenntnistheorie. S. Hirzel Verlag, Stuttgart.

VOLLRATH, H.-J.(1974): Didaktik der Algebra. Klett, Stuttgart.

VOLLRATH, H.-J.(1975): Formeln und Berufsorientierung im Mathematikunterricht. In: Westermanns Pädagogische Beiträge 27 (9), 489-496.

VOLLRATH, H.-J.(1980 a): A Case Study in the Development of Algebra Teaching in the Federal Republic of Germany. In: Comparative Studies of Mathematics Curricula-Change and Stability 1960-1980, 435-443. Institut für Didaktik der Mathematik, Universität Bielefeld.

VOLLRATH, H.J.(1980 b): Sachrechnen – Didaktische Materialien für die Hauptschule. Klett, Stuttgart.

VOLLRATH, H.J.(1982): Funktionsbetrachtungen als Ansatz zum Mathematisieren in der Algebra. Der Mathematikunterricht 28 (3), 5-27.

VOLLRATH, H.J.(1989): Funktionales Denken. Journal für Mathematik – Didaktik 10 (1), 3-37.

VREDENDUIN, P.G.J.(1978): Klammern [holländisch]. Euclides 54 (3), 86-92.

VREDENDUIN, P.G.J.(1982): Gebrauch und Mißbrauch von Variablen. Mathematische Semesterberichte 29(2), 230-257.

WACHSMUTH, Y.(1981): Two Modes of Thinking - also Relevant for the Learning of Mathematics ? For the Learning of Mathematics 2 (2), 38-45.

WADSWORTH ELECTRONIC PUBLISHING COMPANY(1986): Algebra arcade [Computerprogram]. Belmont, CA: Author.

WAGNER, S.(1977): Conservation of Equation, Conservation of Function and their Relationship to Formal Operational Thinking. Unpublished Doctoral Dissertation, New York University.

WAGNER, S.(1979): Mathematical Variables and Verbal „Variables": An Essential Difference. Proceedings of PME-3, Warwick, 215-216.

WAGNER, S.(1981 a): Conservation of Equation and Function under Transformations of Variable. Journal for Research in Mathematics Education 12 (2), 107-118.

WAGNER, S.(1981 b): An Analytical Framework for Mathematical Variables. Proceedings of PME-5, Grenoble, 165-170.

WAGNER, S.(1983): What are these things called Variables ? The Mathematics Teacher 76 (6), 474-483.

WAGNER, S. / KIERAN, C.(1989 a) (Eds.): Research Issues in the Learning and Teaching of Algebra. Lawrence Erlbaum Associates, National Council of Teachers of Mathematics, Reston, VA.

WAGNER, S. / KIERAN, C.(1989 b): An Agenda for Research on the Learning and Teaching of Algebra. In Wagner, S. / Kieran, C. (Eds.): Research Issues in the Learning and Teaching of Algebra, 220-237. Lawrence Erlbaum Associates, National Council of Teachers of Mathematics, Reston, VA.

WAGNER, S. / RACHLIN, S.L.(1981): Investigating Learning Difficulties in Algebra. Proceedings of PME-NA-3, Minneapolis.

WAGNER, S. / RACHLIN, S.L. / JENSEN, R.J.(1984): Algebra Learning Project: Final Report. Athens, University of Georgia, Department of Mathematics Education.

WAITS, B.K. / DEMANA, F.(1988): Manipulative Algebra – The Culprit or the Scapegoat. The Mathematics Teacher 81 (5), 332-334.

WALLENTIN, F.(1899): Algebra. Carl Gerold's Sohn, Wien.

WALSCH, W.(1987): Der SR1 im Mathematikunterricht der Klasse 9 - zur Verwendung des Taschenrechners SR1 beim Lösen linearer Gleichungssysteme. Mathematik in der Schule 25, 699 - 706.

WALSCH, W.(1988): Klasse 10: Ein Blick in das neue Lehrbuch und die Unterrichtshilfen aus dem Stoffabschnitt „3.1. Arbeiten mit Variablen, Gleichungen und Ungleichungen". Mathematik in der Schule 26 (4), 268-276.

WALSCH, W.(1989): Was bedeutet „Probe" im Fall von $L = 0$? Mathematik in der Schule 27 (6), 407-410.

WALSCH, W.(1992 a): Gleichungen im Mathematikunterricht. Mathematik lehren, Heft 51, 6-10.

WALSCH, W.(1992 b) (Hrsg.): Gleichungen, Mathematik lehren, Heft 51, April.

WÄSCHE, H.(1961): Logische Probleme der Lehre von den Gleichungen und Ungleichungen. Der Mathematikunterricht 7 (1), 7-37.

WÄSCHE, H.(1963): Vorschläge zu einer neuen Darstellung der Gleichungslehre auf der Mittelstufe des Gymnasiums. Der Mathematische und Naturwissenschaftliche Unterricht 16 (6), 258-263.

WÄSCHE, H.(1964): Logische Begründung der Lehre von den Gleichungen und Ungleichungen. Der Mathematikunterricht 10 (5), 7-58.

WEGMANN, M.L.(1979): Bestimmen der Lösungsmenge mathematischer Aussageformen. Unterrichtsentwurf für das dritte Schuljahr. Sachunterricht Mathematik Primarstufe 7 (10), 395-408.

WEIGAND, H.-G.(1987): Die Bedeutung zeitabhängiger Funktionen für den Mathematikunterricht. Beiträge zum Mathematikunterricht 1987, 343-346. Schroedel, Hannover.

WEIGAND, H.-G.(1988): Zur Bedeutung von Zeitfunktionen für den Mathematikunterricht. Journal für Mathematik–Didaktik 9 (1), 55-86.

WEISER, G.(1984): Abstraktionsbemühungen als Beiträge zur Erweiterung und Stabilisierung der Lern- und Anwendungsbefähigung. Aufgezeigt am Beispiel der Gleichungslehre im Mathematikunterricht der Hauptschule. Päd. Welt 38 (10), 595-601.

WELLSTEIN, H.(1978): Abzählen von Gitterpunkten als Zugang zu Termen. Didaktik der Mathematik 6 (1), 54-64.

WELSCH, D.(1987): Unsere Erfahrungen zum Stoffgebiet „3. Einführung in die Gleichungslehre; Proportionalität" der 6. Mathematik in der Schule 24 (7/8), 456-458.

WENGER, R.H.(1987): Cognitive Science and Algebra Learning. In: Schoenfeld, A. (Ed.): Cognitive Science and Mathematics Education, 115-135. Lawrence Erlbaum, Hillsdale, NY.

WHEELER, D.(1989): Contexts for Research on the Teaching and Learning of Algebra. In Wagner, S. / Kieran, C. (Eds.): Research Issues in the Learning and Teaching of Algebra, 278-287. Lawrence Erlbaum Associates, National Council of Teachers of Mathematics. Reston, VA.

WHEELER, D. / LEE, L.(1986): Towards a Psychology of Algebra. In Lappan, G. / Even, R. (Eds.): Proceedings of PME-NA-8, East Lansing, Vol. 1, 133-138.

WHIMBEY, A. / LOCHHEAD, J.(1982): Developing Mathematical Skills: Computation, Problem - Solving, and Basics for Algebra. McGraw - Hill, Co., New York.

WHITMAN, B.S.(1976): Intuitive Equation Solving Skills and the Effects on them of Formal Techniques of Equation Solving. Doctoral dissertation, Florida State University, 1975. Dissertation Abstracts International, 36, 5180A. (University Microfilms No. 76-2720).

WHITMAN, B.S.(1982): Intuitive Equation-Solving Skills. In Silvey, L. / Smart, J.R. (Eds.): Mathematics for the Middle Grades (5-9). 1982 Yearbook, 199-204. National Council of Teachers of Mathematics, Reston, VA.

WILIMSKY, H.(1981): Beispiel einer mathematischen Handlungseinheit für die 4. Jahrgangsstufe. Mathematische Unterrichtspraxis 2 (3), 19-26.

WILLIAMS, D.E.(1986): Activities for Algebra. Arithmetic Teacher 33 (6), 42-47.

WINTER, H.(1980): Zur Durchdringung von Algebra und Sachrechnen in der Hauptschule. In Vollrath, H.-J. (Hrsg.): Sachrechnen. Klett, Stuttgart.

WINTER, H.(1982): Das Gleichheitszeichen im Mathematikunterricht der Primarstufe. Mathematica didactica 5 (4), 185-211.

WINTER, H.(1984): Begriff und Bedeutung des Übens im Mathematikunterricht. Mathematik lehren, Heft 2, 4-16.

WITTMANN, E.(1975): Grundfragen des Mathematikunterrichts. Vieweg, Braunschweig.

WITTMANN, E.(1989): Mathematiklernen zwischen Skylla und Charybdis. Beiträge zur Lehrerbildung 7, Heft 2, 227-239.

WOLFF, P.(1972): Zur Didaktik der Gleichungslehre. In Winter, H. / Wittmann, E. (Hrsg.): Beiträge zur Mathematikdidaktik, Festschrift für Wilhelm Oehl, 179-220. Schroedel, Hannover.

WOLLMANN, W.(1983 a): Determining the Sources of Error in a Translation from Sentence to Equation. Journal for Research in Mathematics Education 14 (3), 169-181.

WOLLMANN, W.(1983 b): Modelle zur Veranschaulichung der Gleichung $a \times b = c$. In Kautschitsch, H. / Metzler, W. (Hrsg.): Anschauung als Anregung zum mathematischen Tun. Schriftenreihe Didaktik der Mathematik, Bd. 9, Hölder-Pichler-Tempsky, Wien, und B.G. Teubner, Stuttgart.

WOLTERS, M.A.(1991): The Equal Sign Goes Both Ways. How Mathematics Instruction Leads to the Development of a Common Misconception. Proceedings of PME-15, Assisi, Vol. III, 348-355.

WOOFF, C. / HODGKINSON, D.(1987): MuMATH: A Microcomputer Algebra System. Academic press, London.

WUSSING, G.(1970): Ein Beitrag zur Entwicklung von Fähigkeiten in der Gleichungslehre. Mathematik in der Schule, Heft 4, 269-279.

WYNANDS, A.(1991): Zum Verständnis von Variablen - Testergebnisse in der 9. Klassen aus Ost- und Westdeutschland. Beiträge zum Mathematikunterricht 1991, 516-519. Schroedel, Hannover.

YERUSHALMY, M.(1989): The Use of Graphs as Visual Interactive Feedback while Carrying out Algebraic Transformations. Proceedings of PME-13, Paris, Vol. III, 252-260.

YERUSHALMY, M.(1991): Effects of Computerized Feedback on Performing and Debugging Algebraic Transformations. Journal of Educational Computing Research, Vol. 7.

YERUSHALMY, M. / GAFNI, R.(1991): The Effect of Graphic Representation: An Experiment Involving Algebraic Transformations. Proceedings of PME-15, Assisi, Vol. III, 372-377.

ZEHAVI, N.(1986): Interaction between Graphical and Algebraic Representations in the Use of Microcomputer Software. Proceedings of PME-10, London, 217-222.

ZENKER-SCHWEINSTETTER(1990) :Arbeitsvorlagen Mathematik: Berechnen dreigliedriger Ausdrücke – Rechenvorteile. Sachunterricht und Mathematik in der Primarstufe 18 (2), 73- 76, 82-84.

Mathe!

Begegnungen eines Wissenschaftlers mit Schülern

von Serge Lang

Aus dem Französischen übersetzt von Gerta Rücker.
1991. VII, 134 Seiten. Kartoniert.
ISBN 3-528-08942-3

Dieses Buch enthält eine Sammlung von Dialogen des bekannten Mathematikers Serge Lang mit Schülern. Serge Lang behandelt die Schüler als seinesgleichen und zeigt ihnen mit dem ihm eigenen lebendigen Stil etwas vom Wesen des mathematischen Denkens. Die Begegnungen zwischen Lang und den Schülern sind nach Bandaufnahmen aufgezeichnet worden und daher authentisch und lebendig. Das Buch stellt einen frischen und neuartigen Ansatz für Lehren, Lernen und Genuß von Mathematik vor und ist von großem Interesse für Lehrer und Schüler.

Verlag Vieweg · Postfach 58 29 · 65048 Wiesbaden

Algebra

von Ernst Kunz

1991. X, 254 Seiten, Aufgaben und Lösungen. (vieweg studium, Bd. 43; Aufbaukurs Mathematik; hrsg. von Martin Aigner, Gerd Fischer, Michael Grüter, Manfred Knebusch und Gisbert Wüstholz) Paperback.
ISBN 3-528-07243-1

Aus dem Inhalt: Konstruktion mit Zirkel und Lineal – Auflösung algebraischer Gleichungen – Algebraische und transzendente Körpererweiterungen – Teilbarkeit in Ringen – Irreduzibilitätskriterien – Ideale und Restklassenringe – Fortsetzung der Körpertheorie – Separable und inseparable algebraische Körpererweiterungen – Normale und galoissche Körpererweiterungen – Der Hauptsatz der Galoistheorie – Gruppentheorie – Fortsetzung der Galoistheorie – Einheitswurzelkörper (Kreisteilungskörper) – Endliche Körper (Galois-Felder) – Auflösung algebraischer Gleichungen durch Radikale.

Das Problem, Gleichungen zu lösen, hat die Entwicklung der Algebra über mehr als zwei Jahrtausende begleitet. Geometrische Aufgaben lassen sich in die Algebra übersetzen und in deren präziser Sprache behandeln. Es ist das Leitmotiv des Buches, die Theorie anhand leicht verständlicher Probleme zu entwickeln und durch ihre Lösung zu motivieren. Dabei lernt man kennen, was zu einer Einführung in die Algebra im Grundstudium gehört: Die Körper mit ihren Erweiterungen bis hin zur Galoistheorie, ferner die elementaren Techniken der Gruppen- und Ringtheorie. Der Text enthält 350 Übungsaufgaben von verschiedenen Schwierigkeitsgraden einschließlich Hinweisen zu ihrer Lösung. Das Buch gründet sich auf die Erfahrungen des Autors mit mehreren Generationen von Studenten und ist besonders zu empfehlen für Lehrer und solche, die es werden wollen.

Verlag Vieweg · Postfach 58 29 · 65048 Wiesbaden

If you have any concerns about our products,
you can contact us on
ProductSafety@springernature.com

In case Publisher is established outside the EU,
the EU authorized representative is:
**Springer Nature Customer Service Center GmbH
Europaplatz 3, 69115 Heidelberg, Germany**

Printed by Libri Plureos GmbH
in Hamburg, Germany